山区风电场工程技术丛书

山区风电场
工程建设管理

陈玉奇　赵继勇　沈春勇　等◎编著

中国三峡出版传媒

中国三峡出版社

图书在版编目（CIP）数据

山区风电场工程建设管理 / 陈玉奇等编著 . — 北京：中国三峡出版社，2023.6

（山区风电场工程技术丛书）

ISBN 978-7-5206-0283-9

Ⅰ . ①山… Ⅱ . ①陈… Ⅲ . ①山区—风力发电—发电厂—工程管理 Ⅳ . ① TM614

中国国家版本馆 CIP 数据核字（2023）第 065760 号

责任编辑：李　东

中国三峡出版社出版发行

（北京市通州区新华北街156号　101100）

电话：（010）57082645 57082577

http://media.ctg.com.cn

北京中科印刷有限公司印刷　新华书店经销

2023 年 6 月第 1 版　2023 年 6 月第 1 次印刷

开本：787 毫米 ×1092 毫米　1/16　印张：25.75

字数：502千字

ISBN 978-7-5206-0283-9　定价：160.00元

《山区风电场工程建设管理》
编撰人员

主　　编：陈玉奇

副 主 编：赵继勇　　沈春勇　　张广辉　　刘永前　　董　安

参编人员：路文珍　　石志勇　　金　城　　韩丽峰　　张尚鹏

　　　　　肖逸飞　　徐仲平　　陈小明　　肖德序　　王火云

　　　　　徐志晶　　姚玉泉　　李　炯　　易仲强　　黄崇岗

　　　　　闫恒斌　　翁明钧　　方金鹏　　张菀怡　　陆天瑜

　　　　　吴安平　　龙永雄　　赵　旺　　高　翔　　付春雨

　　　　　潘庆生　　苏世林　　邸　峰　　万　达

丛书序

中国电建集团贵阳勘测设计研究院有限公司（以下简称贵阳院）成立于1958年，是世界500强企业——中国电力建设集团（股份）有限公司的重要成员企业。贵阳院持有工程勘察、工程设计、工程咨询3项综合甲级资质以及工程监理等20余项专项甲级资质，拥有水利水电、市政、建筑、电力等行业工程施工总承包壹级资质，并拥有国家水能风能研究中心贵阳分中心、贵州省可再生能源院士工作站等多个国家级和省部级科技创新平台。现有员工4000余人，拥有一批技术精湛的知名专家和一支高素质的专业人才队伍。

贵阳院致力于全球"能、水、城"领域工程的全生命周期价值服务，主要承担大中型水利水电、新能源、交通、市政、建筑、环境及岩土工程等领域的规划、勘测、设计、科研、监理、咨询、工程总承包等业务，业务范围遍及全国各地以及东南亚、南亚、非洲、拉美、中东等地区。贵阳院始终秉承"责任、务实、创新、进取"的核心价值观，努力打造以技术和管理为核心竞争力的国际一流工程公司，坚持以先进的技术、精良的产品、良好的信誉、优质的服务竭诚为社会各界服务。

贵阳院不断强化"创新驱动、数字赋能"两大支撑，大力开展技术创新，围绕水利水电与新能源开发、环境保护、市政建筑、工程安全、清洁能源基地规划、工程数字化及智能建造等业务领域，持续构建核心技术支撑体系。历经65年的沉淀和总结，形成了国际、国内领先的10余项核心技术优势，其中山区风电工程规划设计、工程建设及运行维护一体化技术处于国际领先水平。

我国风能资源十分丰富，有关评估成果显示，我国陆地70m高度的风能资源可开发量约有50亿kW，风能资源开发潜力巨大。我国地形复杂多样，山地地形面积约占全国国土面积的2/3，山地地区的风能资源技术可开发量超过10亿kW，其开发潜力也十分巨大，山区也是我国风电大力发展的一个重要区域。

贵阳院自2005年开始涉足风电领域的勘测设计等工作，在完成的风电场工程项目中，大部分项目为山区风电场工程项目，在项目具体实施过程中，围绕山区风电场的风能资源观测与评估难、风机布置与选址难、设备运输难、施工建设难、运行维护难等技术难点，联合有关高校、科研院所、设备厂家等单位开展了大量相关研究。通过近 20 年来在山区风电场的工程勘测设计、工程建设以及运行管理工作，积累了丰富的工程实践经验，逐步形成了山区风电产业化、规模化、一体化和标准化体系。"山区风电场工程技术丛书"主要是对贵阳院在山区风电场的工程勘测设计、工程建设以及运行管理中的关键技术进行了较为全面的总结、提炼，丛书内容丰富翔实，对我国山区风电的开发建设具有良好的指导和借鉴作用，可供从事山区风电场工程勘测设计、工程建设和运行管理的工程技术人员以及高等院校的新能源相关专业人员学习和参考。

中国电建集团贵阳勘测
设计研究院有限公司　董事长

2023 年 2 月 18 日

序

　　人类巧用风力获得福利由来已久，自西班牙作家塞万提斯 1605 年面世的《堂吉诃德》使人们对风车有了印象，再后来，风车之乡荷兰转轮迎风发电的图书照片流传，进一步开阔了人们新视野。

　　20 世纪 50 年代，中国开始摸索风电机组建造，至 80 年代，陆续研制出离网型和并网型风电机组。"九五"和"十五"期间，国家政策鼓励引进和消化吸收风力发电技术，实现了定桨距风电机组生产规模化，迈出风电产业化发展第一步。2005 年，兆瓦级变速恒频风力发电机组从无到有，标志着中国风力发电技术跨入兆瓦级时代。2006 年《中华人民共和国可再生能源法》颁布，风力发电工程建设大规模开发、并网调度时代到来。

　　国家规划实施碳达峰碳中和目标，"十四五"加快了新能源发电逐步替代传统燃煤发电步伐。其中，2018 年 11 月 23 日国家能源局印发《关于做好 2018—2019 年采暖季清洁供暖工作的通知》，明确积极扩大可再生能源供暖规模，助推煤改电和煤改气，在有条件的地区，清洁供暖、煤改电项目配套带动风电场工程项目开发；采取风电场与采暖用户直接电力交易的措施，减少已运营风电场的弃风、弃电量。此举促进陆上风力发电特别是山区风力发电就近消纳、精准服务人民。

　　国务院印发《气象高质量发展纲要（2022—2035 年）》，强化气候资源合理开发利用，加强普查和规划，提高风力发电、光伏发电功率预测精度，探索建设风能、太阳能等气象服务基地。国家发展改革委、国家能源局《关于促进新时代新能源高质量发展的实施方案》采取先立后破、通盘谋划大规模高比例新能源接网和消纳以及土地资源约束解决办法，更好发挥新能源在能源保供增供中的作用。系列政策推动，风力发电事业迎来第二个春天。

　　中国电建集团贵阳勘测设计研究院有限公司跟随导向经营，早期开展了辽宁彰北、贵州乌江源等大型风电场的勘测、设计。后期逐渐以设计采购施工项目 EPC 总承包形式承揽贵州省内惠水龙塘山、贵阳花溪云顶、织金三塘、关岭永宁、纳雍大滥坝等二十余座 50～200MW 规模的风电场；总承包省外山西隰县、宁夏灵武、湖南大高山等十余座 50～500MW 风电场；拓展国外风电业务，完成越南、阿根廷等多座大规模风电场建设。累计开展勘测设计、建设管理及投资运营风力发电装机总规模达 2451MW。

通过国内外山区多座大中型风电场总承包建设锤炼，中国电建集团贵阳勘测设计研究院有限公司培养了一支熟悉山区风电场项目开发、前期手续办理、建设、运营等全寿命周期的技术和管理团队；设计、建设、运营的工作体系标准化成熟，结合现代项目管理技术和信息化管理手段，解决了山区风电道路运输、大件吊装技术与过程管理难题，积累了复杂岩土地基、岩溶地基、采空区地基与基础处理技术，形成应对极端风速、预防凝冻等工程技术经验，夯实了贵州风力发电规划、设计、施工总承包建设行业翘楚地位，为山区风电场建设开辟了一条成功道路；积极参加风力发电行业规范标准制定，走在了山区风力发电标准化建设队伍前列。

《山区风电场工程建设管理》一书对山区风电场工程建设管理工作经验进行了全面总结，对于新能源工程建设、项目EPC总承包工程管理具有参考价值和借鉴作用，特别对推动山区风电场建设管理经验交流非常有益。中国电建集团贵阳勘测设计研究院有限公司工程技术人员求真务实，在总结工程建设及管理经验的同时还客观反映和分析了工程建设中的细节、案例，将对山区风电场工程的管理提升和技术进步起到积极作用。本书的出版将为广大能源业主单位、风电场建设工作者开展山区风电建设工作提供帮助，是中国电建集团贵阳勘测设计研究院有限公司为新能源工程建设贡献的又一份力量。

中国工程院院士

2023 年 3 月 10 日

前言

　　随着 1986 年山东荣成风电场成功并网，中国风电开发建设大幕正式拉开，近半个世纪的风电建设事业有了快速发展。特别是近十年来，风电场建设规模之大、速度之快、技术创新之多，令世界能源同行瞩目。中国已成为名副其实的世界风电大国，风电建设产业化技术已经达到世界先进水平，并成为风电科技进步排头兵。

　　近年来，为实现我国经济社会持续发展，党中央提出大型清洁能源基地建设策略。大型水风光储能源基地、大规模风电场、分散式风电场建设是实现清洁能源建设策略的重大课题之一，也是我国电力资源优化配置的关键。碳达峰碳中和的号角已经吹响，风电及其他清洁能源需要发挥联动作用，风电建设需要因势扩容、加快进展，山区风电开发也必将再上一个新台阶。

　　风电建设取得了令人瞩目的伟大成就，但工程建设管理仍处于比较粗放阶段，其精益化和标准化程度还有较大的提升空间，特别是在山区风电建设过程中，因其复杂的建设条件，对工程建设管理能力水平提出了更高的要求。故编纂一本关于山区风电场工程建设管理的专著，总结山区风电建设管理近二十年的经验，以裨益"十四五"山区风电能源大发展。

　　中国电建贵阳院在风电产业化发展早期积极拓展风电建设业务，于 2005 年成立项目管理公司，自 2012 年开始以 EPC 模式承接花溪云顶风电场工程建设，再到后来承接参与贵州全省风电项目规模化发展，直至遍布承接山西、广西、云南等各省、自治区以及越南等国家多个山区风电场总承包项目建设，得到风电建设行业的高度认可和赞赏。中国电建贵阳院推出《山区风电场工程建设管理》一书，站在工程建设总承包视角，提炼总结十几年在山区风电项目建设中的管理和施工经验，希望能为正在开展山区风电建设的技术管理人员和即将进入该行列的工程师提供参考和借鉴，为风电行业注入新鲜血液。

　　全书共分 6 章。第 1 章介绍了风电场工程建设概述和风电场工程建设流程。第 2 章介绍了山区风电场工程建设管理，总结了风电场工程建设管理任务、建设管理模式、技术管理、合同管理、物资设备采购管理、施工进度控制、施工质量控制、成本控制、施工 HSE 管理和山区风电智能建造等技术理论和工程管理实践经验。第 3 章介绍了山区风电场土建工程施工，论述了山区风电场风电机组基础不良地基处理、环境保护与水土保持等实际问题处理方法。第 4 章介绍了山区风电场工程设备的安装与调试，结合山区风电特点，详细介绍大件运输、风力发电机组安装、电气设备安装、线路工程施工、防雷与接地技术和风电场设备调试等内容。第 5 章介绍了山区风电场工程的试运行与验收，综述试运行与验收组织、风电场试运行、风电场工程验收、档案移交等内容。第 6 章通过案例分享山区风电场建设重点关注事项，加深读者理解山区风电场建设个性。

本书前言由陈玉奇编写，第 1 章由陈玉奇、张广辉等编写，第 2 章由董安、韩丽峰、张广辉、肖逸飞、徐仲平、姚玉泉、李炯、万达、张菀怡等编写，第 3 章由陈玉奇、肖逸飞、肖德序、王火云、闫恒斌、龙永雄、赵旺等编写，第 4 章由张广辉、黄崇岗、翁明钧、陆天瑜、吴安平等编写，第 5 章由张广辉、徐志晶、方金鹏、高翔等编写，第 6 章由张尚鹏、陈小明、易仲强、苏世林、邸峰、付春雨、潘庆生等编写，全书由张广辉完成统稿。

本书第 1 章、第 5 章由赵继勇、刘永前、石志勇、路文珍校审，第 2 章、第 4 章由沈春勇、金城、易晓华、刘洪、宋盛立校审，第 3 章、第 6 章由卢昆华、赵再兴校审，最后由张广辉完成定稿。

中国的山区风电场工程建设水平世界领先，这与从事风电场建设的广大科研、咨询、设计、施工、监理等各参建单位的技术和管理人员的不懈努力密不可分，贵阳院作为风电工程建设的一支生力军，也做出了应有的贡献。本书系统性总结了贵阳院在山区风电工程建设管理和施工方面的成果，为山区风电场绿色高效建设提供了借鉴经验。

本书特邀请中国工程院刘吉臻院士做本书序，中国水电水利规划设计总院刘学鹏正高级工程师、西北水利水电工程有限责任公司韩瑞董事长、方志勇总工程师审查，编撰参阅了大量与山区风电建设管理相关的文献和资料，引用了参与人员和相关单位的成果。在编写过程中也得到了众多兄弟单位的大力支持，谨此表示衷心的感谢！

本书编者尽可能详尽地介绍山区风电场工程建设管理与施工技术，未能涵盖山区风电场工程建设管理全部内容。由于作者水平所限，加之时间仓促，书中错漏或不妥之处在所难免，敬请读者予以指正！

编　者

2023 年 3 月

阿根廷Helios风电场群工程

越南嘉莱风电场

贵州平关风电场

贵州白马山风电场

贵州太阳坪风电场

贵州花溪云顶风电场

贵州晴隆苏家屯风电场

毕节纳雍大滥坝风电场

第 1 章

风电场工程建设综述

1.1　风电场工程建设概述

■ 1.1.1　人类风能利用历程

风是太阳照射地球、造成地球表面热量不均匀由温差所引起的大气对流运动。由空气流动形成的动能称为风能。风能的利用主要是将大气对流运动转化为其他形式的能量，包括风帆助航、风车提水、风力发电等，其中，风力发电是风能利用的重要形式。

人类利用风能的历史可以追溯到公元前，风曾作为船舶航行、饮用水和灌溉、农田排水、磨面和锯木等的重要动力。埃及被认为是最早利用风能的国家之一，数千年前，埃及人就乘坐风力帆船在尼罗河上航行。中国也是世界上最早利用风能的国家之一，至少在3000多年前的商朝就出现了帆船。15世纪初，中国航海家郑和七下西洋，其宝船是14世纪和15世纪世界上最可靠、最大型的帆船。明代以后，风车作为提水灌溉等的动力得到了广泛的使用。

到19世纪末，丹麦人率先发明了风力发电机，世界上第一个风力发电场于1891年在丹麦建成，随后逐渐推广，解决发展中国家乡村和偏远牧区居民用电。20世纪70年代石油危机爆发后，美国、丹麦和德国为了寻找替代石油的能源投入了大量的研发资金，随之而来风力发电利用蓬勃发展，世界各地逐渐建成多个大中型风电场。随着全球化石能源枯竭、环境污染和温室效应的加剧，风能已成为世界能源供应的支柱之一，成为人类社会可持续发展的主要动力源。

风电属于技术较为成熟、价格极具竞争力的可再生能源之一，未来全球能源发电总量还将进一步扩大其占比份额，预计到2050年，可再生能源发电将占总电力供应的85%，风能和太阳能发电合计占近60%。

■ 1.1.2 风电场建设概况

1）中国风力发电发展历程

中国开展风力发电技术研发历史已有 40 多年。早在 20 世纪 80 年代，国家科技项目陆续支持研制过离网型和并网型风力发电机组，单机容量从 15kW 到 200kW。

"九五"和"十五"期间，国家组织实施"乘风计划"，以国债项目和风电特许权项目，支持成立了首批 6 家风电整机制造企业，进行风电技术的引进和消化吸收，其中部分企业掌握了 600kW 和 750kW 单机容量定桨距风电机组的总装技术和关键部件设计制造技术，初步掌握了定桨距机组总体设计技术，实现了规模化生产，迈出了产业化发展的第一步。"十五"期间，国家通过实施"863"计划"兆瓦级变速恒频风电机组"重大招标项目，在国内完成了具有完全自主知识产权的 1MW 双馈式变速恒频风电机组和 1.2MW 直驱式变速恒频风电机组的研制，并于 2005 年并网发电，成功实现了兆瓦级变速恒频风电机组从无到有的重大突破，标志着中国风电技术跨入兆瓦级时代。随着能源发展"十三五"规划出台，推动了中国风电产业安装规模位居世界第一，市场竞争力大幅提升。

为推动风电建设高质量发展，中国"十四五"规划提出加快发展非化石能源，坚持集中分布式发展，大力扩大风电和光伏发电规模，建设一批具有多种互补的清洁能源基地，非化石能源占能源消费总量的比重提高到 20% 左右。中国已形成涵盖风电开发建设、装备制造、技术研发、检测认证、配套服务等成熟的产业链。

2）风电发展规模

自 2000 年以来，全球风电装机容量的年均复合增长率超过 21%，中国风电装机规模同全球趋势保持一致。年增长装机占比远远超过世界其他国家。2021 年，全球新增风电装机容量 93.6GW，全球累计装机容量达 837.5GW；2021 年，中国新增风电装机容量达 47.57GW，累计风电装机容量达到 328.48GW。2015—2021 年全球与中国风电装机容量增长情况如图 1-1-1 所示。

陆上风电因其较低的建设成本，一直是风电建设的主力。纵向比较全球风电的关键推动者——欧洲，据统计，2010 年欧洲陆上风电装机容量占全球的 47%；到 2018 年，中国陆上风电已占全球装机容量的近 1/3，成为全球最大风电市场；2021 年，中国陆上风电装机容量占比全球的 42%，占全球主要国家新增风电装机的 51%。2021 年全球风电装机容量如图 1-1-2 所示。

(a) 2015—2021年全球风电装机容量　　　(b) 2015—2021年中国风电装机容量

图 1-1-1　近年风电装机容量增长情况

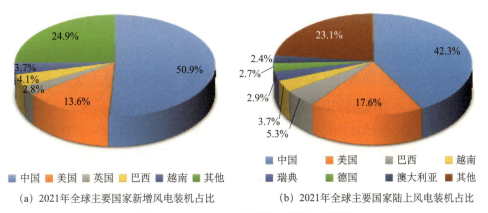

(a) 2021年全球主要国家新增风电装机占比　　(b) 2021年全球主要国家陆上风电装机占比

图 1-1-2　2021年全球风电装机容量统计

预测全球陆上风电总装机容量将于 2030 年和 2050 年分别达到 1787GW、5044GW，亚洲将继续主导推进。至 2050 年，亚洲陆上风电装机容量将能够达到全球陆上风电总装机容量的半数以上。

3）中国山区风电场建设发展历程

山区风电场是指场址处于山地地形区域的风电场，通常山地的海拔在 500m 以上，相对高差在 100m 以上，地形起伏大、坡度陡峻、沟谷幽深，一般的山脉由众多山丘、山谷、山脊等组成。中国中南部地区、东部部分地区、西南大部地区的风电场，绝大多数属于山区风电场。中国地形复杂多样，其中山地（含丘陵和比较崎岖的高原）面积约占全国国土面积的 2/3，仅中、东南部山地区域的风能资源技术开发量就超过 10 亿 kW，风能资源可开发量巨大。

由于山区风电场固有地形复杂、气候多变、风能资源复杂、交通条件差、建设条件差等特性，其开发、建设、运营均存在不同程度的问题和困难，所以，山区风电建设晚于平原地区，2008 年，重庆武隆四眼坪风电场开工建设，全国山区风电场建设正式起步。2012 年，国家能源局印发的《风电发展"十三五"规划》提出，加快内陆资源丰富区风能资源开发目标，因地制宜开发建设中小型风电项目，扩大风能资源的开发利用范围，山区风电建设步入快速发展阶段。

■ 1.1.3 风电场建设发展与展望

中国风电场工程建设已经取得了丰硕的成果，技术不断成熟进步，展望风电场建设远景，巨大的舞台正等待开拓者展示。

1）制造技术快速发展与建设管理经验成熟助推风电事业发展

虽然存在所在地政策不同、劳动力价格上涨等因素的影响，以及供应链稳定程度、土地利用成熟平衡条件不同等场地和市场而异，而导致的陆上风力发电机组安装总成本存在波动情况成为常态，但总体上，风电建设良性发展局面正在逐步形成。

一方面，风电场选址评估方法持续改进，风电机组设计性能可靠性提高，风电机组的单机容量增加；工程施工工艺完全成熟；塔架高度增加，增大叶轮直径，提高单位千瓦扫掠面积，风电机组叶轮转换效率能够从 0.42 提高到接近 0.5。随着风电机组单机容量增大、大功率风电机组风能利用率高，加上风电机组制造成本降低，风电场建造成本、风电机组的单位发电成本降低成为可能。

另一方面，通过技术改进与材料利用，减少发电机组故障发生；改善提升机组运输和安装便捷性，方便套件运输；提高极端风速适应性及改善高温、高湿、高海拔、盐雾、风沙、低温等工作环境的应对能力。总之，技术进步提高生产效率，提高安全防护能力，降低部件维护成本，也相对降低建造与运行成本。

权威机构 IRENA 在 2019 年发布的《Future of Wind》报告中称：2010—2018 年间，全球陆上风电机组的总安装成本平均下降了 22%，与 2017 年相比，2018 年下降了 6%。2021 年我国不同单机容量风电机组装机容量占比如图 1-1-3 所示。

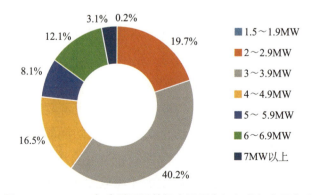

图 1-1-3　2021 年我国不同单机容量风电机组装机容量占比

由中国可再生能源学会风能专业委员会提供的数据显示：国内单机容量为 2～2.9MW 的风电机组装机容量占比，从 2019 年的 72.1% 下降至 2021 年的 19.7%，而单机容量为 3.0MW 及以上的风电机组装机容量占比，从 2019 年的 27.65% 增长至 2021 年的 80.1%。

目前，陆上风电场单位投资价格进一步降低至接近常规能源项目水平，竞争优势显现，加上政策推动分散式风电场发展，更多的企业纷纷加入风力发电行业建设大军。

2）风电场建设市场空间巨大

2020 年北京国际风能大会发表的《风能北京宣言》提出，"十四五"期间风力发电装机量每年新增不少于 50GW，2025—2030 年每年新增不少于 60GW。

2021 年 9 月，国家能源局宣布将在中、东南沿海重点推进风电场就近开发，特别是在广大农村实施"千乡万村驭风计划"，"十四五"期间，在全国 100 个县，优选 5000 个村，安装 1 万台风力发电机组，总装机容量达到 50GW。

根据 2021 年 10 月中共中央、国务院发布的《关于完整准确全面贯彻新发展理念做好碳达峰碳中和工作的意见》，预计到 2025 年，我国非化石能源消费比重达到 20% 左右，到 2030 年达到 25% 左右，到 2060 年达到 80% 以上。2060 年前，我国非化石能源消费比重预测如图 1-1-4 所示。国家发展和改革委员会（以下简称国家发展改革委）能源研究所指出，2020 年，风能在中国能源结构中的比例为 3.2%，预计 2050 年风力发电能源将占到能源消费的 38.5%，风力发电能源是主要能源之一，地位正逐步攀升，风力发电业务广阔，市场充满预期。

图 1-1-4 我国非化石能源消费比重预测

近年来，国家大力推进大型风电光伏基地项目建设，风力发电工程建设市场孕育着巨大商机。

3）属地管理与并网

风资源利用与风电场建设，属地政策支持、协调管理存在一定程度的差异，需要归口管理单位、建设同行共同采取措施，努力减少这些差异。风电场送出线路实现就近并网仍然有提升的空间，需要政府加大支持力度，创造条件加快建设项目流程，2018年国家能源局印发《分散式风电项目开发建设暂行管理办法》（国能发新能〔2018〕30号），标志着风电进入集中与分散式并重发展的新阶段，特别是给山区分散式风电发展注入新的活力，以保障山区风力发电就近消纳、精准服务人民。利好政策助推风力发电工程建设行业发展。

■ 1.1.4 中国电建贵阳院风电建设成就

紧跟国家开发建设步伐，中国电建贵阳院积极投入到风电工程建设大潮中，发挥风电行业技术先锋作用。中国电建贵阳院于2005年成立新能源设计院，同期成立项目管理公司，后获批成立"国家水能风能研究中心贵阳分中心"，为风电行业技术进步提供平台支撑。

发挥勘察设计技术传承优势。中国电建贵阳院按照国家《能源发展"十二五"规划》规划了贵州省范围、三北地区部分省区的风电项目，同期协助推进分散式风电场建设策划。紧跟国家与行业《能源发展战略行动计划（2014—2020年）》《电力发展"十三五"规划》政策导向，贯彻消纳优先、就地利用等行业政策，承担了一批山区风电EPC总承包项目建设，通过创新实践和经验积累，逐步成为山区风电场勘察设计、建设运维全方位发展的风力发电能源企业排头兵。

贵州素有"八山一水一分田"之说，平均海拔1100m，境内地势西高东低，自中部向北、东、南三面倾斜，山区占61.7%、丘陵占31.8%，贵州建成的风电场几乎均属于山区风电场。目前，贵州风力发电总装机容量已达5810MW，其中，中国电建贵阳院承建了大部分属地项目开发建设任务。

近十年来，中国电建贵阳院承接了国内外风电场项目EPC总承包工程40余座，山区风电场工程占多数，助推了由业主单位组建项目管理团队向项目EPC总承包建设管理模式转变，探索沉淀了山区岩溶地区、采空区、复杂松散介质与强风化岩体并存地基处理技术，形成了山区风电场建设管理系统方法，培养了一支精于风电场项目建设管理的人才队伍，取得的成就得到风电场工程建设同行的高度认可和赞赏。

中国电建贵阳院承接的国内风电场项目总承包代表性工程见表1-1-1。

表 1-1-1　中国电建贵阳院承接的国内风电场项目总承包代表性工程列表

序号	工程名称	建设地点	工程特征
1	贵州花溪云顶风电场工程	贵州省贵阳市	中国电建贵阳院第一个山区风电建设项目——贵州省花溪云顶风电场，是贵阳市第一座风电场，场址位于贵州省贵阳市花溪区高坡乡境内，分两期开发，总装机容量为79.5MW。项目2012年开工，2014年一、二期全部并网发电。花溪云顶风电场成为"风电＋旅游＋科普"高坡旅游名片和贵州省科普教育基地。一、二期工程均荣获2016年度中国电建优质工程奖
2	山西盾安隰县风电场	山西省隰县	山西临汾隰县风电场是贵阳院承接的省外第一个大型EPC总承包工程，位于隰县东北部，场区海拔高。风电场安装48台风电机组，总装机容量为98MW。工程建设中克服冬季低温冰冻期长、雨季道路运输困难等难题，积累风电机组基础快速浇筑等技术经验
3	贵州晴隆苏家屯风电场工程	贵州省晴隆县	苏家屯风电场位于贵州省黔西南布依族苗族自治州晴隆县安谷乡和鸡场镇境内，场区海拔高程为1750～1900m，风电场采用21台单机容量为2MW的直驱型风电机组，总装机容量为42MW。工程克服重大件运输困难、场区地基处理复杂等制约因素，提前7个月完成并网发电目标。工程获2017年度中国电建优质工程奖
4	贵州盘县平关风电场工程	贵州省盘州市	平关风电场位于贵州省盘州市境内，工程为风电机组混排布置试验项目，总装机容量为49.5MW。风电机组基础在传统重力式圆形扩展基础型式上进行优化设计，采用新型肋梁基础结构型式代替传统基础环钢结构，克服高原喀斯特岩溶山区及特殊的凝冻天气环境，保障了工程质量，节约了工程投资。工程获2017年度中国电建优质工程奖
5	贵州水城曹罗坪子风电场工程	贵州省水城区	曹罗坪子风电场位于贵州省六盘水市水城区杨梅、发耳、都格、玉舍等乡镇的交界区域，工程装机容量为48MW，为水城区第一个风力发电项目。场区海拔为2100～2500m，场区以灰岩、白云岩、石英砂岩等为主。场区采用多种型式联合接地方案解决接地电阻率过高问题，克服大件设备运输困难，实现当年开工当年全容量并网目标。工程获2018年度中国电建优质工程奖
6	贵州瓮安花竹山风电场工程	贵州省瓮安县	瓮安花竹山风电场位于贵州省瓮安县，总装机容量为96MW。工程建设中克服了风雪冰冻等多变天气、岩溶地基处理量大、山区大件设备运输艰难等，顺利实现了并网发电目标。该项目获2018年度中国电建优质工程奖
7	贵州桐梓白马山风电场工程	贵州省桐梓县	白马山风电场位于贵州省桐梓县木瓜镇、黄莲乡、松坎镇交界区域，场区大部分地区海拔为1300～1900m，总装机容量为48MW。工程采用山区风电场大件运输道路通行能力判别系统、高板专用轴线结合液压自动转向并带大功率特种转运车辆运输，成功地解决了山区道路及省道同时改造运输困难的难题

序号	工程名称	建设地点	工程特征
8	从江秀塘风电场	贵州省从江县	秀塘风电场位于贵州省黔东南州从江县西南部，场址面积约9.5km²，场址区高程为1180～1445m，整个工程场址相对比较偏僻，总装机容量48MW。工程建设克服运输道路长、地质灾害频发、山区气候恶劣等困难，顺利并网发电
9	贵州关岭县永宁风电场	贵州省关岭县	永宁风电场位于贵州省关岭县永宁镇康寨村旧屋基山脉，是安顺市境内第一座风力发电项目。项目总装机容量为48MW，共安装24台单机容量为2MW的风电机组。项目从设计到施工重点关注场区空气湿度大、冬季凝冻严重等恶劣条件影响，使项目机组可利用率达到99.85%
10	都匀市螺丝壳风电场	贵州省都匀市	螺丝壳风电场为易地迁建项目，总装机容量为49.5MW。工程积累利旧风电机组设备升级改造、利旧设备转运、利旧设备检测、缺陷修复或更换、材料采购等经验
11	贵州清镇市流长风电场	贵州省清镇市	清镇市流长风电场位于贵州省清镇市，项目安装16台风电机组，总装机容量为40MW。该项目是清镇市重点新能源项目，项目的建成不仅对流长乡加快风力资源开发利用，发展新兴能源产业起到积极作用，更为流长乡乃至清镇市增添了一道亮丽的人文景观，为流长乡发展休闲观光旅游、走出一条风电旅游开发融合发展之路奠定良好基础
12	织金县三塘风电场	贵州省织金县	织金县三塘风电场位于贵州省织金县境内西部的三塘镇，场址区高程为2000～2250m，总体属剥蚀低中山地貌。三塘风电场是贵州省重点项目，工程建设规模为总装机容量48MW，共安装24台单机容量为2MW的风电机组。工程克服地质条件复杂、大件运输条件差、不良气候影响较大等困难，按期实现投运目标
13	惠水龙塘山风电场	贵州省惠水县	龙塘山风电场位于贵州省惠水县，场址面积约73km²，海拔高程为1200～1600m。工程总装机容量为49.5MW，龙塘山风电场填补了惠水县风电能源开发的空白
14	宁夏灵武兴黔风电场	宁夏回族自治区灵武市	灵武兴黔风电场位于宁夏回族自治区灵武市，共安装80台单机容量为2.5MW的风电机组，总装机容量为200MW。项目荣获2022年度中国电力优质工程奖
15	贵州纳雍县大滥坝风电场工程	贵州省纳雍县	大滥坝风电场位于贵州省毕节市纳雍县锅圈岩乡与姑开乡交界区域。工程存在地质条件差、表层为残积层碎石、地表生态脆弱、边坡稳定性差等特点，建设实现环境友好型工程建设。工程获2021年度中国电建优质工程奖

1.2 风电场工程建设流程概述

1.2.1 风电场工程建设市场环境

风电场工程属国家基础设施建设项目，由地方行政主管单位组织规划、国家产业政策调整、省级行政主管单位批准建设，涉及风、水、矿产、国土、生态等资源利用，与社会公共利益密切相关，工程建设成败对国家经济发展与安全有一定影响。项目建设通常涉及地形、地质、气象、水文等自然条件及工程区社会环境协调、林地保护复杂事务。集中式风电、分散式风电工程规模大小不一，建设周期1～5年不等，工程质量要求严格。

风电场工程建设行业规章、标准在逐步完善中。依据《国家能源局关于2021年风电、光伏发电开发建设有关事项的通知》（国能发新能〔2021〕25号）、《风电开发建设管理暂行办法》（国能新能〔2011〕285号）等法规、规章，由能源行业主管单位归口开展质量监督、经行业主管单位验收后投入运行。

1.2.2 山区风电场工程建设流程

1.2.2.1 国家法规要求

遵循国家颁布的工程建设有关法规规定，风电场工程项目建设分为项目规划与决策、实施准备、项目实施、项目竣工验收和总结评价四个阶段。按照先勘察、后设计，先设计、后施工，先竣工验收、后投产运营等逻辑关系，对于单一风电场工程，在做好各阶段的内在环节、先后程序衔接工作的基础上，可视情况合理交叉上下程序，以节省阶段时间、缩短建设周期。

风电场工程建设实行项目核准制。国务院办公厅于2022年5月转发国家发展改革委、国家能源局联合发布的《关于促进新时代新能源高质量发展的实施方案》（国办函〔2022〕39号），提出了7方面21项具体政策举措，旨在推动新时代风力发电等新能源发展助力"双碳"目标。特别明确了持续提高项目审批效率，完善新能源项目投资核准（备案）制度，推动风力发电项目由核准制调整为备案制，实施方案具体包括：

（1）创新新能源开发利用模式，加快推进以沙漠、戈壁、荒漠地区为重点的大型风电光伏基地建设，促进新能源开发利用与乡村振兴融合发展，推动新能源在工业和建筑领域应用，引导全社会消费新能源等绿色电力。

（2）加快构建适应新能源占比逐渐提高的新型电力系统，全面提升电力系统调节能力和灵活性，着力提高配电网接纳分布式新能源的能力，稳妥推进新能源参与电力市场交易，完善可再生能源电力消纳责任权重制度。

（3）深化新能源领域"放管服"改革，持续提高项目审批效率，优化新能源项目接网流程，健全新能源相关公共服务体系。

（4）支持引导新能源产业健康有序发展，推进科技创新与产业升级，保障产业链供应链安全，提高新能源产业国际化水平。

（5）保障新能源发展合理空间需求，完善新能源项目用地管制规则，提高国土空间资源利用效率。

（6）充分发挥新能源的生态环境保护效益，科学评价新能源项目生态环境影响和效益，支持在石漠化、荒漠化土地以及采煤沉陷区等矿区开展具有生态环境保护和修复效益的新能源项目，促进农村清洁取暖、农业清洁生产，助力农村人居环境整治提升。

（7）完善支持新能源发展的财政金融政策，优化财政资金使用，完善金融相关支持措施，丰富绿色金融产品服务。

1.2.2.2　风电场建设阶段主要工作内容

依据法规规定，风电场工程在完成决策进行项目立项后，一般经历建设实施准备、项目实施、生产运营等建设阶段。风电场主要建设阶段如图 1-2-1 所示。

1）建设实施准备阶段

主要工作内容包括组建业主单位（项目法人或建设单位）、征地、拆迁、"三通一平"乃至"七通一平"；组织材料、设备订货；办理建设工程质量监督手续；委托工程监理；准备必要的施工图纸；组织施工招投标，择优选定施工单位；办理施工许可证等。按规定做好施工准备，具备开工条件后，由业主单位申请开工。

2）项目实施阶段

项目实施阶段包括采购及施工安装、生产准备、调试试运行等内容。

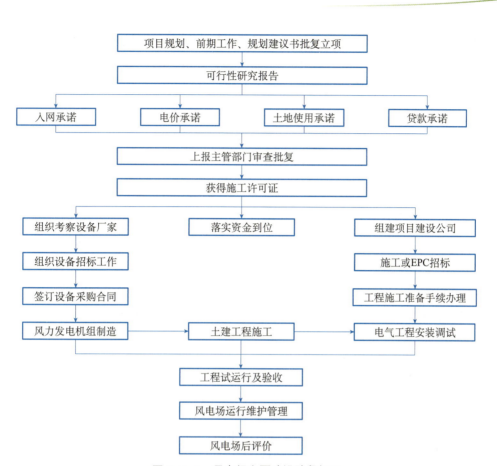

图 1-2-1　风电场主要建设阶段框图

　　风电场工程具备了开工条件，并取得施工许可证后方可开工。其开工时间，针对设计文件中规定的任何一项永久性工程、第一次破土开槽时间，不需破土开槽的工程采用实施打桩施工的开始时间。实施 EPC 总承包的工程施工，工程总承包单位、工程分包施工单位应按照工程总承包合同文件、工程施工合同文件的要求，完成设计文件明确的内容，开展试验检验，提供合格产品，满足设计功能要求。合同明确机电设备招标采购要求的，同期推进机电设备供货计划。分部分项工程实施完成，履行验收程序。

　　生产准备是由建设阶段转入运营阶段的一项重要工作。风电场工程在其竣工投产前，由业主单位适时组织形成验收机构或专门班子，有计划地推进生产准备工作，包括招收、培训生产人员；组织有关人员参加设备安装、调试、单位工程（分部工程）验收；落实电力生产材料供应；组建生产管理机构，健全电力生产规章制度等。

　　已经安装完成的风力发电机组、升压站设备、场内电力线路等，应按照规程规范开展电气设备 9 项调试、风电机组离网 13 项检查、风电机组 6 项并网调试、中央监控系统调试等；再开展风电场整体带负荷试运行，依据合同规定进入 240h 试运行检验。每一台风电机组试运行结束，应按照技术规程规范开展考核验收，相关记录齐全。

3）项目生产运营阶段

项目生产运营阶段包括竣工验收及移交、项目后评价等内容。

工程竣工验收是全面考核建设成果、检验设计和施工质量的重要步骤，也是建设项目转入生产和使用的标志。风电场工程试运行阶段，取得运行数据，在确认尾工完成，且土建工程、机电设备安装工程、送出工程经检验可靠后，由业主单位组织竣工技术专家评估评价，报请行政主管单位同意，组成竣工验收委员会验收。验收合格后，业主单位编制竣工决算，项目正式投入使用。

在工程竣工投产、生产运营一段时间后，再对项目立项决策、设计施工、竣工投产、生产运营等全过程进行系统评价，这是固定资产管理的一项重要内容，也是固定资产投资管理的最后一个环节，是一种技术活动。

1.2.2.3　项目前期手续办理

国家实施简政放权后，现阶段新能源建设项目审批权下放到地方政府，由属地省、市、县级政府在国家建设规划核准的总量内审批，风电项目建设正进一步简化审批流程，推动风电项目由核准制向备案制转变，手续办理细节根据各地规定略有不同。项目从立项至开展建设、从试运行至并网，相关项目手续办理程序如图 1-2-2 所示。

关于手续办理，应完善以下管理程序：

（1）与项目属地县级政府签订投资意向书。

（2）进行风资源论证，建立测风塔，收集整理风资源数据（1~2 年），组织专家论证，形面风资源报告。

（3）取得风资源配置文件（省发展改革委）。

（4）建立项目公司（已成立公司的省略此项）。

（5）召开政府部门协调会，需组织属地县级发改委、自然资源局、林业和草原局、电力公司、环保局、住建局、经信局、规划局、银行等参会。

（6）形成可行性研究报告。可研阶段应办理建设项目规划选址意见书、项目压覆矿产资源调查评估、建设项目不占用生态保护红线查询、建设项目不占用耕地查询等工作，并同时开展环境影响评价报告、地震安全性评价报告、水土保持方案报告、地质灾害评估报告、接入系统方案报告、社会稳定风险评估报告、节能评估报告等专题报告编制。

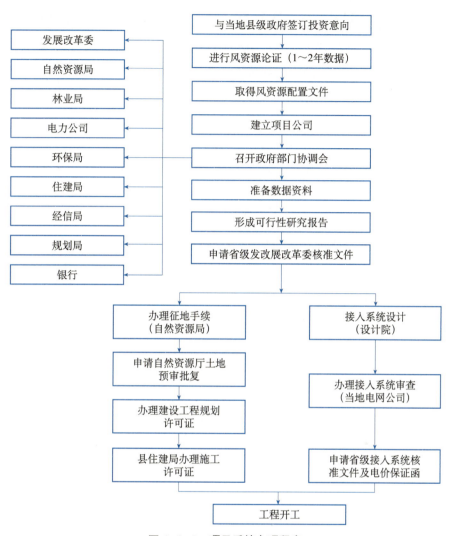

图 1-2-2 项目手续办理程序

（7）申请核准文件。向属地省级发展改革委申请核准文件需提供的资料包括立项申请报告、开工承诺函、环评报告、可研报告、压覆矿产资源评估报告、土地预审意见、银行贷款承诺、接入系统审查意见、建设选址批复及各省要求提供的其他资料。按照属地规定，其管理细节可能略有不同。

1.2.2.4 项目建设手续办理

1）办理土地使用证

在项目属地县自然资源局办理的证件包括临时用地审批单、不动产权证、建设用地规划许可证、建设工程规划许可证。需提供的资料包括公司营业执照、组织机构代码、发展改革委立项批文、用地预审意见、初步设计批准文件、地质灾害危险评估报告、压覆矿产资源评估报告、建设工程踏勘报告、环评报告、项目勘测定界报告、土地复垦报告、出让合同、项目平面布置图等。

2）办理施工许可证

在项目属地县住房和城乡建设局办理施工许可证，办理施工许可证需提供的资料包括《建筑工程施工许可证申请表》一式两份、项目立项批文、不动产权证、建设工程用地规划许可证、建设工程规划许可证、施工现场是否具备施工条件、中标通知书、建设工程承包合同副本、质量监督委托书、建设工程开工安全生产条件备案表、建设监理合同及监理企业资质证、营业执照、本工程监理单位员工名单、证书复印件、联系电话或业主单位工程技术人员情况、施工企业安全生产许可证副本、营业执照副本、资质证书副本、企业主要负责人、现场负责人、现场安全生产专职管理人员的"三类人员"证书原件、施工组织设计（附项目现场管理人员名册）、项目经理证及联系电话等。

3）编制接入系统设计

委托具有相关资质的设计单位根据可研编制接入系统方案并形成报告。

4）办理接入系统审查

报项目属地省级电力公司组织专家进行接入系统评审并形成评审意见，设计单位根据评审意见完善接入系统设计。

5）申请项目属地省级接入系统核准文件及电价保证函

6）到项目属地电力建设工程质量监督站办理《电力工程质量监督注册证书》

7）到项目属地县应急管理局办理安全事故应急预案登记

8）办理电力工程质量监督投运备案

1.2.2.5　项目完建后手续办理

向属地省级能源局工程竣工验收备案，并到政府相关档案馆进行备案登记，沟通协调项目属地电网公司，并网送电。

第2章●●●
山区风电场工程建设管理

建设管理任务

■ 2.1.1　山区风电场工程建设管理的重点和难点

2.1.1.1　建设环境及协调管理

1）林业生态红线、自然保护区、景区等环境因素的辨识协调

（1）合理规划道路路径，充分利用现有道路，与当地生产生活发展相结合。山区风电场道路的设计成果深度、详细程度，对项目能否顺利开工和推进建设的影响较大。

我国南北山区地形地貌复杂，既有道路以保证方便当地居民的生活和农业生产而修建，等级低，大多路面窄、坡度大、转弯急等，大型工程车辆难以通行。

在山区风电场前期路径规划阶段，需要开展大量的实地调查工作，重点要避开自然遗产地、自然保护区、森林公园、湿地公园、地质公园、风景名胜区、鸟类主要迁徙通道和迁徙地、基本农田保护红线等，并兼顾与森林防火通道、通村通组道路、景区和产业道路相结合。避免出现受地形限制难以修建宽阔的道路，以及道路修建难度和成本较高的境况。

（2）做好用地属性和权属的调查。国家所有、集体所有及个人所有的森林、林木和林地等，均由属地县级以上地方人民政府登记造册、发放证书，确认所有权或者使用权。由于河流广泛或山脊分水岭走向变化，确权登记与实地有一定差异。土地、林地利用阶段性普查明确了矿山、景区、土地整治范围，有时这些范围确认可能存在交叉的情况，这就可能造成征地商洽时间、正常交付过程不可控的风险，也可能面临权属和补偿的巨大争议。这些事务的处理，有时会影响风电场的建设前

期、过程，直至验收投用，影响效益。

项目人员调查林地、土地的差异过程，应克服地形较陡峭困难，尽量详细绘制山区风电场布置在山顶或山脊的相对位置，避免微观选址阶段产生用地属性和权属纠纷。

2）季节性气候与极端天气

（1）冰冻与覆冰。北方季节性气候有覆冰冬歇期，还有季节冻土层；南方由于气候原因，冻雨时常发生，造成覆冰问题。山区风电场海拔较高，无论是低气温冰冻，还是冻雨＋覆冰，都会对整个风电场尤其是集电线路的施工及运行造成很大影响。尤其是2008年气候原因带来的南方山区风电场冰灾，使得全国人民对南方冻雨影响的严重程度有了进一步认识。因此，如何减小冰冻、覆冰对风电场的影响，是业主单位和设计、施工、运维等相关单位需要考虑的问题。

（2）极端天气与地质灾害。很多山区风电场的降雨量大、雷暴日多，年平均雷暴日数在50天以上，雷暴会对风电场造成很大影响，严重的可能造成重大设备损失。因此，风电场坐落在多雷区或者强雷区时，设计单位需要考虑如何减小雷暴对风电场的影响。

极端天气会造成泥石流、滑坡等自然灾害，业主单位、设计单位、工程总承包与工程分包施工单位均需要考虑其对道路运输、大件吊装及其他工序施工可能造成的影响，以及运行过程可能出现的覆冰现象，对风电机组、电力线路造成不利影响等问题。

2.1.1.2　工程建设目标控制

相比于平原风电场，山区风电场地形地貌复杂，地层岩性和地质构造多样，有时恶劣自然条件会引发不良地质现象、地质灾害。

工程施工组织、建设管理等方面比平原风电场的难度大、工程建设交叉内容多。场区主要的风电机组机位多位于山顶或山脊上，风电机组机位场地狭小，造成风电机组基础和风电机组吊装平台的施工困难；工程场地时有限位开挖、高填方、局部高边坡等工程技术问题，有时地基基础处理工作量较大；无论是道路新建或改造，还是风电机组基础、升压站地基与结构、建筑装修等施工，以及施工临时供电、供水、地材供应及混凝土生产等，涉及影响因素多，有时涉及增加施工措施，导致设计变更多，影响工程投资等后果。

总体上，土建工程施工进度、质量、投资目标控制难度大，常常出现合同项目关键线路出现较大偏差、项目变更多的情况，个别山区风电场受场内、场外多种因

素影响，出现项目成本费用超过合同价格的情况。

2.1.1.3　设备运输和吊装

（1）为了提高风能资源的利用率，风电机组叶片长度逐渐增长，塔筒直径增大、长度增长，设备尺寸的增大对运输道路宽度、转弯半径、坡度及运输方式等提出更高的要求，还有受季节、气象等自然条件影响，需要使用专用的运输车辆，才能保障运输需要。若遇上道路结冰、降雨、土质软弱路面等自然条件与社会环境协调问题叠加制约设备运输计划，会出现承担运输的单位不能胜任或中途毁约，导致较大的安全隐患，产生工期无法保证、成本增加等同况。

（2）山区风电场一般布置在山头或山脊上，每台风电机组吊装平台可利用的面积会大大缩小，很多场坪因面积受限会设计成三角形或不规则的形状，若场坪一侧为陡崖，起重机拆组塔臂悬空高度大。拆组装起重机经常被迫采用单台、双台或多台起重机配合或辅助，实施空中拆组塔臂。施工中需要考虑天气因素，山区风电场风速高、风向多变，吊装风险大。安装过程需要收集气象资料，开展风速、风向跟进测读；根据天气因素而定制吊装方案和进度计划，克服风力、风向不停变化的干扰。

2.1.1.4　风电机组基础形式多样

风电机组基础形式主要有桩基础、重力扩展基础、梁板式基础、预应力筒形基础等，施工工艺均较成熟，市场作业队伍也成建制，能够保证施工质量。但从多年的项目建设情况来看，因风电项目周期短，设计多勘察深度不够，基础开挖常遇到不同的地质问题，将增加处理工程量、处理时间。对于个别风电机组，在运行期还会出现因基础沉降变形量大，或其他原因导致加固处理工作产生。山区风电场建设过程中，部分风电机组的地基处理和基础施工关键环节质量把控，成为山区风电场建设质量的关键。

若出现风电机组基础地质问题而增加处理的额外施工内容时，将会增加变更流程与设计人员验收关键工序的过程管理工作。

2.1.1.5　环水保设计及施工

国家及地方政府对山区风电场环水保设计与施工、复耕复绿要求较高，甚至存在一票否决的风险，严格执行环水保"三同时"要求是重点。

风电场施工道路的路径、宽度、坡度以及吊装平台体形与基础可靠性，决定设备运输及吊装安全基础条件，也影响着环水保设施工程量。工程总承包单位需要组织设计人员协商，优化设计方案，提前组织环保水保监理单位、实施单位介入，合理规划道路施工、场平，提出环水保建议并跟踪监督；施工过程统筹对环水保设施施工质量管理，尽量一次成型，防止建设过程中反复修复。

建设管理还应提前策划考虑道路施工节点，落实开挖控制，防止道路施工对环境造成较大影响。

2.1.2　项目建设管理任务

2.1.2.1　建设项目实施阶段划分

通常，国内发电项目建设周期分为四个阶段：项目规划与决策阶段、项目准备阶段、项目实施阶段、项目竣工验收和总结评价阶段，如图 2-1-1 所示。

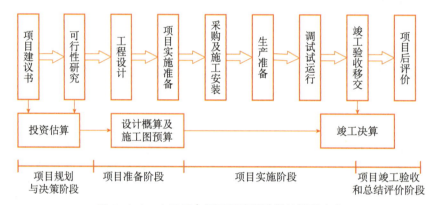

图 2-1-1　山区风电场不同建设阶段的管理内容

1）项目规划与决策阶段

本阶段的主要工作包括工程项目预可行性研究、可行性研究、项目评估和决策。阶段主要目标是通过选择投资机会、可行性研究、项目投资等，就工程项目投资的必要性、可行性、为什么投资、何时投资、如何实施等重大问题进行科学论证。这个阶段工作量不大，但非常重要，因为它对项目的长期经济效益和战略方向起着决定性作用。为保证工程项目决策的科学性、客观性，可行性研究和项目评价，应委托高水平的勘测设计企业、咨询公司独立进行，分别完成可行性研究和项目评价。

2）项目准备阶段

本阶段的主要工作包括项目初步设计及施工图设计、项目实施策划方案制定、

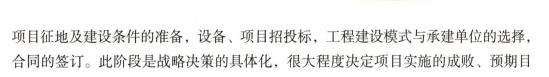

项目征地及建设条件的准备，设备、项目招投标，工程建设模式与承建单位的选择，合同的签订。此阶段是战略决策的具体化，很大程度决定项目实施的成败、预期目标能否达到。

3）项目实施阶段

本阶段的主要任务是将"蓝图"转化为工程项目实体，实现投资决策意图。按照设计要求施工，推进工期、建造实体，控制质量和成本，合理、高效地实现项目目标。项目建设周期在这个阶段的工作量最大，投入的人力、物力、财力最多，项目管理的难度也最大。

4）项目竣工验收和总结评价阶段

本阶段调试项目实体试运行、竣工验收交接和总结评价工作。待项目试生产正常，并获得质量监督部门、电网公司等相关部门批准后，发电项目将建设转入商业生产运营。当然，从合同约定工作任务出发，项目业主单位、工程总承包单位、工程分包施工单位仍应履行保修期内的责任义务。

风电场项目建设遵守上述阶段程序，细分为以下七个阶段。

（1）项目建议书阶段：是初步可行性研究阶段，包括投资机会研究、项目建设文件编制和评估等，阶段的主要任务是完成项目建议书、并经评审主管部门批准立项。项目建议书应提出拟建项目的概要，讨论项目的必要性、主要建设条件和盈利的可能性。

（2）可行性研究阶段：是可行性分析和评估阶段，主要任务包括编制项目可行性研究报告，项目评估后，项目可行性研究报告报主管部门批准。在项目可行性研究报告中，进一步论证技术上是否可行、经济上是否合理、社会和环境影响是否积极等，以保证合理性、科学性，便于主管单位决策启动项目建设投资程序。

（3）设计阶段：即初步设计和施工图设计。对于重大工程和技术复杂的工程，在初步设计后增加技术设计。以批准的项目可行性研究报告为基础，工程设计进一步从技术和经济方面提出拟建项目的实施详细方案。

（4）项目实施准备阶段：包括资金落实、对外谈判、招投标、施工准备启动，编制开工报告及获取批准文件。

（5）建设阶段：包括工程建设、设备采购安装、生产准备等工作。本阶段的主要任务是按照合同约定，保质、保量、按时完成设计要求、施工任务。尾工阶段，业主单位或工程总承包单位根据委托落实招聘与培养人才、筹备电力生产、物资储备。

（6）竣工验收（完工）阶段：包括完成单位工程完工验收、启动试运行验收、移交生产验收、竣工验收等。应根据设计文件，检查工程是否符合设计的技术经济要求，完善工程竣工验收程序，交由生产运营单位照管。

（7）项目后评价阶段：项目建成投产后，根据立项、可行性研究和设计中提出的主要技术经济指标，对项目的效益、功能和影响进行评价，并对项目运行可能带来的影响进行评估。此阶段编制的项目自评报告，包括业主单位或工程总承包单位完成的项目后评价报告、主管部门或贷款银行的后评价报告。

2.1.2.2　建设目标管理要点

风电场项目建设的时间短、任务紧，为解决设计、采购、施工的有效衔接，国内风电项目建设现阶段大多采用总承包管理模式。工程总承包单位主要服务于项目的整体利益和工程总承包单位自身利益，推行项目目标管理，一般包括工程建设的安全管理目标、项目的总投资目标和工程承包单位建设成本目标、工程总承包单位的进度目标、工程总承包单位的质量目标、项目投运经济效益目标。项目实施阶段的项目管理目标适应工程建设合同的总体要求。

除法规、合同明确的招标、施工管理、试运行、验收等规定的项目工作内容外，一般要求现场机构建立项目管理责任目标体系，对工程的重点、难点、项目管理工作内容等进行细化，形成项目管理体系文件，包含项目管理制度、作业文件、工作方法等。

工程总承包单位要与工程分包施工单位、物资设备供应单位一道，采用先进的项目管理方法和项目管理技术，对项目的合同、进度、质量、费用、HSE（安全、职业健康与环境）、资源管理、沟通与信息和风险等进行有效管理，与参建各方通力合作，完成项目管理规定和隐含的项目管理目标，促成业主单位、地方属地各级政府等相关方满意。

山区风电场项目建设管理与人员配置应有别于常规风电场项目管理方式，根据工作需要及现场条件，及时调整并配置大件运输、设备吊装工程师、设备安装管理工程师等，包括其他有经验的专业人员，满足技术指导、应急处理等管理工作需要。

围绕合同约定的建设目标协调工作内容，须过程分析目标关系及措施合理性，控制偏差，协调有力。

1）进度、质量和费用控制目标管理

建立并落实生产管理、技术质量管理体系，落实重点工序的跟踪、值守管理，保证工序进度受控制；开展试验检测，分析施工质量保证率；定期对工序质量、班组进行考核，落实质量问题闭合程序管理；开展多种形式的质量活动，提高施工质量保证率。

山区风电场施工关键线路管理一直是项目管理的重点工作，特别是对民风民俗的了解与尺度掌控，解决影响关键线路推进的棘手问题、卡脖子问题，需要发挥项目人员的主观能动性，以保证有效施工时间。

施工过程，遇到地质条件、材料物资及设备供应等施工管理事务，充分利用信息化系统管理的方法，运用现代项目管理软件等做好分析，增加施工过程工序分析，找出关键技术问题、协调问题，采取合同履约督促措施，保证控制有效。

按月对已完成、质量合格的工程进行准确计量，并按合同中的支付节点或《工程量清单》的项目分项，提交工程量月报表和有关计量资料，催促按照约定拨付进度款，保证项目有充足的资金流。

当外部影响因素导致进度、质量和费用管控成为突出矛盾，并关系到关联单位的利润时，山区风电场业主单位（建设管理责任单位）应予以重点考量两者之间的协调合理性、兼顾统一。

2）安全、环水保施工及目标管理

明确工程建设安健环管理目标，建立安健环管理体系，开展安键环风险因素的识别与评价。工程分包施工单位的安全工作、体系一并纳入日常管理。

有效运行管理体系，落实分管负责人、专门的管理部门及专职、兼职人员日常检查的方式。

安全管理推进标准化管理模式，定期考评，检查安全投入情况。

对道路施工、风电机组基础开挖、浇筑、大件设备运输、风电机组吊装等需落实专项安全方案或措施，对大件设备运输、风电机组吊装有专门的应急预案。

做好环水保工程的管理策划，按照环保水保同时实施，发现环保水保施工的问题立即督促整改落实。水保环保考核按年度汇总评价达标情况。

3）合同管理及成本控制

山区风电场建设合同条件变化属于大概率事件，需要重视过程基础资料的收集整理，方便项目施工效率评价。因处理工程地质问题或外围条件提供等原因产生了变更项目，应根据收集的过程资料及时提交变更申请。相关背景及支撑资料包括：部分措施对施工程序和施工进度计划目标的影响，对施工手段、施工资源配置的影

响，对投标报价的合理预期的影响等，明确变更费用支付的依据与数据。

重大合同条件变化产生的索赔商务问题，宜通过协商解决。以合同管理、内部分工为基础，落实成本控制分级管理，确保成本合理、可控制。

4）工程技术与验收管理

重点工作包括设计细化方案的制定及实施过程中的设计变更管理，施工组织设计制定与施工技术交底管理，做好工程技术档案整理工作。

山区风电场工程复杂的外部条件会导致技术管理复杂、要求高，特别是存在岩溶、采空区或软基等风电机组地基，应重点做好施工组织设计修订、补充专项方案，明确相应技术措施，必要时组织专家咨询，成立工作组，做好现场试验，加强四新技术使用试验与评审管理等。

宜建立专门的档案管理机构，编制档案管理办法，按档案管理要求及时、全面、真实收集、整理过程档案资料，以分部、分项工程为单位，及时开展预组卷工作。在合同完工验收时，及时组卷、移交工程档案。

5）协调管理

内部协调即机制的运行按照制度分工执行、检查改进，明确责任人及专门规定工序协调、材料核销协调等工作。

外部协调是合同履约的重要工作，重点内容包括征地或手续办理的协调、物资材料供应的协调、监理或第三方检验的协调、带电检验试验与试运行协调、涉网试验及协调、环保水保工作协调、资金拨付的协调等，根据需要还可增加专业协调管理、协调专函管理的内容。外部协调通过周例会、专题会议进行协调，必要时申请合同协商方式对重要事项进行明确。

外部协调是履行合同的延伸工作，依据不同的建设模式、合同约定条件，部分项目建设将征地协调、开办手续办理、环保水保审查、项目验收组织、入网手续办理等外围协调事务纳入工程总承包合同范围内。对外部协调事务多的建设项目，如何实现协调有力、有序、有效，一直是建设各方共同研究的事项。工程总承包单位及现场机构要充分认识协调任务的难度及可能对履约的影响，做好项目工作策划，明确应对的专项措施，以实现快速施工为动力，研究地域习惯，充分依靠地方政府减少施工干扰；分析项目实施的可行性，合理配置资源，保证项目高效率实施。协调事务多的项目，协调会是重要的日常工作。

6）信息管理

山区风电场施工信息管理可利用网络、办公系统等信息化平台，建立电子文档及纸质文件，定期对开挖方量、混凝土浇筑量、基础处理日完成量等进行统计并传递信息，遵照合同约定或建设过程中议定的以日、周、半年、年度方式提供专项信息。

信息管理工作由专门的部门或人员收集工程信息并负责传输工作，项目机构建立完善信息系统，保证可查询、可追索。

适应绿色施工、智能建造技术应用需要，应配置专业人员，开展智慧工程建设管理工作，体现行业发展特色，跟进山区风电场数字技术应用。

2.2　项目建设管理模式

■ 2.2.1　风电场项目建设管理模式

中国风力发电建设工程有多种项目建设管理模式，业主单位可以委托专业的管理机构对工程建设进行管理，也可以自行组建项目管理机构对项目建设进行管理。随着风资源变化，风力发电建设工程由平原地区（特别是三北地区）向山区转移，山区风电场建设受地形条件、气候条件叠加影响，开发难度加大。如何有效施工，如期履约，需要设计、采购、施工更紧密配合，对传统的平行发包建设模式带来新的挑战。

风电场建设初期，行政主管单位牵头推行传统管理模式，即设计—招标—建造模式的顺序建设（中国鲁布革水电站工程建设模式）；在风电场大规模建设的近20年间，前阶段建设工程设计工作由设计单位完成，工程建造由专门的施工单位完成。风电场大规模建设的后阶段，跟随水利、市政工程建设的大趋势，越来越多管理模式不断创造出来，这就有了风电工程采用非平行发包管理模式，如PM、EPC等模式。

2.2.1.1　平行发包模式（DBB模式）

平行发包（Design-Bid-Build，DBB）模式是一种传统的建设模式，在国际上比较通用，世界银行、亚洲开发银行贷款项目和采用国际咨询工程师联合会（FIDIC）合同条件的项目均采用这种模式。

此种模式强调工程项目的实施必须按"设计—招标—建造"的顺序方式进行，只有当一个阶段结束后，另一个阶段才能开始。采用这种方法时，业主单位与勘察设计单位签订专业服务合同，设计单位负责提供项目的设计和施工文件。在设计机构的协助下，通过竞争性招标将工程施工任务交给报价和质量都满足要求且具备资质的投标人（工程总承包单位）来完成。在施工阶段，设计专业人员通常担任重要的监督角色，是业主单位（建设单位）与工程承包单位沟通的桥梁。工程建设 DBB 模式下的建设各方角色如图 2-2-1 所示。

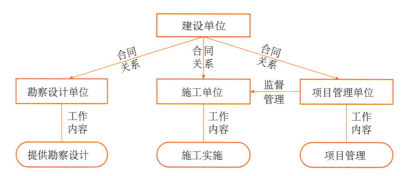

图 2-2-1　工程建设 DBB 模式下的建设各方角色

DBB 模式具有以下优点：

（1）这种模式长期、广泛地应用于世界各地，因而管理方法成熟，设计、施工各方对有关程序都熟悉。

（2）业主单位可自由选择设计人员，便于控制设计要求，施工阶段也比较容易掌控设计变更。

（3）可自由选择监理单位监理工程。

（4）可采用各方均熟悉的标准合同文本（如 FIDIC "施工合同条件"），有利于合同管理和风险管理。

DBB 模式的缺点如下：

（1）项目设计—招投标—建造的周期较长，监理工程师对项目的工期不易控制。

（2）管理和协调工作较复杂，业主单位管理费用较大，前期投入较高。

（3）对工程总投资不易控制，特别在设计过程中对"可施工性"考虑不够时，容易产生变更，从而引起较多的索赔。

（4）出现质量事故时，设计和施工双方容易互相推诿责任。

传统施工模式强调的是，在招投标之前，设计图纸已经完成，业主单位对项目的费用已心中有数，因此，通过招投标的方式来竞争价格对业主单位极为有利。这是传统发包模式的主要优点。然而，只有满足了如下的条件，这种发包模式才可能运作正常：设计工作在招投标前已经完成，设计单位对该项目的施工工艺了如指掌，在施工阶段不会发生重大的设计变更。

2.2.1.2　设计—施工总承包模式（DB 模式）

设计—施工总承包（Design-Build，DB）模式，是由工程承包单位提供设计和施工服务，并对工程全过程的造价、工期、质量负责。根据发包时所包括的内容不同，DB 模式可细分为施工图设计—施工、初步设计—施工、方案设计—施工等几种类型。

DB 总承包模式的基本出发点是促进设计与施工的早期结合，以便发挥设计和施工双方的优势，缩短建设周期，提高建设项目的经济效益。然而，并不是什么样的建设项目都适用的，DB 模式适用的建设项目如下：

第一类，简单、投资少、工期短的项目。该类工程在技术上（不论是设计，还是施工）已经积累了丰富的经验。当采用固定总价合同时，业主单位便于投资控制，工程承包单位的费用风险亦较小。工程承包单位可以发挥设计、施工互相配合的优势，较早为业主单位实现项目的经济效益。适用这种类型的工程，例如普通的住宅建筑。

第二类，大型的建设项目。大型建设项目一般投资大、建设规模大、建设周期长。在美国，采用 DB 模式的项目市场份额已达到 45%，其中很大一部分是大型建设项目。这就要求工程承包单位重技术、重组织、重管理，进而提高自己的综合实力。适用这种类型的项目，例如大型住宅区、普通公用建筑、市政道路、公路、桥梁等。工程建设 DB 模式下的建设各方角色如图 2-2-2 所示。

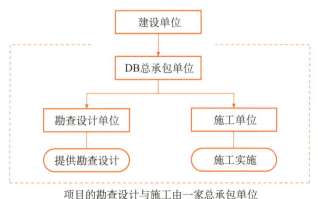

图 2-2-2　工程建设 DB 模式下的建设各方角色

DB 模式具有以下优点：

（1）单一责任制。因为业主单位只和设计—施工总承包单位签订合同，使得工程出现质量事故责任明确。

（2）降低了整个项目的工期。因为业主单位可以比较早地进行招标，确定总承包单位，这样工程承包单位就能够边设计、边施工，项目就可在较短的时间内完成。

（3）减少业主单位多头管理的负担。

（4）由于设计—施工总承包模式往往采用固定总价合同，有助于业主单位掌握相对确定的工程总造价。

（5）工程承包单位在设计时，会很自然考虑到建设项目的可施工性。

（6）工程承包单位在保证工程项目功能的前提下，发挥自己的技术优势和集成化管理优势，降低工程成本，提高劳动生产率。

（7）增加了设计—施工工程承包单位的风险，索赔的机会相应降低，同时，业主单位承担的风险也相应减少。

（8）业主单位对设计和施工的控制性相对传统模式会减小。

（9）招标与评标相对传统模式复杂得多，要求业主单位在前期筹划阶段要做好充分的准备。DB 模式对业主单位的管理水平及协调能力要求极高，需要业主单位人员具有极强的项目监督能力；同时也要求工程承包单位经济技术力量雄厚、抗风险能力强，并能提供综合设计和施工管理与实施工作。

DB 模式具有以下缺点：

（1）对最终设计和细节的控制能力较弱。

（2）设计单位的设计方案对工程经济性有很大影响，在 DB 模式下工程承包单位承担了更大的风险。

（3）质量控制主要取决于业主单位招标时技术规范书的质量，而且工程承包单位的水平对设计质量有较大影响。

（4）推出时间较短，缺乏特定的法律、法规约束，没有专门的险种。

（5）方式操作复杂，竞争性较小。

2.2.1.3　项目管理模式（PM 模式）

PM（Project Management）翻译为项目管理，具有广义和狭义两方面的理解。广义的 PM 泛指为实现项目的工期、质量和成本目标，按照工程建设的内在规律和程序，对项目建设全过程实施计划、组织、控制和协调，以项目目标为导向，执行管理各项基本职能的综合活动过程。

狭义上理解，PM 通常是指业主单位委托建筑师、咨询工程师为其提供全过程项目管理服务，即由业主单位委托建筑师、咨询工程师进行前期各项有关工作，待项目评估立项后再进行设计，在设计阶段进行施工招标文件准备，随后通过招标选择承包单位。项目实施阶段，有关管理工作也由业主单位授权建筑师、咨询工程师进行。建筑师、咨询工程师和承包单位没有合同关系，但承担业主单位委托的管理和协调工作。

PM 模式的适用范围非常广泛，既可应用于大型复杂项目，也可应用于中小型项目；既可应用于传统的 D+D+B（设计—招标—建造）模式，也可应用于 D+B 模式和非代理 CM 模式；既可应用于项目建设的全过程，也可以只应用于其中的某个阶段。工程建设 PM 项目管理模式各方关系如图 2-2-3 所示。

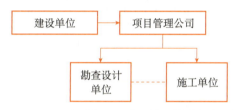

图 2-2-3　工程建设 PM 项目管理模式各方关系

业主单位将项目管理工作委托给专业化的 PM 单位，既减轻了业主单位的工作量，又提高了项目管理的水平，而且委托给 PM 单位的工作内容和范围比较灵活，业主单位可根据自身情况和项目特点有针对性地选择。

PM 单位受业主单位的委托进行项目管理，代表业主单位利益；PM 不承包工程，是业主单位的延伸约定。因为 PM 在性质上不属于承包单位，在项目组织中可获得较高的工作地位，可以有效地对设计单位、监理单位及其他承包单位发布有关指令；当工程管理和技术上产生歧义时，PM 单位与设计、监理、施工、供货等单位沟通更显公平公正，且容易达成目标上的一致。

采用 PM 模式发包的项目一般具有以下特点：

（1）项目庞大、工艺装置多而复杂。

（2）业主单位项目管理人力资源短缺。

（3）业主单位缺乏项目管理经验。

（4）项目工期紧急。

实际上，在工程建设阶段，PM 单位对工程单位（如设计、监理、施工等）及施工过程进行管理，也需要对移民征地、外部条件等非工程方进行管理。但 PM 单位基本按照业主单位的授意，仅对建设主体进行管理，涉及外部事务则站在了局外人的角度观望，无论是工程分包施工单位或是工程总承包单位，这种模式都没有传统模式那样可等待业主单位提供帮助的空间。

2.2.1.4 工程总承包模式（EPC 模式）

《建设项目工程总承包管理规范》（GB/T 50358—2017）中对工程总承包的解释为：依据合同约定对建设项目的设计、采购、施工和试运行实行全过程或若干阶段的承包。

工程总承包（Engineering Procurement Construction，EPC）模式是承包单位风险较高的一种承包管理模式，因此，业主单位一般将合同定为具有设计和施工资质的单位或联合体承担，承包单位为获得较高的效益和避免风险，也采用强强联合模式承担该项工作。工程建设 EPC 模式下的建设各方关系如图 2-2-4 所示。

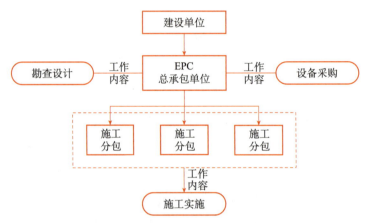

图 2-2-4　工程建设 EPC 模式下的建设各方关系

EPC 建设管理模式的特点如下：

（1）业主单位把工程的设计、采购、施工全部交给工程总承包单位负责组织实施，业主单位只负责整体的、原则的、目标的管理和控制，工程总承包单位更能发挥主观能动性，能运用其先进的管理经验和技术能力为业主单位和工程总承包单位自身创造更多的效益。

建设过程减少了设计、采购、施工各环节间协调工作量，有利于材料及设备供货单位及施工方对设计意图的了解和熟悉，更有利于提高工作效率。

（2）由于采用的是总价合同，基本上不用再支付工程量增加、项目增加等一般变更导致索赔及追加的项目费用，有利于投资控制（重大设计变更、国家和行业法规定的调整、非工程外界因素规定的调整除外），项目的最终价格和要求的工期相对于平行承发包模式具有更大程度的确定性。

（3）业主单位相对平行承发包模式下的工作量少，可弥补业主单位管理、技术力量薄弱的不足，减少业主单位协调工作量和人员配置；业主单位管理工程的参与度降低，不能对工程设计、采购具体过程进行掌控。

（4）建设工程质量安全责任主体明确，有利于工程质量安全责任的确定，把工程质量安全责任落到实处。

（5）工程总承包单位对整个项目的成本工期和质量、安全负责，加大了工程总承包单位的风险，工程总承包单位为了降低风险且获得更多的利润空间，可能会采取"借助调整设计方案"的办法来达到降低成本的目标，从而导致工程综合潜在安全度和潜在功能降低。

2.2.1.5　建设管理模式适应市场的思考

1）总承包模式的内涵改变

根据工程规模的不同，还可以采用设计—施工总承包、采购—设计总承包等承包模式。

随着我国风电在"十三五"期间经历补贴退坡，直至 2020 年过渡到平价开发，风电建设业主单位的专业化水平程度也在不断提升。叠加近年来国内环保政策的加强，对建设业主单位精细化管理要求也更加严格，粗放式的开发模式已无法满足当地和行业的相关标准。近年来，随着世界范围内的风力发电市场的迅猛增长，风力发电技术也有了长足的发展，大容量 2.5～6.25MW 机组也已大规模商业化，目前世界范围内的平均单机容量 3MW 风电机组普遍使用机型，并陆续向更大容量机组发展的趋势。在风电发展的新形势下，风电建设业主单位根据风电新技术的发展，结合当地的资源状况，与风电机组厂家保持了良好沟通，建立长效沟通机制，进行项目储备及开发。

考虑市场条件、控制投资造价、与风电设备厂家的战略合作框架，建设业主单位在工程招标阶段就已固化了设备采购的相关内容，总承包单位在采购方面的话语权实际上受到限制。目前，风电工程建设总承包更多采用的是 EPC 总承包模式，工程建设总承包单位在项目立项后通过公开招标方式获得项目，总承包单位需要在已批复的可行性研究报告基础上进行设计方案优化，更多采取工程施工技术改进，加强工程建设管理，建立良好的工程施工协作等方式、方法，才能赢得更大的利润空间。

2）项目管理与总承包的融合还有待试验

项目管理承包（Project Management Contractor，PMC），指项目管理承包单位

代表业主单位对工程项目进行全过程、全方位的项目管理，包括进行工程的整体规划、项目定义、工程招标、选择承包单位，并对设计、采购、施工、试运行进行全面管理。

在工程项目决策阶段，为业主单位提供规划咨询、项目策划、融资、编制项目建议书和可行性研究报告等服务，进行可行性分析；在工程项目准备阶段，为业主单位编制招标文件、编制和审查标底、对投标单位资格进行预审、起草合同文本、协助业主单位与中标单位签订合同等；在工程项目实施阶段，为业主单位提供工程设计、采购管理、施工管理、初步设计和概预算审查等服务；在工程项目竣工阶段，为业主单位提供财务决算审核、质量鉴定、试运行、竣工验收和后评价等服务；代表业主单位对工程项目的质量、安全、工期、成本、合同、信息等进行管理和控制。项目管理承包企业一般应当按照合同约定获得相应的劳酬、奖励，以及承担相应的管理风险和经济责任。

但是，目前实施的 PMC 模式不是上述定义上解释的 PMC 模式内容，演变为项目管理 PM+（采购、施工）总承包模式，项目管理承包单位通过设计管理控制和招标选择施工、材料与设备方，施工、材料与设备方成为项目管理承包单位的分包方，项目管理承包单位的利益与设计方案控制、施工、材料、设备供货单位的利益息息相关，带有设计施工总承包性质。

风电场建设目前还不能全面实行 PMC 建设模式全面建造，特别是区别于规模建设与分散式风电场的外围环境协调，多种条件不能没有建设业主单位的影响力。

■ 2.2.2　山区风电场项目建设管理模式的选择

2.2.2.1　工程总承包在国内的发展

我国提倡建设工程采用项目总承包管理模式，起源于基本建设管理体制的改革。1984 年，建设部行文推进工程项目总承包试点，开启了工程项目 EPC 总承包模式探索之旅。工程项目 EPC 总承包经历试点、推广、全面推进等三个阶段，历时 40 多年，建设部 2003 年《关于培育发展工程总承包和工程项目管理企业的指导意见》、2005 年《建设项目工程总承包管理规范》的颁布实施，标志着工程项目总承包进入了一个新阶段。项目总承包模式发展过程稳步，在我国电力、石油、化工等业界取得了公认的成绩。

2.2.2.2　EPC 成为山区风电场工程建设的最佳选择

建设工程的传统建设管理模式，对项目安全、进度、质量、成本等方面的控制、管理，存在不同程度的弊端，项目管理达不到预想效果。随着国家基础建设开发规模日益增大，缩短项目审批时间、加快建设工期、提前投产等需求日益迫切。

与传统建设模式相比，EPC 总承包单位负责整个项目的实施过程，不再以单独的分包单位身份建设项目，有利于整个项目的统筹规划和资源协同，能够最大限度地发挥工程项目管理各方的优势，实现工程项目管理的各项目标。EPC 总承包与传统的建设模式相比具有表 2-2-1 所述的优势。

表 2-2-1　工程项目 EPC 总承包与传统建设模式对比表

序号	对比因素	传统模式	工程总承包模式 EPC
1	责任主体	多个责任主体	主体较单一
2	适用范围	工程简单，建设进度要求不高的项目	规模较大，工期要求高的项目
3	主要特点	设计、采购、施工由不同工程承包单位承担，按顺序进行	工程总承包单位承担设计、采购、施工任务，各项工作统筹交叉进行
4	设计主导作用	难以充分发挥	较容易充分发挥
5	设计采购施工协调性	业主单位统一协调	总承包单位统一协调
6	工程总成本	比工程总承包高	比传统模式低
7	工程总造价	不容易确定	较容易确定
8	投资收益	比工程总承包差	比传统模式好
9	设计与施工进度控制	协调控制难度大	能实现深度控制
10	招标形式	公开招标	公开、邀请招标
11	承包单位投标准备	容易	比较困难
12	工程承包单位竞争力	竞争较充分	竞争性稍弱
13	风险承担	各方共同承担	工程总承包单位承担较多
14	业主单位项目管理费用	较高	较低
15	业主单位参与项目管理深度	参与较深	参与较浅

风电场建设工程前期，同样经历了相同过程。随着满足地方经济发展需求和区域不均衡发展的需要，中央企业加大风力发电项目投资力度，使得风力发电技术更

新迭起，风力发电项目的建设管理模式也不断完善、创新，相较需求更加突出。

山区风力发电项目与平原风电场相比，既有共性，更有独特个性，与其他行业工程、建设工程相比，自身特点相较甚远。在保证项目开发建设的安全与质量前提下，降低投资成本，提前实现发电目标，产生更多的发电效益是业主单位关注的问题；通过分析国内风力发电项目现状，剖析风力发电项目 EPC 总承包模式存在的实际问题、产生问题的原因，明确需要改进的方向和管理目标；针对特殊社会条件、地形地质条件，进一步完善项目计划、组织、资源、沟通、风险管理等方面的优化策略，是时代需要。

1）风电场工程项目EPC总承包与传统建设模式的比较

（1）工作开展程序不同。传统建设模式的工作程序：先进行建设项目的设计，待施工图设计结束后再进行施工单位招标投标，然后再进行施工，如图 2-2-5（a）所示。采用EPC工程总承包模式，施工由总承包单位承担或者采用专业分包等方式，不依赖完整的施工图，当完成一部分施工图就可对其进行招标，如图 2-2-5（b）所示。由图可以看出，EPC 总承包模式可以在很大程度上缩短建设周期。

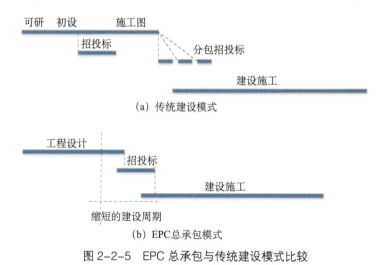

（a）传统建设模式

（b）EPC总承包模式

图 2-2-5　EPC 总承包与传统建设模式比较

（2）合同关系。正如前述，传统建设模式的合同由业主单位与承包单位分块签订合同，而当采用 EPC 总承包模式时，由总承包单位与工程分包施工单位直接签订合同。传统建设模式及 EPC 总承包模式合同关系如图 2-2-6 所示。

（3）承包单位的选择和认可。一般情况下，当采用传统建设模式时，承包合同由业主单位与承包单位直接签订，业主单位对承包单位的选择具有完全主动性，但是要承担承包单位无法完成承包任务的管理责任。而当采用 EPC 总承包模式时，工程分包施工单位由工程总承包单位选择，由业主单位认可，工程总承包单位承担全部管理与施工责任。在采用 EPC 总承包模式下，部分业主单位在招标时也明确对部分关键设备（如风电机组、主变压器、箱式变压器等）采用甲供或三方协议模式，以强化工程分包施工单位的选择权。

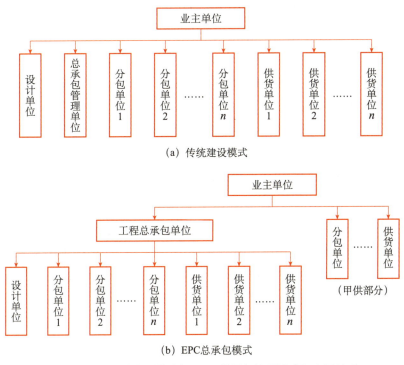

图 2-2-6 传统建设模式与 EPC 总承包管理模式下合同关系

（4）对分包单位的付款。传统建设模式由业主单位直接支付各个分包单位的工程款项；采用工程总承包模式时，对各个分包单位的工程款项一般由总承包单位负责支付。

（5）对分包单位的管理和服务。传统建设模式由业主单位负责对现场施工的总体管理和协调，也要负责向分包人提供相应的配合施工的服务。工程总承包单位既要负责对现场施工的总体管理和协调，也要负责向工程分包施工单位提供相应的配合施工的服务，对于可以共同使用的设施（如搭设的脚手架、临时用房等），可以由总承包单位协调。

2）工程总承包管理的工程造价优势

EPC 总承包合同中一般采用固定总价合同，在项目可行性研究的基础上由总承包单位进行初步设计和施工图细化设计，由业主单位对设计方案进行审查，对于建设条件复杂的风电场，特别是山区风电场具有明显的优势。工程总承包模式与传统建设模式相比，在合同价方面具有以下特点：

（1）EPC总承包模式采用设计、采购、施工一体化，减少中间环节，有效解决设计与采购、设计与施工、采购与施工之间的衔接沟通问题，减少造价管理的参与方，提高造价管理的效率，使得设计方案、采购的物资、施工方案更加符合项目需求。

（2）EPC总承包模式下，业主单位将项目设计、采购、施工任务总承包给EPC承包单位，将建设期间的安全、质量、费用与工期风险最大限度地转移给EPC承包单位，减少业主单位造价管理的风险种类，降低业主单位造价管理的风险。而总承包单位通过优化设计方案、选择优质工程分包施工单位、加强项目管理等手段，降低自身建设成本管理风险。

（3）由于EPC总承包模式采用的是固定总价合同，工期确定，即业主单位的投资金额与工程的工期明确，有利于业主单位对不确定风险的造价控制，有利于业主单位对项目的工期进行控制。EPC总承包单位则可以通过更加合理的设计方案和施工方案节约建设成本，提高工程利润率，达到双赢的目的。

（4）EPC总承包模式下业主单位不用签订多个施工及采购合同，节约合同管理的人工成本与时间成本，减少合同管理的风险，即减少造价管理的风险，使人员从繁杂的合同管理中脱离出来，可以将更多精力放在影响项目目标顺利达成的主要风险上，确保项目按时保质完成。

3）总承包管理的法定责任义务

EPC总承包管理单位除进行设计、采购与施工的管理和协调工作外，还要对建设项目目标控制承担责任。工程总承包单位承担对工程分包施工单位的质量和进度进行控制的责任，并负责审核和控制分包合同的费用支付，负责协调设计、供货、施工等各分包单位的关系，负责各个分包合同的管理。因此，在组织结构和人员配备上，工程总承包管理单位要有安全管理、费用控制、进度控制、质量控制、合同管理、信息管理和进行组织与协调的机构和人员。

2.2.2.3 EPC总承包模式下的项目管理体系建设

1）履约体系内容构成

（1）建立工地项目管理机构，并随施工进展对项目管理工作要求不断调整、充实和完善。

（2）完善工地项目管理岗位与项目管理工作制度，建立项目管理岗位责任制，并随施工进展对项目管理工作要求不断调整、充实和完善。

（3）为工地项目管理工作的开展配置足够合格的现场管理人员、技术岗位人员、工作场所、物品、设备、设施等所需的资源，并随施工进展不断调整、充实和完善项目管理工作要求。

（4）完善工程技术、施工质量、施工进度计划与施工资源、合同商务、安全生产、施工环境保护、文明施工、施工记录资料与工程文档等合同履约管理规定，及劳动用工管理、劳动保护与职业病防治管理、社会治安管理等现场基础管理制度，并随工程建设进展，对相应阶段项目管理工作要求进行调整、充实和完善。

风电场建设《通用合同条款》"治安保卫"明确：除合同另有约定外，工程总承包单位应与当地公安部门协商，在现场建立治安管理机构或联防组织，统一管理施工场地的治安保卫事项，履行合同工程的治安保卫职责。业主单位和工程总承包单位除应协助现场治安管理机构或联防组织维护施工场地的社会治安外，还应做好包括生活区在内的各自管辖区的治安保卫工作。除合同另有约定外，工程总承包单位应编制施工场地治安管理计划，并制定应对突发治安事件的紧急预案，报监理单位批准。自工程总承包单位进入施工现场，至业主单位接收工程期间，施工现场发生暴乱、爆炸等恐怖事件，以及群殴、械斗等群体性突发治安事件的，业主单位和工程总承包单位应立即向当地政府报告。业主单位和工程总承包单位应积极协助当地有关部门采取措施平息事态，防止事态扩大，尽量减少财产损失和避免人员伤亡。

2）履约体系基本要求

合同工程开工前，工程总承包单位应按工程总承包合同约定，建立工地项目管理机构、履约体系，并随施工进展逐步健全和完善。合同明确工程分包施工单位承担相应工作的，督促其完善配置。

（1）应设立满足要求的专职的施工质量管理、施工质量检测机构及合格管理人员，设置满足施工质量检测要求的工地试验室、施工测量队。

（2）应设立满足要求的专职的施工资源管理、施工进度计划管理机构及合格管理人员。

（3）应设立满足要求的专职的安全生产、文明施工、施工环境保护管理机构及合格管理人员。

（4）应设立满足要求的专职的合同商务管理机构及合格管理人员。

（5）应按工程总承包合同约定的程序、方法、检测内容与检查频率，做好工程施工质量控制、检测、检查和质量记录的管理，并接受项目管理机构或监理机构的检查与监督。

项目管理人员、施工质量检查人员、安全生产监督人员、施工测量与检测试验人员，以及主要技术工种人员均应具备符合工程总承包合同约定和要求的资格。这种资格和技术认证证书应是由政府主管机构颁发的或是符合工程承建合同约定的。

3）履约体系自我建设与接受检查

（1）设计义务。风电场建设《通用合同条款》"工程总承包单位的设计义务"：工程总承包单位应完成本工程的勘察、设计并对其负责。工程总承包单位承担项目的初步设计阶段和施工图设计阶段的勘察与设计，勘察、设计文件应由有相应资格的专业人员编制、审核、批准。负责组织施工图报审、招标技术规范书编制，组织开展设计联络会、设计提资、施工图优化、施工图会审、竣工图纸编制、各设计阶段经济效益测算和财务分析等工作。其中，设计变更、材料代用应按业主单位管理规定执行，必须经过业主单位审批。

工程总承包单位应主动承担自然体系运行检查与管理内容，完善内审程序，保证设计产品合规、质量受控制。

（2）《工程施工组织设计》调整、补充、优化与完善。投标时应根据项目施工的气候条件、环境、工程内容和工期要求，在投标文件中详细描述施工组织设计方案。

通常，风电场工程施工组织设计因建设阶段不同，反映出不同的特点，具有不同的深度，其作用也不同。工程实施阶段的《施工组织设计》，则是对符合实际的回归。不同项目建设阶段，《工程施工组织设计》的功能特性分析见表2-2-2。

表2-2-2　风电场项目建设不同阶段《工程施工组织设计》的功能特性分析

阶段	编制人	功能或目标	编制依据	评价基准
可行性研究	委托设计人	投资项目选择与评价	当前社会平均价格、效率或先进施工企业所普遍能达到的水平	切实、可行
投标	投标人	响应招标文件并谋求中标	尽可能响应业主单位期望的投标人施工成本和自身努力达到的水平	可比、中标
工程实施	建设管理单位	保证合同切实履行，保障施工有序进展，促进合同目标更优实现	符合合同支付价格、现场建设条件和工程总承包单位实际所能实现的施工水平	切实、可靠

工程招标阶段，投标人向招标人递交了招标项目施工组织设计。鉴于工程招、投标和签约过程中可能发生的合同商务和技术条件变化，或在合同工程开工准备期

间所发生的工程条件与施工条件的变化，为使合同工程项目施工组织设计能更切合实际并适应所发生的合理变化，工程承建合同签署后，工程总承包单位依据在投标澄清、合同签订过程中合同双方所做出的解释和承诺，针对工程实施和其自身施工条件变化，以及依据工程项目的施工特性、施工方案、工程承建合同要求的施工项目管理水平和合同目标，对投标阶段向业主单位报送的投标项目施工组织设计进行必须或可能的完善、优化与调整，并报送业主单位及监理机构批准，使其更符合实际和利于落实执行，避免工程开工不久就出现施工无序、进度失控、合同纠纷不断的被动局面。

2.2.2.4　EPC 模式下的项目策划工作

EPC 模式下的项目策划，重点明确技术、质量、费用、进度、HSE 等管理目标，并制定相关管理程序、控制指标；确定项目管理模式、组织机构和职责分工；制订资源（人、财、物、技术和信息等）配置计划；制定项目协调程序和规定；制订风险管理计划；制订分包计划。

项目管理计划包括明确管理目标；分析实施条件分析，明确管理重难点；复核、修改、确认投标文件中的项目的管理模式、组织机构和职责分工。项目管理计划应明确项目实施的基本原则、项目联络与协调的程序、资源配置计划。

针对风电场建设特点，项目管理应开展风险分析与对策，明确合同管理工作重点。

以项目管理计划为基础，进一步补充、深化、落实管理计划决策意图，明确项目实施计划，制定具有可操作性的措施，其主要包括项目概况、总体实施方案、项目实施要点及初步进度计划等内容，具体如下（包括但不限于）：

（1）项目目标、项目组织形式、项目阶段的划分；项目工作结构分解；项目实施要求，沟通与协调程序；项目分包计划。

（2）项目实施内容明确：设计实施要点；采购实施要点；施工实施要点；试运行实施要点。

（3）管理控制内容：合同管理要点；资源管理要点；质量控制要点；进度控制要点；费用控制要点；HSE 管理要点；沟通和协调管理要点；文件及信息管理要点。

（4）财务制度与风险管理内容：明确财务管理要求，资金使用要求；确认合同管理、工程管理风险事项，明确应对措施。

（5）初步进度计划：收集相关原始数据和基础资料，制定项目管理规定。制订项目总体计划、项目进度计划、项目设计计划、项目采购计划、项目施工计划、项

目试运行计划、项目费用计划。

总体来说，签订分包合同，积极筹措、促成项目开工，落实进度、质量、投资合同目标控制，开展安全、职业健康、环保水保措施落实管理，实现合同目标。期间负责组织主要设备材料采购，保证施工项目安装需要。

条件具备时，开展分部分项工程、单位工程验收，开始试运行。经试验检查，确认推动工程移交，完善移交手续。

根据工程进展，推动工程完工验收，条件具备时，推动竣工验收、竣工结算。

2.3　技术管理

风电场工程风电机组单机容量越来越大，基础型式多种多样，塔架由钢体塔筒发展到预制混凝土塔筒等，特别统筹山区风电场的大件运输与吊装、混凝土施工、机电设备安装技术继承传统又与时俱进创新，对风电场建设的技术管理呈现逐步推高趋势。对于山区风电机组地基处理、场区道路设计或变更、送出线路设计或变更等则代表着其技术特点及技术先进性。

■ 2.3.1　山区风电场技术管理特点

1）设计融合性管理特别重要

山区风电场场区偏远、分散、高陡，加上复杂气象条件，机组机位多位于孤立的山头或者山脊，地基条件差异大、结构混凝土浇筑工艺要求高，道路布置、施工供应困难。从微观选址到道路和机组平台设计，再到地基处理方案和结构设计等，很大程度决定实施的经济性，也决定风电机组、建筑工程、集电线路、交通工程等设计成果的合理性或者可实施性。

风电场建设周期短，建设管理过程中需要将施工与设计（包括设备生产厂的设计）高度融合，可有效避免出现设计供应不及时、设计富裕度大、设计变更多等问题。

2）施工应急技术措施特别重要

山区风电场场区偏远、分散、高陡，施工临时设施布置规模小、分散；道路路面较窄，且坡度较陡加上气候条件复杂，应急处置组织困难，突击性、高强度应急处置态势难以短时间形成。除避免应急事件发生外，应急技术管理、应急装置、应急措施合理性特别重要。从技术保障出发，基础混凝土浇筑避免因气候中断，大件运输不因道路坡度、湿滑影响通过，吊装作业避免受外界影响等特别重要；否则，除处理费用高以外，有的事件不可逆转，事后补救无效。

3）对大件运输技术要求较高

山区风电场场区偏远、分散、高陡，场内道路多为重新修建，道路宽度不够大，因场内道路战线长，路面硬化成本高，多为泥结石路面，路面平整度相对较差；坡度陡（个别路段达 20%），转弯多，部分路段面临万丈深渊。当大件运输重量达 200t（机舱重达 150t、含车辆自身重量）、叶片长达 90m，对运输车辆动力、性能要求和大件的捆绑技术等均提出了较高的要求。大件运输需要完善设备配套、试验运输，防止设备滑落、机具和人员受损，是建设管理的成本控制工作，更是大件运输安全技术管理的重头戏。

2.3.2　设计管理

工程是设计思想与施工技术的结晶，设计产品应体现功能要求，设计工作、设计产品进度需要适应工程建设阶段、施工总进度计划的要求；风电场工程设计应与施工最大限度整合，体现工程总承包建设管理的合同意图。

风电场建设周期相对短，一般持续一年到一年半时间，且设备种类繁多，如风电机组叶片、机舱、轮毂、塔架、箱式变压器、主变压器、GIS、SVG、站用变压器、自动化系统等，加上山区复杂的地形地质条件，决定了山区风电场建设对设计的要求更高。

设计文件是项目管理中采购、施工和试运行各阶段工作的主要依据，风电场工程总承包建设管理负责设计联络、推进设计工作进度、按照计划供应施工图。工程总承包单位派出现场机构，授权实施设计、采购、施工的融合管理，注重设计方案实施的可行性和经济性，促进设计与施工的紧密结合，保障项目履约顺利、挖掘效益，从而实现在确保质量的情况下以更低的费用实现建设目标的意图。

1）设计管理体系

根据工程总承包合同约定对设计施工图、设计变更文件提供实行计划管理。

针对合同约定管理要求，组织以工程总承包单位专家团队、业主单位人员、监理机构人员、工程总承包单位现场机构人员共同对设计工作进行管理，协调联络，保证各项工作开展，提供可靠产品质量。

2）设计管理程序

（1）复核微观选址内容。山区风电场场区偏远、分散、高陡，加上复杂气象条件，在微观选址时，部分风电机组人员不能全部覆盖机位，在后续施工时，发现前往机位的道路无法修建或投资代价极高，有时不得不放弃机位。

风电机组机位布置是工程总承包单位现场机构需要与设计一起加强管理的另外一个方面。风电机组机位微观选址时，工程总承包单位现场机构应该参与，从道路布置难度大小和风电机组平台施工难度大小两个方面提出参考建议，避免风电机组机位更换，并能满足施工要求。

（2）内部或二次校审设计成果。一种总承包单位现场机构应配置综合型、专业型人才，在组织图纸会审过程中，发现与结构有关的缺陷或考虑不周全时，应通过相关渠道协调修改结构内容。部分勘测设计企业对总承包项目设计形成了"二次校审制度"，此制度的执行是由工程总承包单位技术管理部门人员、项目机构人员共同实施的，通过"二次校审制度"，将相关问题返回原成果校审体系修改，最大限度减少设计成果的结构问题、图纸错漏等问题。

（3）变更审查。对重大设计方案、设计报告或重大设计变更，经工程总承包单位初审后，组织专家审查，重大设计变更需报原审查单位审批。

3）设计管理工作重点

（1）融合性管理的基础。设计的融合性管理核心是实现设计方案和现场施工技术的融合，实现设计指导施工和施工反馈设计的良性 PDCA 循环，达到项目增值目的。一是设计管理的原则：鉴于山区风电项目建设环境的复杂性，设计管理要向前延伸，应在项目投标阶段尽早介入。设计是载体，成功的设计是对规划、合同计划、建造成本各板块综合策划的结果。二是思想的融合：各级管理人员和设计人员的思想转变和融合，要树立设计是项目实施整体策划的基础，方案的优劣直接决定了项目实施的可操作性和经济性，设计应主动融入现场施工技术管理中，针对现场的实际情况合理地设计或者调整方案，实现设计方案的最优化。现场总承包管理者需要把设计作为自身工作的一部分，充分研究设计方案，结合现场实际施工条件，保持与设计的密切联系，积极反馈。三是机制融合：要实现设计和总承包的充分融合，还需要有考核和激励机制方面制度保障，比如如何划分总承包部门和设计部门的产值问题；如何能够体现个人在融合中的价值等，均需要有相应的制度或者机制给予明确，从而提高融合的积极性。

（2）融合性管理内容。融合性管理的主要内容包括设计方案的评审、图纸供应和审查、施工方案的审查、技术交底、施工过程中的反馈等工作内容。

首先，工程总承包单位现场机构会根据项目建设工期目标要求，倒排项目各个单位工程的施工进度，根据进度提出设计成果供应的计划，包括各单位工程的详细图纸供应时间、设备技术参数的提出和确认，为设备采购提供基础依据，从而做到设计、采购和施工的协调一致。

其次，组织设计交底和图纸会审。设计蓝图到现场后，需要组织图纸会审和交底（现在都是同时开展），各参建单位就图纸上的问题向设计提出疑问，设计回答，从而解决图纸中的一些低级错误或者对一些图纸上未明确的事项或者参数进一步明确，以便现场采购材料、组织实施和验收等；设计交底则是重点向施工单位说明设计的思路和理念，明确关键工序的质量控制要求和验收要求，现场施工时可能存在的危险因素以及应对措施等相关内容，从而使施工单位能有针对性地采取施工措施，确保施工质量和安全。

最后，现场技术问题处理。经过交底后，现场开始具体实施，在实施过程中，仍可能会遇到与设计图纸无法完全保持一致的问题，需要设计现场及时解决。

（3）设计方案和经济性管理。山区风电场地形地质条件复杂，机位十分分散；又因风电场建设周期短，相应压缩设计周期，导致前期设计在短时间内并不能完全探明现场情况。

方案设计要以山区风电场总体建设目标为导向，成为价值创造的核心；在方案设计、施工图设计和深化设计三个阶段均应有体现建设成本的相关内容。

山区风电要以成本费用管理为原则，实现专业协调；以同步设计为手段，保障系统完整性和经济性；各专业间协调统一，特别是道路与设备运输、地质与基础设计、平台与吊装方案布置等方面，工程总承包现场机构负责人应联络设计人员共同加强道路和风电机组布置的可行性和经济性管理；同时，专业设计也应注重经济性，如机位布局、集电线路路径与截面选择、地基处理方案及基础方案、设备参数富余等。深化设计是精益建造的保障，在保证功能完善的前提下开展精细设计，既要解决施工现场细节问题，又要保证工程成本管控，如山区风电场特有的地形条件，无疑大大增加了大件运输道路建设的难度和投资，现场应重点对道路线路（局部调整）布置、道路坡度等如何满足大件运输做详细策划，做到既能满足大件运输要求，又可节省投资。

■ 2.3.3 工程施工技术管理

工程施工技术管理是对工程建设项目过程全部技术活动进行科学管理，是项目建设质量的重要保障。施工技术管理主要包括八个方面：工程施工技术管理体系；工程施工技术管理制度；施工图会审和施工技术交底；施工现场技术（"四新"技术）管理；施工方案的编制与评审；组织技术培训；新技术、新工艺、新材料、新产品的推广；技术文件的管理与归档等。

1）工程施工技术管理体系

项目开工前，应根据项目技术特点，建立完善技术管理体系，支撑施工工艺、工程措施合规性、可实施性体系，同时根据体系运行情况进行更新调整，使之满足技术管理需求。

工程施工技术管理体系包括项目技术负责人、项目工程管理部人员、设计人员、施工分包单位技术管理人员，体系运行依靠工程总承包单位的技术支持和监督，也接受业主单位、监理单位或监理机构以及质量监督机构的技术管理和监督。施工技术管理体系框图如图 2-3-1 所示。

2）工程施工技术管理制度

（1）技术文件学习制度。技术文件包括设计图纸、设计报告、设备技术要求、设备的有关说明书、设计规程规范等。通过技术文件的学习，了解设计意图和要求，熟悉规程规范要求，便于现场对照实施、检查对比。

（2）图纸会审和技术交底制度。通过图纸会审制度和技术交底，发现图纸中的一般性错误，明确图纸中的缺、漏事项，使施工人员最大限度地了解建筑物结构，掌握各工序施工质量控制的关键点，从而确保工程质量。

（3）设备、材料进场检验制度。严格进场设备、材料进场验收，从原材料入口环节控制品质，明确材料进场检验和验收标准，按照规程规范要求的频次抽样检验，明确不合格材料的处置方式和流程。

（4）工程质量检查和验收制度。明确验收达到的标准和要求、验收流程、各方职责等，特别是隐蔽工程验收，确保验收资料的完整性、及时性。

图 2-3-1　工程施工技术管理体系框图

（5）技术档案管理制度。明确档案的归档流程和要求，整理提供完整的基本资料，做到可追本溯源，为验收和今后的运行打下坚实基础。

3）施工图会审和施工技术交底

（1）施工图会审。施工图发送到施工现场后，工程总承包单位、监理单位、工程施工分包单位应认真审阅施工图纸，充分理解设计图纸要求和意图，对发现的图纸中的错误进行记录，为施工图会审做好准备。

①了解设计思路、意图，熟悉技术指标和质量要求。

②图纸是否有与招标技术文件要求不一致的地方，是否有不符合规程规范要求、不符合强制性要求的条款等；图纸与现场的符合性，是否存在过大的施工交叉或者干扰；图纸中的低级错误，如高程、尺寸是否有误，平面、剖面是否对应；各专业之间的图纸标注是否对应，如建筑结构尺寸与设备安装尺寸等；图纸中设备材料的性能指标是否明确、详细，满足采购要求；结构和安装的细部图是否能满足施工和安装要求。

③设计成果中是否采用"四新"技术，是否对施工措施有特殊要求，是否会增加较多的施工措施费用和材料采购费用等。

④设计图纸中是否明确提出了涉及的危大或者超危大工程的部位以及安全要求。

⑤图纸中的工程量是否存在漏项或者错误。

⑥是否有更为便于施工，且能满足招标文件、规程规范要求的结构或者方案，供设计人员参考（若有，则可以作为设计变更）。

⑦参加图纸会审的各单位可根据图纸审阅情况，向设计提出自己的疑问和建议，对于参数未明确的，请设计进一步明确。

设计人员应就各单位提出的疑问和建议作出解释或者解答，对于各方在会议上达成一致意见的内容，以会议纪要的形式记录下来，作为施工依据。涉及关键参数变化的或者型式变化的，以设计变更文件明确。

（2）施工技术交底。主要指工程总承包单位向工程分包施工单位、工程施工分包单位向施工班组的交底。

①工程总承包单位向工程施工分包单位交底：项目的基本情况，包括建设合同内容，主要建筑物和设备布置情况等；设计质量要求、标准和主要设备参数指标等；主要的施工方案、施工方法、工艺以及关键性的施工工艺要求；"四新"技术要求和注意事项等内容；施工资源的配备、安排及组织等；与其他队伍之间的交叉协调、配合问题；施工验收质量标准和安全技术要求等；施工技术有关的资料要求。交底由现场机构技术负责人组织进行，各单位技术人员及作业人员参加。

②工程施工分包单位向施工班组交底：施工的范围和内容；施工图纸的要求、质量和验收标准等；施工方案的具体要求，施工步骤及工序衔接；各施工工序的质量控制要求及施工工艺特点和要求；施工进度要求和机械设备配置；施工中涉及"四新"技术的施工工艺要求；施工安全隐患点以及安全技术预防措施、注意事项；施工部位的质量通病以及预防措施等。交底由工程分包施工单位技术负责人组织进行，作业班组全体人员参加。

4）施工现场技术管理

施工现场技术管理主要是对现场施工过程中规程规范、强制性条文、设计文件、施工方案以及施工工艺等技术文件执行情况的管理。应包括：

①施工测量放样技术管理：现场施工测量网络布设，各单体建筑物放样，各建筑物之间的安全距离控制等。

②各施工工序技术管理：是否按照批准的施工方案执行，是否按照施工技术要

求施工，关键工序的质量控制是否符合规程规范要求，施工工艺是否满足质量控制要求，"三同时"是否严格执行等；技术文件是否符合要求；现场施工过程中出现技术管理不符合情况的整改工作从程序上是否闭环。

③材料、设备进场的验收管理：进场材料和设备技术参数是否满足有关要求；原材料、半成品、成品的见证取样试验执行情况等。

5）施工方案的编制与评审

施工组织设计需由工程总承包单位现场机构组织相关单位技术人员编制；实施专业分包的施工方案由工程分包施工单位技术人员编制，工程分包施工单位技术负责人批准，然后提交工程总承包单位现场机构进行评审。涉及危险性较大的分部分项工程施工方案，还需要按照有关要求增加工程总承包单位技术负责人、工程分包施工单位技术负责人审批、审核，超过一定规模的危大工程还需组织外部专家进行评审等环节。

6）组织技术培训

图纸会审和施工方案评审通过后，需要组织技术培训，技术培训主要是指对施工人员的技术培训。培训主要内容：图纸内容交底培训，重点对各个结构施工人员培训，使其了解建筑物或者构筑物结构；施工工艺要求培训，重点是各个工序衔接、工序施工工艺要求、质量控制标准等；各个工序中的安全技术培训和职业健康培训。

7）"四新"技术推广

积极研究"四新"技术在风电场工程建设中的应用，特别是其他行业已经相对比较成熟的新材料、新工艺等。以风电机组基础混凝土施工为例，补救原材料不能实施温度控制的措施方法，借用其他行业成熟的温度控制措施对基础混凝土浇筑时的温度进行控制，如广西PN风电场在混凝土浇筑完毕后，采用隔热网加以覆盖，在基础的养护中就起到了比较好的效果。

8）技术文件的管理与归档

一般由工程管理部归口组织制定技术文件管理要求。对现场机构的技术文件按照有关规范进行分类策划，在收到相关技术文件后，按照策划分类进行分别存放，并进行现场机构初步编号。根据归档内容要求，查阅现场机构技术文件内容是否齐全，如有遗漏需要及时补充。

技术文件签字需要根据不同的文件要求，由不同的技术人员签字，检查签字人员是否有相应的签字权。根据归档规范要求，收集已经分类整理好的技术文件，按照要求分类装盒。资料经业主单位验收合格后，移交业主单位，并配合业主单位完成政府有关部门的档案验收工作。

■ 2.3.4　施工组织设计及专项方案

2.3.4.1　施工组织设计编制与审查

1）施工组织管理的法定责任

依据《中华人民共和国建筑法》，工程施工必须符合工程设计要求、施工技术标准和合同约定。《建设工程质量管理条例》《建设工程安全生产管理条例》及国家部委管理办法均明确了承建单位（施工单位）施工组织设计、对危险性较大的分部分项工程专项施工方案编制与实施的法定责任。

《建设工程质量管理条例》《建设工程安全生产管理条例》《危险性较大的分部分项工程安全管理规定》（住房城乡建设部令第 37 号）等法规以及合同文件明确的有关技术标准、设计文件和 EPC 总承包合同，是企业开展工程技术管理，督促完建工程实现设计功能的履约依据，也是承担责任的法理组成内容。

2）施工组织设计管理的合同责任

（1）山区风电场工程总承包单位的施工组织责任义务。山区风电场项目 EPC 总承包合同条款一般规定：

①工程总承包单位应在其负责的各项工作中遵守与本合同工程有关的法律、法规和规章，并保证业主单位免于承担由于承建单位违反上述法律、法规和规章的任何责任。工程总承包单位应按有关法律规定纳税，应缴纳的税金包括在合同价格内。

②工程总承包单位应按合同约定以及监理单位根据合同条款作出的指示，完成合同约定的全部工作，并对工作中的任何缺陷进行整改、完善和修补，使其满足合同约定的目的。除专用合同条款另有约定外，总承包单位应提供合同约定的工程设备和生产单位文件，以及为完成合同工作所需的劳务、材料、施工设备和其他物品，并按合同约定负责临时设施的设计、施工、运行、维护、管理和拆除。

③对设计、施工作业和施工方法，以及工程的完备性负责，总承包单位应按合同约定的工作内容和进度要求，编制设计、施工的组织和实施计划，并对所有设计、

施工作业和施工方法，以及全部工程的完备性和安全可靠性负责。

④工程总承包单位应按国家有关规定文明施工，并应在施工组织设计中提出施工全过程的文明施工措施计划。

⑤总承包单位在进行合同约定的各项工作时，不得侵害业主单位与他人使用公用道路、水源、市政管网等公共设施的权利，避免对邻近的公共设施产生干扰。工程总承包单位占用或使用他人的施工场地，影响他人作业或生活的，应承担相应责任。

⑥完成合同内应提供的施工图。

⑦工程接收证书颁发前，工程总承包单位应负责照管和维护工程。工程接收证书颁发时尚有部分未竣工工程的，工程总承包单位还应负责该未竣工工程的照管和维护工作，直至竣工后移交给业主单位。

⑧工程总承包单位应在工地设置专门的质量检查机构，配备专职的质量检查人员，建立完善的质量检查制度。

⑨工程总承包单位应按合同条款约定采取施工安全措施，确保工程及其人员、材料、设备和设施的安全，防止因工程施工造成的人身伤害和财产损失。

⑩工程总承包单位在施工过程中，负责施工场地及其周边环境与生态的保护工作，应按合同约定的环保工作内容，编制环保措施计划，报送监理单位批准。应确保施工过程中产生的气体排放物、粉尘、噪声、地面排水及排污等，符合法律规定和业主单位要求。

⑪工程总承包单位应在合同规定的期限内完成工地清理并按期撤退其人员、施工设备和剩余材料。

（2）关于施工质量试验检测合同责任。

①材料、工程设备和工程的试验检测。

②现场材料试验。工程总承包单位、工程分包施工单位根据合同约定或监理单位指示进行的现场材料试验，应由工程总承包单位提供试验场所、试验人员、试验设备器材以及其他必要的试验条件。

（3）现场工艺试验。

工程总承包单位、分包施工单位应按合同约定或监理单位指示进行现场工艺试验。

3）施工组织设计编制及内部程序管理

工程承建合同规定，工程总承包单位、工程分包施工单位应按合同规定的内容和时间要求，编制施工组织设计、施工措施计划，报送监理单位审批。鉴于施工组织设计的重要性，工程总承包单位应在施工组织设计形成后，完善本部的评审工作，指导项目现场机构修改完善。

4）合同工程施工组织设计审查主要内容

（1）项目组织及合同履约体系的合理性与可靠性。

（2）施工总体布置计划的合理性与可靠性。

（3）施工总进度计划的合理性与可靠性。应审查施工项目之间逻辑关系、关键路线设置的合理性及对合同目标实现的影响；施工资源配置规划的合理、完备，及对合同目标实现的影响；施工总进度计划中重要节点工期目标的合理、完备，及对合同目标实现的影响；重要分部分项工程项目开工、完工工期安排的合理、完备，及对合同目标实现的影响；对包括设计供图、工程设备交货、资金支付的要求及其合理性。

特别需要注意的是，在恶劣的气候和自然条件下，以及出现严重干扰事件时，施工进度计划抗风险能力和对其应急预案、方案措施进行评估。

（4）施工方案及重要项目施工措施的合理性与可靠性。应审查施工方案及重要项目施工措施合理、可靠，及对施工安全合同目标实现的影响，包括施工不同阶段、不同项目施工中可能发生的施工安全隐患分析，及应采取的措施对策；施工方案及重要项目施工措施合理、可靠，及对施工质量合同目标实现的影响。包括施工不同阶段、不同项目施工中可能发生的影响施工质量的因素分析，及应采取的措施对策；施工方案及重要项目施工措施合理、可靠，及对施工进度计划和合同工期、节点目标实现的影响。包括施工不同阶段、不同项目施工中可能发生的影响施工按期进展的因素分析，及应采取的措施对策；施工方案及重要项目施工措施合理、可靠，及对施工环境保护目标实现的影响。包括施工不同阶段、不同项目施工中可能发生的破坏或恶化施工环境因素分析，及应采取的措施对策；关键施工技术、手段、工艺的技术审查及对合同目标实现的影响分析。

涉及新技术、新材料、新工艺和新设备使用，应明确试验使用检验可靠性等。

（5）施工人员安全健康与职业病防护措施的合理性与可靠性。

5）合同工程项目施工组织设计审查成果管理与利用

（1）实施性施工组织设计对投标承诺的调整或优化。为使工程项目施工组织设计能更切合实际并适应所发生的合理变化，EPC总承包合同签署后，工程总承包单位应按EPC总承包合同规定，在合同工程开工前或合同规定的期限内，依据在投标澄清、合同签订过程中合同双方所做出的解释和承诺条件，针对工程实施和其自身施工条件变化，以及依据工程项目的施工特性、施工方案、EPC 总承包合同要求的施工项目管理水平和合同目标，对投标技术文件的项目施工组织设计进行必须或可能的完善、补充、优化与调整，并报送监理机构批准。

（2）实施性施工组织设计是后续工程施工的基础性文件。获得业主单位或监理机构批准的工程项目实施性施工组织设计，将被作为确定施工项目组织机构与管理体系、总体施工进度计划、总体施工布置计划、总体施工方案、施工资源配置规划，以及指导相应组成工程项目施工措施计划编制等的基础性文件。

（3）批准的实施性施工组织设计是后续工程施工的依据。工程承建合同规定，工程总承包单位应认真执行监理单位（监理机构）发出的与合同有关的任何指示，按合同规定的内容和时间完成全部承包工作。除合同另有规定外，承建单位（项目现场机构）应提供为完成本合同工作所需的劳务、材料、施工设备、工程设备和其他物品。

获得业主单位或监理机构批准的工程项目实施性施工组织设计，是对工程总承包单位（现场机构）合同履约评价的基础性文件。

2.3.4.2　施工专项方案审查

施工专项方案编制与审查包括规程规范规定的项目方案，住建部令第 37 号《危险性较大的分部分项工程安全管理规定》、《关于实施〈危险性较大的分部分项工程安全管理规定〉有关问题的通知》（建办质〔2018〕31 号）、《电力建设工程施工安全管理导则》（NB/T 10096—2018）及其他相关规定的专项方案，以及新技术、新材料、新设备等实施的项目方案，相关内容编制应满足行业规定及规程规范的要求，严格落实程序审查工作。专项方案审查包括：

（1）专项方案编制内容全面、格式规范，是否符合现场实际情况。

（2）专项方案的技术、安全管理措施充分、合理，是否具有可操作性。

（3）专项施工方案是否对强制性条文识别引用总体合适。

（4）专项施工方案的施工安全、环水保措施和应急预案及处置措施内容是否完整，是否总体合适、可行。

专项方案应完善施工单位技术负责人组织审查程序，应组织专题会议评审，超过一定规模危险性较大的分部分项工程，应由工程总承包单位组织符合要求的专家论证，相关文件一并提交监理机构。专项方案评审重点内容如下：

（1）通用条款审查。重点审查：工程实际情况与危大工程专项方案设计的符合度；方案交底、技术交底、安全技术交底、方案实施情况验收、各级安全旁站、验收布置、安排情况；是否明确危大工程作业人员的三级入场教育安排等。

（2）基坑开挖审查。

①基坑开挖通用条款审查重点。基坑支护由专业分包单位设计（非专业设计院设计、无正式基坑支护蓝图时），基坑支护安全设计计算书；基坑开挖范围内降、排水控制措施；基坑周边施工材料、设施或车辆荷载，严禁超过设计要求的地面荷载基坑工程通用条款基坑工程类限制（建筑类、水利水电及新能源规范规定）。

当基坑开挖面上方的锚杆、土钉、支撑未达到设计要求时，严禁向下超挖土方。审查基坑监测项目、频次、数据是否符合规程规范、设计技术要求。开挖深度超过2m及以上的基坑周边必须安装防护栏杆。基坑内应设置供施工人员上下的专用梯道。

②基坑工程审查重点。放坡开挖工程：基坑开挖存在坑中坑时，位于支护根部附近的坑中坑开挖方式；放坡坡度控制，分层、分段、对称、均衡、适时的开挖原则。

土钉墙（复合土钉墙）支护工程：所有进场原材的现场质量验收，原材复试，试块的留置及相关现场检测试验（二钉、锚杆抗拔试验）；采用预应力锚杆复合土钉墙时，锚杆拉力设计值不应大于土钉墙墙面的局部受压承载力；土坡表面喷射混凝土面层构造满足设计要求（钢筋网规格、加强基坑工程、钢筋规格、混凝土厚度、混凝土强度等级）；存在锚杆施工时，应先调查探明附近的地下管线、地下构筑物。

内支撑工程：挡土构件（排桩、地下连续墙）相关现场检测试验满足设计要求；内支撑结构各构件规格型号、强度等级应符合设计要求；内支撑结构的施工与拆除顺序，应与设计工况一致，必须遵循先支撑后开挖、先换撑再拆撑的原则；内支撑的施工偏差，支撑标高的允许偏差为30mm；水平位置允许偏差为30mm；临时立柱平面位置允许偏差50mm，垂直允许偏差1/150。

（3）模板工程及支撑体系审查重点。支撑体系各构配件产品合格证，钢管扣件有进场复试记录，钢管壁厚不得低于2.8mm；架体构造，立杆间距、水平杆步距、水平及竖向剪刀撑、扫地杆；梁底支撑立杆纵、横距、主龙骨材质；梁底支撑与楼板支撑的连接满足危大专项方案要求；立柱接长严禁搭接，相邻两立柱接头不得在同步内；支撑架基础是否存在沉陷、坍塌、滑移风险；应对重型结构支撑架模板支撑工程下的楼板结构承载力进行验算，宜有设计确认；施工荷载集中处，如混凝土浇筑时使用的布料杆等站立处模架加适措施；超高支模必须竖向和顶板分开、分次施工，先浇筑竖向结构，具备强度条件后拆模，将其作为顶板梁模架的连墙件抱柱点使用；超过一定规模危险性较大部分区域和5～8m支撑高度区域不得使用无国标、行业标准规范的架体；混凝土浇筑期间监测及预警。

（4）起重吊装及起重机械安装拆卸审查重点。大型机械设备类通用条款检查重点：安装单位未编制专项施工方案、未审批或与现场实施不一致的；使用三台及以上大型机械设备必须配备专职机管员并持证；租赁单位必须在租用单位信用评价合格的合作单位名录内，起重机械安装拆卸单位必须具有相应的资质和安全生产许可证；特种作业人员持证上岗；施工升降机、物料提升机必须安装人脸识别系统；项目安装的首台大型设备，工程总承包单位、工程分包施工单位应组织专业技术人员到现场参与并指导安装验收工作；起重机械的连接螺栓必须齐全有效，结构件不得开焊和开裂，连接件不得严重磨损和塑性变形，零部件不得达到报废标准；垂直度测量数据超过规范要求的。

（5）脚手架工程。附着式升降脚手架：防倾覆、防坠落和同步升降控制装置设置规范，灵敏有效、无故障；附墙支座位于悬挑构件处，对支座及悬挑构件进行核算；架体提升时，附着数量、自由端高度、附着支承结构附着处混凝土实际强度达到设计要求；卸料平台与附着式升降脚手架相连接的，有相关测试报告或省级以上行政主管部门组织的技术鉴定；防坠落装置与升降设备必须分别独立固定在建筑结构上；原则上不允许附着式升降脚手架下降作业，遇特殊情况必须进行下降作业的，由项目经理组织相关体系完善下降作业安全管控措施，经工程总承包单位、专业分包施工单位主管生产副经理、总工程师、安全总监同意后可进行下降作业。

（6）高处作业吊篮工程审查重点。吊篮支架支撑点结构承载力；悬挂机构前支架严禁支撑在女儿墙上、女儿墙外或建筑物挑檐边缘；配重件的重量应符合设计规定，配重件应稳定可靠安放在配重架上并应有防止随意移动的措施；同一吊篮内作业人员不超过2人；钢丝绳不应存断丝、新股、松股、锈蚀、硬弯及油污和附着物；安全钢丝绳应单独设置，型号规格应与工作钢丝绳一致。

（7）卸料平台工程审查重点。悬挑式卸料平台各构配件规格、型号应与方案一致，若采用专业分包施工单位提供的产品，还应与产品鉴定证书一致；悬挑式卸料平台主梁应使用整根工字钢或槽钢，禁止接长使用；悬挑式卸料平台主绳、保险绳吊点应分别设置。

（8）人工挖孔桩工程审查重点。当桩净距小于2.5m时，应采用间隔开挖，相邻排桩的最小施工净距不得小于4.5m；护壁厚度不应小于100mm，构造钢筋直径不小于8mm，混凝土强度等级不应低于桩身混凝土强度等级；每日开工前必须检查有毒、有害气体；开挖深度超过10m时，应有送风设备；当渗水量过大时，应采取场

地截水、降水或水下灌注等有效措施。严禁在桩孔中边抽水边开挖边灌注，包括相邻桩的灌注；挖出的土石方应及时运离孔口，不得堆放在孔口周边 1m 范围内；机动车辆的通行不得对井壁的安全造成影响；开挖范围内有易塌方地层，应有防塌方措施、孔底扩孔部位防塌落措施。

2.4 合同管理

■ 2.4.1 项目总承包合同一般责任

风电场工程项目招标一般参照《中华人民共和国标准设计施工总承包招标文件》（2012 年版）及部分行业招标文件范本，并结合业主单位、工程总承包单位自身实际情况编制。工程总承包单位应重点关注合同责任专用合同条款相关内容。

（1）一般约定。

①区段工程：目前，风电场项目单位工程划分暂无统一规定，一般在开工前由监理单位组织各参建单位参照《风力发电工程施工与验收规范》（GB/T 51121—2015）和《风力发电场项目建设工程验收规程》（GB/T 31997—2015）等规范共同商定划分方案，经建设单位批准后执行。

②工程移交生产验收：一般根据《风力发电工程施工与验收规范》（GB/T 51121—2015）及《风力发电场项目建设工程验收规程》（GB/T 31997—2015）开展验收。

③标准和规范：除满足通用条款规定的法律法规外，合同专用条款一般还约定遵循业主单位的企业标准、规章制度，主要包括业主单位上级主管单位和业主单位针对本工程建设管理要求发布实施的有关工程质量、进度、安全生产及三项业务、工程结算等方面的企业标准、规章制度等。承包单位应重视该点要求，避免实施过程及验收等无法顺利通过。

（2）业主单位义务。

①提供施工场地：风电项目、特别是山区风电项目，因各种制约性环境因素多、征地困难等问题，一般业主单位在专业条款中约定工程总承包单位负责项目建设用地的征（占）用协调、补偿和手续办理工作，包括永久工程和临时工程的土地征

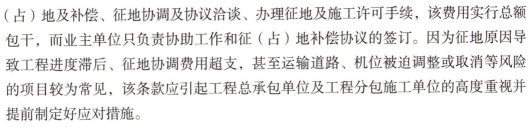

（占）地及补偿、征地协调及协议洽谈、办理征地及施工许可手续，该费用实行总额包干，而业主单位只负责协助工作和征（占）地补偿协议的签订。因为征地原因导致工程进度滞后、征地协调费用超支，甚至运输道路、机位被迫调整或取消等风险的项目较为常见，该条款应引起工程总承包单位及工程分包施工单位的高度重视并提前制定好应对措施。

②办理证件和批件：专用合同一般约定工程总承包单位办理工程建设项目有关设计、施工证件和批件，如因工程总承包单位的原因致使施工证件和批件（如国有土地使用证、林业手续、建设用地规划许可证、建设工程规划许可证、消防许可证、施工许可证）办理滞后，造成相应的损失和受到政府处罚，应由工程总承包单位承担全部责任。山区风电项目多涉及生态保护区、林地等征地范围，因为满足履约进度要求而未能及时办理相关手续或者林业手续等调整批复未下而提前动工的情况，会导致行政处罚。

（3）工程总承包单位义务。

①风电项目多数总承包合同约定由工程总承包单位负责与电网企业签订并网调度协议、购售电合同、高压入网协议和电能质量检测协议等，工程总承包单位应提前策划，采用风险自留或风险转移等方式应对。

②工程总承包单位现场查勘：一般情况下，业主单位会在招标阶段向工程总承包单位提交可行性研究报告及相关技术资料，但多数招标方在招标文件中标明可行性研究报告及相关技术资料仅供参考，此描述为今后工程总承包单位索赔增加了难度，工程总承包单位应注意实施过程中做好基础资料收集和索赔意向提交失效、及时进行索赔谈判等，避免完工后索赔难等问题。

③合同进度计划的修订：风电项目合同工期一般较短，鉴于山区风电项目建设的复杂性，有时难以执行合同进度计划。不论何种原因造成工程的实际进度与合同进度计划不符时，工程总承包单位可以在7天内向监理单位提交修订合同进度计划的申请报告，并附有关措施和相关资料，报监理单位批准。

（4）设计。设计审查：按照合同约定，工程总承包单位的设计文件应报业主单位审查同意。对于山区风电项目，因建设条件的复杂性，中标后发现现场实际情况与可行性研究报告不一致时，应尽快开展设计变更或重大设计变更（如道路调整、风电机组选型、风电机组基础、集电线路调整、升压站设计等），其中设计变更应经业主单位审查同意，重大设计变更还应报送原审查单位审查批准。对于部分总承包合同包含了初步设计内容的，也可在初步设计阶段对方案进行调整，并取得业主单位的审查同意。

（5）交通运输。超大件和超重件的运输：山区风电项目建设难点之一为风电机组及附属设备的大件运输工作，该工作一般由工程总承包单位负责，应由工程总承包单位负责向交通管理部门办理申请手续，相应道路和桥梁临时加固改造费用和其他有关费用由工程总承包单位承担，因此，工程总承包单位应详细做好投标前的运输路线勘察工作，在方案选择时尽量满足大件运输到位的要求，以减少二次倒运相关费用。

（6）合理化建议。工程总承包单位的合理化建议：山区风电项目一般都存在前期可行性研究阶段勘察设计深度不够的现象。工程总承包单位应首先对项目实际情况，特别是道路、规划机位、集电线路方案等进行深入勘察研究，从可实施性、进度保障情况和费用等角度考虑对业主单位提出合理化建议。在专项条款中应约定合理化建议，降低合同价格、缩短了工期或者提高了工程经济效益的，在专用合同条款中约定给予奖励，以发挥总承包的设计优势，实现业主单位与工程总承包单位双赢。

（7）负责对实施工程分包的工程、责任单位管理。

■ 2.4.2 施工费用控制

2.4.2.1 工程总承包的合同计价模式

采取固定总价合同是山区风电场工程项目总承包主要计价模式。

业主单位基本采用此方式，对于特殊工作内容，也在合同条款中明确协商处理费用的约定。对于地方投资建设的项目，2018年及以前，部分省份规定工程总承包合同宜采用总价包干的固定总价合同形式，也有一部分省份规定一般应采用固定总价方式进行，根据项目特点也可采用固定单价、成本加酬金或概算总额承包的方式进行。对于项目结余分成方面，一直是合同双方及投资主体多次讨论但又未最终敲定明确的事宜，讨论或意向规定如果满足"项目结余分成"条件，则按"项目结余分成"条款进行分成，但分成条件和比例一般不便于明确，所以，此方面的执行基本为空白。

目前，随着国家政策导向，业主单位与各地政府归口管理部门正在研究各地对合同计价模式的规定，多数要求企业投资的工程总承包项目宜采用总价合同，政府投资的工程总承包项目应当合理确定合同价格形式，并约定采用固定总价合同的工程总承包项目在计价结算和竣工决算审核时，对包干部分不再审核，仅对合同约定的变更部分进行审核。

2.4.2.2　工程计量支付主要工作

1）合同支付的原则

合同支付依据工程总承包合同文件及其技术条件、国家有关部门颁布的工程费用管理规程和规定、经监理机构审签的有效设计文件等有关规定进行。

工程发包采用的是以合同文件为报价条件的竞争性报价方式。因此，虽然国家颁布了一系列关于工程费用的计算依据、编制原则、计价方法与定额等一系列工程概（预）算费用编制指导文件，但合同支付的计量、价格编制与审核，仍应按承建合同文件规定的计价原则、编制方法和审核程序进行。

工程总承包单位、设备供货单位、工程分包施工单位为合同项目实施所进行的整个施工活动，都通过工程总承包合同，以不同的计量和支付方式从业主单位处得到支付。

2）合同工程建设进展业务分析工作

因难以在招标设计阶段完成其项目工作内容和分部分项工程量作出准确估价，以固定总价报价，对项目的实施履行规定的义务，承担相应的责任和承担相对于单价支付合同项目更大的风险。

为完成工程施工质量、工程进度、施工安全、施工环境保护等工程建设目标，计价工作应在项目履约过程重视：有利推进工程施工有序进展，对影响工程质量、工程安全与施工安全的重要工程项目，其分解后的单价或价格不得低于其实际施工成本；考虑业主单位到期支付能力；不突破合同总价；新增项目计量计价合理并及时。

计量支付过程，项目人员应从以下几方面考虑项目费用分阶段支付，减少对工程的影响，取得业主单位的理解，适当调整阶段费用支付限额：

（1）有利于确保工程质量满足合同技术条款和设计技术要求。

（2）有利于推进工程进展和确保合同工期与节点目标的实现。

（3）有利于确保设计项目工程安全和促进文明施工与施工安全。

（4）有利于加强现场施工监督，推进合同目标的更优实现。

3）价格的审查与调整

工程总承包合同是由业主筛选竞争性报价和竞争性招标选择确定的。工程实施过程中，由于工程变更或其他原因导致必须由工程总承包单位重新或补充编制报价单报送监理机构审查的情况。

工程总承包单位造价工作人员对补充报价的审查必须执行的原则包括：

（1）按招标竞争性报价和合同约定的标准，而不是按工程概（预）算标准来确定人工、材料、设备等基本价格。

（2）以实际的现场施工条件和合同规定的施工手段、施工程序以及必须达到的施工生产率，而不是以工程概（预）算定额来计算直接费。

（3）按招标竞争性报价和合同约定的标准，而不是按工程概（预）算标准来计算间接费、利润等费用。

（4）按招标竞争性报价和合同约定的标准与方法，而不是按工程概（预）算标准与方法来确定其他应摊销的费用。

2.4.2.3　计量计价的过程管理

1）工程计量的依据

合同支付工程计量应按工程总承包合同文件规定的程序和方法，采取阶段付款或节点付款、百分率付款方式。

合同约定部分项目通过测量与度量进行的，除专用合同条款另有约定外，合同价格包括签约合同价以及按照合同约定进行的调整；合同价格包括依据法律规定或合同约定应支付的规费和税金。价格清单列出的任何数量仅为估算的工作量，以实施的工程的实际或准确的工作量。

合同约定工程的某部分按照实际完成的工程量进行支付的，应按照专用合同条款的约定进行计量和估价，并据此调整合同价格。

2）计量

专用合同一般明确了分解支付规定，应按照业主单位规定的格式，于规定日期前向监理机构提交上月完成工程的进度款申请（一式六份或规定份数），进度款申请的内容应不少于工程进度报告中规定的内容，说明自己认为有权得到的款额，并提供证明应获得该款额的文件。计量限额应按照专用合同条款规定的分解支付限额规定。

建筑、安装工程进度款、工程设备款、其他费用（除设计费及调试费）按照月度结算金额的百分率支付，原则上整月进行计价。合同内工程进度款支付设置有签约合同总价的百分率限额，剩余额度待双方办理完工程竣工结算并经业主单位上级主管部门完成合同工程竣工结算审计后恢复支付，支付至合同竣工结算总价的百分率，留一定比例的质保金待缺陷期满后支付；合同价调整部分的付款按照此规定执行。

勘察设计工作一般按签订合同后、完成初步设计报告（如有）并通过审查、完成施工图设计并经审查通过、工程竣工完成全部竣工图等阶段或节点支付百分率费用，并留一定比例的质保金，工程一年质保期结束后，无勘察设计单位质量问题，一次性支付。调试费在机组调试合格后一次性支付。工程验收费用在全部必备的专项验收及工程竣工验收后，一次性支付。

3）结算手续

（1）支付申请、月度工程结算报告（签字完成）。

（2）工程总承包单位、工程分包施工单位应提供金额为结算金额的增值税专用发票。

4）注意事项

除合同文件或业主单位另有规定外，为工程项目施工所必需进行的施工试验、施工测量、质量检验，各项施工前准备，施工作业直至项目完工、维护、验收和缺陷责任期内为修补缺陷等所必需的各项工作，以及辅助设备设施与施工材料投入等，均不另行计量支付。

重要总价项目合同支付计量的程序与方法依照《合同技术条件》相关施工项目计量规定进行。一般性总价项目合同支付计量参照《合同技术条件》相关施工项目计量规定进行。

监理机构仅对施工实施完成的合格工程量，符合设计文件及合同约定，满足工程施工需要的工程量进行计量签证和支付签证，为支付计量进行的所有计量及测量成果必须报监理机构签认。

对需要由施工单位承担的责任与风险，或施工单位超出设计图纸范围和因施工单位原因造成返工的工程量不予计量。

2.4.2.4 进度付款及其他支付方式

1）工程进度付款和一般规定

（1）付款时间：除专用合同条款另有约定外，工程进度付款按月支付。

（2）支付分解表：除专用合同条款另有约定外，工程总承包单位应根据价格清单的价格构成、费用性质、计划发生时间和相应工作量等因素，按照以下分类和分解原则，结合约定的合同进度计划，汇总形成月度支付分解报告：

①勘察设计费。按照提供勘察设计阶段性成果文件的时间、对应的工作量进行分解。

②材料和工程设备费。分别按订立采购合同、进场验收合格、安装完毕调试合格、工程竣工等阶段和专用条款约定的比例进行分解。

③技术服务培训费。按照价格清单中的单价，结合约定的合同进度计划对应的工作量进行分解。

④其他工程价款。除合同约定按已完成工程量计量支付的工程价款外，按照价格清单中的价格，结合约定的合同进度计划拟完成的工程量或者比例进行分解。

工程总承包单位应当在收到经监理机构批复的合同进度计划后7天内，将支付分解报告以及形成支付分解报告的支持性资料报监理机构审批，监理机构应当在收到工程总承包单位报送的支付分解报告后7天内给予批复或提出修改意见，经监理机构批准的支付分解报告为有合同约束力的支付分解表。合同进度计划进行了修订的，应相应修改支付分解表，并按规定报监理机构批复。

2）进度付款申请单

工程总承包单位应在每笔进度款支付前，按监理机构批准的格式和专用合同条款约定的份数，向监理机构提交进度付款申请单，并附相应的支持性证明文件。除合同另有约定外，进度付款申请单应包括下列内容：

（1）当期应支付金额总额，以及截至当期期末累计应支付金额总额、已支付的进度付款金额总额。

（2）当期根据支付分解表应支付金额，以及截至当期期末累计应支付金额。

（3）当期根据合同约定计量的已实施工程应支付金额，以及截至当期期末累计应支付金额。

（4）当期应增加和扣减的变更金额，以及截至当期期末累计变更金额。

（5）当期应增加和扣减的索赔金额，以及截至当期期末累计索赔金额。

（6）当期应支付的预付款和扣减的返还预付款金额，以及截至当期期末累计返还预付款金额。

（7）当期合同约定应扣减的质量保证金金额，以及截至当期期末累计扣减的质量保证金金额。

（8）当期根据合同应增加和扣减的其他金额，以及截至当期期末累计增加和扣减的金额。

3）进度付款证书和支付时间

（1）监理机构在收到工程总承包单位进度付款申请单以及相应的支持性证明文件后的 14 天内完成审核，提出业主单位到期应支付给工程总承包单位的金额以及相应的支持性材料，经业主单位审批同意后，由监理机构向工程总承包单位出具经业主单位签认的进度付款证书。监理机构未能在前述时间完成审核的，视为监理机构同意工程总承包单位进度付款申请。

（2）业主单位最迟应在监理机构收到进度付款申请单后的 28 天内，将进度应付款支付给工程总承包单位。业主单位未能在前述时间内完成审批或不予答复的，视为业主单位同意进度付款申请。业主单位不按期支付的，按专用合同条款的约定支付逾期付款违约金。

（3）监理机构出具进度付款证书，不应视为监理机构已同意、批准或接受了工程总承包单位完成的该部分工作。

（4）进度付款涉及政府投资资金的，按照国库集中支付等国家相关规定和专用合同条款的约定执行。

4）工程进度付款的修正

在对以往历次已签发的进度付款证书进行汇总和复核中发现错、漏或重复的，监理机构有权予以修正，工程总承包单位也有权提出修正申请。经监理机构、工程总承包单位复核同意的修正，应在当次进度付款中支付或扣除。

（1）在进行合同支付签证前，工程总承包单位现场机构应按工程承建合同文件规定，及时完成对工程计量项目、工程计量范围、工程计量方式与方法、工程计量成果等的有效性与准确性，以及申报支付项目工程质量合格签证的审查与批准。

（2）当工程计量过程中发生争议时，工程总承包单位现场机构应催促监理机构应对通过审查而未发生争议部分工程计量及时予以批准。

（3）工程施工过程中的工程计量属于中间支付计量。为避免计量支付重复、遗漏与失误等事项的发生，可在事后对经业主单位通过审查和批准的工程计量再次进行审核、修正和调整，并为此发布修正与调整工程计量的签证。

（4）工程计量的中间性，有利于对那些不具备完全计量条件的或不需在施工过程中每次都进行准确计量的工程施工项目，随工程施工进展进行过程的预支付计量。

5）关于安全文明施工费用管理

山区风电场工程总承包合同一般约定不低于项目建安工程费用2%额度作为安全文明施工费，安全文明施工费在建设工程计价汇总表中单独汇总列明，且不得作为让利因素。

安全文明施工费包含安全生产费和文明施工费，专用于安全生产与文明施工项目，实际用于安全文明施工费用未超出合同报价中计提标准或使用不足的，补偿申报一般不会受理。当安全防护、安全施工有特殊要求，或在合同执行过程中条件发生变化，经合同责任界定确认超出合同范围的安全投入，应由业主单位承担的费用，必须按业主单位立项或变更程序报经监理机构、业主单位审批同意后申报支付。

安全生产费用实行专款专用，计划申报管理。对于工程分包合同，明确安全文明施工费列于工程量清单单独出项。安全文明施工费（不包括现场建设单位独立发包部分）由总承包单位统一管理，总承包单位对建设工程安全文明施工负责。总承包单位应当在分包合同中约定分包工程安全文明施工费的支付、结算方法等，督促分包单位按规定申报年度安全生产费用或专项安全生产费用使用计划，相关计划汇总后，由工程总承包单位提交监理机构备查。

总承包单位对安全生产费用支付按：计划申报、立项批准、计量审查、计价审核、按月申报支付的程序进行。由于工程分包单位原因未使用或结余的安全生产费用，工程总承包单位应在合同工程完工结算中予以扣减。

6）计日工支付方式

计日工通常适用于那些无法在招标阶段甚至也无法在计划实施前估计其工程或工作项目、工程或工作量的，未包括在合同工程报价项目中的特殊的、零星的或紧急的较小量的变更工程或附加工作。

计日工是一种工作量或工程量待定的工作，因此，工程总承包单位在投标报价清单中仅按工程项目招标文件要求列出计日工的相关工作项目和报价单价，并且这种没有给定工作量的报价未能在投标总报价中得到反映，也通常为评标所忽视。因此，计日工单价的报价相对于给定工程量的报价清单中的同类工作项目的报价单价往往高出3~5倍。

由于计日工管理方式的特点，计日工的使用通常会导致业主单位对计日工实施的质量、效率、作业安全和费用支付承担更多的责任与风险，因此，一般情况下，计日工的使用应是业主单位指示的或事先取得业主单位批准的。

7）保留金支付

保留金是业主单位为规避工程承建合同履行过程中可能招致的工程总承包单位违约风险，通过工程承建合同文件规定，对工程总承包单位支付款项的部分扣留。

合同工程项目完工并签发工程移交证书之后，监理机构应协助业主单位及时把与所签发移交工程项目相当的保留金的一半付给工程总承包单位，并为此签发保留金支付证书。

当工程缺陷责任期满之后，监理机构应协助业主单位及时把与所签发缺陷责任期终止证书相应工程项目的另一半保留金付给工程总承包单位，并为此签发支付证书。如果还有部分剩余工程或缺陷需要处理，监理机构仍有权扣留与工程处理费用相应的保留金余款的支付签证，直至此部分处理工程或工作最终完成。

8）工程完工支付

合同工程项目完工并签发工程移交证书之后的 84 天（或工程承建合同另行规定的期限）内，工程总承包单位应按合同文件规定的格式与内容要求编报合同工程完工支付申请报告（或报表）。监理机构应协助业主单位及时完成对完工支付报告（或报表）的审核，并及时为合同双方已经达成一致部分的价款签发支付证书。

9）最终支付

监理机构应在工程缺陷责任期终止证书签发的 56 天（或工程承建合同文件另行规定的期限）内，督促工程总承包单位按合同文件规定或监理机构批准的格式与内容要求编报合同工程最终支付申请报告（或报表）。

监理机构应协助业主单位及时完成对最终支付报告（或报表）的审核，通过协商与协调，及时为合同双方已经达成一致部分的价款签发支付证书。

10）合同中止后的支付

合同中止指的是合同义务没有履行完成而发生的中止履行。导致合同中止的原因通常包括业主单位违约、工程总承包单位违约或发生不可抗力事件三种。

当遭遇不可抗力、遭遇工程承建合同文件明示的特殊风险或因业主单位违约等原因，而导致工程承建合同中止时，监理机构应按工程承建合同文件规定，协助业主单位及时办理合同中止后的工程接收、中止日前完成工程和工作的估价与工程支付并为此签发支付证书，使工程总承包单位能就合同中此前所应得到而未予支付的下列费用得到合理支付：①已按合同规定完成的工程的全部费用；②为合同工程施工合理采购的材料、设备及货物费用；③工程总承包单位撤离及人员遣返费用；④由于合同中止给工程总承包单位造成的损失或损害款额；⑤按工程承建合同文件规定工程总承包单位应得到的其他费用。

如果工程承建合同的终止是因为工程总承包单位违约原因所导致，则工程总承包单位仅有权得到上述①②③三项费用支付。

2.4.3 工程分包合同管理

2.4.3.1 工程分包合同订立

围绕总承包合同已签订的工程范围、造价、工期、质量、付款条件、索赔条件、违约条款、采用保证的方式等，从招标文件编制、投标或合同签订前谈判、合同签订及生效，直至合同履行完毕为止，均须涉及合同条款内容的各部门协调管理，并结合工程建设总承包企业自身特点，优选合作单位分包。

分包合同的订立全面响应总承包合同标的物的目标、质量保修责任，明确分包甲乙双方的权利、义务，明确支付条件，签订社会责任书，约定处罚条款等。

在合同签订阶段要安排专业的法律人士对所有分包合同进行审查，同时结合技术负责部门提供的工程建设情况报告进行综合分析，及时发现合同拟定条款中的漏洞，及时采取弥补措施，降低因为合同拟定造成的工程价款索赔。

2.4.3.2 工程分包合同实施过程管理

1）实施应执行全过程管理

重点管理工作包括进度、质量、安全、环保水保目标。

（1）督促工程分包施工单位合同约定的资源投入，严格按照操作流程、成熟的工艺施工过程开展试验检验工作，发现问题及时处理。

（2）抓好进度协调，没有完成目标时，通过经济措施、合同措施进行纠偏。

2）督促工程分包施工单位成本控制管理

建立切实可行的合同管理制度，应包括合同的归口管理制度，合同的资信调查、审查、审批、签订、备案、保存，法人授权委托办法，合同档案管理，合同专用章管理，合同履行情况登记，合同纠纷处理机制，合同定期统计与考核检查办法，合同管理人员培训制度，合同管理奖惩与绩效考核等。

落实过程跟踪实物控制手段。业务人员、工程技术人员共同检查项目工序、资源投入、工效等具体参数，记录数据，对部分分项工作复核计算单位消耗量，确认必要的成本基础资料。对于拖延工期分项工程、施工难度大的项目、重要的隐蔽工程等，及时核查工程分包施工单位的资源变化情况，提出费用诉求时，及时确认可能的变化。

审核工程分包施工单位提供的结算，必须以合同签订内容作为根据，所有结算的结果取决于合同的完善程度和表达方式。凡是关于合同范围、价款与支付、价款调整、工程变更、不可抗力、工期、保险、违约、索赔及争端解决等条款，必须在结算中完全按照事先合同的约定。在项目实施过程中，所签证各种资料应重视其合理性，并核查是否符合合同约定；符合合同约定内容属于可调整范围的，须核查各方面手续是否完备。在结算时要求项目除了提供分包合同的结算单外，还要编制相对应的收入明细作为对比，分析收入和支出情况是否合理，是否达到项目预期目标，作为项目完成情况的考核指标之一。

2.4.3.3 考核与信誉评价

工程总承包单位可实行信用信息公开，建立信用信息共享机制，对工程分包施工单位实施考核与信誉评价，相关考核与信誉评价应列入合同附件内容作为依据。

大幅提高失信行为成本，同时在更广领域内对招投标失信行为依法实施联合惩戒措施，能够加强合同履约责任落实力度。

2.4.3.4 农民工工资管控

工程总承包单位成立农民工工资支付管理领导小组，工程总承包单位现场机构联合工程分包施工单位成立农民工工资支付管理执行小组，全面负责农民工工资支付的管理，指定劳资专员具体负责农民工工资管理的工作。农民工工资发放监管方法：

（1）在工地醒目的位置设立农民工劳动权益保障告示牌，明确农民工工资发放制度，公示每月工资支付情况、每次工资结算情况，公开举报电话和各级责任人名单。

（2）现场机构必须对工程分包施工单位使用的农民工建册管理，随时掌握农民工的数量。

（3）工程分包施工单位支付农民工工资，应按双方签订的合同编制工资支付表，如实记录支付单位、支付时间、支付对象（姓名、身份证编号）、支付的明细和金额、扣除的项目和金额等情况。

（4）工程分包施工单位向现场机构提交当月考勤表（出工汇总表）、工资计算表等有关资料原件，与工资数额相关的考勤表、工资计算表等需经作业人员书面签认，并按手印，电子版相关资料也须一同上报。

（5）现场机构将根据劳动合同约定的工资结算方式，以及工程分包施工单位、作业班组提供的有关资料进行核实，核实无误后留原件（加盖劳务队伍公章）存档。

（6）工程分包施工单位必须提供进场人员花名册、退场人员花名册（进、退出场花名册人员必须一致）、农民工工资表、授权委托书、退场承诺书、工程量割算清单（其中进、退出场花名册人员、农民工工资表、授权委托书、退场承诺书人员姓名必须一致），经现场机构审核确认。

（7）工程分包施工单位申请发放农民工工资实行申报审批制度，在制度规定时间完成相关手续。

（8）农民工工资必须通过政府网站注册有效的劳务公司以货币形式直接发放到劳务人员本人，不得以实物或有价证券进行抵付。

（9）建立工资保证金制度。工程总承包单位要求各工程分包施工单位交纳工程价款的 2%～3% 作为农民工工资保证金，在分包方付清所有农民工工资和其他相关费用之后，返还全部保证金；如无能力付清工资，工程总承包单位将保证金扣除用于支付农民工工资。

（10）开立农民工工资专用账户，推行分包企业负责制，要求分包企业对工程质量、安全及人员管理负责，分包企业对所招用的农民工工资负直接责任，并实行社会公开承诺制。

■ 2.4.4　变更与索赔管理

2.4.4.1　工程变更项目及费用

工程变更，一般是指在工程实施过程中，根据合同约定对实施程序、目标进展、实施的范围、质量要求及标准等做出的变更，即工程量变更，包括工程项目的变更（如业主单位提出增加或者删减原项目内容）、进度计划的变更、施工条件的变更等。在项目实施过程中，由于受到水文气象、地质条件及周边环境等变化影响，以及业主单位要求变更和人为干扰等，在项目工期和费用等方面都存在着变化的因素。当项目发生非 EPC 总承包单位承担责任引起的项目进度和／或费用的改变时，EPC 总

承包单位应善于应对不断发生的项目状态变化，处理好工程变更和调整。

1）工程变更的原因

（1）业主单位要求的变化。工程范围的增加与减少；改变任何工作的性质、质量或类型；改变工程任何部分的标高、基线、位置和尺寸；改动合同对工程任何部分所规定的施工顺序或时间；技术规范的变动；功能要求的变化；业主单位要求加速施工、暂时停工；合同文件错误；附加工作。

（2）外部因素的变化。人为障碍、劳动纠纷；不可预见的场地地质条件及其他自然条件的改变；管理机构的变更；法律法规变动、物价上涨、汇率变动；法律法规及其解释的颁布、修改和废除；政府当局的行为、战争、暴动、骚乱等。

（3）工程总承包单位自身的原因。设计不当引起的设计变更；设备表改变即对原方案的设备增减和设备规格、数量及设备接口等的改变；设计接口条件改变引起的设计变更；外界条件与原设计成果不一致导致的变更；为便于施工等进行的设计优化变更等。

（4）其他原因。工程总承包单位可根据实际情况向业主单位提交书面建议方式提出变更。

2）工程变更的程序

当变更是由业主单位提出时，工程总承包单位应按照业主单位颁发的变更令予以执行，并且变更令应成为合同文件的一部分。当变更是由工程总承包单位或工程分包施工单位提出时，工程总承包单位项目经理部应建立工程变更管理程序，由责任部门及时制定应对措施处理变更事宜。

不管哪种变更，涉及结构功能、总费用增加进入固定资产的变更，最终都需要业主单位确认和设计出具设计变更文件，对于重大设计变更，还需要原审批单位进行审批。

（1）工程变更内容要求。工程变更需要将涉及的变更内容详细说明，特别是变更后对其他方面的影响，如对其他建筑物部位或者设备布置、施工措施是否会发生变化，是否会增加特殊的材料或者对施工工艺提出更为严格或者特殊要求，是否增加或者减少工程量和投资等。

一般变更内容包括工程名称、变更的原因、变更的部位、变更的图纸，涉及材料的规格、型号、材质等，工程量、费用等。

（2）工程变更控制。工程变更控制需要满足合同文件要求，不管任何一方提出设计变更，均需要按照工程变更控制要求进行。

首先提出变更的意向，与设计人员进行沟通（设计自行提出的变更则不需要该步骤）。明确提出变更的理由，包括可能的设计不合理、现场的实际施工条件、更好的设计方案等。经设计同意后，与业主单位和监理机构人员进行沟通（业主单位和监理机构提出的则不需要该步骤），在业主单位同意后，由设计以正式的设计变更文件发出。

因变更导致费用增加的，按照合同或者协商的承担方承担，同时对于优化节省的费用按照合同条款或者协商结果进行分配。变更相关资料，现场机构按照有关要求进行归档。

3）变更项目

一般应对以下事项提出变更：采购的设备、材料价格超过批准项目费用控制估算中设备、材料价格时，采购人员应办理项目变更；当可能发生费用涨价或运输费用加价时，采购人员根据其影响程度提出项目变更单；现场到货设备安装尺寸、接口及接口尺寸与设计不符，需设计变更或设备修配改，应办理项目变更；单项分包合同额超过批准项目费用控制估算费用时，应办理项目变更；单项工程施工进度主要控制点（里程碑）发生一周以上的变动的任何变更，应办理项目变更；现场因施工原因（施工偏差、供货材料、设备丢失需增补），需设计变更或增加供货，应办理项目变更。

4）工程变更几种情况的处理

（1）工作范围定义偏差与争议。风电场工程总承包合同招标、实施与工程设计图提供有平行推进的情况，外围协调工作难度、协助手续办理事务范围有时也难以在工程总承包合同准确定义，这就可能出现工作范围超出自己能力的工作，部分项目实施工作内容与合同初衷不符合的情况。合同工程策划与初期，应组织准确释义工程总承包合同的工作范围，超出自己能力的工作、部分项目实施工作内容与合同初衷不符合时，以变更的方式计算工作量、增加工作时间、增加费用等表达自己的主张。EPC 合同条款订立与实际工作范围偏差较大时，引入合同问题咨询，增加问题处理支撑性材料。

（2）业主单位提供条件不确定、不完全。在 EPC 合同中对业主单位涉及前期需要完成的工作和需提供的资料约定不明（模棱两可或不全面）或所提供的资料不准确，如场区平整、地下复杂地质情况和管网、电缆等。在项目实施中，往往为了顺利推进进度，出现边施工项目，边发现问题，边处理问题的情形，有时处理问题难度较大，带来工程费用大幅度增加。针对此方面的问题，应依据合同约定原则、合同履约惯例，主张超出费用的事实，争取业主单位补偿。

（3）设计深度与变更。EPC 总承包的优势是设计与施工的紧密融合，设计是龙头，设计质量、设计深度直接决定项目的质量高低、成本是否超支，优良的设计会产生较少的后续变更。山区风电场工程一般前期可行性研究深度不够，因总承包合同工期较短，存在工程施工与施工图纸提供平行推进的情况，经常出现设计供图前后明显差异、设计变更导致工程变更的情况，可能导致整改工作量大，费用超支，影响工程质量和进度。针对此方面的情况，除加强设计管理，避免较大差异出现外，应结合地质条件变化较大、外围条件非工程总承包单位能够全部预测协调事实，进而筛选项目，选择适用合同约定，争取业主单位补偿。

5）项目变更实施

经批准变更范围和影响情况，由生产负责人组织协调推进、组织实施；对批准的项目变更的费用进行分解，调整费用控制基准。

2.4.4.2　工程索赔及费用

工程索赔是指在建设合同履行过程中，一方因非己方责任事件导致的经济受损或者工期的增加，按照合同约定可以向责任方提出赔偿的行为。

工程索赔主要包括工期索赔和费用索赔两个方面。索赔的方向也包括两个方面，一个方面是业主单位向工程总承包单位发起的索赔，这种索赔主要是因工程总承包单位原因造成的工期滞后，并由此导致的业主单位的损失；另一个方面是工程承包单位向业主单位的索赔，主要是因为场地、征地影响、业主单位在施工过程中提高了建设标准，导致施工成本增加和工期增加，发生了按照合同约定的可以索赔的其他情形。

索赔的依据和前提条件：国家的有关法律法规，项目属地的地方性法规；工程合同文件；索赔事件确实发生，且给非责任方造成了经济损失和工期损失；索赔事件的过程资料齐全，且经现场各方确认；按照合同约定的时间和程序向责任方发出了索赔意向书和正式的索赔报告。

1）索赔的程序

索赔的程序和要求一般都会按照国家有关法律法规规定，在合同里明确索赔的程序和相关要求。索赔方按照合同约定，在知道且应该知道索赔事件发生后的 28 天内发起索赔意向书，同时需要说明索赔事件发生的过程和事由，且初步提供索赔事件的事实，如照片、合同条款、损失等资料。

在索赔意向书发出后 28 天内，发出正式的索赔通知书。说明自索赔事件发生后，对己方影响的实际情况和记录，并提供索赔费用金额和工期的支撑材料，如现场照片、合同文件、监理现场签证、材料损失情况、工期延误情况等。

索赔事件影响具有连续性的，索赔方需要按照合理的时间间隔连续递交索赔通知书。

在索赔事件影响结束后的 28 天内，索赔方向责任方提交最终的索赔通知书，说明最终要求索赔的金额和工期，同时附上所有的索赔支撑材料。

2）索赔方需要做的工作

索赔事件发生后，作为受损方需要立即组织人员开展索赔的有关工作：认真研究合同内容；在规定的时间内发出索赔意向书；在索赔事件发生后，即收集有关资料和证据；在规定的时间内发出正式的索赔通知书；在索赔事件影响结束后 28 天内，发出最终的索赔通知书；完成索赔资料的归档。

3）索赔费用

工程索赔事项成立及项目价格必须由甲乙双方商定，商定结果由监理机构、业主单位正式行文通知工程总承包单位执行。

工程索赔费用的支付方式与价格确定后，随工程变更实施列入月工程款支付或在完工结算时一并支付。

2.5 物资设备采购管理

■ 2.5.1 物资采购策划

2.5.1.1 风电物资设备特点

目前，中国风力发电设备整机市场正如其他行业一样，不但要承受来自自身行业内部竞争对手的威胁，而且要提防潜在的进入者、来自相关产业的替代品的竞争，同时行业利润还要受到上游供货单位和下游客户的挤压。最初起步就置身于"政策保护伞"下的风电设备产业，如今将迎来更开放更公平的竞争环境。

随着风电项目的发展，相关设备的采购与管理便有着很重要的影响，而风电物资采购都有着以下的特点：

（1）大额性。要发挥山区风电项目的投资效用，其设备采购价格都非常昂贵，动辄数百万元、数千万元，特大的风电项目造价可达数亿人民币。

（2）个别性、差异性。任何一个风电项目都有特定的用途、功能和规模。因此，对每一个设备的结构、造型、空间分割、设备配置和内外装饰都有具体的要求，所以工程内容和实物形态都具有个别性、差异性。

设备的差异性决定了考虑采购物资时的个别性差异。同时，每期工程所处的地理位置也不相同，使这一特点得到了强化。

（3）动态性。任何一个风电项目从决策到竣工交付使用，都有一个较长的建设期间，在建设期内，往往由于不可控制因素的原因，造成许多影响造价的动态因素。而物资采购就占据着较大的部分，如市场供需关系、材料生产、市场价格以及法律、取费费率的调整，贷款利率、汇率的变化，都必然会影响到风电物资采购的变动。所以，风电项目在整个建设期处于不确定状态，直至竣工决算后，才能最终确定风电项目的造价。

（4）层次性。采购价格的层次性取决于工程的层次性。一个风电项目往往包含多项能够独立发挥生产能力和工程效益的单项工程。每个单项工程又由不同的物资结构组成的单位工程。与此相适应，风电物资采购有着不同层次。

2.5.1.2　物资采购方案

物资采购应坚持质量优先、价格合理，以及公开、公平、公正和诚实信用的原则。正因为风电物资有着众多特点，货物类标段划分主要考虑到法律、管理模式（集中和零散）、管理力量、货物功能配套与技术关联、货物种类与规模、生产供应周期与效益等相关因素。投标资格要求主要考虑到项目及其标包的类别、规模、范围与供应方式，依据有关货物生产企业资格管理规定初步拟定。

开工前期，一定要根据物资管理部门提供的物资需求总计划及工程部门拟订的施工生产进度计划，由物资管理部门拟定物资采购方案，经现场机构分管负责人审核、项目经理审批后，形成对后续项目材料招标采购工作的材料种类、招标时间指导依据。

1）物资需求总计划

可由现场物资管理负责人牵头，组织项目技术总工、生产负责人、质检人员对甲供、甲控、乙供等材料进行分类，编制项目材料设备的需求总计划，以此作为项目的招标采购工作及单位工程材料计划控制消耗量的依据。

2）月度物资需用计划

工程分包施工单位依据施工生产进度计划，在每月 25 日前编制次月材料需用计划，由现场机构物资管理负责人汇总生成项目月度物资需用计划，经现场机构分管负责人审核、审批后，物资管理负责人编制月度物资采购订单，发给设备、材料供应单位为本月项目设备、材料备货。

3）采购计划要求

项目中标后，由总承包单位采购部门收集工程建设用物资清单（包括自购、甲方提供的物资）。现场机构按工程实际需要，提前向采购部门上报物资采购计划，经现场机构负责人签署意见后，由物资管理负责人提交物资采购部门集中定点采购。因不同材料的加工及配送周期问题，项目对各种材料及设备需提前计划。

若不按规定时间上报计划，造成物资缺口及发生经济损失，由迟报单位或部门承担经济责任。对业主单位供料（集中采购）的工程，现场机构须将使用物资的类别、数量、出入库凭证上报材料科备案。业主单位自购物资采购数量一般不允许超出合同管理部门提供的物资材料清单。

2.5.1.3　采购计划的控制

对工程分包施工单位物资入库的管理应严格按照质量认证标准对采购物资的质量严格把关。物资采购人员、物资管理人员、库管人员分工负责，不得一人同时兼任采购与验收工作。

物资进场前要求供货单位提供有关资质文件、检查检验报告、合格证。

工程分包施工单位的物资采购超出采购计划，价格超出市场价格时，使用单位必须说明原因，形成书面报告交与采购部。说不清原因或理由不充分的，为不影响施工可同意采购和结算，但超出部分根据生产经营科内部审计，追究其负责人相关责任。

■ 2.5.2　物资采购招标

2.5.2.1　招标采购组织

开工前期，做好物资采购的策划后，工程总承包单位现场机构领导班子、相关人员召开商务会议，对风电场建设资金计划进行讨论分析，就日后项目材料的招投标具体的付款方式做好初步的规划，机构物资管理人员以各种材料的付款方式及合同约定的材料认价清单价格为指导，对市场中项目所需材料进行询价，得出材料招标采购参考价格，并报工程总承包单位物资归口管理部门审核通过后，为后续材料招标采购工作的价格方面予以指导（实际采购价格不应超过指导价格）。

1）招标采购小组

根据风电项目前期审批通过的物资采购方案内容，成立物资采购招标领导小组，做好人员岗位职责划分。

2）供货单位选择

供货单位考察。根据项目物资采购方案中所需的材料种类及所选供货单位家数，项目物资部制订供货单位考察计划，对已经入围的合格供货单位，就其资金状况、垫资能力、货源质量、货源种类、存储量、生产能力、运输能力、运距远近、企业信誉度、在供货项目是否饱和、综合实力等进行全面的考察，以便选取最优供货单位。

选定供货单位后，项目物资部对中标供货单位编制中标供货单位名录，对参与投标的合格供货单位编制项目合格供货单位名录，采集供货单位的基本信息，为下次的投标工作参考。

供货单位过程评价。在供货周期内，项目物资部门、各标段工程部门、质检机构就其质量保障、数量保障、交货保障、服务保障等方面按季度进行过程评价，由招标采购小组汇总评价结论，选出优秀供货单位及不合格供货单位，并对不合格供货单位予以一定的警告或终止合同，综合评价结果提交总承包单位物资归口管理部门审核。

3）采购合同

招标采购完成选定中标供货单位后，项目物资管理人员负责拟定物资采购合同，组织项目机构领导班子、部门人员对合同条款进行初步评审，项目评审通过后，物资管理人员将评审后的合同上传单位主管部门完成合同评审，将所需资料及供货单位签字盖章后的合同文件收执后，统一采购。

4）采购方式确定

招标采购方式包括公开招标、邀请招标两种招标方式，公开竞标、邀请竞标两种竞标方式，公开竞争性谈判和邀请竞争性谈判两种竞谈方式，公开询价和邀请询价两种询价方式，公开单一来源和单一来源方式。采购过程中应根据国家招标采购相关规定和招标采购内容，及市场供应情况、项目需求等因素来确定采购方式。

2.5.2.2　公开招标、邀请招标程序

1）准备阶段

（1）拟定分标方案和招标计划。

（2）准备招标文件，招标文件一般应包括以下内容（可根据项目具体情况适当增减）：招标公告或投标邀请函；投标须知、合同条件及合同格式（包括合同通用条款、合同专用条款、合同协议书格式、授权委托书、投标保函等）；技术规范；投标文件编制要求（包括投标书格式、补充资料表、工程量清单及报价表等）；工程综合说明及图纸。

（3）如为邀请招标，应确定拟邀请投标人。

2）招标阶段

（1）发布招标公告／资格预审公告或邀请函。

（2）投标单位资格审查（如为资格预审）。

（3）发售招标文件。

（4）设定拦标价时，拦标价由需求单位组织编制，按规定进行审批，并在招标文件或招标补遗书中确定其额度。

3）开标

（1）开标应当在招标文件确定的递交投标文件截止时间的同一时间公开进行；开标地点应当为招标文件中预先确定的地点。

（2）接收投标单位的投标书，投标人签到。

（3）开标会由招标采购部门主持，需求单位负责人、投标单位法定代表人（或

其委托代理人）、业主代表（必要时）参加，监察部门负责现场监督。开标过程应当记录，并存档备查。

4）评标

评标工作包括清标、评标及编写评标报告。评标过程中应做好有关记录。评标过程应严格保密。

（1）评标应依据确定的评标标准和方法进行评审。

（2）需求单位负责清标，即对投标文件的基础性的数据进行分析和整理，形成包含商务资信、报价复核、主要技术参数或施工方案等的客观的汇总性清标资料；同时，应找出投标文件可能存在疑义或显著异常的数据，为评委会评标提供基础。

（3）经评标小组评审后的投标报价低于拦标价的投标人不足三家的，重新组织招标。

（4）采用综合打分法时，按照技术、商务、报价3个部分评审打分，一般情况下，报价权重占总权重的比例不低于：服务类控制在35%～55%，工程类45%～60%，货物类50%～70%。

（5）需求单位组织编写评标报告及定标请示。

经评标小组评审，认为所有投标都不符合招标文件要求的，在报经招标采购工作小组组长批准后可以否决所有投标，并依照本办法重新招标。

5）定标

在评标小组完成评标后，按本办法分级审批权限，招标采购委员会（或招标采购工作小组或项目需求单位）应及时，审议评标报告和投标人综合排序，确定中标人及需进一步落实的事项。

6）签订合同

（1）确定中标人后，项目所在部门及时向中标人发出中标通知书，并进行合同谈判，同时将未中标结果通知其他投标人。

中标单位提供满足要求的履约担保后5个工作日内，招标人应向中标人和未中标的投标人退还投标保证金。

（2）中标通知书发出之日起30日内，完成合同签订。

2.5.2.3　公开竞标、邀请竞标程序

（1）竞标。采用公开竞标方式的，应在公共信息平台、网站发布竞标公告，竞标公告内容包括采购人的名称和地址、竞标项目的性质、标的物数量、交货地点和时间以及获取竞标文件的办法、递交竞标响应文件截止时间和地点等事项；采用邀请竞标方式的，应通过集采平台向三个及以上特定的合格供货单位发出竞标邀请书；竞标应当根据采购项目的特点和需要编制竞标文件，竞标文件应当包括采购项目所有实质性要求和条件以及拟订合同的主要条款，规定评标标准和方法，注明竞标文件发出时间、竞标响应人提交响应文件截止日期和开标日期等。

（2）开标。开标应当按竞标文件规定的时间、地点、程序和范围进行。开标时应当众验明所有竞标响应文件的密封性未遭损坏，当众宣读竞标响应人名称、竞标响应价格和竞标响应文件的其他主要内容。开标内容应当完整记录并存档备查。

当递交竞标响应文件只有两家时，可直接转为竞争性谈判或重新竞标；只有一家时，可直接转为单一来源采购或重新竞标。

（3）评标和定标。与招标方式的评标、定标程序相同。

2.5.2.4　竞争性谈判、询价采购、单一来源采购程序

1）竞争性谈判程序

（1）成立谈判小组。谈判小组由专家和有关代表共三人以上单数组成，人员组成上报招标领导机构审核批准；由招标或竞标程序转为竞争性谈判的，评标小组转为谈判小组开展谈判工作。

（2）制定竞争性谈判文件。谈判文件中应包括采购项目的实质性要求，明确谈判程序、谈判内容、合同草案的条款以及评定成交的标准等事项，注明竞争性谈判文件发出日期、递交竞争性谈判响应文件截止日期等信息。

（3）确定邀请参加谈判的承包单位（供货单位）名单。采购单位从符合相应资格条件的承包单位（供货单位）名单中确定不少于两家的潜在响应人参与谈判，谈判小组发出竞争性谈判邀请书，并提供谈判文件。竞争性谈判文件自发出邀请书至谈判响应文件递交截止时间一般不少于7日，补遗文件应当在递交竞争性谈判响应文件截止时间至少3日前发出。由招标或竞标程序转为竞争性谈判的，投标人转为响应人参加谈判。

（4）谈判一般按递交文件的顺序进行，单独开启谈判响应文件的报价、交货地

点及关键要素等内容，记录并存档备查。谈判小组所有成员应本着公平、公正的原则，逐一与响应人分别进行谈判。在谈判中，谈判的任何一方不得透露与谈判有关的其他供货单位的技术资料、价格和其他信息。谈判文件有实质性变动的，谈判小组应当以书面形式通知所有参加谈判的承包单位（供货单位）。

（5）谈判结束后，谈判小组应当要求所有参加谈判的响应人在规定时间内递交由其授权代表签字的最终报价。谈判小组根据符合采购需求、质量和服务相等且报价最优的原则确定成交承包单位（供货单位），出具竞争性谈判报告并报请决策机构批准。

（6）成交结果在集采平台公布或通知各响应人。

2）询价采购程序

（1）可根据需要成立询价小组或竞拍小组。询价小组或竞拍小组由专家和有关代表共三人以上的单数组成。需求单位应根据项目特点和需要编制询价函或逆向竞拍公告并组织审查。采用报价方式的，询价函中应包括采购项目的实质性要求和条件以及拟订合同的主要条款，注明询价函发出日期、递交响应文件截止日期等；采用逆向竞拍方式的，竞拍公告中应明确报名要求、保证金金额、标的物数量、时间要求、送货地点、支付、发票要求，注明竞拍起止时间、采购单位名称和联系方式。

（2）采用询价公开方式的，设备物资类应在公共信息平台、网站发布询价公告，并在规定的时间内对报名的承包单位（供货单位）进行审核，审核通过后由其自主决定参加并报价。采用询价邀请方式的，询价小组根据采购需求，从符合相应资格条件的承包单位（供货单位）名单中确定不少于三家的承包单位（供货单位），设备物资类采购应通过集采平台向其发出询价函让其报价，其他类可直接发询价函让其报价。询价文件自发出公告或邀请书至报价响应文件递交截止时间一般不少于3日。

（3）询价可采用一次报价、二次报价、逆向竞拍等三种报价方式。采用一次报价方式的，承包单位（供货单位）一次报出不得更改的价格；采用二次报价方式的，采购单位应根据采购标的物的大小及重要程度，经谈判后要求其进行第二次报价，报价函应完整记录并存档备查，承包单位（供货单位）的第二次报价为最终价格；采用逆向竞拍报价方式的，由采购单位组织在规定的时间内对报名的承包单位（供货单位）进行审核，审核通过后由其自主决定参加并报价，承包单位（供货单位）在截止时间内的最后一次报价为最终报价。

（4）采用一次报价或二次报价方式的，询价小组根据符合采购需求、质量和服务相等且报价最优的原则确定成交承包单位（供货单位）；采用逆向竞拍方式的，询价小组根据报价最低的原则确定成交承包单位（供货单位）。

（5）询价或竞拍后，需求单位出具询价记录（竞拍记录）、定标请示报请采购决策机构或决策人审核批准。

（6）成交结果在集采平台进行公示或通知所有响应人。

3）单一来源采购的程序

（1）成立谈判小组。谈判小组由专家和有关代表共三人以上单数组成；招标、竞标程序转为单一来源采购的，评标小组转为谈判小组，投标人转为响应人参加谈判。

（2）制定采购工作方案。采购方案应当明确工作内容、工作流程、合同草案的条款等事项。

（3）设备物资类通过集采平台向其发出邀请书，其他类采购直接发出邀请书，邀请其参加谈判。

（4）采购工作应保证采购项目质量，在双方商定合理价格的基础上进行。

（5）采购结果向决策机构报批。

■ 2.5.3　招标采购应考虑的主要风险

2.5.3.1　材料采购招投标风险

招标不规范导致项目质量出现缺陷、工程进度滞后、出现采购纠纷及不合理成本等问题，给企业造成信誉与经济损失。

规避措施：项目通过明确招标领导小组人员以及对其职责的分解来规避风险，在招标过程中通过对招标流程的抽查、自查以及和招标领导小组的沟通等来预防风险项的发生。

2.5.3.2　供货单位审核与管理风险

（1）供货单位审核与管理违反了国家法律、法规及企业有关规定的要求，导致外部处罚、企业市场形象或声誉受损。

（2）供货单位信息调查不清，供货单位提供虚假资料或不真实数据，影响产品质量追踪或信息管理的需要。

（3）供货单位审核程序不当，权限设置不清或发生越权行为，可能导致企业的

经济利益受到损失。

（4）供货单位关系不稳定，提供产品或服务质量达不到要求，影响工程的质量。

规避措施：集采招标时严格审查供货单位资质，要求其集采上传资质必须为原件，对无合作记录的供货单位进行实地摸底考察，对大宗材料招标采购多选定一家备用，来规避以上风险。

2.5.3.3　采购管理风险

（1）采购过程不合法或违反有关规定，可能遭受外部处罚、经济损失或信誉损失。

（2）采购物资数量、质量、交付服务不能满足规定需要，影响工程进度安排及发展目标。

（3）采购环节未经适当审批或越权审批，可能因重大差错、舞弊、欺诈而导致经济损失；采购资料不完整或数据记录不准确，影响成本核算，可能影响项目的经济效益。

（4）采购工作效率不高可能导致资金占用、成本增加，影响项目的生产效率。

规避措施：严格按照公司相关管理规定，完善采购、月度物资需求计划，采购订单经过审批后方可进行材料采购，现场材料管理人员时刻更新现场材料库存、使用量，对缺少的材料及时向工程分包施工单位预警，避免断货对工期的影响。

2.5.3.4　应付账款与付款风险

应付账款核算不准确、不及时，可能导致财务信息不真实、不完整；对账不及时、付款不当，可能导致资产流失、财务信息不真实、不完整；资金支付违反国家法律法规和行业管理规章制度的相关规定，可能导致受到处罚，造成资产和名誉损失；材料款未能按合同约定支付，导致供货单位索赔。

规避措施：按照合同约定支付月的支付日期以前，与供货单位共同核对本月的供应材料数量，对供货单位所开具的发票严格审查其真伪，对项目所需付款的材料及时与费用管理部门沟通。

2.5.3.5　存货管理风险

存货管理风险包括材料物资管理和使用以及总承包废旧物资的处理等违反国家相关规定，可能遭受外部处罚；因材料物资管理制度不健全或执行不到位，可能导致材料物资遗失或非正常损毁，给项目带来经济损失；材料物资的管理不顺畅，影响其使用效率，无法为项目正常生产经营服务；材料物资的价值未能被准确地计量、评估或记录，影响财务报告数据的真实、准确、完整。

规避措施：遇到节假日策略性囤货时，应与费用管理部门密切沟通，确定囤货规格及数量，避免造成大量材料积压。废旧物资处理执行总承包单位的相关制度。

2.5.3.6 物资供应保障及价格风险

业主单位指定品牌、甲供物资限制、供货区域限制、供货单位数量限制、加工周期限制等在不同程度上增加项目成本及物资工作的正常运作。钢筋、混凝土等大宗材料价格随市场波动，势必对项目材料的成本造成一定的风险。

规避措施：对价格波动造成项目成本的增加，总承包单位现场机构应及时通过合规渠道、正常途径确权挽回损失。

2.5.3.7 物资消耗风险

项目保工期、场地限制、分包模式、安保不利等因素对材料消耗存在一定的风险，可能会造成材料超耗、浪费、丢失等风险。

规避措施：在分包物资管理协议中明确材料消耗指标，与工程分包施工单位共同承担材料超耗的风险，并设置奖罚制度，激励提高劳务分包单位人员的材料节约意识。加强对项目安保的管理，对无放行条出场的材料坚决抵制出门。同时，现场机构通过采用经济合理方案和管控降本增效措施，确保物资消耗在合理可控范围内。

■ 2.5.4 物资设备供货过程管理

采购管理是工程总承包项目管理中的一个重要组成部分，是工程建设的物质基础。目前，设备物资的采购已经占到工程总承包项目合同额的 60% 以上，而且采购的品种类型较多、技术性强、工作量大，采购工作如果出现问题，不仅会影响到工程总承包项目的质量、费用和进度，而且导致项目最终的亏损。因此，现场机构要高度重视并认真做好采购管理。招标采购工作结束后，现场机构要开展采购执行计划的实施和监控，特别是其中长周期采购的设备和特殊材料的采购。现场机构也要积极与业主沟通，以确保甲供物资能够按照计划到达现场。

2.5.4.1 物资供应计划的编制

建设工程物资供应计划是对建设工程施工及安装所需物资的预测和安排，是指导和组织建设工程物资采购、加工、储备、供货和使用的依据。其根本作用是保障建设工程的物资需要，保证建设工程按施工进度计划组织施工。

编制物资供应计划的一般程序分为准备阶段和编制阶段。准备阶段主要是调查研究，收集有关资料，进行需求预测和购买决策。编制阶段主要是核算需要，确定储备，优化平衡，审查评价和上报或交付执行。

在编制物资供应计划的准备阶段，现场机构必须明确物资的供应方式。按供应单位划分，物资供应可分为业主单位采购供应、专门物资采购部门供应、总承包单位自行采购或共同协作分头采购供应。

物资供应计划按其内容和用途分类，主要包括物资需求计划、物资供应计划、物资储备计划、申请与订货计划、采购与加工计划和国外进口物资计划。

1）物资需求计划的编制

物资需求计划是指反映完成建设工程所需物资情况的计划，它的编制依据主要包括施工图纸、预算文件、工程合同、项目总进度计划和各分包工程提交的材料需求计划等。物资需求计划的主要作用是确认需求，施工过程中所涉及的大量建筑材料、制品、机具和设备，确定其需求的品种、型号、规格、数量和时间。它为组织备料、确定仓库与堆场面积和组织运输等提供依据。物资需求计划一般包括一次性需求计划和各计划期需求计划。编制需求计划的关键是确定需求量。

（1）建设工程一次性需求计划的确定。一次性需求计划，反映整个工程项目及各分部、分项工程材料的需用量，亦称工程项目材料分析，主要用于组织货源和专用特殊材料、制品的落实。其计算程序可分为三步：

①根据设计文件、施工方案和技术措施计算或直接套用施工预算中建设工程各分部、分项的工程量。

②根据各分部、分项的施工方法套取相应的材料消耗定额，求得各分部、分项工程各种材料的需求量。

③汇总各分部、分项工程的材料需求量，求得整个建设工程各种材料的总需求量。

（2）建设工程各计划期需求量的确定。计划期物资需求量一般是指年、季、月度物资需求计划，主要用于组织物资采购、订货和供应。主要依据已分解的各年度施工进度计划，按季、月作业计划确定相应时段的需求量。其编制方式有两种：计算法和卡段法，计算法是根据计划期施工进度计划中的各分部、分项工程量，套取相应的物资消耗定额，求得各分部、分项工程的物资需求量，然后再汇总求得计划

期各种物资的总需求量。卡段法是根据计划期施工进度的形象部位，从工程项目一次性计划中摘出与施工计划相应部位的需求量，然后汇总求得计划期各种物资的总需求量。

2）物资储备计划的编制

物资储备计划是用来反映建设工程施工过程中所需各类材料储备时间及储备量的计划。它的编制依据是物资需求计划、储备定额、储备方式、供应方式和场地条件等。它的作用是为保证施工所需材料的连续供应而确定的材料合理储备。

3）物资供应计划的编制

物资供应计划是反映物资的需要与供应的平衡，挖潜利库，安排供应的计划。它的编制依据是需求计划、储备计划和货源资料等。它的作用是组织指导物资供应工作。

物资供应计划的编制，是在确定计划需求量的基础上，经过综合平衡后，提出申请量和采购量。因此，供应计划的编制过程也是一个平衡过程，包括数量、时间的平衡。在实际工作中，首先考虑的是数量的平衡，因为计划期的需用量还不是申请量或采购量，也不是实际需用量，还必须扣除库存量，考虑为保证下一期施工所必需的储备量。因此，供应计划的数量平衡关系是期内需用量减去期初库存量再加上期末储备量经过上述平衡。如果出现正值时，说明本期不足，需要补充；反之，如果出现负值，说明本期多余，可供外调。建设工程材料的储备量，主要由材料的供应方式和现场条件决定，一般应保持35天的用量。

4）申请、订货计划的编制

申请、订货计划是指向上级要求分配材料的计划和分配指标下达后组织订货的计划。它的编制依据是有关材料供应政策法令、预测任务、概算定额、分配指标，材料规格比例和供应计划。它的主要作用是根据需求组织订货。

5）采购、加工计划的编制

采购、加工计划是指向市场采购或专门加工订货的计划。它的编制依据是需求计划、市场供应信息、加工能力及分布。它的作用是指导采购及加工工作。

6）国外进口物资计划的编制

国外进口物资计划是指需要从国外进口的物资在得到动用外汇的批准后，填报进口订货卡，通过外贸谈判并签约。它的编制依据是设计选用进口材料所依据的产品目录、样本。它的主要作用是组织进口材料和物资的供应工作。

首先，应编制国外材料、设备、检验仪器、工具等的购置计划，然后再编制国外引进主要物资到货计划，在国际招标采购的机电物资合同中业主单位（买方）都要求供货单位按规定的形式，逐月递交一份进度报告，列出所有设计、制造、交付等工作的进度状况。

2.5.4.2　物资供应进度监测与调整的系统过程

在计划执行过程中，应不断将实际供应情况与计划供应情况进行比较，找出差异，及时调整并控制计划的执行。

在物资供应计划执行过程中，内外部条件的变化可能对其产生影响。例如，施工进度的变化（提前或拖延）、设计变更、价格变化、市场各供应部门突然出现的供货中断以及一些意外情况的发生，都会使物资供应的实际情况与计划不符。因此，在物资供应计划的执行过程中，进度控制人员必须经常地、定期地进行检查，认真收取反映物资供应实际状况的数据资料，并将其与计划数据进行比较。一旦发现实际与计划不符，要及时分析产生问题的原因，并提出相应的调整措施。

2.5.4.3　物资供应计划实施中的检查与调整

1）物资供应计划的检查

物资供应计划实施中的检查通常包括定期检查（一般在计划期中、期末）和临时检查两种。通过检查收集实际数据，在统计分析和比较的基础上提出物资供应报告。控制人员在检查过程中的一项重要工作就是获得真实的供应报告。

在物资供应计划实施过程中进行检查的重要作用如下：

（1）发现实际供应偏离计划的情况，以便进行有效的调整和控制。

（2）发现计划脱离实际的情况，据此修订计划的有关部分，使之更切合实际情况。

（3）反馈计划执行结果，作为下一期决策和调整供应计划的依据。

由于物资供应计划在执行过程中发生变化的可能性始终存在，且难以预估，因此，必须加强计划执行过程中的跟踪检查，以保证物资可靠，经济、及时地供应到现场。一般地，对重要的设备要经常地、定期地进行实地检查，如亲临设备生产厂，亲自了解生产加工情况，检查核对工作负荷、已供应的原材料、已完成的供货单、加工图纸、制作过程以及实际供货状况。物资供应过程经检查后，需提出供应情况报告，主要是对报告期间实际收到材料数量与材料订购数量以及预计的数量进行比较，从中发现问题，预测其对后期工程实施的影响，并根据存在的问题，提出相应的补救措施。

2）物资供应计划的调整

在物资供应计划的执行过程中，当发现物资供应过程的某一环节出现拖延现象时，其调整方法与进度计划的调整方法类似。一般采取以下措施进行处理：

（1）如果这种拖延不致影响施工进度计划的执行，则可采取措施加快供货过程的有关环节，以减少此拖延对供货过程本身的影响；如果这种拖延对供货过程本身产生的影响不大，则可直接将实际数据代入，并对供应计划作相应的调整，不必采取加快供货进度的措施。

（2）如果这种拖延将影响施工进度计划的执行，则首先应分析这种拖延是否允许（通常的判别条件是受影响的施工活动是否处在施工进度计划的关键线路上或是否影响到分包合同的执行）。若允许，则可采用（1）所述调整方法进行调整；若不允许，则必须采取措施加快供应速度，尽可能避免此拖延对执行施工进度计划产生的影响。如果采取加快供货速度的措施后，仍不能避免对施工进度的影响，则可考虑同时加快其他工作施工进度的措施，并尽可能地将此拖延对整个施工进度的影响降低到最低程度。

2.5.4.4 设备采购质量控制

本节针对设备生产厂家、设备供货单位等称为卖方（供方），对风电场业主单位、工程总承包单位、工程分包施工单位等称为买方（受货方）。

1）市场采购设备质量控制

（1）设备采购方案的审查。

①设备采购方案的编制。设备采购方案应根据建设项目的总体计划和相关设计文件的要求编制，以使采购的设备符合设计文件要求，采购方案要明确设备采购的原则、范围、内容、程序、方式和方法，包括采购设备的类型、数量、质量要求、

技术参数，供货周期要求，价格控制要求等要素。设备采购方案经业主单位的批准后方可实施。

②设备采购的原则。应向有良好社会信誉、供货质量稳定的供货单位进行采购；所采购设备应质量可靠，同时满足设计文件所确定的各项技术要求，以保证整个项目生产或运行的稳定性；所采购设备和配件价格合理、技术先进、交货及时，维修和保养能得到充分保障；符合国家对特定设备采购的相关政策法规规定。

③设备采购的范围和内容。根据设计文件，相关单位应对需采购的设备编制拟采购设备表以及相应的备品配件表，表中应包括名称、型号、规格、数量、主要技术参数、要求交货期，以及这些设备相应的图纸、数据表、技术规格、说明书、其他技术附件等。

（2）市场采购设备的质量控制要点。为使采购的设备满足要求，负责设备采购质量控制的监造人员应熟悉和掌握设计文件中设备的各项要求、技术说明和规范标准。这些要求、说明和标准包括采购设备的名称、型号、规格、数量、技术性能，适用的制造和安装验收标准，要求的交货时间及交货方式与地点，以及其他技术参数、经济指标等各种资料和数据。

负责设备采购质量控制的监造人员应了解和把握总承包单位或设备安装单位负责设备采购人员的技术能力情况，这些人员应具备设备的专业知识，了解设备的技术要求、市场供货情况，熟悉合同条件及采购程序。

总承包单位或安装单位负责采购设备的人员，采购前应向项目监理机构提交设备采购方案，按程序审查同意后方可实施。项目监理机构对设备采购方案的审查应包括但不限于以下内容：采购的基本原则、范围和内容、依据的图纸、规范和标准、质量标准、检查及验收程序、质量文件要求，以及保证设备质量的具体措施等。

2）招标采购设备的质量控制

设备招标采购一般用于大型、复杂、关键设备和成套设备及生产线设备的采购。

在设备招标采购阶段对设备订货合同中技术标准、质量标准等内容进行审查把关，具体内容包括：

（1）掌握设计对设备提出的要求，审查投标单位的资质情况和投标单位的设备供货能力，做好资格预审工作。

（2）参加对设备卖方或投标单位的考察，提出建议。

（3）对设备的制造质量、使用寿命和成本、维修的难易和备件的供应、安装调试组织，以及投标单位的生产管理、技术管理、质量管理和企业的信誉等作出评价。

（4）向中标单位或设备卖方移交必要的技术文件。

3）设备监造质量控制

设备的制造过程是形成设备实体并使之具备所需要的技术性能和使用价值的过程。设备监造就是要督促和协调设备制造单位的工作，使制造出来的设备在技术性能上和质量上全面符合采购的要求，使设备的交货时间和价格符合合同的规定，并为以后的设备运输、储存与安装调试打下良好的基础。

设备监造是指买方依据设备采购合同对设备制造过程进行的监督活动。对于某些重要的设备，卖方应对设备卖方单位生产制造的全过程实行监造。监造时根据需要采用驻厂监造、巡回监控、定点监控等方式开展。

设备制造的质量控制内容一般根据采购设备的特点，重点进行设备制造前的质量控制、对生产人员上岗资格的检查、对用料的检查、设备制造过程的质量控制、设备装配和整机性能检测等。

4）质量记录资料

质量记录资料是设备制造过程质量情况的记录，它不但是设备出厂验收的内容，对今后的设备使用及维修也有意义。质量记录资料包括质量管理资料，设备制造依据，制造过程的检查、验收资料，设备制造原材料、构配件的质量资料等。

5）设备运输与交接的质量控制

（1）出厂前的检查。为防止零件锈蚀，使设备美观协调及满足其他方面的要求，设备卖方必须对零件和设备涂抹防锈油脂或涂装漆，此项工作也常穿插在零件制造和装配中进行。

在设备运往现场前，项目监理机构应按设计要求检查设备专访对待运设备采取的防护和包装措施，并应检查是否符合运输、装卸、储存、安装的要求，以及相关的随机文件、装箱单和附件是否齐全，符合要求后由总监理工程师签认同意后方可出厂。

（2）设备运输的质量控制。为保证设备的质量，卖方在设备运输前应做好包装工作并制定合理的运输方案。项目监理机构要对设备包装质量进行检查，并审查设备运输方案。

■ 2.5.5 设备运输及收货

2.5.5.1 包装、标记、运输和交付

1）包装

卖方应对合同设备进行妥善包装，以满足合同设备运至施工场地及在施工场地保管的需要。包装应采取防潮、防晒、防锈、防腐蚀、防震动及防止其他损坏的必要保护措施，从而保护合同设备能够经受多次搬运、装卸、长途运输并适宜保管。每个独立包装箱内应附装箱清单、质量合格证、装配图、说明书、操作指南等资料，除专用合同条款另有约定外，买方无需将包装物退还给卖方。

2）标记

除专用合同条款另有约定外，卖方应在每一包装箱相邻的四个侧面以不可擦除的、明显的方式标记必要的装运信息和标记，以满足合同设备运输和保管的需要。根据合同设备的特点和运输、保管的不同要求，卖方应在包装箱上清楚地标注"小心，轻放""此端朝上，请勿倒置""保持干燥"等字样和其他适当标记。对于专用合同条款约定的超大超重件，卖方应在包装箱两侧标注"重心"和"起吊点"以便装卸和搬运。如果发运合同设备中含有易燃易爆物品、腐蚀物品、放射性物质等危险品，则应在包装箱上标明危险品标志。

3）运输

卖方应自行选择适宜的运输工具及线路安排合同设备运输。除专用合同条款另有约定外，每件能够独立运行的设备应整套装运，该设备安装、调试、考核和运行所使用的备品、备件、易损易耗件等应随相关的主机一起装运。

除专用合同条款另有约定外，卖方应在合同设备预计启运 7 日前，将合同设备名称、数量、箱数、总毛重、总体积（用 m^3 表示）、每箱尺寸（长 × 宽 × 高）、装运合同设备总金额、运输方式、预计交付日期和合同设备在运输、装卸、保管中的注意事项等预通知买方，并在合同设备启运后 24h 之内正式通知买方。

如果发运合同设备中包括专用合同条款约定的超大超重包装，则卖方应将超大和（或）超重的每个包装箱的重量和尺寸通知买方；如果发运合同设备中包括易燃易爆物品、腐蚀物品、放射性物质等危险品，则危险品的品名、性质，在运输、装

卸、保管方面的特殊要求、注意事项和处理意外情况的方法等，也应一并通知买方。

4）交付

除专用合同条款另有约定外，卖方应根据合同约定的交付时间和批次，在施工场地车面上将合同设备交付给买方。买方对卖方交付的包装的合同设备的外观及件数进行清点，核验后应签发收货清单，并自负风险和费用进行卸货。买方签发收货清单不代表对合同设备的接收，双方还应按合同约定进行后续的检验和验收。

合同设备的所有权和风险自交付时起由卖方转移至买方，合同设备交付给买方之前的所有风险（包括运输风险在内）均由卖方承担。除专用合同条款另有约定外，买方如果发现技术资料存在短缺和（或）损坏，卖方应在收到买方的通知后7日内免费补齐短缺和（或）损坏的部分。如果买方发现卖方提供的技术资料有误，卖方应在收到买方通知后7日内免费替换。如由于买方原因导致技术资料丢失和（或）损坏，卖方应在收到买方的通知后7日内补齐丢失和（或）损坏的部分，但买方应向卖方支付合理的复制、邮寄费用。

2.5.5.2　开箱检验、安装、调试、考核、验收

1）开箱检验

合同设备交付后应进行开箱检验，即合同设备数量及外观检验。开箱检验在专用合同条款约定的下列任一时间点进行：①合同设备交付时；②合同设备交付后的一定期限内。如开箱检验不在合同设备交付时进行，买方应在开箱检验3日前将开箱检验的时间和地点通知卖方。

除专用合同条款另有约定外，合同设备的开箱检验应在施工场地进行。开箱检验由买卖双方共同进行，卖方应自负费用派遣代表到场参加开箱检验。在开箱检验中，买方和卖方应共同签署数量、外观检验报告，报告应列明检验结果，包括检验合格或发现的任何短缺、损坏或其他与合同约定不符的情形。

如果卖方代表未能依约或按买方通知到场参加开箱检验，买方有权在卖方代表未在场的情况下进行开箱检验，并签署数量、外观检验报告。对于该检验报告和检验结果，视为卖方已接收，但卖方确有合理理由且事先与买方协商推迟开箱检验时间的除外。

如开箱检验不在合同设备交付时进行，则合同设备交付以后到开箱检验之前，应由买方负责按交货时外包装原样对合同设备进行妥善保管。除专用合同条款另有

约定外，在开箱检验时如果合同设备外包装与交货时一致，则开箱检验中发现的合同设备的短缺、损坏或其他与合同约定不符的情形，由卖方负责，卖方应补齐、申换及采取其他补救措施。如果在开箱检验时合同设备外包装不是交货时的包装或虽是交货时的包装，但与交货时不一致且出现很可能导致合同设备短缺或损坏的包装破损，则开箱检验中发现合同设备短缺、损坏或其他与合同约定不符的情形的风险，由买方承担，但买方能够证明是由于卖方原因或合同设备交付前非买方原因导致的除外。

如双方在专用合同条款和（或）供货要求等合同文件中约定由第三方检测机构对合同设备进行开箱检验或在开箱检验过程中另行约定由第一方检验的，则第三方检测机构的检验结果对双方均具有约束力。

开箱检验的检验结果不能对抗在合同设备的安装、调试、考核、验收中及质量保证期内发现的合同设备质量问题，也不能免除或影响卖方依照合同约定对买方负有的包括合同设备质量在内的任何义务或责任。

2）安装、调试

开箱检验完成后，双方应对合同设备进行安装、调试，以使其具备考核的状态。安装、调试应按照专用合同条款约定的下列任一方式进行：

（1）卖方按照合同约定完成合同设备的安装、调试工作。

（2）买方或买方安排第三方负责合同设备的安装、调试工作，卖方提供技术服务。

除专用合同条款另有约定外，在安装、调试过程中，如由于买方或买方安排的第三方未按照卖方现场服务人员的指导，导致安装、调试不成功和（或）出现合同设备损坏，买方应自行承担责任。如在买方或买方安排的第三方按照卖方现场服务人员的指导进行安装、调试的情况下，出现安装、调试不成功和（或）造成合同设备损坏的情况，卖方应承担责任。

除专用合同条款另有约定外，安装、调试中合同设备运行需要的用水、用电、其他动力和原材料（如需要）等均由买方承担。

3）考核

安装、调试完成后，双方应对合同设备进行考核，以确定合同设备是否达到合同约定的技术性能考核指标。除专用合同条款另有约定外，考核中合同设备运行需要的用水、用电、其他动力和原材料（如需要）等均由买方承担。

如由于卖方原因导致合同设备在考核中未能达到合同约定的技术性能考核指标，则卖方应在双方同意的期限内采取措施，消除合同设备中存在的缺陷，并在缺陷消除以后，尽快再次进行考核。

由于卖方原因未能达到技术性能考核指标时，为卖方进行考核的机会不超过三次。如果由于卖方原因三次考核均未能达到合同约定的技术性能考核指标，则买卖双方应就合同的后续履行进行协商，协商不成的，买方有权解除合同。但如合同中约定了或双方在考核中另行达成了合同设备的最低技术性能考核指标，且合同设备达到了最低技术性能考核指标的，视为合同设备已达到技术性能考核指标，买方无权解除合同，且应接受合同设备，但卖方应按专用合同条款的约定进行减价或向买方支付补偿金。

如由于买方原因合同设备在考核中未能达到合同约定的技术性能考核指标，则卖方应协助买方安排再次考核。由于买方原因未能达到技术性能考核指标时，为买方进行考核的机会不超过三次。

考核期间，双方应及时共同记录合同设备的用水、用电、其他动力和原材料（如有）的使用及设备考核情况。对于未达到技术性能考核指标的，应如实记录设备表现、可能原因及处理情况等。

4）验收

如合同设备在考核中达到或视为达到技术性能考核指标，则买卖双方应在考核完成后 7 日内或专用合同条款另行约定的时间内签署合同设备验收证书一式二份，双方各持一份，验收日期应为合同设备达到或视为达到技术性能考核指标的日期。如由于买方原因合同设备在三次考核中均未能达到技术性能考核指标，买卖双方应在考核结束后 7 日内或专用合同条款另行约定的时间内签署验收款支付函。

除专用合同条款另有约定外，卖方有义务在验收款支付函签署后 12 个月内应买方要求提供相关技术服务，协助买方采取一切必要措施，使合同设备达到技术性能考核指标。买方应承担卖方因此产生的全部费用。

除专用合同条款另有约定外，如由于买方原因在最后一批合同设备交货后 6 个月内未能开始考核，则买卖双方应在上述期限届满后 7 日内或专用合同条款另行约定的时间内签署验收款支付函。除专用合同条款另有约定外，卖方有义务在验收款支付函签署后 6 个月内应买方要求提供不超出合同范围的技术服务，协助买方采取一切必要措施使合同设备达到技术性能考核指标，且买方无需因此向卖方支付费用。在上述 6 个月的期限内，如合同设备经过考核达到或视为达到技术性能考核指标，

则买卖双方应签署合同设备验收证书。

合同设备验收证书的签署不能免除卖方在质量保证期内对合同设备应承担的保证责任。

5）技术服务

卖方应派遣技术熟练、称职的技术人员到施工场地为买方提供技术服务。卖方的技术服务应符合合同的约定。买方应免费为卖方技术人员提供工作条件及便利，包括但不限于必要的办公场所、技术资料及出入许可等。除专用合同条款另有约定外，卖方技术人员的交通、食宿费用由卖方承担。

卖方技术人员应遵守买方施工现场的各项规章制度和安全操作规程，并服从买方的现场管理。如果任何技术人员不合格，买方有权要求卖方撤换，因撤换而产生的费用应由卖方承担，在不影响技术服务并且征得买方同意的条件下，卖方也可自付费用更换其技术人员。

6）违约责任

（1）承担违约责任的方式。合同一方不履行合同义务、履行合同义务不符合约定或者违反合同项下所作保证的，应向对方承担继续履行、采取修理、更换、退货等补救措施或者赔偿损失等违约责任。

（2）卖方迟延交付的违约金。卖方未能按时交付合同设备（包括仅迟延交付技术资料但足以导致合同设备安装、调试、考核、验收工作推迟的），应向买方支付迟延交付违约金，按专用合同条款另有约定办理。

（3）买方迟延付款违约金。买方未能按合同约定支付合同价款的，应向卖方支付延迟付款违约金，按专用合同条款另有约定办理。

2.5.6　设备现场管理

2.5.6.1　管理的范围及其职责

工程总承包单位现场机构应负责包含业主单位提供的全部设备、材料（成品、半成品）到达现场后的卸车、开箱验收、仓储管理、倒运等工作。

（1）仓储管理应建立设备和物资的动态明细台账，注明货位、档案编号和标识码等。

（2）仓储管理人员应登记台账，并定期盘货，使账物相符。

（3）现场机构要制定并执行设备和物资发放制度，根据批准的领料申请单发放设备和材料，办理设备和材料出库交接手续。

（4）负责落实工作所用的机械设备、工器具、人力等资源，确保管理工作的正常进行。

（5）负责编制大件运输方案（包括大件的卸车，厂内倒运，机械、人员的配备等）。

（6）负责备品备件、专用工具、测试仪器的卸车、开箱验收、临时仓储管理、倒运等工作。

（7）负责用于永久性工程的材料的进货检验。

2.5.6.2　开箱检验的管理

（1）业主单位负责组织开箱验收。业主单位、工程总承包单位或工程分包施工单位、监理单位、供货单位共同组成"开箱验收小组"，负责设备开箱检验，组长由业主单位担任，工程总承包单位或工程分包施工单位负责按照"开箱验收小组"的要求实施开箱验收的具体工作。

（2）"开箱验收小组"应根据安装箱清单核对到货设备（材料）的名称、型号、规格、数量，进行质量检查。填写开箱检查单和缺损单，"开箱验收小组"成员签字认证。

（3）开箱检验的短缺件（业主单位提供的设备、材料），由业主单位负责向供货单位索赔，工程总承包单位或工程分包施工单位应积极配合。

（4）设备包装箱内的装箱单、明细表、产品出厂证明书、合格证、随机技术说明及图纸等一切技术资料，均由业主单位资料室统一保管。

（5）备品备件、专用工器具的管理。所有的备品备件、专用工具、测试仪器开箱后由工程总承包单位或工程分包施工单位负责保管。根据业主单位的要求，工程总承包单位或工程分包施工单位需要使用时，按照业主单位的管理规定领用。工程结束后，所有的备品备件、专用工具、测试仪器统一移交给业主单位。

2.5.6.3　货物的交接及其他管理

货物运至指定地点或施工现场后，业主单位按开箱计划组织开箱验收。开箱验收会签单作为转交工程总承包单位或工程分包施工单位的依据。开箱检验后，办理相关手续，交工程总承包单位或工程分包施工单位保管和保养。保管和保养严格执行相关标准。

所有供应的设备、业主单位材料、备品备件、专用工具、测试仪器等不得以任何形式挪为他用或转移。

工程总承包单位或工程分包施工单位物资管理一般采用信息化管理手段，要提供满足业主单位信息系统要求的数据接口。工程项目和主要设备材料按业主单位编码规则统一编码。

2.5.6.4　工程剩余物资的回收管理

业主单位供应设备、材料用量按最终施工图进行清算。工程总承包单位或工程分包施工单位超领部分应全部无偿退还业主单位。

设备的包装箱、拖架、垫木等包装物均由业主单位回收，工程总承包单位或工程分包施工单位应积极配合。附有押金的包装箱、电缆盘等，工程总承包单位或工程分包施工单位因需领走后应及时退回。由于超期、损坏所造成的经济损失，工程总承包单位或工程分包施工单位负责赔偿。

2.6　施工进度控制

■ 2.6.1　施工进度控制体系及内容

1）建立进度管理体系

明确进度管理原则和编制标准，从不同深度（总系统、子系统、单项）、不同功能（指导性、控制性、实施性）、不同参与方（设计、设备、施工等）等全方位建立进度管理体系，覆盖项目的履约范围和全生命周期。

2）编制进度计划

工程进度计划是工程施工的重要指导文件。针对工程施工的特点，编制多层级进度计划，明确关键项目、关键线路、关键工序，针对重难点及关键工期控制，明确责任人。

3）开展进度检查，落实进度纠偏措施

进度计划实施过程中，进度控制人员需要对整个工程实际施工进度进行经常性、定期性的跟踪观测与记录，了解施工的实际进度情况，建立月、周进度控制图或控制表等，对收集到的实际施工进度数据进行必要的整理，按照计划控制的工作项目进行统计，为进度对比分析提供相应的数据、资料。工程进度检查比较的结果，应按照检查报告制度的规定形成进度控制报告，向相关主管负责人和部门汇报，并提出有效的解决措施与计划调整意见。

4）明确进度管理责任制和考核制度

建立巡检、纠偏和考核制度，明确各层级的进度管控的责权，使得事事有人管，权利和责任清晰明了，可量化、可追溯。同时，与数据化和信息化系统相结合，形成快速检查、及时校正响应的进度管控系统。

■ 2.6.2　工程进度计划编制与技术调整

2.6.2.1　工程进度计划编制应考虑的因素

我国山区风电工程项目多处在偏远地区，在编制工程进度计划时应考虑客观因素和主观因素的影响。其中客观因素主要包括：风电场的地理位置、气候条件、施工条件、设备运输、接入电力系统情况、安装和调试时间、人员配备、施工队伍的技术水平、征地协调难度等。例如：根据风电场所在地区的气候条件，土建开挖施工需要避开强降雨天气。混凝土浇筑受气候影响，需要避开低温天气。工程所在地区各月的风速均可安排风机吊装，风电机组吊装需要避开大风天气 12m/s 及以上的恶劣天气。此外，进度计划控制目标应以 EPC 模式为出发点，明确设计、采购和施工三大进度目标及其衔接。

2.6.2.2　工程进度计划编制

1）编制原则

按施工项目组成，山区风电场工程建设进度计划涉及交通工程、集电线路工程、升压站工程、风电机组工程、临建工程及附属工程等实施计划。

（1）施工准备期。从进场开始，主要安排完成的工作包括修建进场道路、建造生产和生活临时建筑、通水通电并建造临时施工设施等。

（2）交通工程。包含场外道路改扩建，场内道路修建工作，以及附属设施施工。该项目在主线贯通后，可以同步进行风电机组平台、基础的施工。

（3）建筑工程。主要指升压站工程，包含土建、设备安装工程，以及附属工程三大部分。为保证并网时间，升压站工程应根据实际情况与场区平行作业。

（4）风电机组工程。风电机组工程包含风电机组平台、风电机组基础、箱式变压器基础、风电机组及箱式变压器安装调试等。安装工程可以和土建工程交叉作业，在混凝土浇筑完成凝期达到后，具备一个批次可以连续作业即可开展吊装作业。

（5）集电线路工程。集电线路工程包含场内的集电线路和输电线路两个部分，包括架空线路或直埋电缆两种形式，或者两种形式相结合，该部分工作可以在其他项目施工时同步施工。

2）进度计划

进度计划分为工程施工总进度、阶段形象进度、重要节点进度、月计划进度、部位进度。

（1）工程施工总进度。工程施工总进度是项目从工程开始至整个工程竣工验收完成为时间期限来控制进度。根据风电场合同节点，明确工程施工的开工、竣工时间和工程阶段性里程碑进度计划，形成横道图，供各方分解计划参考。

一般情况下，由设计报告施工组织设计篇章明确的工程施工总进度计划作为招标文件要求的工期目标，即合同目标，现场机构可以将进入合同文件的这部分内容引用，开展内部交底时进行宣贯，以便于理解执行。

（2）阶段形象进度。工程阶段性形象进度是指某个施工部位施工进度按期达到某一高程、某一形象、某一进度目标等。由工程总承包单位现场机构与工程分包施工单位共同依据合同文件（总承包合同、工程分包合同）商定，形成可执行文件，于过程开展执行检查、考核。

有时业主单位会明确相关阶段形象进度，现场机构可以将专题会议纪要、正式通知作为执行依据，于过程中贯彻执行。

（3）重要节点进度。工程重要节点进度是整个工程进度控制的关键，处于关键线路上。一般为合同文件明确，批准的施工组织设计明确了相关资源配置、措施方法，现场机构应落实进度检查，并将发现的影响重要进度节点达成的因素及需要采取的措施，通过会议、通知方式进行督促。

由于外界原因导致重要节点需要采取措施的，因此应督促采取措施，相关合同责任按照合同约定处理。

当外围条件影响重要节点正常推进时，工程总承包单位现场机构应采取找政府协助、业主单位协调、现场机构研究对策、工程分包施工单位落实工程与技术措施的方式，督促各方共同推进。

当出现重大偏差时，现场机构应向单位总部报告。

（4）工程月计划进度及部位进度。工程总承包单位现场机构应通过协调会议方式检查推进，当发现较大偏差时，督促相关方采取措施纠偏。

2.6.2.3　进度动态循环控制与技术调整

1）对进度动态采用五步循环法进行控制

第一步：按形象进度计划和准确的进度统计，算出每月累计应完成的加权值。

第二步：将实际进度与预控进度进行比较，找出偏差，偏差的形象要求详细到每一分部、分项工程，一直到每个工序，为分析偏差原因及制定纠偏措施提供依据。

第三步：在确定偏差之后，要立即分析原因。从以下几个方面：劳动力组织设备状况、物资供应工序安排、技术措施、气候条件等。找出偏差原因，并采取措施解决或弥补。

第四步：对偏差的原因分析确定后，有针对性地制订纠偏计划。

第五步：执行和实现纠偏计划，通过调度协调，使人力、机具、工序交叉作业等更为合理。

第五步完成后又回到进度统计，如此循环往复进行，以保证施工进度自始至终在严格地控制之中。

2）技术调整

工程的进展不符合进度计划时，可以修改计划。

在保证目标节点不变的情况下，可以调整部分节点或非关键项目的施工时间，但应有补救措施，保证调整后的项目施工进度。技术调整应结合生产效率、资源投入情况，明确调整后的项目施工强度，根据需要改变施工组织措施。但应重视修改进度计划涉及合同责任分担的问题，一般合同约定业主单位、监理单位不承担进度滞后的相关责任，除非产生不可抗力原因引起。现场机构应采取措施，避免出现重要节点调整，增加更多的工作内容。

2.6.3 施工进度控制方法与措施

2.6.3.1 落实总承包单位的协调义务

工程总承包合同明确了工程征地、手续办理、设计施工图提供的责任。相关事项的推进，均与工程开工有关系，部分项目征地进度、范围，可能影响开工及相关项目施工过程；手续办理直接影响开工，其中上网许可影响发电关键节点；施工图影响项目主体结构施工依据等。

工程总承包单位及现场机构应取得属地政府支持、业主单位支持、使用单位推动等方式，促成项目正常开工。根据合同约定，符合专用合同条款约定的开始工作的条件的，应及时向监理机构提出 7 天发出开始工作通知的意向。

工程开工后，现场机构通过例会、专题会议及其他沟通方式，做好如下工作保证项目正常施工。相关过程，工程分包施工单位应协助处理分内事务，保证资源投入，保证生产效率。

（1）以实现总进度计划和总承包合同工期为目标，做好各设计、采购、施工和设备安装调试合同项目间的进度协调。

（2）以工程项目的施工总布置为依据，控制协调好各工程施工、安装合同项目的施工布置，控制协调好各施工和设备安装工程分包施工单位对施工场地、施工道路的使用。

（3）积极利用定期和不定期的工地协调会议，推动各有关问题的协调处理意见落实及各种协调会议的纪要。

（4）加强内部管理，重视进度推进与流动资金、控制的密切关联，重视项目月度资金、物资供应管理，保证生产的正常费用需求。

2.6.3.2 控制措施

山区风电场由于受地形、地质、气候等外部环境因素影响，为了能够在规定的时间内按期实现进度计划目标，需要在确定的进度计划的基础上，通过详细收集建设边界条件，精心组织制度确实可行的实施方案，及时对比分析实际进度状况与计划进度，对产生的偏差和原因进行分析，找出影响工期的主要因素，调整和修改进度计划。明确各级管理人员的职责与工作内容，对进度计划的执行进行检查、分析与调整，确保建设项目按预定的目标节点完成建设任务。

1）组织管理

（1）选择优秀人员组成强有力的现场机构团队，优选工程分包施工单位合作。组织高素质的技术工人投入到工程施工中，从人的因素上来保证工程进度。

（2）制订详细合理的工程进度计划，把施工任务落实到每一天。

（3）统一组织和协调，组织协调各专业施工队伍快速解决所需的机械设备、周转工具、劳动力。施工高峰或进度出现偏差时，及时采取增加作业人数、工作班次、延长劳动时间等补救措施。

（4）工程总承包单位每周定期召开一次项目生产调度会议，对工程施工进度、资金、物资、设备进行调度和平衡，及时解决施工过程中的各类矛盾和问题。

（5）强化质量管理力度，提高一次合格率水平，减少返工，减少重复劳动，尽量做到一次到位，不留尾巴，提高工程收尾工作效率。

（6）加强技术管理，加强总体施工组织设计和单项施工技术措施的编制工作，优化施工，努力研究、引进和采用新材料、新工艺、新技术，提高施工质量和施工技术水平。

（7）做好安全生产工作，搞好安全生产教育，加强技术、安全培训，持证上岗。做好开挖爆破对相邻部位施工的安全保护，保证安全生产。

（8）加强与业主单位、监理单位的配合，协商推动优化施工措施，保证和提高工程施工质量，加快施工进度。

2）技术措施

参照同类工程的施工经验，针对当地材料的特性，采用不同的施工方案及各项措施来满足风电机组、建筑工程、道路工程及箱压变压器基础等工程需要。

对于大体积混凝土施工、爆破开挖等，在生产试验的基础上，严格控制项目质量标准偏差。在签订商品混凝土供应合同时对商品混凝土性能提出具体的技术要求，以满足混凝土在各种温度下施工的可行性，保证混凝土施工质量。

3）合同管理措施

（1）督促保证劳动力措施。在施工期间，根据项目进度逐月编排分工种的劳动力流向计划，检查使用劳动力合理性，及时平衡调度，减少劳动力的窝工、停工等，降低总用工时数。

根据工期和进度计划，工程总承包单位及时组织工程分包施工单位所需的劳动力，以利于平面流水、立体交叉施工有足够的劳动力。

根据各工艺要求配备专业技术施工人员，专业工种配备齐全，优先选用技术水平高的操作人，以保证施工工期。

（2）督促保证机械设备措施。提高机械化作业程度，保证工程进度，合理配备各种施工机械设备，满足工程施工要求。加强机械的维修和保养，提高机械利用率。除工程分包施工单位在现场拥有的主要工程设备外，其他施工需要的设备尽量在现场租用，以保证设备能迅速进入现场，及时展开施工。

（3）督促保证周转工具措施。增加周转工具投入数量，配备的周转材料数量应能保证现场施工，不因周转材料的不足而造成人员窝工或施工流水段衔接不上。

2.7　施工质量管理

质量是企业的信誉，是企业的生命，切实保证工程质量是工程总承包单位的根本宗旨。山区风电场施工总承包项目施工中，须严格遵守招标文件中的工程质量要求，全面推行三标体系管理标准，确保工程质量目标的实现。

■ 2.7.1　质量保证体系与工作方法

1）质量保证体系

根据国家法律法规规定，工程总承包质量管理体系将工程分包施工单位的相关人员纳入统一管理，融入业主单位的质量管理体系。

将根据工程的施工任务和特点，以《质量管理体系要求》（GB/T 19001—2016/ISO 9001：2015）《工程建设施工企业质量管理规范》（GB/T 50430—2017）质量管理标准为指南，建立质量保证组织机构，制定工程的质量管理办法，明确现场机构各级人员质量职责，正确合理地分配质量保证体系要素，实施全面质量管理。

建立以项目经理为工程质量第一责任人，机电设备安装工程负责人、土建工程负责人、各专业负责人实施质量保证的工程质量管理领导小组，组长由项目经理担任。对工程质量实施统一领导，对保证施工质量的重大问题进行决策。工程质量保证体系结构如图2-7-1所示。

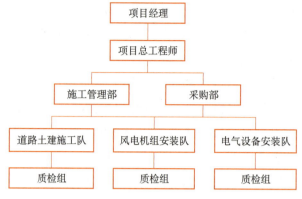

图 2-7-1　工程质量保证体系

项目经理保证现场机构所属部门独立行使职能，严格监督专业施工队伍按照经监理审批的施工组织设计施工，并按质量保证体系要求进行质量控制和检查，充分发挥三级质检机构的作用，控制好每道工序的工作质量。

配备的专职质检人员与承担的工程任务相适应，赋予专职质检人员应有责任和权限，专职质检人员具备相应资质并相对稳定。

专职质检人员在施工的整个过程中坚持旁站制，在现场进行质量跟踪检查，加强对各道工序特别是关键部位或技术复杂部位的专职检查，发现问题及时督促有关人员纠正，对重大问题立即向所在部门领导报告。

专业工程师对关键工序和技术复杂部位实行旁站制，并在施工过程中严格遵守现场交接班制，对在施工中发现的问题做好记录，严格控制工序交接。

施工作业人员严格按照操作规程施工，保证施工工序连续，接受三检人员监督指导，保证措施落实到位。

2）质量控制工作方法

（1）技术交底会。新项目开工前由工程管理部负责组织，按施工组织设计（施工措施）对作业人员进行技术交底，有关技术人员及全体作业人员参加。大型项目和关键项目，应有总工程师参加。

（2）月度质量总结会。工程管理部负责编写施工月度质量总结报告，并组织召开会议。项目经理、副经理、总工程师、有关部门负责人和有关技术人员参加。

（3）质量专题会。由总工程师视工程施工具体情况安排。

（4）作业人员培训制度。

①进场培训：现场机构对所有进入施工现场的职工进行进场培训。总工程师讲授工程总体概况和质量总体要求，现场机构的质量目标和质量体系，全面加强作业

人员的质量意识。

②作业前培训：新项目开工前，由总工程师、工程管理部组织对开工项目进行全面技术交底。讲解图纸、项目特点、作业程序及质量要求，使作业人员熟知作业内容及质量要求。

③特殊作业人员培训：特殊作业人员持证上岗，上岗前在现场进行培训考核，经厂家指导人员认可后方能上岗作业。

（5）三检制度。根据现场机构实际设置，"三检"制度具体规定如下：

①施工班组负责具体施工项目的小组人员，完工后对施工质量进行"初检"，并填写初检记录提交专业施工队质检人员。

②专业施工队质检人员负责完工项目"复检"，并向工程管理部提交质检记录。

③工程管理部专职质检工程师负责其分管项目完工的"内部终检"，并编写出详尽真实的质量检查报告，履行签字手续后提交监理工程师，申请监理单位验收。在厂家技术指导下进行的施工项目，申请监理单位验收前，请厂家指导人员在质量记录单上签字。

（6）奖罚制度。现场机构坚持实施施工质量与经济分配挂钩的制度，奖优罚劣，对不按施工工艺及设计标准施工的班组和个人追究其责任，并予以经济惩罚。对重点项目质量实施质量特别奖。

3）施工过程质量控制

在项目施工过程中坚持"三控制"原则，即"事前控制""事中控制""事后控制"，以"事前控制"和"事中控制"为主，使质量控制从事后检查转变为全过程控制，有效地将质量问题和缺陷消灭在过程中，做到防患于未然。施工质量控制流程如图2-7-2所示。

（1）事前控制。由工程管理部门归口组织编制实施阶段的施工组织设计文件、施工总进度计划、劳动力计划、机械设备和材料使用计划，由总工程师审批，从宏观上对工程建设进行控制，使施工按计划有序进行。规范有序的施工是按计划实现工程质量目标的前提。

在施工组织设计中，根据工程特点，详细制定各分项工程的施工程序和施工工艺，根据合同文件提出工程质量控制要点和相应的控制计划，对关键工序、重点部位进行专门控制。

组织有关人员详细阅读设计文件，加强与设计、业主单位和监理单位的沟通，透彻理解设计人员和业主单位的意图。

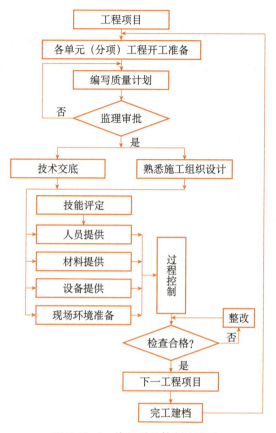

图 2-7-2　施工质量控制流程图

在工程合同签订后 30 天内，提供施工组织设计报监理单位审查。

根据参建职工的岗位，签订质量责任书，同时出台质量责任执行制度。

（2）事中控制。工程材料进入现场后，现场机构会同业主单位、监理单位按照合同的有关规定对每一批次采购的材料质量进行抽样检验，并将检验结果报送监理单位。所有原材料必须有出厂证和质量检验合格证，在验收入库之前由试验室对原材料进行抽样检验，不合格材料不得用于工程建设中。

工程设备进入现场后，现场机构会同业主单位、监理单位、设备供货单位共同进行开箱检验。检验内容包括外包装检验、设备表面检验、对照装箱单核对设备数量、查验出厂证和质量检验合格证，并做好检验记录。对于设备表面破损情况，现场商议确定处理方式和处理措施，由设备供货单位现场修复或返厂修复。

严格按照合同和规程要求，对施工过程的质量控制做出系统安排，明确关键过程，找出薄弱环节，确立质量控制点进行重点控制。严格执行"三检制"，使每项检查项目责任明确，逐层把关。对特殊工序和关键工序必须联合监理单位和业主单位进行全过程联合检查，确保特殊工序和关键工序施工质量全过程受控。及时详细填写质量控制检查记录，保证可追溯性。加强对设备的维护，以保持过程能力。

坚持"零缺陷"转序制，对出现的不合格工序，严格按照规定的程序处理，上一道工序未经三级质检或检查不合格，决不允许转入下道工序。对施工检查过程中出现的质量问题，采取"三不放过原则"处理。

（3）事后控制。在工程施工中，现场机构将根据具体施工项目的进度，组织内部质量检查验收工作，定期向监理单位报告质量管理情况和工程质量状况。

■ 2.7.2　工程项目划分

工程项目开工前，一般由监理单位组织设计、施工／总承包等相关单位研究提出项目划分方案，明确主要分部工程、重要隐蔽分项工程和关键部位分项工程。总承包项目部应根据合同范围组织编制项目划分表，经监理单位审核和建设单位批准后，工程各参建单位应据此进行工程质量控制、质量检验和质量评定。山区风电场工程一般根据《风力发电工程施工与验收规范》（GB/T 51121—2015）及《风力发电场项目建设工程验收规程》（GB/T 31997—2015）等规范将单位工程划分为风电机组工程、建筑工程、升压站设备安装调试工程、集电线路工程、交通工程等五类，项目划分方式可参考表2-7-1～表2-7-5。

表 2-7-1　风电机组工程质量验收项目划分表

序号	单位工程	分部工程	子分部工程		分　项　工　程
1	风电机组工程	1	风力发电机设备基础	1 基坑开挖与回填	定位放线，土石方开挖，土石方回填等
				2 地基处理	灰土等地基，土石合成材料地基，重锤夯实地基，高压喷射注浆地基，注浆地基等
				3 桩基	钢筋混凝土预制桩，钢桩，混凝土灌注桩等
				4 混凝土基础	模板，钢筋，混凝土，过渡段塔筒，预应力锚栓组合件安装，电缆保护管安装，仪器预埋等
				5 防护设施	钢爬梯制作与安装，护舷安装，钢平台制作与安装，栏杆制作与安装
				6 防腐及止水	防腐，止水安装

续表

序号	单位工程	分部工程		子分部工程	分 项 工 程
1	风电机组工程	2	机组安装	1 机舱安装	机舱组装
				2 叶轮安装	叶轮组装，叶轮吊装
				3 交流系统安装	交流系统安装
		3	监控系统	监控系统调试	机组监控设备调试
		4	塔架	塔架安装	下段塔筒组装，中段塔筒组装（如有），上段塔筒组装，其余部件安装
		5	电缆	电缆连接	电缆及附件安装，导电轨安装
		6	箱式变电站	1 基坑开控与回填	定位放线，开挖，锚杆，土石方回填等
				2 混凝土基础	模板，钢筋，混凝土，电缆保护管及其他预埋件安装等
				3 箱式变压器安装	绕组、套管和绝缘油试验，压力释放阀、负荷开关、接地开关、低压配电装置、冷却装置、主要表计等性能测试，一次回路设备绝缘测试等
		7	防雷接地	接地装置	单个风电机组防雷接地网安装，场区防雷接地网安装，接地网接地电阻测试

表 2-7-2　建筑工程质量验收项目划分表

序号	单位工程	分部工程		子分部工程	分 项 工 程
2	建筑工程	1	地基与基础	1 开挖与回填	定位放线，土石方开挖，基坑支护，土石方回填等
				2 地基处理	灰土地基，土石合成材料地基，重锤夯实地基，强夯地基，高压射注浆地基，注浆地基，夯实水泥土桩地基等
				3 桩基	钢筋混凝土预制桩，钢桩，混凝土灌注桩（成孔、钢筋笼、清孔、水下混凝土灌注）等
				4 混凝土基础	模板，钢筋，混凝土，后浇带混凝土，混凝土结构缝处理等
		2	主体结构	1 混凝土结构	模板，钢筋，混凝土，现浇结构、装配式结构等
				2 砌体结构	砖砌体，混凝土小型空心砌块砌体，石砌体等
				3 钢结构	钢结构焊接，紧回件连接，钢结构涂装，钢构件组装等

续表

序号	单位工程	分部工程		子分部工程		分　项　工　程
2	建筑工程	3	装饰装修	1	地面	基层，水泥混凝土面层，砖面层等
				2	抹灰	一般抹灰，装饰抹灰，清水砌体勾缝等
				3	门窗	门、窗安装等
				4	涂饰	涂料涂饰等
				5	细部	窗帘盆、门窗套制作与安装，护栏与扶手制作与安装等
		4	建筑屋面	1	卷材防水屋面	保温层、找平层、卷材防水层、细部结构等
				2	涂膜防水屋面	保温层、找平层、涂且防水水层、细部结构等
				3	刚性防水屋顶	细石混凝土防水层、密封材料嵌缝、细部结构等
		5	室内外给排水	1	室内给排水系统	给排水管道及配件安装，供热管道及配件安装，雨水管道及配件安装，室内消火栓系统安装，给水设备安装，管道防腐与限热保温，室内采暖管道及配件安装等
				2	卫生器具安装	卫生器具安装、卫生器具给水配件安装、卫生器具排水管道安装等
				3	室外给排水管网	给排水管道及配件安装，供热管道及配件安装，雨水管道及配件安装，室内消火栓系统安装，给水设备安装，管道防腐与隔热保温、室内采暖管道及配件安装等
		6	建筑电气	1	供电干线与电气动力	母线安装，成套配电柜，照明配电箱，电线电缆穿线，插座开关安装等
				2	电气照明安装	照明配电箱安装，专用灯具安装，普通灯具安装，插座开关安装，建筑照明通电试运等
				3	备用和不间断电源安装	成套配电柜、照明配电箱安装，柴油发电机组安装，电缆电线安装，电气试验，接地装置安装等
				4	防雷及接地安装	接地装置安装，防雷引下线和变配电室接地干线敷设等
		7	智能建筑	1	综合布线系统	缆线敷设和终接，机柜、机架、配线架的安装，信息插座和光缆芯线终端的安装
				2	火灾报警消防联动系统	火灾和可燃气体探测系统，火灾报警控制系统，消防联动系统
				3	安全防范系统	电视监控系统，入侵报警系统，出入口控制（门禁）系统

续表

序号	单位工程	分部工程		子分部工程	分项工程
2	建筑工程	7	智能建筑	4 电源与接地	智能建筑电源，防雷及接地
				5 环境监视系统	空间环境，室内空调环境，视觉照明环境，电磁环境
				6 建筑设备监控系统	空调与通风系统，变配电系统，照明系统，给排水系统，热源和热交换系统，冷冻和冷却系统，中央管理与操作分站，子系统通信接口
				7 网络系统	通信系统，卫星有线电视系统，公共广播系统
				8 办公自动化系统	计算机网络系统，信息平台及办公自动化应用软件，网络安全系统
				9 智能化系统	系统网络，实时数据库，信息安全，功能接口
		8	通风与空调	1 送排风系统	风管与配件制作，部件制作，风电机组安装，风管系统安装，空气处理设备安装，消声设备制作与安装，风管与设备防腐绝热，系统调试
				2 防排烟系统	风管与配件制作，部件制作，风电机组安装，风管系统安装，防排烟风口、常闭正压风口与设备安装，风管与设备防腐绝热，系统调试
				3 除尘系统	风管与配件制作，部件制作，风电机组安装，风管系统安装，除尘器与排污设备安装，风管与设备防腐绝热，系统调试
				4 空调风系统	风管与配件制作，部件制作，风电机组安装，风管系统支架，空气处理设备安装，消声设备制作与安装，风管与设备防腐绝热，系统调试
				5 净化空调系统	风管与配件制作，部件制作，风电机组安装，风管系统安装，空气处理设备安装，消声设备制作与安装，高效过滤器安装，风管与设备防腐绝热，系统调试
				6 制冷设备系统	制冷组安装，制冷剂管道安装，制冷附属设备安装，管道及设备的防腐与绝热，系统调试
				7 空调水系统	管道冷热水系统安装，冷却水系统安装冷凝水系统安装，阀门安装，冷却塔安装、水泵安装，管道与设备的防腐与绝热，系统调试
		9	附属设施 电缆沟、接地、场地、围墙、消防通道	电缆沟、接池、场地、围墙、消防通道等	

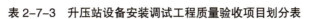

表 2-7-3　升压站设备安装调试工程质量验收项目划分表

序号	单位工程	分部工程		子分部工程	分项工程
3	升压站设备安装调试工程	1	主变压器系统设备安装	1　主变压器安装	主变压器本体安装，主变压器检查，主变压器附件安装，主变压器注油及密封试验，主变压器整体检查
				2　主变压器系统附属设备安装	中性点隔离开关安装，中性点电流互感器、避雷器安装、控制柜及端子箱检查安装，软母线安装
				3　带电试运	主变压器带电试运
		2	主控及直流设备安装	1　主控室设备安装	控制及保护和自动化屏安装，直流屏及充电设备安装，二次回路检查及接线
				2　蓄电池组安装	蓄电池安装，充放电及容量测定
		3	×××kV配电装置安装	1　主母线及旁路母线安装	绝缘子串安装，软母线安装，支柱绝缘子安装，管形母线安装，接地开关安装
				2　电压互感器及避雷器安装	避雷器安装，电压互感器安装，隔离开关及接地开关安装，支柱绝缘子安装，引下线及跳线安装，箱柜安装
				3　进出线（母联、分段及旁路）间隔安装	隔离开关安装，断路器安装，电流互感器安装，避雷器安装，穿墙套管安装，支柱绝缘子安装，引下线及跳线安装，就地控制设备安装
				4　铁构架及网门安装	铁构架及网门安装
				5　带电试运	×××kV配电装置带电试运
		4	×××kV封闭式组合电器安装	1　封闭式组合电器检查安装	基础检查及设备支架安装，封闭式组合电器本体检查安装，电压互感器、避雷器安装
				2　配套设备安装	电压（流）互感器安装，避雷器安装，软母线及引下线安装
				3　就地控制设备安装	控制柜及就地箱安装，二次回路检查及接线
				4　带电试运	×××kV封闭式组合电器带电试运
		5	×××kV及站用配电装置安装	1　工作变压器安装	变压器本体安装，变压器检查，变压器附件安装，变压器注油及密封试验，控制及端子箱安装，变压器整体检查
				2　备用变压器安装	变压器本体安装，变压器检查，变压器附件安装，变压器注油及密封试验，控制及端子箱安装，变压器整体检查
				3　×××kV配电柜安装	基础型钢安装，配电盘安装，母线安装、断路器检查，二次回路检查接线
				4　站用低压配电装置安装	低压变压器安装，低压盘安装，母线安装，二次回路检查接线
				5　带电试运	×××kV系统设备带电试运

续表

序号	单位工程	分部工程		子分部工程	分 项 工 程
3	升压站设备安装调试工程	6 无功补偿装组安装	1	电抗器安装	电抗器安装，引线安装，电缆安装
			2	电容器间隔安装	电容器安装，放电绕组安装，引下线安装
			3	SVG 功率控制单元安装	控制单元安装，控制系统二次接线
			4	带电试运	补偿装置带电试运
		7 全站电缆施工	1	电缆管配置及敷设	电缆管配制及敷设
			2	电缆架制作及安装	电缆架安装
			3	电缆敷设	屋内电缆敷设，屋外电缆敷设
			4	电力电缆终端及中间接头制作	电力电缆终端制作及安装，电力电缆接头制作及安装
			5	控制电缆终端制作及安装	控制电缆终端制作及安装
			6	35kV 及以上电缆线路施工	35kV 及以上电缆线路
			7	电缆防火与阻燃	电缆防火与阻燃
		8 全站防雷及接地装置安装	1	避雷针及引下线安装	避雷针及引下线安装
			2	接地装置安装	屋外接地装置安装
		9 全站电气照明装置安装	1	屋外开关站照明安装	管路敷设，管内配线及接线，照明配电箱（板）安装，照明灯具安装，屋外开关站照明回路通电检查
			2	屋外道路照明安装	电缆敷设接线，照明灯具安装，道路照明回路通电检查
		10 通信系统设备安装	1	通信系统一次设备安装	通信系统一次设备安装
			2	微波通信设备安装	微波天线安装，微波馈线安装，微波机、光端及设备的安装，程控交换机安装
			3	通信蓄电池安装	免维护蓄电池安装，通信蓄电池充放电签证
			4	通信系统接地	通信站防雷接地施工
		11 监控系统		监控系统安装与调试	监控系统安装，机组与中控及远控设备安装连接，调度、监测系统调试等

表 2-7-4　集电线路工程质量验收项目划分表

序号	单位工程	分部工程	子分部工程		分 项 工 程
4	集电线路工程	1 场内架空电力线路工程	1	电杆基坑及基础埋设	开挖，混凝土砌筑，回填等
			2	电杆组立与绝缘子安装	电杆组立，拉线制作与安装，绝缘子安装等
			3	拉线安装	拉线安装
			4	导线架设	导线架设
			5	线路终端和接头的制作	线路终端和接头的制作，线路终端和接头耐压及绝缘检验等
			6	防雷接地装置	防雷接地网安装，接地网接地电阻测试等
		2 电力电缆工程	1	电缆沟制作	开挖，砌筑，混凝土、回填等
			2	电缆保护管的加工与敷设	电缆保护管的加工，电缆保护管敷设等
			3	电缆支架的配制与安装	电缆支架配制，电缆支架的安装等
			4	电缆的敷设	电缆敷设等
			5	电缆终端和接头的制作	线路终端和接头的制作，电缆终端和接头耐压及绝缘检验等

表 2-7-5　交通工程质量验收项目划分表

序号	单位工程	分部工程	子分部工程		分 项 工 程
5	交通工程	1 道路与桥涵	1	路基	开挖、填筑等
			2	路面	稳定层、路面、路肩等
			3	排水沟	挡墙、排水沟等
			4	涵洞	现浇混凝土涵洞、浆砌石涵洞、预埋涵管等
			5	桥梁	定位放线、基础、墩台、桥面等
		2 绿化及环境	1	绿化环境	路边缘化、地貌恢复
			2	交通标志	警告标志，指示标志，信号灯，里程碑

2.7.3 工程测量

2.7.3.1 工作任务

配置能够满足合同技术文件规定等级、精度的测量系列仪器，配置有专业资格、工作经验的测量人员，开展测量控制网复核、施工放样、验收检验、体形检测及高耸建筑物的重试偏差测量、沉降或变形观测等工作，提供合格的测量成果资料。

测量依据：设计图纸、业主提供的测量基准点、现行工程测量规程规范。

在工程范围内正式投用的测量控制网点，其轴线定位（坐标）点与高程测量控制点合用；控制点采用钢板预埋在混凝土墩中，标明点位号、坐标点及高程数据。混凝土墩埋入土中至少 0.8m，保证施工过程中不松动、不位移。不用时，对预埋钢板用铁盒盖严进行保护。

施工测量质量控制标准的主要精度指标参见表 2-7-6。使用的全站仪、水准仪、水准尺等主要仪器设备均委托国家认可的有鉴定资质的单位进行鉴定，使用时均在鉴定合格有效期内。施测期间，如国家或有关部门颁发新的专业技术标准（规范），则新的标准（规范）生效后所进行的施工测量质量控制、主要精度指标可参照其执行。

表 2-7-6　风电场工程施工测量主要项目及等级指标一览表

序号	项目	等级（精度指标）			说明
		内容	平面误差（mm）	高程中误差（mm）	
1	混凝土建筑物				相对于邻近基本控制点
2	土石料建筑物	轮廓点放样	±（30～50）	±30	
3	机电与金属结构安装	安装点	±（1～10）	±（0.2～10）	相对于建筑物安装曲线和水平度
4	土石方开挖	轮廓放点	±（50～100）	±（50～100）	同 1、2
5	局部地形测量	地物点	±0.75		相对于邻近测点
		等高线		1 根基本等高距	按抽检点计算
		高程注记点		1/3 基本等高距	同 1、2

2.7.3.2 测量基准接收及复核

1）工程测量控制网成果接收

应通过业主单位或监理单位正式文件函或其他正规渠道取得，这些成果包括接收的工程测量控制网成果，应工程监理、工程总承包、施工单位人员或业主单位的技术主管人员一道共同开展复核工作。

（1）平面控制方法：用全站仪对坐标基桩进行复测。在对基桩复测的基础上，在工程稳定、可靠、通视良好的位置架设三角网加密桩，确保施工测量的精度；根据设计中心线要素，用普通经纬仪测量复测中心线和工程结构控制桩的相对位置；采用"极坐标法"投射管线中心点（线）的坐标及测量控制桩。投点、放样时，必须有两个控制点作为后视点。

根据现场条件，保证通视条件，无较大施工干扰。测量期间，重视湿度及温度引起的任何误差。

根据导线点坐标和高程，采用全站仪中的放样程序，测量出各控制点坐标和高程。外业测量数据的记录由全站仪自动记录。

（2）高程控制：采用 S3 水准仪对业主单位提供的标高水准原点进行复测；根据水准原点，按照测量规范加密引测临时水准控制基准点（部分与轴线控制点合用），标高测量遵守设计要求及规范的规定，引测结果必须记录在案；临时水准控制点的设立，对利用轴线的水准控制点先进行复测闭合（每个点必须经过两个以上永久水准点的校核），再进行加密；根据高程控制基准点，使用 S3 水准仪往返水准测量。

2）GPS建立独立坐标系

部分工程前期测量成果难于及时提供，期间，依据《全球定位系统（GPS）测量规范》（GB/T 18314—2009）采用 GPS 定位引测相对独立三等测量导线建立独立坐标系，保证阶段性工程使用需要，后期获得区域测量控制成果时，再复核测量修正相关成果。

2.7.3.3　测量放样及工程量计算

由测量工程师负责对开挖基线、轮廓线及结构物边线进行放样，在施工过程中，对混凝土浇筑、设备安装负责垂度、高程放样并进行必要的复核。

风电机组地基处理验收、风力发电工程建筑工程基础处理验收、交通工程路基验收，检查边坡防护与沿线弃渣、渣场地形测量，完成启用阶段，应测取开挖、填筑收方工程量，按月编制工程完成状况及完善测量资料。

工程开挖结束后，绘制形成竣工测量平面和剖面图；同时对最终开挖工程量和土石比进行计算，防止"欠量结算"，由于开挖和土石分界线测量及单元验收是交错进行的，因而开挖竣工图需在开挖过程中逐步修改完善，并及时拼接检查。

2.7.3.4　分部分项工程形体测量

建筑物以外边坡应控制在超挖不大于 30cm、欠挖不大于 30cm，建筑物范围内边坡应控制在超挖不大于 20cm、欠挖不大于 10cm，不平整度不大于 15cm；永久平台面应控制在超挖不大于 20cm、欠挖不大于 10cm，不平整度不大于 15cm，合格后进行签认。

建筑工程的各种主要孔、洞、墙的体形测量，混凝土的体形偏差应按照大于 20mm、−20～20mm、小于 −20mm 三个区段统计测点比例，测量的精度指标，比较执行规范中相应项目的测量误差的规定。

2.7.3.5　变形监测基准精度管理

变形观测基准精确度要求高，除使用满足规定等级的测量仪器外，施测形成满足《国家一、二等水准测量规范》要求的每千米水准测量的偶然中误差限差水准监测控制网、《国家三角测量规范》要求的测角、测边中误差平面监测控制网，保证观测精度。变形观测项目紧跟需监测部位需要，开展观测基点的联测以及通过独立观测 2 次获取新增监测点的初始成果，并按照设计要求的频次开展周测、月测等变形监测数据采集及资料整编工作，按照业主单位、监理机构要求，提交监测周报、月报、年报以及相关专题报告。

■ 2.7.4　试验检测

2.7.4.1　工作任务

按照合同约定，风电场工程总承包单位现场机构、工程分包施工单位现场机构应建设试验室或租用、委托有试验资质资格的单位授权试验室开展试验检测工作。

风电场工程总承包单位现场机构、工程分包施工单位现场机构设立工地试验室，资源配置能够满足合同技术文件规定，其检测项目内容的系列仪器应齐全，安装完成经过属地行政主管单位检验、检定；配置有专业资格、工作经验的测量人员，按合同规定和监理工程师的指示开展各项材料试验检测，检测频次满足规范要求、检测成果满足设计或规范要求，提供符合合同文件要求的试验成果资料。

工地试验室不能检验的项目，应委外有资格的单位完成检测，提供数据报告。

试验依据：设计图纸、合同技术条款、设计技术要求、现行工程试验检测规程规范。其中，基础处理、道路工程遵守包括《建筑地基工程施工质量验收标准》（GB 50202—2018）、《建筑地基处理技术规范》（JGJ 79—2012）、《建筑基坑支护技术工程》（JGJ 120—2012）、《建筑桩基技术规范》（JGJ 94—2014）、《岩土锚杆与喷射混凝土支护工程技术规范》（GB 50086—2015）、《钢筋焊接及验收规程》（JGJ 18—2012）、《风电场工程混凝土试验检测技术规范》（NB/T 10627—2021）、《混凝土泵送施工技术规程》（JGJ/T 10—2011）、《大体积混凝土施工标准》（GB 50496—2018）、《混凝土结构工程施工质量验收规范》（GB 50204—2015）、《大体积混凝土温度测控技术规范》（GB/T 51028—2015）、《混凝土结构工程施工规范》（GB 50666—2011）、《建筑防腐蚀工程施工规范》（GB 50212—2014）、《公路工程质量检验评定标准 第一册土建工程》（JTG F80/1—2017）、《电气装置安装工程 66kV 及以下架空电力线路施工及验收规范》（GB 50173—2014）、《110kV~750kV 架空输电线路施工及验收规范》（GB 50233—2014）等现行标准；相关建筑工程屋面、给排水、钢构架、照明、消防、通风与空调、装饰装修等分部分项工程的质量检测标准，均遵守行业部颁规程规范要求；相关原材料检测执行合同文件及行业规程规范的要求。

试验过程中使用的仪器分类标识、仪器仪表鉴定及标识、温度测试及符合性均应满足工程试验检测规程规范、行业主管单位验收、检查的相关要求；试验检测的养护记录、保养记录、取缔记录等必须清晰可靠；试验取样的合规性与样品标识、试验与记录的对应、试验操作的合规性、样品保护合规性、试验设备的保护设施等是自检查内容，也是保证试验成果可靠、真实的依据。

2.7.4.2　主要原材料质量及混凝土配合比

山区风电场工程主要原材料包括水泥、钢筋（板、材）、粉煤灰、沥青、砂石料、钢绞线、橡胶及铜止水、外加剂、土工膜等。其主要材料品种检测项目及检测内容如下。

1）水泥

山区风电工程一般采用普通硅酸盐水泥，其标号有 P·O42.5、P·O52.5 等。依据合同文件，相关抽检水泥抽检项目及质量标准一览表分别见表 2-7-7、表 2-7-8。抽检检测频次分析能够满足规范规定的要求，其终凝时间、抗折强度、抗压强度均应高于国家标准。

表 2-7-7　水泥抽检项目及质量标准一览表

检验项目	比重	标准稠度（%）	细度（0.08mm筛余，%）	安定性	凝结时间（h:min）		抗折强度（MPa）		抗压强度（MPa）	
					初凝	终凝	3天	28天	3天	28天
标准	常规	常规	规范要求	<10	合格	0:45	<10:00	5.5	11.0	32.5
28d抗折强度（MPa）	100	10.6	6.5	8.65					100	100

表 2-7-8　山区风电场属地品牌 P·O42.5R 水泥样本抽检成果表

品牌	比表面积（m²/kg）	细度（0.08mm筛余，%）	凝结时间（min）		安定性（雷氏法/饼法）	流动度（mm）	碱含量不大于0.60%	水化热（7天不大于280）（J/g）	28d抗压强度（MPa）	28d抗折强度（MPa）
			初凝	终凝						
湖南省云峰	331	—	175	239	合格	205	—	—	48.4	7.6
内蒙古锡林郭勒盟冀东	385	—	175	295	合格	—	0.58	261	53.8	8.3
贵州贵定海螺								263.6		

2）粉煤灰

山区风电场混凝土用粉煤灰检测一般应参考《水工混凝土掺用粉煤灰技术规范》（DL/T 5055—2007）规定。粉煤有Ⅰ级、Ⅱ级灰品质及价格区分，一般使用Ⅱ级粉煤灰。灰掺量有 10%～40% 比例选择，对连续供应相同等级、相同种类的按照 200t、不足 200t 仍然按照一批计算进行抽样检验，检测项目包含比重及需水比≤105%、细度（0.045mm 筛余）≤20%、烧失量≤8%、SO_3≤3%。

3）钢筋

钢筋品质与规格因设计要求不同而不同，从盘圆至带肋钢筋，有绑扎与焊接保证结构力学要求，一般常用的 HRB335 二级钢筋，应开展钢筋母材和焊接质量抽样检测，检测抗拉强度必须满足规范标准。钢筋机械连接用套筒时，除检测丝口牙距、螺纹外，应检测套筒加工出厂质量或抽样复查力学指标。

工程使用的所有钢筋和钢板，应完善检测验收程序，其质量满足建筑行业规范要求。

4）砂石骨料

（1）细骨料。细骨料由人工加工与天然采掘筛分取得。天然砂应检测细度模数、含泥量，国家标准分别为：2.2～3.0、≤3.0%；人工砂应检测细度模数、石粉含量，国家标准分别为：2.4～3.0、6%～18%。这两者均影响混凝土拌和物的和易性。天然砂中有时要求检测有机质，应使用不含有机质的天然砂，确保混凝土耐久性。

细骨料的管理过程应落实：在存贮期无异物侵入，在贮存料堆上无任何不当设备操作或置于其上；应避免离析、污染，并具备规定的脱水条件；在开始混凝土浇筑以前，应贮备满足连续3天以上进行浇筑的足够数量、品质合格的细骨料；细骨料堆存的活容积，应满足施工期间对合格料的需要。

（2）粗骨料。小石、中石均应检测超径、逊径、泥含量三个指标，并分别满足<5、<10、<1的行业标准。

总体上，砂石骨料指标检测常常出现标准差较大的情况，需要分析原因。对于砂的细度模数偏大，应研究母材及生产工艺，确认原因后及时采取措施；对于人工砂的石粉含量，有时出现超标的情况，应及时调整配合比。

粗骨料贩运贮存应不使其破碎、污染和离析；堆存骨料的场地应有良好的排水设施，不同粒径级的骨料必须分别堆存并设置隔离设施，严禁相互混杂；不允许任何不当设备在骨料堆上操作；在混凝土浇筑以前，应贮存满足3～4天连续浇筑的足够数量的各级粗骨料。

应重视小砂机生产的机制砂的加工过程及品质管理，严格控制原岩原材来源，使用混合砂时，需要采取多次试验才能最终选用。对于拌和能力小的临时拌和系统，除应认真检查对比称量系统外，过程的废水排放必须保证三级沉淀的环保要求。

5）外加剂

按照《水工混凝土外加剂技术规程》（DL/T 5100—1999）规定，每一批号取样量不少于0.2t水泥所需要外加剂量。掺量不小于1%同品种的外加剂每一批号为100t，掺量小于1%但大于0.05%的外加剂每一批号为50t，掺量不大于0.05%的外加剂每一批号以1～2t为一批。不足一批的也应按照一批量计，同一批号的产品应混合均匀。

减水剂掺量有0.1%～3%的比例选择，掺量比例通过试验调整；减水剂有多个地区品质及价格区分，山区风电场混凝土一般使用高效减水剂。检测项目包括比重及需水比不大于105%、细度（0.045mm筛余）不大于20%、烧失量不大于8%、$SO_3 \leqslant 3\%$。

引气剂掺量有0.01%～1%的比例选择，掺量比例通过试验调整；引气剂有多个地区品质及价格区分，山区风电场一般使用高效减水剂；引气剂检测项目包含比重及需水比不大于105%、细度（0.045mm筛余）不大于20%、烧失量不大于8%、

$SO_3 \leqslant 3\%$。

外加剂的管理过程应落实：外加剂的贮存必须避免污染、蒸发或损耗；对于液体外加剂必须提供专门设施使之搅拌均匀；粉剂的存放条件应与水泥相同。引气剂若在工地存贮时间超过 6 个月或受过冷冻的、减水剂若在工地存放时间超过 6 个月或出现冷凝结霜的，则不能使用，除非重新测试证明其有效，并于事先报经监理机构批准后方可使用，否则不能使用。

6）混凝土配合比

设计工程师对各工程部位的混凝土应明确技术要求，根据工程实际所选用的原材料，参考《风电场工程混凝土试验检测技术规范》（NB/T 10627—2021）、《混凝土泵送施工技术规程》（JGJ/T 10—2011）、《大体积混凝土施工标准》（GB 50496—2018）、《混凝土结构工程施工质量验收规范》（GB 50204—2015）、《大体积混凝土温度测控技术规范》（GB/T 51028—2015）、《混凝土结构工程施工规范》（GB 50666—2011）、《水工混凝土施工规范》（SL677—2014）进行配合比设计试验，将试验报告提交监理工程师予以批复，并在现场进行校正试验各项指标是否满足设计和施工要求后确定施工配合比。贵州、湖南山区部分风电场用主要混凝土施工配合比见表 2-7-9。

表 2-7-9　贵州、湖南山区部分风电场用主要混凝土施工配合比一览表

混凝土等级	坍落度（cm）	水灰比	砂率（%）	每立方米混凝土材料用量（kg）						外加剂（%）	使用部位	备注
				水	水泥	粉煤灰	砂	小石	中石			
C15	3.5~5	0.70	39	180	324		766	1187			垫层	
C20	7~9	0.50	34	126	214	38	700	687	687		大体积	
C20		0.42	58	190	452		1019	738 豆石		速凝剂 18.1kg	喷混凝土	聚丙烯 1.1
C25	12~15	0.45	36	160	355		677	602	602		圈梁	
C30	12~15	0.41	42	175	426		734	1015			板、梁、柱	
C40	18±2	0.37	42.3	172	390	70	736	1004		聚羧酸 2.2	基础环部位	Ⅱ级粉煤灰 P·O42.5 水泥
C45	18±2	0.33	40.9	172	440	85	695	1005		聚羧酸 2.6		

风电场工程总承包单位现场机构、工程分包施工单位现场机构的技术、质量、专业管理人员，共同对原材料质量进行控制，工程使用的主要原材料应完善台账，履行材料的检查、验收程序，完成对应品种、工程量的项目抽样检测，确保质量合格，对不合格材料及时清理或替换。

混凝土配合比由试验确定,混凝土及砂浆施工配合比经监理工程师审批同意。

2.7.4.3 土石填筑质量检测

工程填筑质量检查包括常规取样检查和固定断面检查,常规检查作为施工过程质量控制,取样检查内容包括干容重和颗粒分析。固定断面按照一定填筑高度分层取样,进行干密度、含水量、孔隙率、比重、颗粒分析和抗剪强度等力学参数检查,检查结果用于工程验收备查。

1)升压站的填筑与质量检查

依据《建筑地基处理技术规范》(JGJ 79—2012)规定,在压实填土的过程中,分层取样检验土的干密度和含水量,每50～100m面积内检验1个点,压实系数不低于0.95;对碎石土,干密度不得低于2.0t/m³。

根据现场条件,也采用轻型触探与重力触探方式检测承载力,按照规定的分层,检测点的间距小于4.0m。

施工中应对填筑料适当加水,对于碾压遍数、碾压速度,均以保证承载力满足检测要求进行控制。

施工中应严格控制填筑层厚。卸料处前应有层厚标尺,以控制铺料。每一填筑层碾压后,应按20m×20m方格布网进行高程测量,据此检查填筑层厚。

2)公路路基及挡墙背填筑

(1)路基。路基填筑时,试验控制同步进行。压实度每层每2000m²检测4处,并随时接受检测,土石混合料路基压实度标准见表2-7-10。

表2-7-10 路基填筑压实度标准及路堤填料最大粒径和压实度

填挖类型		路槽底面以下深度(cm)	填料最大粒径(mm)	压实度(%)
路床	上路床	0～30	100	≥94
	下路床	30～80	100	≥94
路堤	上路堤	80～150	150	≥93
	下路堤	>150	150	≥90
零填及路堑上路床		0～30	100	≥95

注:本表不适用于填石路堤。

对于填石路堤:路床顶面以下80cm范围内填筑符合要求的碎石,并分层压实,填料最大粒径不大于 10cm。填石路堤边坡用粒径大于 30cm 的大块石码砌，石料强度不小于 20MPa；回填应分层夯实，厚度不大于 30cm，路面基层碾压采用振动压路机进行，每层碾压次数不小于 6 遍，直到达到设计要求，压实度不小于 93%，且压路机驶过无明显痕迹。

（2）台背及锥坡回填。采用装载机将砂砾石与土按比例拌和均匀，人工铺平，一般层压实厚度控制在 15cm 内，其他检查指标控制同路基混合料检查方法及质量标准。

■ 2.7.5　隐蔽工程验收

以风电机组及箱式变压器建基面、基础验收为例。

（1）建基面验收。风电机组机位建基面开挖预留 30～50cm 保护层，由人工清挖至设计高程。在完善资料后，组织业主单位项目人员、设计代表、设计地质工程师以及工程施工技术人员共同对基础面进行检查验收，检查局部弱面、裂隙处理情况，确认不需要进一步开挖处理后，开展下一步工作。

至设计高程后，根据设计图纸对风电机组机位进行放样，给出风电机组中心点和风电机组设计的半径，并在地上用白石灰标记出。沿着建基面周边设置一条排水沟，并设置一集水坑，便于将基坑集水抽排，保持干燥施工。

（2）基础验收。风电机组及箱式变压器基础应准备土建验收规范规定的系列资料：测量数据、开挖、混凝土及埋件资料、灌浆资料等，在此基础上，还应准备专项物探检测资料、水平度检测资料。对于基础换填的项目，应由专门的施工方案及试验检测数据附件提供。验收合格才能进行上部结构的施工。

2.8　成本控制

■ 2.8.1　成本控制的特点与任务

2.8.1.1　成本控制的特点

1）山区风电场工程建设成本高

山区风电场工程投资概算依据定额，结合市场水平，总体投资费用合理。但由

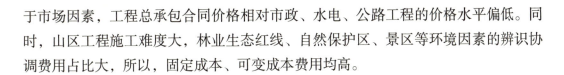

于市场因素，工程总承包合同价格相对市政、水电、公路工程的价格水平偏低。同时，山区工程施工难度大，林业生态红线、自然保护区、景区等环境因素的辨识协调费用占比大，所以，固定成本、可变成本费用均高。

2）山区风电场建设成本预算与最终结果出入大

因征地时间长，林业生态红线、自然保护区、景区等环境因素的辨识协调工作难度大，可变成本常常超出预期，成本预算与最终执行结果出入大。

3）山区风电场工程建设进度与成本控制工作特殊

山区风电项目建设条件复杂，项目的总体进度要经过严格的分析论证，以确保其可行性。在此基础上，工程总承包单位层面应加强项目实施过程对进度的监控，不仅监控形象进度，还要监控实际的进展；一旦发现出现进度滞后，有必要立即分析原因，采取补救措施，以期尽可能减少进度的延误对现金流的需求和其他资源配置需求的巨大变化，使项目运行能够回到计划的轨道，从而保证项目成本目标的实现。一旦进度不能有效调整，必将延长工期或增加投资，在采取行动前必须注意收集客观原因的相关证据，作为工期索赔和费用索赔的支撑文件。工期尽可能不拖延，否则对业主单位和工程总承包单位、工程分包施工单位都是非常不利的。

4）成本控制效果受制于复杂因素

相比于平原风电场，山区风电场地形地貌复杂，地层岩性和地质构造多样，有时恶劣自然条件会引发不良地质现象、地质灾害。工程施工组织、建设管理等方面比平原风电场困难、难度大，工程建设交叉内容多；山区气候极端天气多，时常制约关键工序；场区主要的风电机组机位多位于山顶或山脊上，造成风电机组基础和风电机组吊装平台的施工成型困难；工程场地时有限位开挖、高填方、局部高边坡等工程技术问题，有时地基基础处理工作量较大；有时涉及增加施工措施、出现设计变更。

个别山区风电场因场内、场外多种因素影响，出现项目成本费用超过合同价格的情况。

2.8.1.2　成本控制的任务

项目成本一般是由完成的工作数量、每一个工作单位的物质消耗量和单位物质消耗价格三部分组成。按其发生的性质可以将项目成本划分为固定成本和可变成本。

可变成本是指随着工程量的增减而相应增加或减少的费用，如工程构成的主材费用、从事施工的人工费用等，其与工程量成正比。

固定成本是指与工程增减变化没有直接关系，变化不大，而相对固定的费用。它主要是根据现场施工组织设计中的资源配备（含现场管理人员、后勤保障人员和设备的配置、临时建筑的配置计划、周围机具的配置等）而形成的费用，如焊接机具、吊装设备的租赁支出等。固定成本的降低，关键在于优化施工组织方案，加快现场施工进度，合理组织施工人员进退场，减少设备维修，提高效率。

随着工程建设合作单位、合作方式的多元化，各合同履约主体都有自己的劳务市场、机械设备租赁客户、材料供货单位，项目负责人、合同工程主体与这些供应主体以经济合同为基础，通过外部市场通行的市场规则和企业内部相应的调控手段相结合，构成有一定张弛性的、能够承载一定资金周转能力的项目核算体系。

1）分级控制成本

工程总承包单位控制使用的费用称为一级费用，将工程总承包单位现场机构控制使用的费用称为二级费用。无论一级费用还是二级费用，都低于或等同于合同工程价款项下的固定成本、可变成本。工程分包施工单位与工程总承包单位通过合同签订的合同价款，是二级费用中的一部分。

为了更好地进行项目费用管理，进一步加强总承包项目投标报价编制的准确性，完善项目成本核算和控制，保证实施项目工程竣工决算动态有效地控制在一级费用计划之内。在项目报价阶段，工程总承包单位计划经营部门汇总技术、设备和工程量资料，结合以往工程数据资料编制投标成本价，工程总承包单位决策层依据项目情况讨论决策最终报价。

在项目实施阶段，由工程总承包单位对现场机构下达项目一级费用计划，项目机构负责人组织编制项目二级费用估算，在批准的二级费用估算基础上建立项目费用控制基准（包括限额设计控制基准），从初步设计、施工图设计开始着手项目费用跟踪管理，及时发现偏差，分析原因，纠正偏差，严格按程序控制工程变更，及时调整费用控制基准从而实现 PDCA 动态循环的费用控制。

在项目竣工阶段，根据工程分包施工单位报送的结算资料，总承包单位现场机构合同管理、成本管理人员、分管负责人分工负责进行审核，分项汇总建安工程造价和设备价格，为整个项目进行竣工决算及时提供准确数据。

2）成本跟踪诊断

（1）成本监督。成本监督的主要工作是对工程项目的各种费用和各项成本管理工作（如对设计、采购、委托合同等）进行动态的审核与控制，确定是否进行工程款支付，监督已支付的项目是否已经完建，保证每月按实际工程状态定时、定量支付（或收款）。根据工程项目的各项费用的分析与审核，对工程项目的实际成本提出阶段性报告或最终报告。

（2）成本跟踪。对工程项目的实际成本报告进行详细的分析，对工程项目管理的各个方面提出不同要求和不同详细程度的报告。

（3）成本分析诊断。成本诊断工作主要包括分析工程项目实施过程中出现的超支量及其原因，对工程未来的成本进行预算分析和工程成本趋势进行分析。

3）技术业务管理

分析项目超支原因，通过成本比较和趋势分析工程项目成本状况，对后期工程项目中可能出现的成本超支提出预警。分析工程项目形象变化可能的影响，如环境的变化、目标的变化等造成的成本影响进行测算分析，调整成本计划。

■ 2.8.2　成本控制的方法

2.8.2.1　成本计划

完善成本控制的方案和实施程序。通过分解成本目标或成本计划，提出项目设计、采购、施工方案等各种费用的限额，按照限额设计控制原理进行工程项目的方案论证与比较，提出项目资金使用计划与控制。

1）一级费用估算的确定

由工程总承包单位按照制度规定的方式向现场机构下达一级费用计划，作为实施项目的费控目标。

一级费用估算深度与投标报价深度一致，将工程费用按建筑工程费、设备购置费、安装工程费分解到单位工程，工程其他费用按总承包管理费、设计费、征地协调费、临时设施费等单列项，财务费用按现场办公费、差旅费等记账科目进行分解。

2）二级费用估算的确定

总承包单位现场机构以批准的一级费用估算、报价估算、当时工程变更，对项目实施费用进行详细估算，并按工作分解结构分解项目费，形成二级费用估算成果。

3）估算的核定

（1）首次核定估算。首次核定估算是在项目初步设计或施工图方案完成后，由费用控制工程师组织的项目费用估算。首次核定估算主要用来核定批准的二级费用估算及随后的变更。

项目负责人可以根据具体工程情况，确定是否进行首次核定估算。首次核定估算经项目负责人审核，工程总承包单位负责人批准后发布。

（2）二次核定估算（即施工图预算）。二次核定估算是在项目施工图设计完成后，由费用管理人员组织进行项目费用详细估算，主要用来较为准确地预测项目完工时的实际费用，指导总承包单位现场机构与工程分包施工单位所承担的工程合同结算工作。二次核定估算经项目负责人审核，工程总承包单位负责人批准后发布。

2.8.2.2 成本分析

1）工程成本的影响因素

影响成本的因素包括产量变动对工程成本的影响；劳动生产率变动对工程成本的影响；资源、能源利用程度对工程成本的影响；机械利用率变更对工程成本的影响；工程质量变更对工程成本的影响；技术措施变更对工程成本的影响；施工管理费用变更对工程成本的影响等。

2）工程成本的综合分析

（1）施工项目成本分析的影响。施工项目成本的构成比较复杂，项目本身的管理费用，以及用于工程项目的直接费用，包括直接用于工程实体的消耗，如材料消耗、中小型机械消耗、人工消耗等；用于工程实体的消耗，大型机械的消耗、其他的消耗等。在施工过程中，往往由于主观及客观方面的因素造成项目实际成本超出计划成本。

①主观因素的影响。主观因素是指现场机构可以自行支配而没有任何外部影响就可以控制的成本支出因素，主要包括以下几个方面：

　　a）成本计划方面。没有成本控制的总目标或者有了成本控制的总目标却没有进行分解、落实，有的虽有但却没有严格执行，因而使现场机构的成本控制达不到预期目标。

　　b）材料管理方面。材料、构配件的计划、采购、验收、保管、出库、消耗制度不健全。材料采购计划数量不准确，其结果是造成一种材料需要多次购买而增加费用，或购买过多造成积压；有的现场机构不掌握材料价格信息，采购的材料价格偏高。

　　c）设备管理方面。施工设备利用率不高，没有根据工程项目的特点选择合适的机械，盲目购置或租用大量设备备用，甚至购入一些项目不需要的设备，从而造成浪费。

　　d）现场施工安排方面施工组织不合理。在施工过程中，现场机构不能合理地配置人力、材料、设备等资源，导致窝工浪费；部分工序的施工安排不合理，造成重复用工等。

　　e）质量管理方面。出现严重的质量问题，从而导致返工、返修、推倒重来等重复施工的现象发生，加大了工程成本。

　　f）安全管理方面。安全管理失控，发生了安全事故，必然增加工伤费用开支。如发生死亡事故，既造成巨额抚恤费用支出，直接增大成本支出，又可能影响员工情绪，降低生产效率。

　　g）财务管理方面。不严格执行财务管理制度、债权债务的确认不准确、结算不及时，导致多付货款和工程款，应收款无法收回等。这些问题的存在，必然影响到成本信息的准确性。另外，对间接费控制不力，其中最主要的是办公费、差旅费、交通工具费和业务招待费失控，也是增加开支原因之一。

　　h）合同管理方面。现场机构人员的合同管理意识差，不了解合同的相关条款，导致合同管理不到位；属于合同外支出的费用不及时签证，致使遭受不应有的损失。

　　②客观因素的影响。客观因素是指现场机构自身无法控制而又必须发生或必然出现的事情或现象，由于这些因素而支出的费用，是现场机构不可控制的客观费用。这些因素包括：

　　a）工程项目低价中标。企业为了取得进入某个领域的资格，对投标项目采取了投标低报价策略，或者出于经营策略，企业在与业主单位签订施工合同时作太多的让步。

　　b）地质、气候变化。由于地质情况与设计不符，需改变施工方法，进而影响工程工期，使工程的总成本增加，同时也会使分项工程成本出现较大的变化。

c）设计变更。工程各项设计变更，会使工程成本出现变化，影响项目总的成本。比如发包单位增加工程数量、延长或缩短施工工期、改变施工方案和提高工程的质量等级等。

d）市场材料价格上涨。材料价格上涨也是影响成本的重要因素。一项工程的施工过程短的几个月，长的几年甚至更长，施工期间极有可能遭遇材料涨价，如果签订的施工合同约定不许调整价格，项目成本的增加就难以避免。

（2）施工项目成本分析的内容及方法。

①施工项目成本分析的内容：

施工项目成本分析内容的原则要求从成本分析的效果出发，施工项目成本分析应注意以下内容：

a）要实事求是。在成本分析当中，必然会涉及一些人和事。也会有表扬和批评。受表扬的当然高兴，受批评的未必都能做到"闻过则喜"，因而常常会有一些不愉快的场面出现，乃至影响成本分析的效果。因此，成本分析一定要有充分的事实依据，应用一分为二的辩证方法，对事物进行实事求是的评价，并要尽可能做到措辞恰当，能为绝大多数人所接受。

b）要用数据说话。成本分析要充分利用统计核算、业务核算、会计核算和有关辅助记录（台账）的数据进行定量分析，尽量避免抽象的定性分析。因为定量分析对事物的评价更为精确，更令人信服。

c）要注重时效。也就是成本分析及时，发现问题及时，解决问题及时。否则，就有可能贻误解决问题的最好时机，甚至造成问题成堆，积重难返，发生难以挽回的损失。

d）要为生产经营服务，成本分析不仅要揭露矛盾，而且要分析矛盾产生的原因，并为克服矛盾献计献策，提出积极的有效的解决矛盾的合理化建议。这样的成本分析，必然会深得人心，从而受到项目经理和有关项目管理人员的配合和支持，使施工项目的成本分析更健康地开展下去。

从成本分析应为生产经营服务的角度出发，施工项目成本分析的内容应与成本核算对象的划分同步。如果一个施工项目包括若干个单位工程，并以单位工程为成本核算对象，就应对单位工程进行成本分析；与此同时，还要在单位工程成本分析的基础上，进行施工项目的成本分析。

施工项目成本分析与单位工程成本分析尽管在内容上有很多相同的地方，但各有不同的侧重点。从总体上说，施工项目成本分析的内容应该包括以下三个方面：

a）随着项目施工的进展而进行的成本分析。

（a）分部分项工程成本分析；

（b）月（季）度成本分析；

（c）年度成本分析；

（d）竣工成本分析。

b）按成本项目进行的成本分析。

（a）人工费分析；

（b）材料费分析；

（c）机械使用费分析；

（d）其他直接费分析；

（e）间接成本分析。

c）针对特定问题和与成本有关事项的分析。

（a）成本盈亏异常分析；

（b）工期成本分析；

（c）资金成本分析；

（d）技术组织措施节约效果分析；

（e）其他有利因素和不利因素对成本影响的分析。

②施工项目成本分析的方法如下。

a）人工费分析。在实行管理层和作业层两层分离的情况下，项目施工需要的人工和人工费，由项目经理部与施工队签订劳务承包合同，明确承包范围、承包金额和双方的权利、义务。对项目经理部来说，除了按合同规定支付劳务费以外，还可能发生一些其他人工费支出，主要包括：

（a）因实物工程量增减而调整的人工和人工费；

（b）定额人工以外的估点工工资（如果已按定额人工的一定比例由施工队包干，并已列入承包合同的，不再另行支付）；

（c）对在进度、质量、节约、文明施工等方面作出贡献的班组和个人进行奖励的费用。项目经理部应根据上述人工费的增减，结合劳务合同的管理进行分析。

b）材料费分析。材料费分析包括主要材料和结构件费用的分析、周转材料使用费的分析以及材料采购保险费的分析。

（a）主要材料和结构件费用的分析。主要材料和结构件费用的高低，主要受价格的消耗数量的影响。而材料价格的变动，又受采购价格、运输费用、途中损耗、来料不足等因素的影响；材料消耗数量的变动，也要受操作损耗、管理损耗和返工损失等因素的影响，可在价格变动较大和数量超用异常的时候再作深入分析。

（b）周转材料使用费分析。在实行周转材料内部租赁制的情况下，项目周转材料费的节约或超支，决定于周转材料的周转利用率和损耗率。因为周转一慢，周转材料的使用时间就长，同时也会增加租赁费支出；而超过规定的损耗，更要照原价赔偿。

（c）采购保管费分析。材料采购保管费属于材料的采购成本，包括材料采购保管人员的工资、工资附加费、劳动保护费、办公费、差旅费，以及材料采购保管过程中发生的固定资产使用费、工具用具使用费、检验试验费、材料整理及零星运费和材料物资的盘亏及毁损等。

材料采购保管费一般应与材料采购数量同步，即材料采购多，采购保管费也会相应增加。因此，应该根据每月实际采购的材料数量（金额）和实际发生的材料采购保管费，计算"材料采购保管费支用率"，作为前后期材料采购保管费的对比分析之用。

（d）材料储备资金分析。材料的储备资金，是根据日平均用量、材料单价和储备天数（即从采购到进场所需要的时间）计算的。上述任何二个因素的变动，都会影响储备资金的占用量。材料储备资金的分析，可以应用"因素分析法"。从以上分析内容来看，储备天数的长短是影响储备资金的关键因素。因此，材料采购人员应该选择运距短的供应单位，尽可能减少材料采购的中转环节，缩短储备天数。

i）机械使用费分析。由于项目的一次性，总承包单位现场机构不可能拥有自己的机械设备，而是随着工程的需要，向单位本部调用或外单位租用。在机械设备的租用过程中，存在着两种情况，一种是按产量进行承包，并按完成产量计算费用的，如土方工程，项目经理部只要按实际挖掘的土方工程量结算挖土费用，而不必过问挖土机械的完好程度和利用程度；另一种是按使用时间（台班）计算机械费用的，如塔吊、搅拌机、砂浆机等，如果机械完好率差或在使用中调度不当，必然会影响机械的利用率，从而延长使用时间，增加使用费用。因此，项目经理部应该给予一定的重视。

由于建筑施工的特点，在流水作业和工序搭接上往往会出现某些必然或偶然的施工间隙，影响机械的连续作业；有时，又因为加快施工进度和工种配合，需要机械日夜不停地运转。这样，难免会有一些机械利用率很高，也会有一些机械利用不足，甚至租而不用。利用不足，台班费需要照付；租而不用，则要支付停班费。总之，都将增加机械使用费支出。

因此，在机械设备的使用过程中，必须以满足施工需要为前提，加强机械设备的平衡调度，充分发挥机械的效用；同时，还要加强平时的机械设备的维修保养工作，提高机械的完好率，保证机械的正常运转。

完好台班数，是指机械处于完好状态下的台班数，它包括修理不满一天的机械，但不包括待修、在修、送修在途的机械。在计算完好台班数时，只考虑是否完好，不考虑是否在工作。制度台班数是指本期内全部机械台班数与制度工作天的乘积，不考虑机械的技术状态及是否工作。

ⅱ）其他直接费分析。其他直接费是指施工过程中发生的除直接费以外的其他费用，包括：二次搬运费、工程用水电费、临时设施摊销费、生产工具用具使用费、检验试验费、工程定位复测、工程点交、场地清理等。

其他直接费的分析，主要应通过预算与实际数的比较来进行。如果没有预算数，可以用计划数代替预算数。

ⅲ）间接成本分析。间接成本是指为施工准备、组织施工生产和管理所需要的费用，主要包括现场管理人员的工资和进行现场管理所需要的费用。

间接成本的分析，也应通过预算（或计划）数与实际数的比较来进行。

2.8.2.3　过程管理

在项目建设过程中，详细了解工程项目的任务要求，明确工作条件，特别是限制性条件以及掌握项目实施的具体情况，这是严格执行费用控制的基础。满足合同的技术和商务要求，按照进度计划完成任务，并在批准的控制内尽量降低费用，这是费用控制的目的。

1）施工前期的成本控制

（1）施工准备阶段，对施工方案、施工顺序、作业组织形式、机械设备的选择、技术组织措施等进行研究和分析，制定出科学先进、经济合理的施工组织方案。

（2）根据工程总承包单位的成本目标，以工作包或者项目单元所包含的实际工程量或者工作量为基础，根据消耗标准和技术措施等，在优化的施工方案的指导下，编制成本计划，将各项单元或工作包的成本责任落实到生产、物资、合同管理归口部门。

（3）根据工程项目的特征和要求，以施工项目结构分解的项目单元或工作包对象进行成本计划，编制成本预算，进行明细分解，落实到有关部门和责任人，为成本控制和绩效考评提供依据。

（4）编制费用估算，依据投标、施工图设计、采购、施工、试运行和验收等阶段，根据具体工程，伴随工程项目的进展，开展相应的估算编制工作。

（5）制定项目费用控制基准，在项目实施阶段，在批准的项目二级费用估算的基础上建立项目费用控制基准，对设计有限额设计目标指标，对采购、施工、试运行等均有明确的目标指标。

项目费用控制基准，必要时在初步设计或施工图方案完成之后，进行首次核定估算核定批准的二级费用估算及随后的变更，修正项目费用控制基准。项目费用控制基准主要用于设计、采购、施工、试运行等具体实施时费用控制，目的是不增加或降低预算费用。

限额设计投资和工程量表应明确各专业投资及设备台套、大宗材料量、主要构建筑物工程量等。

2）施工期间的成本控制

（1）实施监测。在项目实施过程中，费用管理责任人应不断地对各项工作的实耗费用进行监测，将实际消耗的费用同预算费用定期进行比较，对发生的差异要及时核对，使项目费用得到严格控制，在保证质量、安全及进度的前提下采取措施，以达到不增加或降低预算费用的目的。

（2）项目进度/费用报告。费用管理责任人定期把各专业执行项目费用控制基准的实际情况和出图情况书面报送控制经理；采购管理负责人定期（一般一个月）将已完工程采购情况和待采购进度计划、采购费用执行情况书面报送费用管理责任人或项目经理；施工生产管理负责人定期（一般一个月）将现场已完成工程施工情况和待施工进度计划、施工费用执行情况书面报送费用管理责任人或项目经理；试运行管理负责人定期（一般一个月）将试运行费用执行情况书面报送费用管理责任人或项目经理；控制经理应按月向项目经理和项目管理部提交项目月度报告；项目费用报告应反映填表时刻的实际消耗费用、预算费用及预测完工时的最终费用，并反映出费用的偏差。

（3）变更和调整。针对项目实施过程中发现的问题，采取有效措施，对原定的工程进度计划和预计费用进行变更和调整，达到既满足合同要求，又不超出允许的费用限额的目的。

■ 2.8.3　遏制成本亏损的对策

（1）响应政策相关规定，遵守市场秩序。一是完善招标、投标办法。应提倡合理竞争，严禁盲目压价、与投标单位相互杀价；二是执行合同保证金制度；三是落实农民工工资保障制度要求，开设农民工工资账户。

（2）建立健全成本管理体系。建立健全成本管理体系，形成以"项目负责人"为第一责任人，全员参与、全过程控制机制，确保管理目标、管理内容、管理重点能够受控制。

认真执行成本预测、责任成本目标管理，分解责任成本预算，分级包保内部成本管理工作。总承包单位建立成本核算制度，定期开展检查，执行成本审核监督，开展经济活动分析，做好成本考核兑现工作。

完善信息系统，对项目成本统计、物资采购管理、分类核算、阶段核算设置预警值，对超限及异常情况进行预警，规范行为，提高项目成本管理水平。

（3）加强技术管理。工程总承包单位、工程分包施工单位均应组织技术力量优化施工组织方案，配置资源，做好技术指导。过程中，根据现场情况，提出降低成本、增加效率的措施；在保证安全、进度、质量、环保的基础上，对关键技术、工艺进行论证，合理缩短工期、降低成本。

（4）做好二次策划。针对南方、北方差异或复杂地形地质条件，进行难度分级，通过工程类比等多种方式测算山区风电场成本费用，确保项目成本预算合理。

（5）加强工程量管理。落实设计图工程量、现场核实工程量对比管理方法，抓住工程量核实这个关键，逐级复核工程量。交底执行："实际完成工程量"为设计工程量、按合同规定应另行计量支付的工程（工作）量、因施工原因或施工需要导致增加的工程（工作）量之和。"支付结算工程量"为设计工程量、按合同规定应另行计量支付的工程（工作）量之和。通常情况下，"实际完成工程量"大于"支付结算工程量"，"支付结算工程量"大于"设计工程量"。一是加强施工图会审，校核测算工程量；二是建立施工图数量与实测数量台账对比；三是检查、把关，不得超过预算工程量计量。

（6）加强物资设备管理。一是落实招标采购规定的程序优选供货单位；二是加强物资、材料验收；三是加强使用管理；四是制定物资使用管理制度，限额使用。

总承包单位应督促工程分包施工单位完善设备管理制度，落实持证上岗、检修维护管理。同时，加强机构设备使用效率管理，落实台班验算，保证出工出力。

（7）利用合同管理。成本控制需要合同管理等措施来实现，合同管理要有依据性，是约束条件。当然，合同管理工作中也需要对成本进行重点控制。

通过合同管理，可以实现严格验工计价；及时结算保证现金流；挖掘变更索赔费用；跟踪合同执行情况，有效预防和应对反索赔。通过合同管理，确保合同费用清晰，也就清晰明了成本费用。

（8）通过保工程质量安全控制成本。明确职责，保证质量安全就是保效率。在保证质量安全投入的基础上，规范施工行为、管理措施落实，避免质量安全事故，避免不必要支出。

（9）加强尾款收取。项目的利润有时是一个数据，没有收回全部资金，实际是没有闭合成本控制的所有工作。做好项目实体验收、工程档案资料移交，推动竣工结算。

（10）重视财务费用配合审计工作。总承包单位的财经制度、审计制度是完善的。项目立项资金归类管理，保证现金流；收集工程结算的基础资料，配合项目审计解释。

2.8.4 成本控制风险管理要点

1）投标战略亏损控制

对于投资测算可能亏损的项目，确保在项目投资到位的情况下，再开展工程建设。做好项目履约风险分析，确定盈亏点，采取措施减少亏损范围、亏损量。加强成本分析，确保"一级费用"到位、"二级费用"合理。明确项目采取专项措施具体要求，过程减少偏差、不走样，保证减少亏损措施落实效果。

2）征地时间与费用补偿方法

一般总承包合同约定了项目建设用地征地时间及费用的可变情形，但有时这种时间是超出预期的，甚至影响主体工程建设、发电节点时间，费用也不便于准确计算。工程界有时称为"软成本"中有"硬成本"，这一部分费用应通过事实资料，合同约定风险共担方式，减少资金挤占或项目成本计划可变部分。

有时，征地延长时间，造成"工程保险费增加"的问题，应充分利用合同条件，分析保险费支付合同约定，提供保险续保凭证由合同甲乙双方协商费用处理事宜。

有时，征地延长时间，造成"临时征地费用增加"的问题，临时占地可按照合同相应标准，提出诉求进行协商解决。

有时，征地延长时间，造成"现场管理成本增加"的问题，延期造成的管理费已在单价及窝工计费中约定计取，不宜另行诉求费用补偿。合同双方均应协调共同推进，取得地方政府的支持，减少这些成本费用发生。对于各单位的现场机构来说，合同双方需要体现同舟共济、共克时艰，理解百姓期望、发扬共建精神。

3）地基与基础处理合同问题及成本减亏措施

地基条件变化一般是与不良地质条件有关系，从一般合同变更处理原则出发，应按照符合合同"变更的范围和内容"及"不利物质条件"的相关规定，宜按合同变更处理。但是山区风电场建设合同的约定包含了一般情况，不便于按照一般变更处理，在达不到重大变更处理条件时，这些费用无论对于哪一合同方都是直接成本。总承包单位应按照合同约定，执行需要增加的相应措施及统计工程量，按照合同约定明确责任，承担相应费用，同时，积极争取因不良地质条件引起增加项目变更方式，争取费用补偿。

4）生产效率与成本控制协调

工程分包施工单位的生产效率，是在有条件的情况下能力的体现，责任单位应诚信履约，体现合同精神。如果效率低下、生产组织不力，导致生产可变成本、固定成本相互挤占，最后没有利润空间，需要及时改变。

在生产管理过程中，工程总承包单位应检查发现影响生产效率的相关问题，通过合同手段督促工程分包施工单位加强生产组织，保证生产效率。需要落实供应单位、工程分包施工单位协调的事项，确保协调到位。

5）质量问题处理成本管理

工程质量缺陷通常由材料和设备供应或工程施工所导致，指工程质量不完全符合工程质量标准，但经过补工和一般性返工处理后能达到工程质量标准，并且其处理费用和对施工工期影响不足一般工程质量事故标准，或不经处理也不影响设计规定的工程运行性能和运行要求的质量问题。

施工过程中，对于外界条件或施工作业条件的限制与变化，或由于施工本身的作业行为等导致发生的局部施工质量缺陷，工程总承包单位、工程分包施工单位应采取措施进行补工、返工或对缺陷的范围与性质进行检查后及时进行处理。一般性施工质量缺陷，应按设计技术要求及时修复。较大的或重要部位质量缺陷，应及时查明缺陷范围和数量，分析产生的原因，提出缺陷修复和处理措施报经批准后方可进行修复和处理。

山区风电场出现建筑物、构筑物及机电设备的施工质量问题、制造质量问题，有时增加的费用较多，并且可能影响风电场按时交付使用。对于现场机构，应组织责任单位及时完成处理，并对处理的过程发生实物量进行计算，在通过合同商务分析的基础上，进一步明确费用承担方，确实由自然界特殊原因增加的处理费用，按照合同原则协商处理，否则，责任方承担相关费用，缩减利润。

6）环保水保费用风险控制

环保水保项目施工，受征地影响可能延误，也可能因为道路工程、风电机组、建筑工程施工、线路工程施工进度延误，还有可能受其他因素影响，增加施工难度，与合同初期预计施工条件发生变化，增加额外费用。

环保水保项目实施阶段，可能因毗邻村庄、厂区，增加专项防控措施，增加费用；经过林区，可能因施工时段影响，增加消防、森林防火补充措施；渣场防护或其他部位的自然灾害防护，因季节影响增加防护补充措施；其他水源保护、特殊地段保护等，导致环保水保项目总费用增加，有的项目费用不能自其他单位工程施工中承担，而总价费用不可调整，增加了成本控制难度。

另外，环保水保项目专项巡查发现需要增加的专项措施不便于预测计算费用，库存合同工程整体延误时，可能导致环保水保项目延后施工，可能增加的人工费用、协调费用也是难以预计的，所以，环保水保费用风险更多源于项目管理原因。

工程总承包单位现场机构对环保水保项目实施的总体控制，除正常协调推进外，应时刻关注相关进展，根据需要协调业主单位、属地政府相关部门共同推进实施，减少成本增加风险。同时，涉及新政策发布带来费用增加，应协商业主单位共同承担相关费用，弥补非工程总承包单位、工程分包施工单位现场机构管理原因引起的费用支出、成本不可预估费用部分。

2.9 施工 HSE 管理

山区风电场工程总承包项目 HSE 管理主要工作内容见表 2-9-1。

表 2-9-1　山区风电场工程总承包施工 HSE 管理工作一览表

序号	分项工作	管理要点
1	HSE 计划	HSE 目标、HSE 指标、HSE 要求
		HSE 管理体系与组织机构及其职责
		HSE 保证和协调程序
2	法律法规与安全管理制度	安全教育培训制度、安全检查制度、安全隐患停工制度、安全生产奖罚制度、安全生产工作例会制度、安全事故报告及处理制度

续表

序号	分项工作	管理要点	
3	安全生产工作例会	确定周、月、季度、年安全生产工作例会时间，并及时组织召开，沟通安全生产工作信息，及时传达国家、上级有关安全生产的方针政策、法律法规、指示、命令等，了解安全生产情况，研究和分析安全生产形式，制定安全生产应对措施，布置安全生产任务，并制定工作例会的制度	
4	安全生产投入	安排 HSE 管理专项资金，主要用于设备、设施、仪表购置、人身安全保险、劳动保护、职业病防治、工伤病治疗、消防、环境保护、安全宣传教育等方面	
5	安全培训	按照总承包单位制度、合同约定，编制年度培训计划，制定安全教育培训制度，教育培训应包含岗前教育、入场教育、违章教育、日常教育，季节性、节假日、重大政治活动前教育，及消防、卫生防治、交通、安全生产规章制度、应急预案专项教育，教育贯穿于项目实施全过程，并逐渐升级进行	
6	施工设备管理	按照相关法律法规要求、总承包单位制度，制定设备管理制度，制度包括设备使用管理、设备保养、维护及报废管理，特种设备安装及拆除管理等主要内容	
7	作业安全	现场管理及过程控制	包括过程要素（工艺、活动、作业）、对象要素（作业环境、设备、材料、人员）、时间要素、空间要素的控制，消除施工过程中可能出现的各种危险与有害因素
		作业行为管理	包括违反安全操作、违章指挥、疲劳作业、设备设施过期使用、设备设施设计制造存在缺陷、设备设施使用维修不当、工艺技术落后、不适宜生产要求、自然灾害等因素
		安全警示标志	包括禁止标志、警示标志、指令标志、提示标志等
		相关方管理	包括外来团体、组织、单位及个人
		变更管理	包括技术变更、设备设施变更等
8	安全生产隐患排查与治理	制定安全检查及隐患排查制度，包括可能导致事故发生的物的危险状态、人的不安全行为、管理上的缺陷等	
9	重大危险源控制	编制详细的、具有针对性的重大危险源管理制度，项目开工前进行危险源辨识和分析，建立重大危险源档案，组织重大危险源安全评估，编制重大危险源专项施工方案、应对措施，组织应急救援预案编制和演练	
10	职业健康	制定管理制度	结合项目具体情况并根据合同、法律法规的要求编制职业健康管理制度
		防护设施与个人防护用品	总承包单位现场机构统一购置职业防护用品，对现场作业人员防护用品配备情况进行统计登记，建立台账，按配备标准制订个人防护用品及补充计划，及时配齐补充，购置的防护设施和个人防护用品应符合国家标准和要求
		职业健康管理	新进员工必须签署聘用合同，对进场人员进行职业病危害预防控制的培训、考核，使每位员工掌握职业危害因素的预防和控制，建立员工职业健康监护档案，并为员工购买意外伤害保险，建立工伤事故统计台账

序号	分项工作		管理要点
11	环境管理	环境过程管理	编制环境管理实施计划：环保管理人员、设备设施配备、管理内容、管理措施、管理要求
			环境影响因素识别与控制：水、气、声、渣等污染物排放或处置和能源、资源、原材料消耗等控制
			环境监察与监测：定期对污水排放、混凝土消耗、木材消耗、纸张消耗、水电消耗、燃料消耗进行统计分析，掌握环保数据
			环境应急准备与应急措施：对化学品泄漏、防洪、水浸、暴雨、特别气象等环境因素进行识别
			总结与改进：制定考核奖惩办法，并对经验与教训进行总结，不断改进，提升管理
		环境管理措施	"三废"、噪声管理：污水收集、排放有毒气体、粉尘物质、油烟、施工弃土、建筑垃圾等统一处置
			节能减排：做到节能、节地、节水、节材，推广先进工艺、技术，降低浪费
			文明施工：做到现场清整、五彩清楚、操作面清洁、保持生态平衡
12	应急管理	应急管理组织	成立安全生产应急小组，任命组长、副组长、部门负责人以及工程分包施工单位和作业班组的应急小组成员
		应急预案	组织应急预案编制
			配置应急设施、装备与物资
			组织应急演练
			应急救援：抢救伤员、保护现场、防止二次伤害、设置警戒标志，按照"分级响应快速处理积极自救"的工作原则，进行应急处置
13	事故报告、调查与处理		事故发生后，总承包单位现场机构应及时、如实向总承包单位和业主单位报告相关责任事故，配合事故调查处理

2.9.1 安全管理

2.9.1.1 制度管理

1）制度编制

总承包单位现场机构负责人应根据合同文件、本单位管理制度，结合现场实际情况制定相关制度，细化实施细则。规章制度应符合制度的基本框架，有针对性、适用性，解决管什么、谁来管、怎么管的问题（制度操作性）。结合项目安全风险，分类制定专项制度（如大件运输、吊装需要制定专项安全管理办法）。

项目规章制度以正式文件形式经项目经理签发，重要的管理制度须经单位安委会审议或业主单位的安委会审议通过（规章制度清单及有效文本）。及时将规章制度发放到相关单位、相关部门、工作岗位，并组织宣贯，完善发放记录、宣贯记录。

2）制度执行

（1）过程检查督促管理。运行安全生产管理体系，安全管理专职、兼职人员应做好日常巡查，开展专项检查，项目机构人员落实一岗双责制度规定，根据现场"人、机、类、法、环"情况，及时提醒落实相关措施。

技术负责人应对危险性较大的分部分项工程专项施工方案的实施情况进行现场监督和验收，并建立相关监控、验收记录。

对于工序、外界条件等发生变化的专项施工方案，应重新编制、论证、审批、交底等。

（2）履职考核。

①安全考核和奖惩管理。重点关注的问题包括：

a）未建立安全生产责任目标考核制度缺陷：落实安全生产责任制需要配套建立激励和约束相结合的保证机制，安全考核和奖惩就是一种行之有效的措施；

b）未进行安全责任目标分解缺陷：安全管理目标应分解到各管理层及相关职能部门，并定期进行考核。企业各管理层和相关职能部门应根据企业安全管理目标的要求制定自身管理目标和措施；

c）安全生产责任制未经责任人签字确认缺陷：各管理层、职能部门、岗位的安全生产责任应形成责任书，并经责任部门或责任人确认。责任书的内容应包括安全生产职责、目标、考核。

②考核工作。重点关注的问题包括：

a）未按考核制度对管理人员定期考核缺陷：建筑施工企业应针对生产经营规模和管理状况，明确安全考核的周期，并严格实施；

b）未经培训从事施工、安全管理和特种作业缺陷：每年接受安全培训的时间，不得少于12学时；

c）施工管理人员、专职安全员未按规定进行年度教育培训和考核缺陷：施工单位应当对管理人员和作业人员每年至少进行一次安全生产教育培训，其教育培训情况记入个人工作档案。安全生产教育培训考核不合格。

2.9.1.2 教育培训及分级交底

1）教育培训

项目机构应编制安全生产教育培训计划并由项目主要负责人批准实施，培训内容应涵盖实施项目、实施阶段、设计技术要求、安全措施等内容。严格按计划实施培训，建立完善培训记录。

将工程分包施工单位人员纳入培训范畴，实施入场、复工、岗前、转岗、"四新"、现场管理骨干等培训，并建立齐全的培训记录。

参加外部安全教育培训并建立培训记录。

2）分级交底

施工方案应分级交底，交底对象包括每一个作业人员；专项施工方案实施前，编制人员或者项目技术负责人向施工现场管理人员进行方案交底；施工现场管理人员按要求向作业人员进行安全技术交底，交底双方和项目专职安全生产管理人员共同在交底记录中签字确认，严禁代签。

2.9.1.3 专项施工方案评审

1）清单管理

应建立项目安全专项施工方案清单，清单涵盖危险性较大、超过一定规模的分部分项工程的信息。

2）专项施工方案的评审

达到一定规模的危险性较大（或单项工程）的分部分项工程应组织评审并审批，超过一定规模的危险性较大的分部分项工程专项施工方案应组织专家论证并审批，专项施工方案应由企业技术负责人审签。评审的程序及内容参见"2.3.4.2"小节内容。

2.9.1.4 安全管理专项工作

1）安全风险管理

依据上级单位制度，结合属地政府、业主单位有关要求，工程总承包单位现场机构应完善安全风险分级管控制度，明确安全风险识别、评价、管控的职责、内容、程序和要求等内容。

在项目开工前，工程总承包单位现场机构对项目可能存在的各类安全风险进行识别、评价，确定控制措施，建立安全风险分级管控清单，至少每月对较大（二级）及以上安全风险管控清单进行更新，管控清单内容应包括风险点、作业内容或装置结构、危险源／危险和有害因素、主要事故类型、所在具体位置、预计存在时段、风险级别、风险控制措施、责任单位和责任人。

根据各级各类风险特点，结合项目管理实际，完善兼顾可行性、可靠性和安全性的控制措施，针对重大（一级）风险应有针对性的控制方案。

安全管理人员应对风险控制措施的实施情况进行监督检查，未按措施实施的应当要求立即整改，对可能造成重大隐患的应责令停工整改；对按规定需要进行监测的风险点，还应规范开展监测工作。

按要求开展风险公示告知：针对较大（二级）及以上安全风险设置风险公告栏或告知牌等；采取风险告知培训、岗位风险告知卡、安全技术交底、班组安全活动等多种方式向作业人员进行风险告知；按要求对外来人员、可能危及的周边企业、单位和居民等进行告知。

工程总承包单位现场机构按有关规定及时、如实向上级单位、属地负有安全生产监督管理职责的有关部门及其他有关单位（业主、监理单位等）报送安全风险管控情况。

隐患排查治理工作原则上执行上级的制度规定。应结合年度施工进度、作业风险编制隐患排查治理工作方案，按方案开展隐患排查治理活动；对排查出的事故隐患应下达事故隐患整改通知书，并对整改情况进行验收。

应建立完善的隐患排查治理台账，隐患排查治理台账应包括：安全隐患排查时间；安全隐患排查的具体部位或场所；发现安全隐患的数量、级别和具体情况；参加安全隐患排查的人员及其签字；风险评估（评价）记录；安全隐患治理方案；安全隐患治理情况，复查验收情况、复查验收时间、复查验收人员及其签字。

按规定建立重大隐患档案并上报备案，对重大隐患应挂牌督办（重大隐患档案、备案及上报记录，重大隐患挂牌、督办、治理、验收等记录）。

应按时上报《安全生产事故隐患排查治理情况月报表》《安全生产事故隐患排查治理情况季度分析报告》《安全生产重大事故隐患信息报告单》（隐患报表）。

对隐患应定期汇总分析，对发生频率较高的事故隐患应提出系统性改进措施并落实。

2）制度与培训管理

（1）制度。制度管理常见问题包括：

①安全教育培训制度缺陷：未建立健全安全生产责任制度和安全生产教育培训制度，制定安全生产规章制度和操作规程；

②安全检查制度缺陷：未建立健全安全生产责任制度和安全生产教育培训制度，制定安全生产规章制度和操作规程；

③安全教育培训内容缺陷：未明确具体国家和地方有关安全生产的方针、政策、法规、标准、规范、规程和企业的安全规章制度等，不齐全。

（2）教育与持证上岗。该项管理工作中重点关注的内容包括：

①项目经理、专职安全员和特种作业人员未持证上岗缺陷：特种作业人员必须经建设主管部门考核合格，取得建筑施工特种作业人员操作资格证书，方可上岗从事相应作业。施工单位的主要负责人、项目负责人应持有行业规定的资格证书；

②施工人员入场未进行三级安全教育培训和考核缺陷：新进场的工人，必须接受工程总承包单位或工程分包施工单位、现场机构（或工区、工程处、施工队，下同）、班组的三级安全培训教育，经考核合格后，方能上岗；

③变换工种或采用新技术、新工艺、新设备、新材料施工时未进行安全教育缺陷：作业人员进入新的岗位或者新的施工现场前，应当接受安全生产教育培训。未经教育培训或者教育培训考核不合格的人员，不得上岗作业。

3）技术管理

（1）施工组织设计。重点关注问题包括：

①施工组织设计未经审批缺陷：应明确各管理层施工组织设计编制、修改、审核和审批的权限、程序及时限。

②施工组织设计中未制定安全措施缺陷：建筑施工企业应当在施工组织设计中编制安全技术措施和施工现场临时用电方案。

③未制定各工种安全技术操作规程缺陷：建筑施工企业必须建立健全符合国家现行安全生产法律法规、标准规范要求、满足安全生产需要的各类规章制度和操作规程。

（2）专项方案。常见问题有：

①未按规定对超过一定规模危险性较大的分部分项工程专项方案进行专家论证缺陷。超过一定规模的危险性较大的分部分项工程专项方案应当由施工单位组织召

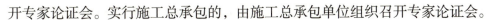

开专家论证会。实行施工总承包的，由施工总承包单位组织召开专家论证会。

②专项方案未经审批缺陷：应明确各管理层专项施工方案、安全技术方案（措施）方案编制、修改、审核和审批的权限、程序及时限。

③安全措施、专项方案无针对性或缺少设计计算缺陷：对达到一定规模的危险性较大的分部分项工程分别针对性地编制专项施工方案，并附具安全验算结果。

（3）交底。技术交底与安全交底常见问题有：

①未按分部分项交底缺陷：分部（分项）工程在施工前，现场机构应按批准的施工组织设计或专项安全技术措施方案，向有关人员进行安全技术交底。

②交底内容不全面或者针对性不强缺陷：安全技术交底主要包括在施工方案的基础上按照施工的要求，对施工方案进行细化和补充、将操作者的安全注意见事项交底清楚，保证作业人员的安全，所有交底人员必须履行签字手续两个方面内容。

③未采取书面安全技术交底缺陷：建设工程施工前，施工单位负责项目管理的技术人员应当对有关安全施工的技术要求向施工作业班组、作业人员作出详细说明，并由双方签字确认。

④交底未履行签字手续缺陷：建设工程施工前，施工单位负责项目管理的技术人员应当对有关安全施工的技术要求向施工作业班组、作业人员做出详细说明，并由双方签字确认。

4）安全生产费用

安全生产费用管理常见问题包括：

①未制定安全资金保障制度缺陷：应建立安全生产教育培训、安全生产资金保障、安全生产技术管理、施工设施、设备及临时建（构）筑物的安全管理等相关制度。

②分包施工单位等未编制安全资金使用计划或未按计划实施缺陷：各管理层应根据安全生产管理的需要，编制相应的安全生产费用使用计划，明确费用使用的项目、类别、额度等。

5）设备管理

（1）建立特种设备安全管理制度，明确特种设备管理机构、分管领导、管理人员、操作人员配备满足要求并持证上岗。总承包部应明确特种设备管理机构、分管领导、管理人员建立特种设备进出场报备清单，清单应涵盖项目现场所有特种设备并及时更新，实施动态管理；业主单位、总承包部现场机构、监理机构应监督督促工程分包施工单位特种设备管理工作，对发现问题督促整改；监理机构同时要对进场特种设备进行检查签证验收，对特种作业人员进出场进行核查、备案登记，对特种设备拆装方案、过程检验、拆装单位合同及其资质和人员资格进行审查，对安装、拆卸过程进行旁站监理。

（2）建立特种设备管理台账，台账信息应包含设备型号、检验状况、分布部位、权属关系、操作人员等信息，台账要及时更新，实施动态管理。

（3）对所有进场特种设备进行验收，验收合格方可使用。

（4）特种设备安装前应办理告知手续；特种设备安装、拆除单位应具有相应资质；设备安装、拆除作业人员应具备相应的能力和资格；特种设备应经有资质的检验机构进行检验，合格方可投入使用，并按相关规定进行定期检验和注册登记。

（5）定期对特种设备进行保养，发现问题及时维修，确保特种设备安全装置及信号装置安全可靠。

（6）特种设备的使用操作应严格按操作规程执行，严禁违规操作、冒险作业、带病运行。

（7）特种设备的安拆应编制专项安全方案，内容及审批程序符合要求，作业前应组织安全技术交底；特种设备安拆方案应报上级单位审批，安拆过程要建立安拆记录。

（8）定期（特殊情况下增加）开展特种设备专项安全检查，建立完善的检查整改记录。

（9）特种设备作业人员持证上岗，并建立作业人员管理台账。

（10）施工单位设备进场前应填写设备特种设备明细表，并报总承包单位、监理单位审核。

2.9.1.5　应急管理

1）应急预案管理

（1）应急预案的编制。总承包单位现场机构、施工单位开工后，分别制定相应的安全生产事故应急预案，形成体系，互相衔接，保证一旦发生事故或紧急情况时，有相应的程序来应对，减少事故或紧急情况的影响和损失。

应急预案的编制要按照《生产经营单位生产安全事故应急预案编制导则》（GB/T 29639—2020）的相关要求，结合各单位实际情况进行编制、审批。

（2）应急预案的培训。各级应急领导小组应定期组织分级应急预案的培训，掌

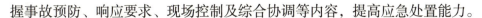

握事故预防、响应要求、现场控制及综合协调等内容，提高应急处置能力。

各级应急抢险队伍和人员要定期进行有针对性的专业训练。

工程参建各方施工人员要进行突发事件应急逃生、自救及互救、配合方面的培训。

（3）应急演练。应急演练可进行现场演练和模拟演练。现场演练的内容主要包括迅速通知有关单位及人员、抢救（灭火、伤员现场急救）、疏散与撤离、保护重要财产、封闭现场等。

（4）应急响应。

①应急预案的启动。事故发生后，事故单位要按规定逐级进行上报并迅速启动应急救援预案，根据应急预案和事故的具体情况，及时成立事故应急工作组，抢救伤员、保护现场、设置警戒标志，按照"分级响应，快速处理，以人为本，积极自救"的工作原则，进行应急处置。

②现场应急工作组及其主要职能。现场总协调：总承包单位现场机构主要负责人牵头，负责统一协调，指挥现场处置。应急处置领导小组：由总承包单位现场机构安全总监任组长，生产副经理、技术负责人任副组长，组织落实各项应急措施。现场应急处置组织机构如图2-9-1所示。

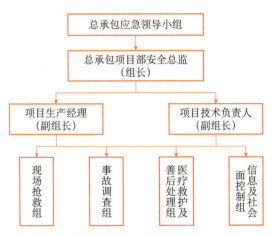

图2-9-1　现场应急处置组织机构图

险情排除及隐患整改：总承包单位现场机构安全总监牵头，按照应急救援预案组织现场自救，排除险情，保护事故现场。因抢救人员、防止事故扩大以及疏通交通等原因，需要移动事故现场物件的，做出标志，绘制现场简图并做出书面记录。在事故调查期间，组织施工现场隐患排查人员安全培训。

事故调查处理：总承包单位现场机构牵头，配合政府各部门进行事故调查，提供调查资料。

医疗救护及善后处理：事故单位工会负责人、人力资源及安全生产部门牵头，组织伤者救护、伤亡人员家属的慰问、安置和赔偿工作。

信息及社会面控制：责任单位牵头，在事发部位设置警戒标志，安排专人看守；封闭施工现场，控制人员出入；组织人员接待和信息协调控制工作。

③应急救援。事故发生后，按照分工迅速组织人员抢救，保护事故现场。因抢救人员、防止事故扩大以及疏通交通等原因，需要移动事故现场物件的，应当做出标志，绘制现场简图并做出书面记录，妥善保存现场重要痕迹、物证。

抢救伤员时，要采取正确的救助方法，避免二次伤害；同时遵循救助的科学性和实效性，防止抢救阻碍或事故蔓延；对于伤员救治医院的选择要迅速、准确，减少不必要的转院，避免贻误治疗时机。

事故现场仍然存在危及人身安全的事故隐患时，必须采取必要措施，防止在救援过程中发生二次伤害。

2）事故报告

这里所提到的事故是指重伤（含）以上因工死亡事故、机械事故、损坏构筑物或建筑物或造成较大社会影响的事故，当发生事故时，工程总承包单位现场机构应按分级报告制度及时上报。

（1）事故发生后，事故现场有关人员应立即用电话向总承包单位现场机构负责人报告，负责人接到报告后应立即向业主单位和主管部门报告，并于1h内将事故情况向事故发生地有关政府部门报告。

（2）发生事故后，事故单位（现场机构）应填写《因工伤亡事故快报表》，加盖公章后报送至总承包单位现场机构，快报的上报时间不能超过24h。

（3）对不按规定及时上报事故情况的单位（现场机构）以及存在迟报、漏报和谎报事故现象的单位（现场机构），总承包单位现场机构将在工程项目范围内进行通报批评，情节严重者，给予必要的经济处罚。

3）事故调查

（1）事故发生后，总承包单位现场机构应在政府部门事故调查人员到达现场后，提供与事故有关的材料：事故单位的营业证照、资质证书复印件；有关经营承包经济合同、安全生产协议书；安全生产管理制度；技术标准、安全操作规程、安全技术交底；三级安全培训教育记录及考试卷或教育卡（伤者或死者）；项目开工证，总承包单位、分包施工企业《安全生产许可证》；伤亡人员证件（包括特种作业证及身份证）；用人单位与伤亡人员签订的劳动合同；事故调查的初步情况及简单事故经过（包括伤亡人员的自然情况、事故的初步原因分析等）；事故现场示意图、事故相关照片、影像材料及与事故有关的其他材料。

（2）事故调查期间，事故单位项目负责人和有关人员不得擅离职守，随时准备接受事故调查组的询问，如实提供有关情况。

（3）事故发生后，事故单位应迅速组成内部事故调查组，配合政府各主管部门开展事故调查，组织内部事故分析。

4）事故处理

（1）事故发生后，事故单位应成立由项目负责人牵头的事故整改小组，对施工现场进行全面检查、整改，组织对现场工人进行安全教育和安抚工作。

（2）现场整改工作完成后，向负责事故处理工作的政府主管部门提交复工申请整改措施报告，经政府主管部门复查批准后方可恢复施工。

（3）事故单位事故调查组应按照"四不放过"原则进行事故的分析和处理，提出对事故有关责任人员的处理意见。

（4）在组织事故调查和处理的同时，应组成事故善后处理小组，按照国家规定进行事故的善后处理；针对负伤人员，要组织工伤认定、工伤鉴定和工伤保险赔付的申报工作。

（5）事故结案后，事故单位应及时将政府部门出具的事故结案报告及批复报送总承包单位现场机构备案或提供相关能证明事故已经结案的材料。

2.9.2　职业健康管理

（1）总承包单位现场机构应建立职业健康安全管理方案，保持项目职业健康管理计划执行状况的沟通与监控，保证随时识别潜在的危害健康因素，采取有效措施，预防和减少可能引发的伤害。

（2）总承包单位现场机构应建立并保持对相关方在提供物资和劳动力时所产生的伤害进行识别和控制，有效控制来自外部的影响健康因素。

（3）总承包单位现场机构应制定并执行项目职业健康的检查制度，记录并保存检查的结果，对影响职业健康的因素应采取措施。

（4）职业健康管理方案的实施渠道应确保实践效果，重点包括：总承包单位现场机构生活办公营地，施工现场厕所，作业人员休息的临时建筑卫生；分包单位外包劳务人员的宿舍、食堂卫生和炊事人员的健康检查，关注厕所卫生和分包方员工洗浴条件，预防传染病的发生；关注非典型肺炎等法定传染病的发生；预防施工过程中的急性煤气中毒和冬天取暖时的煤气中毒、氮气窒息及其他有害环境的作业人员防护管理控制运作。

（5）实行绿色施工，要求工程分包施工单位优化施工工艺，改善操作人员作业条件，以低噪声设备代替高噪声设备等。

（6）制定和严格遵守安全操作规程，并向操作人员进行交底，防止发生急性中毒意外事故，并对作业人员进行教育培训，加强个人防护，养成良好的卫生习惯，防止有害物质进入体内。

（7）根据国家制定的一系列卫生标准，主动接受地方政府劳动保护及环境监督部门对施工现场的检查、监测，发现问题及时解决。

（8）对工程分包施工单位制定的职业病防治技术措施实施过程进行监督检查。应明确总承包、监理、施工单位、设备材料供应等单位的相关职责与义务，以及总承包单位现场机构人员职责。

■ 2.9.3　环境保护和水土保持管理

2.9.3.1　确定环境保护和水土保持管理目标

风电作为清洁可再生能源，是我国推动能源转型、应对气候变化的需要，是助力实现碳达峰、碳中和目标的主力军，其能源效益与环境效益显著。但随着风电规模的不断发展，其建设施工活动造成的生态环境影响不容忽视，如何有效地控制这些影响，实现工程建设与生态环境保护协调发展，成为风电开发过程中的重点目标和首要任务。

根据山区风电场工程建设的特点，其建设期可能造成生态环境影响，在该阶段做好环境保护和水土保持管理工作显得尤为重要，关系到环境保护和水土保持目标能否实现。

1）总体管理目标

（1）严守生态红线，确保工程建设合法合规。生态空间是指具有自然属性、以提供生态服务或生态产品为主体功能的国土空间，包括森林、草原、湿地、河流、湖泊、滩涂、岸线、海洋、荒地、荒漠、戈壁、冰川、高山冻原、无居民海岛等。生态保护红线是指在生态空间范围内具有特殊重要生态功能、必须强制性严格保护的区域，是保障和维护国家生态安全的底线和生命线，通常包括具有重要水源涵养、生物多样性维护、水土保持、防风固沙、海岸生态稳定等功能的生态功能重要区域，以及水土流失、土地沙化、石漠化、盐渍化等生态环境脆弱区域。划定并严守生态保护红线，是贯彻落实主体功能区制度、实施生态空间用途管制的重要举措，是提高生态产品供给能力和生态系统服务功能、构建国家生态安全格局的有效手段，是健全生态文明制度体系、推动绿色发展的有力保障。

针对山区风电场分布区域特点，在风电场场区或周边区域很有可能分布有自然保护区、森林公园、风景名胜区、水源保护区等，部分分布有高山湿地、鸟类迁徙通道等特殊环境，或者区域分布有珍稀（濒危）保护动植物、古（大）树等。因此，山区风电场工程建设必须严格遵守国家有关生态保护红线的规定，除规划设计阶段应提前避开并按规定预留安全防护距离外，施工建设阶段也应严格按照规划设计要求组织施工，靠近生态保护红线范围时，不得随意越界施工，并尽量减少大规模调整风电机场布局，确需调整的应通过充分论证，并与生态环境保护相关要求协调，确保工程建设符合环境保护和水土保持有关法律法规、政策等要求，做到合法合规建设。

（2）坚持保护优先，遵循绿色施工方式。坚持保护优先，是《中华人民共和国环境保护法》确定的基本原则，也是《中华人民共和国水土保持法》实行的基本方针，其不仅仅体现在项目前期的规划设计阶段，在施工阶段也同样非常重要。风电建设项目是生态影响型项目，保护优先主要体现对生态环境的保护，要求采取绿色施工方式进行施工，主要包括施工开挖范围的控制、弃渣的综合利用、资源节约利用（包括节水、节能、节材、节地等）、减少污染物的排放及环境目标的保护等方面，其中施工开挖范围控制不严格，弃渣利用及处置不规范，野蛮施工导致的边坡挂渣、溜渣现象等，是造成生态环境破坏的主要原因。因此，在山区风电场施工过程中，要以减少施工开挖、做好弃渣综合利用、减少污染物排放、规避环境保护范围等为目标，不断优化整体的施工布局，严格控制施工方案的审批，加强现场施工监管，杜绝野蛮施工行为，把好最终验收关，确保工程建设与生态环境保护相协调。

（3）执行"三同时"制度，全面落实各项措施。"三同时"制度是环境保护和水土保持工作的最基本的，也是最为核心的制度之一，是指环境保护和水土保持设施必须与主体工程同时设计、同时施工、同时投产使用。对于山区风电场工程建设期而言，在"同时设计"阶段，应按照环评及批复文件、水土保持方案及批复文件，以及有关主体工程设计文件要求，结合现场施工实际，同步开展环保水保工程的施工图设计，以指导后续环保水保措施的具体实施。在"同时施工"阶段，要与主体工程进度同步落实各项环保水保措施，如施工道路开挖过程中要提前做好表土的剥离保存，按照"先挡后弃"的原则落实道路下边坡的回填施工，路基形成具体通车条件后，要同步开展边坡的恢复治理；如施工期的生活营地要同步落实生活污水处理设备，配套设置固体废弃物收集处理设施，确保在生活营地正式投入使用前，相应的环保设施设备能够具备正常运行条件。在"同时投产使用"阶段，要求与主体工程同步开展环保水保设施或工程的质量验收，首先应确保质量合格，其次在整个风电场正式并网发电前，应按照环保水保行业有关法规政策及标准规范要求，组织完成竣工环境保护验收及竣工水土保持设施验收，并作为整个风电场正式并网发电的前提条件。

2）具体管理目标

应根据相关法律法规、标准规范、环境影响报告书（表）及批复文件、水土保持方案及其复函等要求，以及合同文件约定和项目属地政府要求，结合项目特点，据实确定环境保护和水土保持管理目标，包括环境保护和水土保持设施质量目标、进度目标、投资目标及生态恢复目标、污染防治目标、水土流失防治目标等，信守合同，加强"三同时"管理，确保目标实现。

2.9.3.2 建立环境保护和水土保持管理体系

环保水保管理体系的建立不仅是工程建设管理的实际需要，也是各级环保水保行政主管部门监督检查的重点内容，同样也是工程竣工环保水保专项验收关注的重点内容。管理体系的建立主要是站在业主单位角度进行统筹考虑，包括环保水保领导小组的成立、管理机构的设立、管理制度的建立等方面。

1）成立环保水保工作领导小组

按照当前环保水保有关政策要求，各单位党政主要负责人是本单位环保水保工作的第一责任人，负主要领导责任。因此，山区风电场工程环保水保领导小组的组建一般以业主单位党政主要负责人为组长，分管环保水保副职及其他相关领导班子成员为副组长，业主单位内设的环保水保管理机构负责人、其他相关部门负责人和各参建单位项目经理（或总监）为领导小组成员。领导小组负责贯彻落实党中央、国务院及地方政府环保水保有关决策部署，研究解决工程建设涉及的环保水保重大事项，落实环保水保的重要措施，解决可能存在的环保水保重大问题。其他各级参建单位应结合本单位的具体实际，参照建立本单位项目层级的环保水保工作领导小组，明确环保水保分管领导及相应管理人员。

2）设立环保水保管理机构

环保水保管理机构是在环保水保领导小组下设置的，负责管理推进环保水保具体事务的专门或兼任机构，代表业主单位行使环保水保监督管理职能，严格执行国家环保水保有关法规政策和规划标准，监督、检查和跟进各项环保水保工作推进情况及措施落实情况。结合山区风电场工程建设特点和建设工期安排，一般通过设立"环保水保管理中心"等管理机构，通过挂靠在业主单位已有的内设部门，比如已有的安全环保管理或工程管理部门进行统筹考虑。设立的环保水保管理机构，一般由挂靠部门主要负责人任主任，由环保水保监理单位总监任常务副主任，设计单位主要负责人、工程监理单位总监任副主任，在管理机构内部，各单位职责分工明确，环保水保设计负责环保水保工作的规划、设计与实施指导；环保水保监理负责环保水保工作的监督、检查、组织管理与核查反馈，并向环保水保中心提出合理化建议；工程监理单位负责监理机构和所监理工程承包单位的环保水保措施实施管理，与环保水保监理配合形成"双监理制"，合力推进工程环保水保措施的具体落实。其他各级参建单位应结合本单位的具体实际，参照建立本单位项目层级的环保水保管理机构，明确机构组成及职责分工等内容。

3）制定环保水保管理制度

制定全面、完善的环保水保管理制度，是做好山区风电场工程建设期环保水保管理的重要抓手和重要工具，一般依据环保水保相关法规政策、上级单位管理制度和要求、合同文件及有关技术文件进行制定，制定的制度类别和内容可参照表2-9-2进行。

表2-9-2　山区风电场工程环境保护和水土保持管理制度制定清单

序号	制度名称	总体内容	备注
1	环境保护和水土保持管理办法	规定职责分工、工程程序及重点要求	应制定
2	环境保护和水土保持管理责任制	按照"一岗双责"的要求，明确各级岗位的环保水保工作责任、目标及考核要求	应制定
3	环境保护和水土保持违约考核实施细则	规定违约考核的情形、标准及具体流程	应制定

序号	制度名称	总体内容	备注
4	环境保护和水土保持验收实施细则	规定验收内容、程序、资料整编及重点要求	应制定
5	环境保护和水土保持工作约谈实施细则	规定约谈的情形、程序及相关要求	建议制定
6	危险废物管理实施细则	明确涉及危险废物的种类，以及管理要求	建议制定
7	环境保护和水土保持信息资料管理实施细则	规定环保水保信息资料的分类和管理要求	建议制定
8	弃渣场管理实施细则	规定存弃渣料管理程序、运维管理及相关管理要求	建议制定
9	其他制度，包括固体废弃物管理、表土资源保护及利用管理、突发环境事件应急管理、绿色施工管理等	—	根据需要制定

2.9.3.3 环境保护和水土保持管理重点内容

1）环保水保设计招标管理

在建立健全环保水保管理体系的同时，注重环保水保设计导向，以及招投标等源头管控，是保障后续各项环保水保措施有效落实的重要前提，因此在建设过程中应将环保水保工程或项目纳入整体的设计计划或招标采购计划统筹考虑。根据山区风电场工程现场环保水保措施的实施方式和分标特点，可以划分为三类项目，第一类是需要单独成标的环保水保工程，一般包括整个场区的水土保持专项治理工程、绿化工程等，对于这类工程需要单独开展专项设计及招标设计工作，出具设计施工图，随后根据招标采购管理规定，通过公开招标确定项目工程分包施工单位，工程分包施工单位在实施过程中接受环保水保监理、工程监理和业主单位环保管理机构的监督、管理，工程完工后，由业主单位会同监理单位组织合同项目的竣工验收，验收合格后，项目竣工。第二类是纳入主体工程的环保水保工程，如工程分包施工单位营地自建生活污水处理系统、生活垃圾等固体废弃物处理设施、扬尘污染防治设施等，对于这类工程和措施，在土建项目招标文件及合同中，需明确规定工程分包施工单位的环保水保责任，要求投标文件中有详细的环保水保方案，并逐一计算各项环保水保工程量，逐一计列各项环保措施费用，保证在施工过程中能同步落实各项环保水保措施。第三类是环境监理、监测、生态调查、验收以及水土保持监理、监测、验收

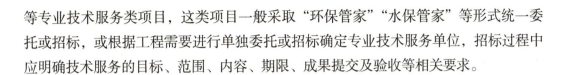

等专业技术服务类项目，这类项目一般采取"环保管家""水保管家"等形式统一委托或招标，或根据工程需要进行单独委托或招标确定专业技术服务单位，招标过程中应明确技术服务的目标、范围、内容、期限、成果提交及验收等相关要求。

2）环保水保施工行为管控

工程分包施工单位的环保水保施工行为管控是山区风电场工程建设过程中的管理重点，根据当前山区风电场工程建设管理的特点，主要是指对土建工程分包施工单位的管理，一般采取计划管理、考核管理及"三阶段"控制管理。在计划管理方面，业主单位通过每年对各土建工程分包施工单位下达年度环保水保工作计划，明确任务、目标与进度安排，并将计划的完成情况作为环保水保年度考核的依据。另外，通过制定考核管理制度，对工程分包施工单位进行环保水保专项考核，并将环保水保考核结果纳入年度工程合同履约考核，按照一定权重计入考核总分，最终考核结果与合同价款支付挂钩。

在"三阶段"控制管理方面，首先是施工方案控制阶段，对工程分包施工单位提交的土建工程施工方案、环保水保专项施工方案等方案，通过发挥环保水保"双监理"制的作用，通常由工程监理单位会同环保水保监理单位进行联合审查，在符合环保水保相关技术要求后，方可开展施工建设。其次是施工过程控制阶段，主要通过环保水保监理巡查检查、工程监理督促、环保水保专题会议协调、违约考核等方式加强现场动态管理，结合环境监测、水土保持监测结论，随时发现问题解决问题，另外可依托"世界环境日"等重要时点，据实开展环保水保相关法律法规、政策标准的宣贯培训工作，提升各参建单位环保水保意识。最后是竣工验收控制阶段，在项目划分过程需将环保水保工程纳入工程整体项目划分统筹考虑，施工过程中完成一项环保水保工程验收一项，并在合同工程验收前履行环保水保专项工程验收程序，环保水保监理全程参与验收过程，环保水保验收不通过，不进行工程竣工，也不结算工程款，直至工程分包施工单位整改至符合验收标准为止。

3）绿色施工管理

推动形成绿色发展方式和生活方式是贯彻新发展理念的必然要求，在山区风电场工程建设过程中，树立并贯彻执行绿色施工理念，实现从源头减少资源浪费、减少污染物排放、减少施工占地和植被破坏，也是做好生态环境保护的重要内容。

在山区风电场工程建设施工前，首先应根据施工总体规划，结合山区风电场工程自然环境和地形地质条件，因地制宜地优化施工方案，采取先进的施工方案，尽量减少施工占地和地表破坏扰动，减少不必要的工程量和资源消耗量。其次在施工过程中，要优先采购和使用节能、节水、节材等有利于保护环境的产品、设备和设施，严禁使用国家明令禁止和淘汰的设备；结合周边本地资源供应条件，最大限度利用本地材料与资源，做好工程开挖弃渣、废弃材料的综合利用，做好施工现场生活污水、生产废水的处理和循环利用（可用于混凝土养护、洒水降尘、绿化浇灌等），实现生活垃圾分类回收利用，提高资源的利用效率；同时还要加强现场施工管理，定期对工人开展"节约用水、用电"及减少生活垃圾产生的环境保护宣传教育，增强参建人员的环境保护意识，倡导形成低碳、节俭的生活方式，自觉履行环境保护义务。另外，为确保绿色施工管理成效，保障各项绿色施工措施落实落地，建议结合不同山区风电场工程建设实际，制定绿色施工考核管理制度，明确考核指标、程序、内容及要求，也可将绿色施工纳入整体施工考核中一并施行。

4）环保水保技术咨询服务管理

山区风电工程建设期环保水保技术咨询服务主要包括环境监理、环境监测、生态调查，以及水土保持监理和水土保持监测等服务内容。其中，环境监理和水土保持监理应贯穿于山区风电场工程的整个建设期，从工程正式开工前就应通过招标或委托有资质的单位进场开展环境监理和水土保持监理工作，有助于及时解决工程建设中存在的环境问题和水土流失问题，变事后管理为过程管理，使环境保护和水土保持工作由被动治理变为主动预防和过程治理。同时，环境监理和水土保持监理单位往往可为工程建设提供专业技术咨询服务，能从专业视角发现问题、解决问题，并可在一定程度上预防问题和一些重大风险，可协助业主单位有序推动工程建设涉及的各项环保水保工作。因此，在对其管理的过程中，要在合同约定的基础上，让其参与到工程建设招投标、设计方案、施工方案等审核，以及现场施工管理、验收把关、费用结算等建设施工管理的全过程，才能充分发挥其专业优势和管理上的优势，达到环境保护和水土保持管理效益最大化。

环境监测和生态调查一般应按照环评及批复文件要求委托有资质的单位开展，水土保持监测一般应按照水土保持方案及批复文件要求，委托有相应水平和能力的单位开展，在工程建设管理过程中，应按照行业有关规定及时完成相应监测和调查任务，及时提交相应的监测和调查成果，并作为工程竣工环境保护验收和水土保持设施验收的重要支撑材料。同时，还应根据相应的监测、调查结论和建议，及时调整和优化施工作业方式，及时落实相应的环保水保措施，确保将工程建设产生的生态环境影响降到最低程度。

2.10　山区风电智能建造

■ 2.10.1　智能建造概述

1）智能建造技术简介

智能施工技术是一种与信息化、智能化、工程施工过程高度融合的创新施工方式。智能施工技术包括 BIM（Building Information Modeling）技术、物联网技术、人工智能技术等。智能施工技术的本质是将设计与管理相结合，实现动态配置的生产模式，从而对传统的施工模式进行改造升级。智能建造技术的出现，使所有相关技术迅速集成和发展，其在建筑行业的应用，使设计、生产、施工和管理更加信息化和智能化。智能建造正在引领新一轮技术革命。

BIM 技术是当前项目建设中广泛使用的一种新工具。BIM 技术是以三维数字技术为基础，综合了项目相关信息的工程数据模型，是项目相关信息的详细表达。智能施工技术在风电项目中的应用，有利于提高风电建设信息化水平，实现项目精细化管理，降低风电建设成本，提高风电项目安全性。目前，BIM 技术在我国项目建设中得到广泛应用，被誉为继 CAD 技术革命之后工程领域的第二次信息技术革命。突出优势将引领建造业信息化转型，是电力行业信息化发展的新趋势。建设工程技术发展过程如图 2-10-1 所示。因此，智能建造技术与风电项目相结合，对于推动风电产业化、信息化发展，建设智慧风电场具有重要意义。

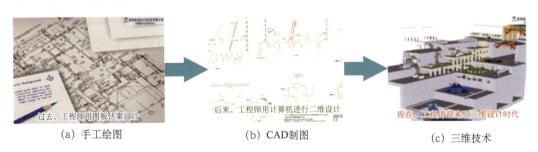

（a）手工绘图　　　　　　（b）CAD制图　　　　　　（c）三维技术

图 2-10-1　建设工程技术发展过程

我国在发展 BIM 技术应用方面起步较晚。2004 年，Autodesk 在我国发布了 Revit 5.1 版本，并与清华大学等高校合作成立了国内首个"BLM-BIM 联合实验室"，旨在通过高等教育机构在中国推广 BIM 技术，但现阶段 BIM 软件还不完善，BIM

推广效果不显著。随着信息技术等传统制造业的不断发展，建筑业粗放式管理模式的弊端日益突出。2008年，BIM技术应用于中国标志性建筑——上海中心大厦的设计和施工阶段，通过BIM进行表面设计、碰撞检测、管道合成、施工方案优化、4D施工模拟等应用，成为我国BIM技术的成功应用典型。2010年，上海世博展览馆建设过程中针对结构复杂、管理和技术上的诸多问题都通过BIM技术解决，BIM技术在实际工程中显示出巨大的应用价值。此后，中国政府和地方政府相继出台了一系列政策，推动BIM技术的应用。2016年，我国发布的《2016—2020年建筑业信息化发展纲要》将BIM列为"十三五"期间信息技术的发展方向，重点是提倡基于BIM的数值模拟、空间分析和视觉表达，研究BIM技术与其他新兴技术的组合应用。在标准制定方面，我国还编制了适用于自己的BIM标准，为实现BIM数据共享、信息交换、协同作业，促进BIM产业化发展提供保障。

2）BIM技术特征优势

BIM技术是现代建造行业信息化的重要技术手段，之所以引起建筑行业各专业领域的关注和探索，在于BIM技术的六大特点所带来的技术优势：

（1）可视化。技术的可视化是"所见即所得"，即人们在BIM模型中看到的构件的形状就是现实中构件的形状，这种直观的表达方式对建筑行业非常重要。过去，在设计和施工过程中，人们需要深入阅读平面图，在对图纸有深刻理解的基础上，想象出构件的具体形状。然而，现代建筑形式的复杂性凸显了以往平面图呈现方式的不足：一方面，建筑的多样性、独特性和复杂性使得看图纸越来越难，这对人脑的想象能力提出了很高的要求；另一方面，建筑体量巨大，图纸数量多，节点连接复杂，人们需要花费大量的精力去了解设计图纸，以保证项目建设的正确性。BIM可视化将建筑物呈现为一个三维模型，人们可以通过计算机操作详细了解建筑物的形状、大小、位置、节点结构等，大大提高了人们对图纸理解的准确性和速度。另外，传统的运维管理方式是通过数字、表格等方式来表达对结构的监控，需要大量的人力去寻找异常位置，效率低下；通过BIM的可视化应用，可以直观准确地获知各个监控点的具体位置，快速定位异常位置，及时修复，提升整体运维管理水平。

（2）模拟性。技术的模拟主要体现在施工过程中，让人们直观地了解施工过程，优化施工方案，为施工管理人员和技术工人提供可视化的技术交底。利用BIM的模拟预览施工方案，模拟施工过程中结构构件的运输和场地布置，通过模拟发现问题，从而优化运输路线和场地布置；同时，还可以通过模拟熟悉施工难点，尤其是复杂的节点，降低施工返工率，提高工程质量。在施工模拟中加入时间维度，即

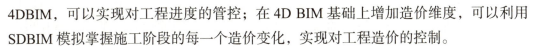

4DBIM，可以实现对工程进度的管控；在 4D BIM 基础上增加造价维度，可以利用 SDBIM 模拟掌握施工阶段的每一个造价变化，实现对工程造价的控制。

（3）协同性。工程建设项目往往涉及多个专业，每个专业的设计都是独立进行的。二维平面图缺乏直观性，加上设计组织流程之间缺乏沟通，在实际施工中很容易出现"错、碰、漏、缺"等问题，导致施工成本增加，施工效率降低。此外，组织和协调是项目管理的核心内容，一个项目的完成往往涉及多个参建单位，需要各方相互配合和协调，任何一方的沟通不足都会影响整个项目的实施。通过 BIM，可以在设计阶段搭建协同工作平台，整合各类专业系统设计师，实现数据共享，在同一个模型上进行专业设计，可以有效避免学科间的冲突，设计师可以根据设计进行更优化的设计。在详细设计阶段采用同一模型进行设计，利用 BIM 技术检查设计冲突，减少设计错误，避免返工，减少材料浪费。在组织协调和管理方面，各参与方可以在 BIM 平台上协同工作，发布相关指令或工作计划。工程总承包单位可以有效管理每个工程分包施工单位，生成协调数据，也可以协调整个项目进度。BIM 平台的集成和协同共享功能，为参与者提供了更加便捷有效的信息交流方式，打破了以往信息孤岛的瓶颈。

（4）信息化。模型承载了很多组件信息，包括组件几何信息和属性信息。过去，人们可以从平面图中获取几何尺寸信息，但无法将建筑物的全部信息显示出来。在 BIM 模型中，人们可以提取所需的各种信息，如几何尺寸、材料、结构类型、传热系数、热阻、粗糙度等。BIM 模型信息库是开放的，人们可以添加构件信息，可以根据自己的需要给模型添加制造单位、日期、工艺、强度、成本等施工信息，也可以在运维阶段添加相关的维护信息。BIM 模型可以完整地描述项目的工程信息，并将信息与实体结构关联起来，提高信息检索的效率和信息利用的便利性。

（5）优化性。项目的优化涵盖了从设计到施工的所有阶段。项目优化的实施会受到项目信息、时间、复杂性等因素的限制。大多数工程建设项目信息量巨大，工程师通常无法在短时间内掌握大量信息并随时调用，仅通过对图纸和设计变更的联合审查，在信息交流中难免会出现疏漏和误解。BIM 模型的信息具有高度的相关性、完整性和完整性，降低了项目信息处理的难度，提高了信息传递的效率，可以优化项目设计。同时，依托 BIM 模型的真实性和准确性，以及 BIM 协同工作平台，可以进一步优化项目实施流程，提高项目管理水平，加快项目建设进度。

（6）可出图性。工程项目中往往有很多图纸，平面图、立面图、详图之间存在关联。某项设计的变更，往往需要多张图纸一一修改。如果在这个过程中有任何遗漏，就会出现设计错误，造成施工错误。BIM 模型的数据具有高度的联动性。如果模型中的某个组件发生变化，与该组件关联的其他组件就会自动调整，每个视图的图纸也会自动调整。BIM技术的联动大大提高了设计修改的效率，制图精度比以往更高。同时，BIM可以自动输出平面图、立面图、剖面图、详图，改变设计师以往逐一绘制的低效绘图模式。三维设计技术功能见图2-10-2所示。

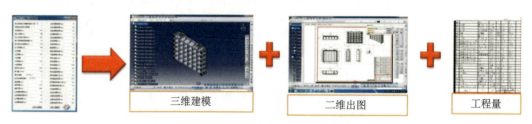

图2-10-2 三维设计技术功能示意图

（三维建模　　二维出图　　工程量）

■ 2.10.2 智能建造在山区风电场工程建设中的应用

BIM技术具有许多突出的优势，将BIM技术应用到风电场场地规划、结构设计、施工、运维管理等阶段，通过BIM精细化管理，可以提高风电项目的信息化水平，提高风电项目效益，降低成本，使风电的推广总体上提供了新的增长动力。

1）规划设计阶段

在风电场规划前期，可以建立风电场三维地形模型，为风电机组选址和道路规划建设提供优化指导。在设计阶段，利用BIM的协同特性，协同设计并建立每台风电机组的3D信息模型，可以模拟风电部件的运输和吊装过程，提高施工效率。BIM信息模型还可以为风电场的运维提供支持，搭建风电场的BIM数据平台，为风电机组的结构安全监测和管理提供支持。

风电场布局规划应考虑风能资源分布、地形、地质、气候条件、环境、交通等因素。以往布局基于二维地形图，缺乏直观性，难以综合各种影响因素进行分析。在规划阶段，利用BIM技术建立拟建风电场的3D地形模型，通过BIM可视化和信息化功能，可以直观地了解每个地方的地形特征。结合风资源分析和3D BIM模型承载的地质气候信息，更加合理、科学地对风电机组和道路规划布局，更有利于寻找地质条件好、交通便利、风险低的风电机组位置，降低元器件运输的难度。同时，利用BIM技术还可以分析风电布局和道路规划位置的植被环境，进行环境影响评价，优化布局方案，减少风电建设对生态环境的影响。

风电结构设计涉及结构、电气、内部附件等，需要各专业人士相互配合、协同设计，对设计精度要求较高。过去，风电结构设计各专业都是独立设计的，专业间数据交流困难，设计过程缺乏协同，容易产生干扰，预埋件和孔的预留、钢筋的布置往往因缺乏二维图纸而不准确。构造复杂节点的信息沟通不充分，不利于内部空间的优化。利用 BIM 进行风电结构设计，可以建立风电结构的参数化构件族库。对于通用元件，参数化可以提高设计效率。利用 BIM 可视化与协同性的特点，专业设计师可以基于同一个模型平台进行可视化设计，数据交换更加便捷，设计冲突和不合理的地方可以及时被发现。三维设计模型更直观、准确地反映实际构件，有利于复杂零件的详细设计、构件的预制和内部空间布局的优化。

2）建设施工阶段

山区风电项目施工程序复杂，施工要求高，专业性强，施工条件相对苛刻，受影响因素较多，包括：

①山区气候条件差，一年有效建设期短；

②风电组件体积大、重量大，山区地形、路况复杂，组件运输困难；

③山区风电机组位置分散，工程机械、材料周转困难；

④基础和混凝土塔的大体积混凝土浇筑质量要求高；

⑤山区风电吊装场地小，安装精度高，场地布置、施工方案、吊装工艺等要严格控制。

此外，构件种类和数量多，传统的施工管理方式难免会导致管理失误。利用 BIM 技术进行场地布置，模拟预演构件运输和施工吊装过程，通过对复杂路况构件运输、吊装过程、吊装路线等细节的直观观察和分析，预判施工和吊装过程。为了调整设计方案，优化运输路线和施工方案，制定安全事故可能发生的应急预案，降低安全事故的风险概率，提高解决突发事件的应急处置能力，在 3D 仿真的基础上，增加了时间维度，即施工进度计划，可实现 4D BIM 仿真，直观展示工程进度。及时掌握现场安装时间等信息，合理安排材料和机械转移，准确管理材料消耗，减少材料浪费，控制工程造价；优化施工顺序，避免施工冲突带来的问题，将计划与实际进度进行对比，准确找出延误进度的原因，有效控制工期。结合 RFID 射频技术，实现"一物一码"管理，施工技术人员可在现场快速获取构件信息，避免构件安装错位。风电混凝土塔和基础钢筋结构密集，结构要求高，钢筋形状多，现场钢筋加工管理难度大。采用 BIM 技术，可以准确统计钢筋数量，准确切割各种编号的钢筋。钢筋排列冲突的碰撞检查和预处理，能够避免返工和延误。可以利用 BIM 技术开发改进施工技术，形成自己的施工方法，包括混凝土浇筑、塔吊吊装、地脚螺栓笼安装、张拉预应力、法兰连接和单元构件安装等复杂工艺优化。为特殊的施工工艺和复杂的工序生成 3D 技术动画，可以帮助工人了解设计意图，提高施工质量，避免因误解造成的不必要损失。山区风电场 BIM 技术应用管理框图如图 2-10-3 所示。

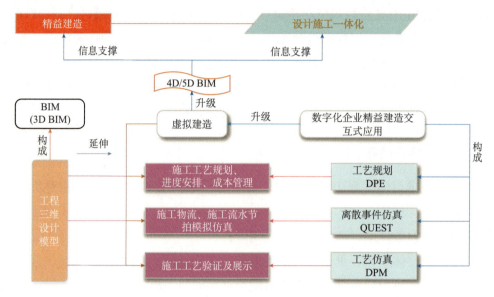

图 2-10-3　山区风电场 BIM 技术应用管理框图

（1）吊装方案优化。山区风电施工场地小，风电结构主要部件重量大、体积大、吊装高度高，吊装作业难度大，容易造成吊装事故。如果在吊装过程中构件发生碰撞，构件容易变形损坏，给工程造成重大损失，同时，山区大型构件的吊装也会受到风速的影响，必须严格控制结构的吊装过程。在实际施工和吊装过程中，风电机组的吊装通常采用一台起重机和两台或多台起重机并联工作。不同的吊装部件对机械的安放位置和运行轨迹有不同的要求，如风力发电机吊装，需要先将叶片和轮毂在指定位置按合理方位组装好，然后用一台主起重机和两台辅助起重机进行吊装。在整个吊装过程中，对起重机械的放置位置和运动路径进行严格控制。此外，施工现场除了吊装作业外，还需要满足其他大型构件和物料堆放，因此，吊装前必须根据现场地形条件，优化吊装场地布置和吊装方案。

采用 BIM 软件建立吊装现场布置图和叶轮吊装现场 3D 模型，施工管理人员可以直接看到施工现场的外部情况。在施工前，他们可以根据 3D 模型直观地分析和优化施工现场的布局和吊装方案，找到更加合理的施工布局。

（2）风电机组基础施工。在风力发电机的基础施工中，钢筋的详细设计是工程结构施工的重要组成部分。风力发电机的圆形混凝土基础和锥形混凝土塔的几何形状不规则，有些部位混凝土厚度小，钢筋布置密集，形状多样，布置难度大，二维图纸的平面标注方式不能直接反映钢筋的实际排列方式。在工程实际施工中，经常会因钢筋碰撞造成返工，造成钢筋材料的浪费和工期延误。利用 BIM 软件的碰撞检测功能，检查混凝土能量基础、混凝土塔钢筋和预应力梁的碰撞情况，并以三维可视化的方式检查钢筋的碰撞情况。软件会自动统计碰撞次数，自动定位碰撞位置，并在施工前生成碰撞报告，可以提前设置解决方案，以避免返工并减少钢筋施工中的材料浪费。

（3）施工进度仿真。BIM 施工仿真是通过 3D 模型对项目施工进行动态演示的过程。在 3D 模型的基础上增加了时间因子，即 4D BIM。传统的施工进度和质量管理是根据平面施工图，分解项目任务，编制施工计划、网络图集、干道图。由于平面图表达不够直观，施工计划和网络工作计划也是抽象的表达方式，难以充分表达各项工作任务之间的联系关系，也不能反映各个工作任务的施工特点和难点。知识要求高，不方便项目进度管理，建设计划和进度计划的编制是否科学合理是无法量化判断的，而在实际工程中，进度管理人员往往花费大量时间寻找延误的原因，协调进度，重叠了工作任务和资源分配。此外，山区风电场建设往往位于地形、气象条件复杂的山区，不确定因素多，全年可施工天数少。因此，山区风电场的建设对工期有严格的控制。

使用 BIM 软件模拟风电机组吊装和升压站建设施工，利用软件的施工动态模拟功能定义模型制作动画，然后通过自动排程功能输入工程施工进度，进行施工进度和模型组件构建动画。通过 3DBIM 模型结合项目进度，对项目的施工过程进行 3D模拟，提前识别项目的关键点和难点，并动态建立项目资源消耗与工期的对应关系。通过施工模拟，可以对进度计划和施工方案进行比较和优化，减少施工过程中的工程变更和返工，提高施工效率。同时，通过动态展示效果，可以更好地与业主单位进行交流。在项目实际施工过程中，还可以将项目的实际进度与模拟进度进行对比，及时掌握进度偏差，深入分析进度与资源配置的矛盾。山区风电场三维设计如图2-10-4 所示。

(a) 风电场场区建模　　　　　　　　(b) 升压站建模

图 2-10-4　山区风电场三维设计

（4）技术交底。风电建设项目的施工技术和工艺要求比较严格，特别是在大体积混凝土基础和塔架浇筑、构件安装精度、吊装控制、钢混连接、预埋件等方面。过去在施工过程中，关键技术和施工过程都是通过二维示意图和文字描述来表达，然后通过培训让技术工人了解施工顺序和意图，技术工人需要有更好的经验积累和专业知识，效果往往不理想；此外，施工人员流动性大，人员水平参差不齐，由于对熟练工人缺乏了解，经常发生错误和返工。目前使用 BIM 模拟关键施工技术和流程，并以 3D 动画演示的形式展示，进行施工技术交底，应用普遍、效果好。

另外，对项目的关键节点建立一个直观的了解，可以有效解决对传统技术认识不足的困境，防止因技术工人对图纸和程序的误解而引起工程质量问题。过程中，可以将施工工艺和施工方法的模拟制作成视频，在培训技术工人时重复使用，避免人为疏忽。

（5）工程量统计。BIM 软件 Revit 具有快速准确统计工程量的功能，可用于计算工程预算、编制造价计划、指导施工准确裁减材料，避免材料浪费，此外，还可以根据实际消耗工程量和软件统计工程量进行比较，找出工程量的差异，快速找出多余的工程内容，为工程造价控制提供帮助。通过进度表工具可以统计风电基础和各种形状的混凝土钢筋，得到每根编号钢筋的长度，指导现场钢筋的切割和加工，减少钢筋材料的浪费，节约工程费用。

（6）工程漫游。漫游是 BIM 可视化的一大特色。BIM 漫游可以将项目完成后的真实情况以三维可视化的方式展现，将项目的每一个细节都真实细致地展现出来。使用此功能，可以设计项目程序优化。山区风电分布广泛，风电机组分散。过去风电场是通过现场观察或概览平面图的方式向业主和参观者展示，效果往往较差，尤其是现场观察非常耗时，并且无法观察到整个风电场。采用 BIM 软件对风电场整体模型进行可视化漫游，生成漫游动画，可以完整展示整个风电场，展示效果真实。此外，过去山区风电场的运维管理采用人工巡检，运维人员一天只能检修 2～4 台风电机组，检修难度极大，效率低下。通过 BIM 三维漫游、GIS 和无人机巡检技术相结合，可以在短时间内完成对风电场的巡检，节省人工成本，提高效率。永宁风电场漫游效果图如图 2-10-5 所示。

（7）数字化移交。BIM 文件集成更丰富全面的数据和信息，且与设备一一对应，实时可查。BIM 工程档案推进信息技术与档案工作深度融合，逐步实现对档案的全过程监管和建设工程档案在线验收、档案管理。在建设阶段，不仅可以进一步推动实现与项目设计、生产、施工、设备供应、专业分包、项目管理等单位的无缝对接，优化项目实施方案，缩短工期，节约成本，而且利用可视化模型界面对档案进行搜索、查阅、定位，与原有的档案数字化管理进行对接和延续，在很大程度上提高档案管理效率。风电场数字移交系统如图 2-10-6 所示。

图 2-10-5 永宁风电场漫游效果图

图 2-10-6 风电场数字移交系统

建立以 BIM 系统为基础的档案管理平台，范围覆盖勘察、设计、施工和运营维护等全过程，进行生命周期管理。利用虚拟现实的三维空间展现能力，融合物联网的实时运行数据，充分利用各类档案信息数据，成为运维管理平台的主要部分，创造一个基于 BIM 档案为依据的虚拟现实空间，直观而全面的信息记录用于建筑运维的全过程管理，为统计、分析和数据挖掘等功能创造条件。

3）运维管理阶段

BIM 技术可以实现全生命周期的管理，可以在任何阶段对模型进行信息的添加和修改。风电场分布范围广，风电机组多且分散，山区地形复杂，交通不便。传统的风电场管理主要以人工维护为主，监测点多、周期长，工作人员需要到现场收集数据，该维护方式时效性差，维护效率低。将 BIM 技术应用于风电场运维管理，结合互联网技术、GIS 和无人机巡检技术，可以动态、直观地监控风电场的结构和运行情况，将专业技术人员融入 BIM 协同工作平台，能够及时与故障进行沟通，快速制订维护计划，提升项目整体运维管理水平。BIM 技术的应用将为智能数字风电场的建设提供可行的解决方案，也为未来海上风电场的运维提供思路。

第3章 •••
山区风电场土建工程施工

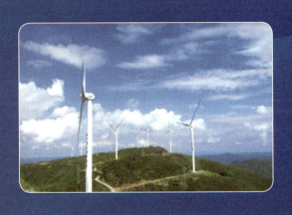

3.1 土建工程施工概述

■ 3.1.1 土建工程施工内容

1）土建工程施工合同要求

土建工程施工内容，一般由合同文件或合同文件载明的设计文件、质量标准等明确。合同条款包含通用合同条款、专用合同条款，一般包括一般约定、业主单位义务，监理单位、工程总承包单位或工程分包施工单位，设计，材料和工程设备，施工设备和临时设施，交通运输，测量放线，安全，治安保卫和环境保护，开始工作和竣工，暂停工作，工程质量，试验和检验，变更价格调整，合同价格与支付，竣工试验和竣工验收等18个方面，其中，"开始工作和竣工"条文明确了应完成的土建施工分部分项工程工作要求，由"工程质量""试验和检验"明确质量要求与技术标准相关的工艺、工序、检验试验工作等。

山区风电场建设面临工程地质条件复杂、重大件设备运输困难、吊装技术要求高、工程施工目标控制难度大、合同履约风险大、并网条件相对较差等难题，土建工程施工组织必须采取措施克服区域性阵风、阵雨、大雾、雷暴频繁等小气候与重冰区、凝冻季节性气候影响，避让山体塌方、落石、泥石流、滑坡等地质灾害，战胜地处偏远、工程物资短缺等困难。

2）土建工程施工工作重点

山区风电项目单位工程一般分风电机组工程、建筑工程、升压站设备安装调试工程、集电线路工程、交通工程五类。其中，除升压站设备安装调试工程外，其他单位工程均涉及人工、机械实施的不同规模、不同工程量的清挖、掘除、爆破开挖分部分项工程；一定工程量、不同强度等级的混凝土分项工程；不同质量标准的机械碾压或人工夯实填筑分项工程；满足基础加固或结构需要的灌浆分项工程；满足地基加固或作为基础结构组成的桩基分项工程；砌体分项工程等。涉及深基坑、高边坡的，均应形成专门的施工方案，完成报批评审程序工作，对道路与风电机组安装平台场地、风电机组及箱式变压器基础、集电线路土建、变电站土建等分部工程施工的重点工作内容进行策划、实施。

对于采取EPC总承包建设管理的合同项目，落实管理与配合、约束工程分包施工单位推进全面履约、满足合同要求，这正是土建施工的重点工作。

山区风电场的土建工程，除建筑工程主体结构、建筑装饰装修、建筑屋面、建筑给水及排水、建筑电气、通风与空调等构筑物、给排水、装饰装修分部分项工程，受施工区域影响相对较小外，其余风电机组工程、集电线路工程、交通工程等三个单位工程的土建工程施工工艺、分部分项工程质量保证、工程验收程序管理，全面体现了山区风电场土建工程施工技术特点，也代表了山区风电场土建施工技术、施工组织、合同履约的复杂性和艰巨性。

3）土建工程施工的质量可靠性检查及辅助工作

山区风电场土建工程涉及原材料、半成品、成品等物料供应、生产、使用。随工程特点，建筑工程的场平及构筑物分项工程、交通工程的道路路基或路面分部分项工程、风电机组的基础分项工程等结构物施工，需要钢筋、砂石骨料或商品混凝土使用量相对较大，其他分部分项工程零星使用或使用量小。

对于钢筋供应与存放，依照计划购买钢筋，按照场地规划规范存放，根据分部分项工程施工进度加工、转运，保证使用需要。风力发电机基础钢筋，一般考虑随用随拉至风电机组平台，或在平台上设置钢筋堆放场，防雨存放。钢筋加工厂通常融入风电机组吊装平台或就近，不独立设置，随施工作业面的转移而转移。

对于混凝土供应与使用，按照工程地区条件、位置条件，能够组织购买商品混凝土保证施工需要量、混凝土拌和物质量可靠性的，宜通过合同约定，由生产厂家供应稳定、性能可靠的商品混凝土；不能可靠购置商品混凝土保证工程需要时，宜设置经过方案评审的砂石生产系统、混凝土拌和系统生产供应。砂石加工用原材应使用设计文件规划或经设计正式选定的岩矿区开采；砂石加工系统应有完善的破碎系统、筛分系统及足够存放成品粗骨料、细骨料的料仓；混凝土生产系统应配置足够生产能力的搅拌楼（生产能力为$40\sim120m^3/h$）、骨料储运系统、水泥和掺合料储运系统、外加剂房、压缩空气站、试验室、调度室、地磅站等。工程使用常态混凝土、泵送混凝土、素喷及外掺料喷射混凝土等，各类设计等级的混凝土应开展试验、试配置，同步检验产品性能、质量，保证工程所需要品质、性能。

自施工开始到工程验收或者质量回访过程，都会涉及与工程测量相关的工作，需要技术可靠、质量保证，这就有了工程施工测量的合同任务、施工工作内容。面对山区风电场建设中场地分散、战线长、土建时段相对集中等工程特点，运行质量保证体系有效运行，保证工程测量精度满足规范要求，保证所有土建工程施工的原材料、半成品、成品等物料管理过程受控制、质量合格，构成山区风电场工程施工的先决条件和工作内容。对于工程测量，保证设计意图实施，建成满足分部、分项工程的建筑物使用功能，工作具有不可逆性。

■ 3.1.2　土建工程施工责任管理

（1）土建工程施工专业管理，是工程建设管理及工程施工的重要工种、关键岗位。根据需要，相关人员需要持证上岗，并由具有职业道德、责任心较强的工程技术人员承担这方面的工作。

（2）主要原材料供货常常采取自行购买方式。工程使用的水泥、钢筋等采购，选择信誉较好、产品质量可靠的生产厂家。山区风电场地处偏远，施工过程应重视材料供应对工程施工进度与质量的影响，应采取抽查、试验对比的方式保证质量，通过合同约束的方式保证供应畅通，可通过多种渠道征信、货比三家进行采购。

原材料进货验收：施工原材料到货后，由设备物资部的仓库管理员、采购员对所进材料进行验收，包括材料的材质、外形、数量等，如有不符，不能入库，材料入库后仓库管理员要如实进行登记。

原材料的复检：进场原材料（包括成品和半成品）的质量必须符合规范和标书文件要求，并会同监理单位进行检验和交货验收，验收时应同时查验材质证明和产品合格证书。经监理工程师认可后方可进场；使用前重新进行检验，不合格的材料不得使用。对工程使用的材料和工程设备以及工程所有部位及其施工工艺，进行全过程的质量检查，详细做好质量检查记录。

原材料的标识：材料按材质、规格、型号、品种及不同的检验试验状态进行分类存放；易混淆的材料除分类堆放外，还需选用适宜的方式进行标识，如涂色、打印、挂标签、挂标牌等；材料在搬运、贮存过程中要保护好标识，如有丢失或损坏应由原标识人重新标识；按有关规定对材料的进货、验收、发放等过程进行记录，特别是钢筋场，应在合理布置场地基础上，规范存放标识完整的钢筋。

原材料的防护：风电场工程总承包项目部、工程分包施工单位现场机构应为材料防护提供条件。包括提供材料的贮存设施，配备必要的贮存保管人员等；按材料贮存的要求进行贮存，设置或保护好必要的防护标识，并定期对库存产品进行检查，防止产品在贮存时发生损坏或变质；超过保质期或因保管不善出现不良情况的材料，使用前进行复检；对超长、超重、超高等材料的搬运制定并实施搬运方案；对有防雨、防潮、防爆、防震动等要求的材料，搬运时应采取相应的防护措施，防止变质和损坏。

（3）山区风电场工程建设砂石加工系统、混凝土生产系统，应充分开展技术可靠、经济合理认证工作，并能够保证优质、快速、准确进行混凝土拌制生产。砂石加工、混凝土生产两系统的管理宜使用有经验的专业班组进行管理，定期开展生产效能检查、质量抽查，对系统产生影响工程供应的情况及时纠正。系统生产过程，需要专门落实环保措施，避免地方行政主管单位问责事件出现。

对混凝土拌和系统，除做好原材料的质量检验外，对混凝土生产过程，重点落实如下方面：混凝土成品料配合比、投料程序及拌制试验；混凝土拌和设备及称量系统计量认证；混凝土料生产配合比审查与认证；混凝土拌和过程检查；混凝土料的取样及出机口温度、坍落度、含气量控制；混凝土料的取样制模与质量检验等。相关拌和系统的管理记录、系统运行情况记录、称量系统检验与校验情况、领用料记录、拌和物取样记录等应齐全。

3.2 地基与基础（处理）施工

■ 3.2.1 开挖与支护

工程场地平整满足基准标高要求，开挖边坡坡比在 1:0.1～1:4 范围，路基边坡坡比为 1:0.3～1:2 不等。在施工过程中，当岩层产状及地质条件发生变化时，可报监理工程师批准后适当放陡或放缓边坡坡度。开挖成型或场地平整使用 2.0～5.0m³ 斗容的装载机、挖掘机，根据需要配置推土机等保证开挖需要，配套 2～25t 自卸汽车运输出渣。

3.2.1.1　清理与掘除

按照施工进度计划实施开挖支护的场区，在测量放样后，分期清除路基用地、建筑基础用地范围的有机物残渣，以及原地面以下平均30cm的表层淤泥、垃圾、杂草、腐殖土等，集中堆放，做好防护，待后期植被恢复使用；场地清理完后，将清理后的场地进行修整、铺平，填筑施工前全面碾压，使其密实度达到规定要求；所有清理现场的废弃物堆放在指定的弃土场内。清理与掘除采用挖掘机为主、人工为辅的清理施工方法，采用自卸汽车运输。

开挖遇土石混合地基时，挖掘机专门配置破碎头予以凿除，不能保证设计轮廓线要求时，采取爆破开挖进行处理。

3.2.1.2　土方开挖

土方开挖施工作业流程：测量放样→表土清理→场内道路、平台、边坡开挖→清理工作面。

土方开挖前，先将开挖区域内树根及障碍物清理干净，表土清理后，开挖前做好坡顶截水沟，并分段设置出水口，以防止雨水冲刷边坡。

利用临时道路、修筑通道进行开挖：按照一定顺序、分层高度实施开挖装运，土质松软地区用推土机、装载机推挖，土质坚硬地区用挖机开挖，用自卸汽车运至指定位置。

边坡开挖时，一旦发现边坡土质与设计坡型不符或不利于边坡稳定，及时采取相应措施处理。

土方开挖后，及时对基础承载力进行检测，根据实际情况确定下一步处理措施；完成处理后，落实基础标高检测，基础隐蔽前应完善工程量、质量签证，按照规定参建相关方人员共同验收。

3.2.1.3　爆破开挖

石方开挖施工工艺如图3-2-1所示。

1）准备工作

实施爆破施工的工作，应按照危险性较大的分部分项工程管理，完善方案报批、审查。

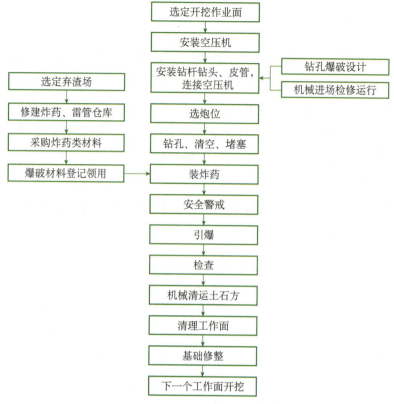

图 3-2-1　石方开挖施工工艺框图

（1）施工前应完成基础地质条件的调查，针对不同的岩石做好爆破设计，明确不同的爆破材料、孔网参数，采取密孔布置和低单耗，以松动为原则，避免后期清运工程量大、植物保护工作增加；控制最大单响药量及总装药量。

（2）附近有民房、管沟、交通设施、光纤光缆等需要保护的设备、设施时，应明确有针对性的安全措施，这些措施包括：设定工程设备安全距离为100m，人员安全距离为200m；进行精心的施工组织设计，做好安全警戒；评估爆破对不同类型建筑物和其他保护对象的振动影响，应采用不同的安全判据和允许标准。一般民用建筑物的允许安全振动速度最小为2cm/s。露天深孔爆破设计中，对爆破震动严格控制，将允许安全振动速度最大值控制在1.5cm/s以内，其他建筑物地下采空区应经过试验确定。

2）爆破

（1）石方开挖前，配套进场高风压钻机、手风钻、空压机等设备，开挖辅助设施如风（水）管接引至施工现场；使用到场挖掘设备清挖浮土、清除边线障碍物、清挖爆破临空面等。

（2）钻孔装药。由持证爆破工装药。期间，应避免人员集中，附近应禁止有较强振动、冲击的机械设备作业。

（3）实施爆破：事前清场→发布预警信号→发布起爆信号及起爆→爆后安全检查→解除信号。鉴于爆破作业的特殊性，由专业队伍实施，属地管理有爆破监理要求的，应完善爆破准爆证签署手续。爆炸物品的计划、申请、购买、运输、现场爆破作业及安全管理，应接受当场主管单位检查指导，满足行业规范相关要求。

3）挖装运

爆破后的渣料主要采用反铲挖机装渣，自卸汽车运输，将开挖渣料运至弃渣场，部分回填料就近存放。弃渣场按照项目批复、设计规划的位置设置，并完善渣场挡护、环保水保措施。

4）爆破开挖的技术管理与质量控制

对风化破碎严重、胶结不紧的岩石，在保证安全的前提下，直接用挖掘机挖装。当弱风化岩石剥离后，完整性岩石分台阶逐层开挖，采用深孔凿岩一体机、手风钻钻孔，钻孔深度和间距现场确定。基础开挖示意图如图3-2-2所示。

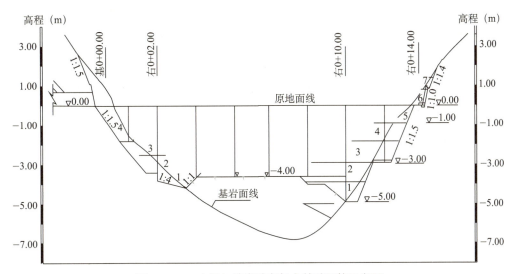

图3-2-2　土层与基岩并存复合基础开挖示意图

选择炮眼位置时，分析岩性以便控制飞石方向，并为下次爆破创造临空面；选择炮眼布置，在分析现场岩石的硬度和裂隙分布情况基础上，再针对炸药种类、起爆方法及爆破要求等作出决定。

边坡石方爆破尽量采用光面控制爆破法施工，以保证边坡稳定，光面孔孔距及爆破参数根据现场条件确定。局部边坡修整采用手风钻或人工撬挖的施工方法。各种松动、不稳定的岩石要及时清除出边坡。

3.2.1.4 边坡防护

山区风电场人工边坡一般缓坡采用挖机拍打稳固，边坡较高或设计要求进行锚喷支护的，一般有锚杆、挂网、喷混凝土支护。业主、设计、监理和总承包单位、工程分包施工单位人员一道，共同对边坡进行现场验收和测量复核，组织 YT50、YT70 手风钻实施浅孔锚杆造孔施工，设计有锚筋桩、锚索的边坡或基础，应使用 100B、CM351、D7 等专用成孔钻机，人工安装或配合 16t 汽车吊安放锚固材料。喷射混凝土应使用湿喷机械，保证质量。

锚杆孔应按照设计要求定出孔位，做出标记，成孔重点控制孔位、孔深、孔向，锚筋桩及锚杆施工要求孔位偏差小于或等于 5cm，孔深不小于设计孔深，误差小于或等于 5cm；锚杆安装采用"先注浆后安装锚杆"的施工工艺，重点是注浆密实度、锚杆长度、锚杆入岩锚固深度，相关检查按比例进行砂浆试块抗压强度和锚杆抗拔力检测。设计要求开展无损检测的，其实心实意度、锚杆长度检测必须达到规范规定的要求，不满足要求的，采取补打措施闭合，按 3% 比例进行现场随机拉拔试验。

挂网喷混凝土在边坡基面清理验收合格后进行，监理对钢筋网铺设、喷射混凝土配合比、喷射厚度等进行了逐项控制，施工完毕后按规范要求对混凝土进行现场取样，试验检测强度满足设计要求。

部分边坡设计排水孔，排水孔施工采用手风钻造孔，在垫层混凝土浇筑清洗后埋管。排水孔钻孔的孔位、深度、孔径等均按施工图纸要求和监理指示执行，一般要求平面位置偏差小于或等于 10cm，孔深误差不大于孔深的 2%。

3.2.1.5 铁塔基础开挖

1）桩坑开挖工艺

铁塔基础分为桩基础或复合基础，桩基础或复合基础均涉及人工开挖及机械开挖，必要时可能需要实施爆破。由于空间狭小，采用水磨钻等机械钻裂、磨碎或铁梢劈裂解小等成桩坑后，需要人工清渣；使用复合基础时，底部锚固前由人工形成桩坑等程序。由此涉及人工成桩坑施工工艺是常用施工方法，此节重点介绍。

施工准备爬梯、十字镐、圆铲、炮钎、大锤、锄头、坑底专用量具、钢卷尺等常用工具，按作业点配置施工人员，在测量放样后，先对山坡坡脊进行局部拓宽，挖填形成小的作业平台，安装爬升装置，人工挖土石装入物料桶，由提升装置升高倒料进行二次循环，重复作业，直至达到设计桩坑深度及扩大基础、垂直度要求，以及满足护壁可靠要求，再浇筑基础成型。

2）技术管理与质量控制

部分桩坑深度大于3m时，应按照危险性较大的分部分项工程管理完善方案报批、审查。按照相关管理规定，井下作业人员不得超过两人。

成桩坑过程遇砂层时，局部防溜塌的处理需要有较强的针对性，必要时开展试验，最终确定临时支护方式。

物料提升装置是抗滑桩施工的安全保证，人工安装支撑桁架时，应履行紧固检查程序，按照排架管理要求，经监理验收挂牌。购置卷扬等专用设备，采购质量满足行业要求，有安全生产许可证、特种设备登记证、安全锁定装置、起吊防坠设施和安全锁定装置。必须按照起吊设备管理规定，操作人员经过培训、操作考核程序后方能上岗。施工方案形成时，应专门明确开挖人员出入桩坑内外的交通方式及安全防护措施。

基坑挖至设计规定的深度时，应在桩坑底钉出坑底中心桩标记，进行二次分坑放样。以中心桩标记基面为准，用经纬仪检测基坑深度，坑底与中心桩之间的坑深误差应小于验收规范的允许值。同基的四个基础坑，在允许偏差范围内捡底与最深的一坑操平。

检查基坑半对角线线长的方法：将经纬仪安平在中心桩处，按45°的方位角观测，在基坑的对角线方向钉立两个水平桩，在其上方拉水平线，在水平线上量出底部半对角线线长并划印，该点的投影即为坑中心。在划印点处悬吊垂球且靠近坑底，检查基坑位置是否符合设计要求。

坑深及底部半对角线符合设计要求后，即以此坑中心量出基础底板的开挖高度及基坑的四角控制点，可在坑壁的四角适当高度钉立四个竹片桩进行标识。

根据桩坑底二次分坑放样测量数据，局部开挖处理直至符合设计要求为止。

3.2.1.6 电缆沟开挖

电缆沟开挖可以实施小型机械开挖，开挖施工技术要求、安全注意事项，均应按照相关规程规范落实交底，并专人指挥。

电缆沟人工开挖一般采用尖、平头铁锹、撬棍、钢尺等，条件具备时配置小型挖掘机集渣转渣，运输根据现场条件就近存放或配套小型载重汽车转运至指定位置。部分电缆沟采用定向钻等先进设备、工艺施工，相关工艺成熟可靠。

根据设计图纸，定位电缆沟路径及放线，电缆沟开挖深度、宽度符合设计要求及施工规范要求。采取人工每隔一定距离挖出探坑的方式，确认电缆敷设深度、宽度，然后在地面上标识开挖线。沟底应平整，深浅一致，沟底必须有一层良好土层，防止石头或杂物凸起；过程核查存在塌陷可能的地段，落实换填或其他措施处理可靠；穿过道路的电缆可经过事先埋设机械强度较高的管子通过，其管子的内径应大于电缆外径 1.5 倍。开挖遇下方有隐蔽设施时注意监测施工，以防破坏设防；沟槽底遇到树根、块石等杂物应清除干净。

开挖完毕，按设计要求进行铺砂，保证铺砂后电缆在砂层上受力均匀，避免电缆在基础不均匀下沉时电缆受到集中应力。按照保护要求，落实电缆沟防水的相关铺设与挡护设施。

■ 3.2.2 土石方填筑

3.2.2.1 道路路基土石方填筑

道路路基清理后，地面横坡不陡于 1:5 时，直接填筑；当横坡陡于 1:5 时，将原地面挖成宽度不小于 1m 的台阶。台阶顶面做成 2% 内倾斜坡，用手扶式振动碾加以夯实，然后分层填筑土方。路堤基底由松土构成时，先进行清淤或清表，然后压实基底，基底经验收后进行填筑施工。

当路堤位于低洼地段时先排水，完成排水具备挖除条件时，挖除淤泥及腐殖土，将此地面翻松 30cm 深，经处理后再进行压实。

土方填筑采用机械作业。挖机挖装，自卸汽车运输，推土机推平，然后压实。填筑时，填料宽度大于设计宽度每边各 30cm，便于修坡，每层松铺厚度不大于 30cm。路基碾压采用振动压路机进行施工，碾压原则"先边后中，先静后振"，相邻轮迹重叠三分之一轮宽。碾压时按试验路要求，严格控制压路机行驶速度，压实遍数，必须保证在最佳含水量下碾压。若不在最佳含水量 ±2% 时，则采用洒水或翻晒的方式进行调整，直到满足要求再进行碾压。

每层填筑前都必须放样，并用花杆挂线的方法标出来。测量随时检测，确保路基线型符合要求。

填土路堤分层施工时，其交接处在同一时间填筑，则先填段按 1:1 坡度分层留

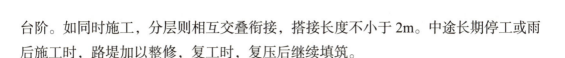

台阶。如同时施工，分层则相互交叠衔接，搭接长度不小于2m。中途长期停工或雨后施工时，路堤加以整修，复工时，复压后继续填筑。

1）路基石方填筑

基底处理同土方路基施工。设计有石料分层填筑施工工作内容时，分层压实，细料嵌缝。卸料后，用推土机平整，经过履带的初压，形成比较均匀的填筑层、密实平整的表面。石料分层松铺厚度不大于40cm，强度不小于15MPa，最大粒径不超过规范要求。粒径大于规范要求的，用人工解碎或解炮处理，可以提高压路机工作效率。

路床顶面以下80cm范围，填筑设计规定块径大小的碎石，并分层压实，填料最大粒径不大于10cm。填石路堤边坡用粒径大于30cm的大块石码砌，石料强度不小于20MPa，在码砌时，石块大面朝下铺，石块彼此交错搭接咬码，空隙用小石块填塞密实。

在填筑和压实过程中，如外侧码砌石块有所松动，须及时纠正。每填筑完成一级后，及时修坡防护。回填应分层夯实，厚度不大于30cm，铺筑时要考虑一定松铺系数。路面基层碾压采用振动压路机进行，每层碾压次数不小于6遍，直到达到设计要求，压实度不小于93%，且压路机驶过无明显轮迹。

2）涵管施工

道路排水一般布置涵管，可以快捷施工并满足排水功能需要。施工顺序：放样→地基处理→管节安装→接缝处理→洞口砌筑→涵管背部回填。

测量放样确定涵洞平面轴线位置、涵长以及施工宽度，并用石灰放出边线。实地检查涵管安装是否需要进行地基处理，再进行基底的清理与整平，夯实至符合设计要求。待基础强度合格后方可进行管节安装。沿涵管的中心线先安装进、出水口处的端部管节，然后逐节安装中部管节。安装时用水平尺对接头处进行检查：相邻管节的接缝宽度应不大于1~2cm，并保持整体轴线不出现偏位，管节底面不出现错口。

接缝处理通常先用热沥青浸透过的麻絮填塞，然后用热沥青填充，最后用涂满热沥青的油毛毡裹两层。有条件的，也可对管身段进行涂热沥青防水处理。

圆管涵一般常采用端墙式洞口（也称为一字墙洞口），可用砌石或混凝土浇筑。相关内容见本章"砌护"小节内容。

3）台背及锥坡、涵管背部回填施工

台背能用压路机压到的地方，尽量使用压路机。对压路机不能有效压实的死角，采用手扶式振动碾进行压实。

清理台背地段的松土、杂物等，将回填材料运至施工现场，采用装载机将砂砾石与土按比例拌和均匀，人工铺平，一般层厚度控制在15cm内。台背检测工作同步进行，每填一层土，都进行压实度检测并拍照。压实度符合要求才能进行上一层施工。

涵管背部回填应从涵洞洞身两侧不小于2倍孔径范围内进行水平分层填筑、夯实。填筑材料选用透水性好的砂砾。

3.2.2.2　泥结石路面施工

材料石料：碎石为质地坚硬、均匀、无风化、多棱角和洁净，最大粒径不超过40mm的连续级配良好的碎石，并根据碎石技术要求将碎石的各项技术指标控制在设计要求的范围之内，细小颗粒不大于15%，软弱颗粒含量不大于5%，含泥量不大于10%，以保证泥结碎石的施工质量。

黏土的塑性指数一般大于12，黏土中不得含腐殖质或其他杂物。黏土用量一般不超过碎石干重的15%。

施工前，检查验收清理基层，检查基层的压实度、平整度、高程、横坡度、平面尺寸等，然后恢复路中线，放出边线桩，进行抄平，在边桩上准确标出泥结碎石层顶标高。泥浆按水与土为0.8:1～1:1的体积比配制，做到稠、稀均匀，以保证施工质量。

碎石采用15t自卸汽车运输，碎石采用人工配合PY160自动找平平地机摊铺，用18t压路机进行初碾压，使碎石初步嵌挤稳定。保证碎石之间留有缝隙，以便泥浆灌入。摊铺碎石时松铺系数为1.20～1.30（碎石最大粒径与厚之比为0.5左右时用1.3，比值较大时，系数接近1.2）。摊铺力求表面平整，并具有规定的路拱。

初压：用18t压路机静碾压2～3遍，使粗碎石稳定就位。在直线路段，由两侧路肩向路中线碾压；在超高路段，由内侧向外侧逐渐错轮进行碾压。每次重叠1/3轮宽。碾压弯第一遍就应再次找平。初压终了时，表面应平整，并具有规定的路拱和纵坡。

灌浆及带浆碾压：若碎石过干，可先洒水润湿，以利泥浆一次灌透。泥浆浇灌到相当面积后，即可撒5～15mm嵌缝料（1～1.5m³/100m²）。用中型压路机进行带浆碾压，使泥浆能充分灌满碎石缝隙。次日即进行必要的填补和修整工作。

最终碾压：待表面已干内部泥浆尚属半湿状态时，可进行最终碾压，碾压1～2遍后撒铺一薄层3～5mm石屑并扫匀，然后进行碾压，使碎石缝隙内泥浆能翻到表面上与所撒石屑黏结成整体。接缝处及路段衔接处均应妥善处理，保证平整密实。

3.2.2.3　建筑工程土石方填筑

建筑工程填筑选用设计规定的材料进行加填。对于填筑料有使用石渣料回填时，混合料采用18～20t汽车运输，分区卸料并用D85型推土机铺料平整。铺层厚度按照设计要求或经过试验确定，压实度依据设计要求控制，当设计无具体要求时一般采用孔隙率不大于20%～24%、压实度不小于95%进行控制。

堆石料与贴坡料交接部位用较细石料先期填筑；每一层填筑过程，对于大块石集中部位，先用挖机将大块石分散开，然后上铺较细石料。

每层碾压完成后，按规范和监理工程师的指示进行取样试验，验收合格后再进行上一层的施工。

边坡外缘，每填筑3～5m，及时用挖掘机削坡成型，削坡面用挖掘机斗压实，然后采用夯板夯实。

设计要求级配的小石、中石等砂石料回填，由15～20t自卸车运至施工现场，用推土机平整、18t振动碾平行长轴方面分层碾压，边角部分用小挖掘机或人工堆料，局部振动碾不能压实的部位由振动平板夯夯实。

3.2.2.4　专项施工技术措施

1）物料平衡

根据合同要求避免工程开挖范围过大及损坏生态，根据工程总承包单位履约要求做好挖填平衡管理，控制成本。物料平衡控制总体应做到以下几点：

（1）道路修建过程，在保证道路线型、运输坡度与宽度的条件下，避免大挖大填；道路路面基层及面层用料，在保证道路填筑通行标准要求后，应就近利用开挖料填筑。多余部分土料转运至渣场存放。

（2）经实地考察论证，山区风电场确实需要开采土料石料时，对选用料场应按要求进行剥离无用料，对有用料，根据爆破试验参数分层、分区进行开挖。过程安排专人检验开挖块径、检验原岩的强度，控制原材质量。按照设计文件对道路、变电站填筑选料用料要求，分部位选料，并定期或不定期地进行颗粒级配试验。

（3）对风电机组平台测量放样范围内的耕植土层进行清理，集中堆放，并做好防护。后期用于复垦或绿化。

2）排水措施

分项工程所涉及的公路、变电站坡面排水和场内地表水妥善排引，排水包括边沟、排水沟等结构物的施工及有关的作业。

排水通道主要为砌护结构物，其所需材料包括水泥、砂子和块、片石等，材料质量要求与浆砌石路基防护工程所需材料质量要求基本相同。场站内设置有永久排水混凝土排水沟的，应按照混凝土施工的程序、施工工艺完成施工，并通过验收。

排水施工遵循图纸要求和有关规范规定：各种水沟边坡必须平整、稳定，严禁贴坡；纵坡应按图纸施工，沟底平整，排水畅通，无阻水现象，并按图纸所示将水引入排水系统；各种水沟浆砌片石咬扣紧密，嵌缝饱满、密实，勾缝平顺无脱落，缝宽大体一致；水沟的位置、断面、尺寸、坡度、标高均符合图纸要求。

3）冬雨季施工措施

雨季填筑层面人工挖沟加强排水，填筑前清除积水和淤泥。坡沟前缘设置积水坑并设置可靠抽排设备保证排水效果。

冬季大雪天气划分小填筑单元，快速组织施工；填筑面摊铺及时，并减小层厚，增加压实遍数；气温较低时一般不施工，以防冻结。

4）实体质量检查

土石料源：土石料的开采设计、开采试验和开采参数控制；土石料的开采与调配规划应满足必需的储备、供料强度和供料质量要求；进场填筑料的粒径、级配、掺料含量、坚硬度与软弱料含量、含水量等的控制。

土石料填筑：碾压机械种类、性能、参数和机械配置应满足施工质量和填筑强度要求；填筑程序、填料分区与铺料方式设计；碾压试验及碾压参数（铺料厚度、碾重、振动频率、行走速度、碾压方法与遍数、洒水量等）；填筑层面、填筑分区及其他接合层面处理；永久坡面或填筑界面修整与冲刷保护。

5）行为质量管理

记录检查基础清理情况，根据技术要求组织相关单位验收签证；碾压记录；检测记录；不合格部位的处理。

■ 3.2.3　基础处理

3.2.3.1　风电机组地基处理

风电机组基础埋深较浅，占地面积大，360°受力和大偏心受力，对地基的承载力满足要求和变形的均匀性要求均较高。山区风电场风电机组分散机位地质条件往往差别较大，需要对不均匀地基、软弱深覆盖层地基、岩溶地基、采空区地基等不良地质进行处理。

1）不均匀地基处理

受岩体结构及差异性风化程度影响，风电机组分散机位基岩面及风化线往往起伏不定（图3-2-3），在软硬相间的各种岩体［如砂岩、泥（页）岩］及西南地区峨眉山玄武岩组地层分布范围内常见。受差异风化影响，各种岩土体的物理力学性质差异较大，该类地基容易引起风电机组基础不均匀沉降问题。

对于该类地基，已有比较完善的工程处理措施，常常采用局部挖除，用毛石混凝土或者素混凝土回填，以平衡地基的物理力学性能，控制基础的不均匀沉降。

如位于贵州省毕节市境内的YZ风电场，该风电场一期工程安装16台3000kW风电机组，总装机容量48MW。2021年4月20日风电场全容量并网，并稳定运行至今。

YZ风电场风电机组机位地基由第四系全新统坡残积碎石土、粉质黏土、碎石红黏土＋下伏二叠系上统峨眉山玄武岩夹火山角砾岩、泥岩、炭质页岩组成一类，由第四系全新统坡残积碎石土、粉质黏土夹碎石、红黏土＋下伏二叠系下统栖霞、茅口灰岩组成一类。其中，12号发电机组机位揭露玄武岩颗粒红黏土＋全风化玄武岩，其地基承载力及抗变形能力分区明显、差异大。为防止不均匀沉降，施工中将风化泥化严重的部位进行了清挖，清挖60～80cm后进入全风化玄武岩中（清挖后照片如图3-2-4所示）；深挖清理部位采用C15毛石混凝土回填，毛石使用新鲜灰岩石料。经后期沉降观测，12号风电机组运行开展了永久沉降观测，沉降数据一直在正常允许范围，地基处理效果较好。

图 3-2-3　差异风化及基岩面起伏典型情况照片

图 3-2-4　YZ 风电场 12 号机位地基土体组成情况照片

2）软弱覆盖层地基处理

山区风电机组机位遇深厚覆盖层（图 3-2-5）时，承载力不能满足设计要求。此类属于山区风电场工程建设出现频率较高的一种地基。

当软弱土地基的承载力和变形满足不了建筑物要求、而软弱土层厚度又不是很大时，采用换填垫层往往能取得较好的效果。垫层材料可根据山区风电场的具体条件，因地制宜采用砂卵石垫层、级配碎石垫层等。换填深度一般 0.5～3.0m，实际深度根据计算确定，如图 3-2-6 所示。

　　浅层换填即将基础以下一定范围的不良地基土换填合格填料，形成性能稳定、压实度满足规范要求的人工地基。根据土力学原理，浅层地基的沉降量在总沉降量中所占的比例较大，换填法采用级配碎石替换部分软弱土层就可以减少这部分的沉降量。当换填的材料为透水性较好的粒料类材料时，还能加速下方软土层的固结。

图 3-2-5　LSK 风电场风电机组机位地基土体组成情况照片

图 3-2-6　贵州贵定 LSK 风电场风电机组机位地基土体碎石换填照片

　　如果开展地基承载力测试，轻型动力触探 30cm 锤击，以下方式为经验数据：锤击试验 12 次 N 值：26，23，16，14，19，22，29，19，14，16，15，27，有近

50%的 N 值在 19 以下，算术平均承载力仅 144kPa，不能满足设计要求。采取换填小石 30cm 厚度压实，再次进行专门检测，确认承载力满足要求时，即可不再采取其他措施，进行下一道工序施工。

对于深厚的软弱土层，局部设置其他材料垫层置换上部软弱土层时，通常可提高持力层的承载力，但由深层软弱土层、基础以下全部土层，在外部荷载作用下产生的地基变形量值，是不能全部消除掉的。因此，当变形量计算数据无法满足设计规定标准时，不应采用浅层局部置换的处理方法。此方面通常可实施大范围的持力层更换，提高地基承载保证率，或根据地质条件及施工条件，选择钻孔灌注桩、预制桩等组成复合基础形式，提高承载保证率。

3）岩溶地基处理

岩溶地区建设风电机组机位地势较高、风资源较好。岩溶地区由于地表水流的长期侵蚀及风化剥蚀作用，常常形成一些孤立的山丘或狭窄的山脊（如图 3-2-7 所示），而且，碳酸盐岩地层中往往与碎屑岩地层相邻分布。岩溶地基常见溶沟、溶槽、小型溶洞，有时遇厚度不均、土质成分不均匀的残积土层。所以，岩溶地区建设风电场需要考虑近期稳定，也要考虑由于岩溶发育可能带来长期稳定问题。山区风电机组机位地基处理，需要考虑岩溶空洞、塌陷、不均匀沉降问题。

图 3-2-7　山区风电场典型岩溶地形地貌照片

在岩溶地区，风电机组基础、地基应考虑特殊结构，其中，溶洞回填与灌浆：对查清范围较大，需要进行溶洞填充的部位，采取回填低标号混凝土及灌浆水泥砂浆的方法进行回填，回填后宜布置钻孔检查回填效果、可靠性。基础钢筋配置与混凝土强度调整：考虑运行期岩溶扩展对基础的不均匀性影响，大型溶洞可以井桩梁增加基础的整体性。对基础钢筋配筋增加钢筋直径，并布置防水层避免钢筋锈蚀。另外，考虑永久运行要求，对基础垫层混凝土也可以选用结构混凝土强度等级提高等级，增加结构整体性。

4）采空区地基处理

中国矿产资源丰富，但矿产资源的开发，在很多山区因采矿留下了较多的采空区，随着时间的推移，采空区内出现了矿柱变形、井下冒落、岩移及地表塌陷等。对于采空区，因其处理难度大、费用高，风电机组选择位置时一般予以规避。

贵州省所在的西南山区，通过收集资料、采访调查，一般能够避免风电机组建立于采空区上方的困况，这时不得不舍弃电力指标，但也有风电机组建在采空场地上，充分利用的情况。对已经选择的风电机组位置，根据采空区的情况分析，采取加固处理措施，保证了原设计风电场风电机组分布风貌。

贵州省晴隆县 SJT 风电场 10 号和 11 号风电机组基础就位于采空区上。基坑开挖完成后，发现基础出现了较大的裂缝（图 3-2-8）。经补充勘察，在风电机组基础下部持力层中，部分地段有高度 2m 左右的采空区存在（顶板埋深 28.3～40.0m），从钻孔揭露情况来看，岩芯多为碎块状、短柱状，岩体裂隙发育。判断风电机组基础持力层属采空区中的裂隙带，裂隙多张开无充填，不适宜作为风电机组基础持力层。后采取专门勘探，形成专项处理方案后，开展生产性试验，最终采取初期疏干矿坑积水＋回填混凝土＋结构混凝土＋灌浆的方式进行处理。处理后开展基础变形监测，自 2016 年 8 月全容量投产至今运行稳定。

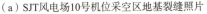
（a）SJT风电场10号机位采空区地基裂缝照片　　　　（b）SJT风电场11号机位采空区地基裂缝照片

图 3-2-8　贵州省晴隆县 SJT 风电场风电机组采空区地基裂缝照片

截至目前，对于采空区风电机组地基处理方面的成功案例还比较少，经验较为匮乏，处理方案涉及的费用额度也较大。

3.2.3.2 混凝土灌注桩

目前，国内西北山区湿陷性黄土地区大多采用混凝土灌注桩基础，一般采用泥浆护壁灌注桩、干作业钻孔灌注桩。常用的钻孔机械设备分为正反循环钻机、旋挖钻机、冲抓式钻机、螺旋钻机等。以干作业螺旋钻机成孔工艺为例表述技术要点如下：

1）钻孔机就位

现场放线、抄平后，移动长螺旋钻机至钻孔桩位置，完成钻孔机就位。钻孔机就位时，必须保持平稳，确保施工中不发生倾斜、位移。使用双向吊锤球校正调整钻杆垂直度，必要时可使用经纬仪校正钻杆垂直度。

2）钻进

调直机架挺杆，对好桩位（用对位圈），开动机器钻进、出土。螺旋钻进应根据地层情况，合理选择和调整钻进参数，并可通过电流表来控制进尺速度，电流值增大，说明孔内阻力增大，应降低钻进速度。开始钻进及穿过软硬土层交界处，应保持钻杆垂直，控制速度缓慢进尺，以免扩大孔径。钻进遇含有砖头瓦块卵石较多的土层，或含水量较大的软塑黏土层时，应控制钻杆跳动与机架摇晃，以免引起孔径扩大，致使孔壁附着扰动土和孔底增加回落土。当钻进中遇到卡钻，不进尺或钻进缓慢时，应停机检查，找出原因，采取措施，避免盲目钻进，导致桩孔严重倾斜、跨孔甚至卡钻、折断钻具等恶性孔内事故。遇孔内渗水、跨孔、缩颈等异常情况时，须立即采取相应的技术措施；上述情况不严重时，可调整钻进参数，投入适量黏土球，经常上下活动钻具等，保证钻进顺畅；冻土层、硬土层施工宜采用高转速、小进尺、恒钻压钻进。钻杆在砂卵石层中钻进时，钻杆易发生跳动、晃动现象，影响成孔的垂直度，该过程必须用经纬仪严密监测，并建立控制系统，做到及时控制成孔垂直度。

3）查检成孔质量

（1）停止钻进，测读钻孔深度。为了准确控制钻孔深度，钻进中应观测挺杆上的深度控制标尺或钻杆长度，当钻至设计孔深时，需再次观测并做好记录。

（2）孔底土清理。钻到预定的深度后，必须在孔底处进行空转清土，然后停止转动。孔底的虚土厚度超过质量标准时，要分析原因，采取措施进行处理。

（3）提起钻杆。提起钻杆时，不得曲转钻杆。

（4）检查成孔质量。用测深绳（坠）或手提灯测量孔深及虚土厚度，成孔的控制深度应符合下列要求：

①摩擦型桩。摩擦桩以设计桩长控制成孔深度。

②端承型桩。必须保证桩孔进入持力层的深度。

③端承摩擦桩。必须保证设计桩长及桩端进入持力层深度。

检查成孔垂直度、桩径，检查孔壁有无胀缩、塌陷等现象。

（5）复核桩位，移动钻机。经成孔检查后，填好桩钻孔施工记录，并将钻机移动到下一桩位。

4）钢筋笼制作安装

（1）钢筋笼的加工场地应选择在运输和就位比较方便的场所，最好设置在现场内。

（2）钢筋的种类、型号及规格尺寸要符合设计要求。

（3）钢筋进场后，应按钢筋的不同型号、直径、长度分别堆放。

（4）钢筋笼绑扎顺序，应先在架立筋（加强箍筋）上将主筋等间距布置好，再按规定的间距绑扎箍筋。箍筋、架立筋和主筋之间的接点可用电焊焊接等方法固定。在直径大于 2m 的大直径钢筋笼中，可使用角钢或扁钢作为架立筋，以增大钢筋笼刚度。

（5）单节钢筋笼长度一般在 8m 左右，当采取辅助措施后，可加长到 12m 左右。

（6）钢筋笼下端部的加工应适应钻孔情况。

（7）为确保桩身混凝土保护层的厚度，一般应在主筋外侧安设钢筋定位器或滚轴垫块。

（8）钢筋笼堆放应考虑安装顺序，为防止钢筋笼变形，以堆放两层为好，如果采取措施可堆放三层。

（9）钢筋笼安放要对准孔位，扶稳、缓慢，避免碰撞井壁，到位后立即固定。

（10）大直径桩的钢筋笼要使用吨位适应的起重机将钢筋笼吊入孔内。在吊装过程中，要防止钢筋笼发生变形。

（11）当钢筋笼需要接长时，要先将第一段钢筋笼放入孔中，利用其上部架立筋暂时固定在护筒上部，然后吊起第二段钢筋笼，对准位置后用绑扎或焊接等方法接长后放入孔中，如此逐段接长后放入到预定位置。

（12）待钢筋笼安设完成后，要检查确认钢筋顶端的高度。

5）混凝土灌注

（1）钻孔经终孔质量检验合格后，应立即开始混凝土灌注工作。

（2）灌注混凝土的导管直径宜为 200～250mm，壁厚不小于 3mm，分节长度视工艺要求而定，一般为 2.0～2.5m，导管与钢筋应保持 100mm 距离，导管使用前应试拼装，以水压力 0.6～1.0MPa 进行试压。

（3）开始灌注水下混凝土时，管底至孔底的距离宜为 300～500mm，并使导管一次埋入混凝土面以下 0.8m 以上，在以后的浇筑中，导管埋深宜为 2～6m。导管必须居中，混凝土振捣可通过混凝土自密实保证。拌制时要求坍落度、和易性满足设计要求。

（4）灌注过程中导管要经常上下活动，以便混凝土的扩散和密实。灌注过程中放料不宜太快、太猛，导管提升时应保持竖直、居中，当导管卡挂在钢筋笼上时，可转动导管缓慢提升。

（5）导管拆卸时速度要快，拆下的导管要冲洗干净，并按顺序摆放整齐。

（6）桩顶灌注高度不能偏低，应使在凿除泛浆层后，桩顶混凝土可达到强度设计值。

3.2.3.3　灌浆

1）回填灌浆

对工程遇采空区、岩溶空间等需要回填的部位，采取回填混凝土＋回填灌浆的施工工艺及措施保证基础处理质量。回填灌浆分区段进行，区段长度划分按施工图要求，分区段封堵严密。同一区段内的同一次序孔全部或部分钻孔完成后进行灌浆。施工工艺流程：测量放孔→钻孔→安装孔口装置（制浆）→灌浆→封孔。回填范围较大时，灌浆应分两个次序，施工时自较低的一端开始，向较高的一端推进。

（1）测量放线。按照孔位布置图进行测量放线，灌浆孔按渐变段顶拱 120°、平方段顶拱 90° 范围布置，回填灌浆孔排距按设计图纸要求。

（2）预埋灌浆管及钻孔。钻孔入岩深度 10cm，预埋管中造孔，孔径 50mm，并测记混凝土深度和空腔尺寸，造孔采用 YT-28 气腿钻机或 100B 型钻机。

（3）灌浆施工。

①采用 SGB 100-30 型灌浆泵、JJS-2 搅拌桶、中大华瑞及中成华瑞、GT 智能灌浆系统灌浆（自动记录仪）配套使用记录灌浆参数。

②回填灌浆采用纯压式灌浆法，灌浆压力为 0.2～0.4MPa。一序孔及二序孔均灌注 0.5：1 的水泥浆。

③回填灌浆因故中断时，及早恢复灌浆，中断时间大于 30min，进行孔内清洗至原孔深后复灌浆，否则重新就近钻孔进行灌浆。

④回填灌浆在规定压力下，按施工图纸的要求控制在 0.4MPa。灌浆孔停止吸浆，并继续灌浆 10min 即结束。

（4）质量检查。

①回填灌浆质量检查在该部位灌浆结束 7 天后进行。灌浆结束后，将灌浆记录和有关资料提交监理单位，以便确定检查孔孔位。检查孔布置在顶拱中心线、脱空较大、串浆孔集中及灌浆情况异常的部位。检查孔的数量为灌浆孔总数的 5%，每 10～15m 布置 1 个检查孔。

②回填灌浆质量检查合格标准。单孔注浆试验，向孔内注入水灰比 2：1 的浆液，在 0.4MPa 压力下，初始 10min 内注入量不超过 10L，即为合格。有时使用注水方式检查回填灌浆效果，设计明确相关技术要求，经检查合格后进一步补充回填灌浆，检查出现较大灌入量或渗透系数较大的，应与设计人员、监理工程师商量处理措施后落实处理。

（5）封孔。灌浆孔灌浆和检查孔注浆结束后，使用 0.5：1 浓浆将孔内稀浆置换填充密实，并在 0.4MPa 压力下维持 30min，闭浆至孔内浆液凝固取塞，用干硬性水泥砂浆将孔口段封填密实，并将孔口压抹平整。仰角灌浆孔封孔时利用循环塞进浆管作为排气管灌注，确保封孔质量。

2）固结灌浆

固结灌浆施工工艺流程：孔位放置→钻机就位固定→角度校核、钻孔→冲洗压水试验→灌浆→下一序钻孔→该序冲洗压水试验→该段灌浆→封孔。

（1）测量放孔位：按照孔位布置图进行测量放点，标识孔号、桩号、高程等内容。

（2）钻孔：固结灌浆孔采用风钻及地质钻机配合钻孔，风钻钻孔直径为 50mm、地质钻机钻孔直径为 76mm，孔位、孔向和孔深满足设计要求。所有钻孔统一编号，且注明各孔次序。钻孔记录详细完整地记录孔内情况，如换层、破碎、掉块、涌水、漏水、夹泥等。在有埋件部位，现场根据实际情况调整孔位、孔向，复核避开预埋电缆管、观测仪器及其引出电缆 50cm 以外。

（3）冲孔：灌浆孔在钻孔结束后进行钻孔冲洗，冲净孔内岩粉、泥渣，钻孔冲洗后进行裂隙冲洗。固结灌浆孔的压水试验在裂隙冲洗后进行，试验孔数不少于总孔数的 5%，压水试验采用简易压水。

（4）灌浆：注浆采用孔内循环法，全孔一次灌浆施工。浆液变换方式：当灌浆压力保持不变，注入率持续减少或注入率保持不变，而灌浆压力持续升高时，不得改变水灰比；当某一比级浆液注入量达到 300L 或注浆时间达到 30min，而注入率和灌浆压力均无显著变化时，加浓一级水灰比；当注入率大于 30L/min 时，根据施工具体情况越级变浓。注浆结束标准：在设计压力下，注入率不大于 1L/min 时，持续灌注 30min，即结束灌浆。

（5）封孔：灌浆孔灌浆和检查孔注浆结束后，使用 0.5∶1 浓浆将孔内稀浆置换填充密实，并在 0.4MPa 压力下维持 30min，闭浆至孔内浆液凝固取塞，用干硬性水泥砂浆将孔口段封填密实，并将孔口压抹平整。仰角灌浆孔封孔时，利用循环塞进浆管作为排气管灌注，确保封孔质量。

3）特殊情况处理

（1）对于溶洞、断层、裂隙密集带等局部地质条件较差的部位，视情况增加随机加密灌浆，随机加密孔的孔位和孔深根据地质条件或结合固结灌浆资料，商量设计人员确定。

（2）漏冒浆处理：灌浆过程中发现冒浆、漏浆时，视具体情况采用嵌缝、表面封堵、低压、灌注浓浆、降低压力限流、限量和间歇、待凝灌浆等方法处理。

（3）串浆处理：发生串浆时，阻塞串浆孔，待灌浆结束后，串浆孔再行扫孔、冲洗，而后继续钻进或灌浆。如注入率不大时，且串浆孔具备灌浆条件，可一泵一孔同时灌浆。

（4）灌注段注入量大而难以结束时的处理：低压、浓浆、限流、限量、间歇灌浆；在浆液中掺加速凝剂灌注混合浆液；灌注混合浆液或膏状浆液。灌浆过程遇涌水应提高灌浆压力，灌浆结束后采取屏浆措施，屏浆时间不少于 1h，必要时，在浆液中掺加适量速凝剂。

（5）灌浆因故中断的处理：尽早恢复灌浆，如估计在 30min 之内难以恢复灌浆时应进行洗孔，然后扫孔复灌，直至达到结束标准；恢复灌浆时使用开灌比级的浆液进行灌注，如注入率与中断前相近，可恢复中断前比级的浆液继续灌注；如注入率较中断前减少较多，则按逐级变浓的原则继续灌注；如注入率较中断前减少很多，且在短时间内停止吸浆，采取补救措施进行处理。

（6）抬动孔回填水泥浆：将抬动仪器拆除后，即将注浆管插入 PVC 塑料管距离封闭塞 5～10cm 处，随砂浆的注入缓慢匀速拔出，当注浆到标记位置时，停止此管注浆，退出注浆管。若孔口有砂浆溢出及时补注，然后将锚杆杆体插入 PVC 塑料管，并在 PVC 塑料管口将锚杆杆体钢筋加以固定并用棉纱封堵管口，锚杆安装后不得随意敲击、碰撞和拉拔锚杆。

4）灌浆施工技术措施

（1）灌浆质量检查。山区风电场灌浆检查一般采取压水检查，检查孔数不少于总孔数量的 5%，检查标准应满足设计要求，对于不能满足的孔，应扫孔复灌，并扩大检查范围，直至灌浆合格。对溶洞、采空区的处理，应增加必要的物探测试，比较验证灌浆质量整体情况：各单元灌浆前，由监理单位随机在一序孔中布置灌前声波孔，声波孔比例为不低于单元灌浆孔总数量的 5%，灌后在检查孔中选择进行声波测试，要求灌后波速较灌前提高 5% 以上，若单元压水检查合格，波速提高值作为参考数据。

除压水检测指标、物探测试成果满足要求外，最终会同设计人员评价处理后的地基基础承载力、变形指标是否满足要求为准。

（2）过程管理。

灌浆过程应重点保证工序完善性：重点检查是否遵守灌浆孔布置、灌浆孔封孔规定，检查灌浆过程有无抬动及处理情况；核查灌浆是否有大的异常；检查水泥堆放情况；核查灌浆、制浆记录；检查交接班记录；核查灌浆自动记录仪检校管理痕迹等。

行为质量管理：检查灌浆专项方案编制审查情况或灌浆实施方案或作业指导书编制完善情况、灌浆施工技术的符合性；检查灌浆试验开展及试验总结、审查修改情况；核查灌浆过程、灌浆记录的完善性及有无相关问题处理记录；核查检查孔布置程序及实施情况。

在施工过程中，质检人员的检查验收贯穿于整个过程，以质量检查程序和检测手段来保证工程质量。施工过程中加强施工工序之间的衔接，每道工序按照三检制的程序进行检查。在检查资料完备的前提下，经现场机构三级检查合格后，报请监理单位验收。钻孔完成后，应检查孔的孔位、孔深偏差；灌浆过程中，对灌浆浆液比重、灌浆段长、灌浆压力和结束标准等项目进行检查，使用灌浆自动记录仪和人工同时进行记录并进行核对。对灌浆压力表及记录仪等定期进行校核；在施工过程中，做好原始资料的记录，技术人员跟班对施工全过程进行控制，及时对资料进行整理分析，以指导施工的顺利进行。

3.2.3.4　二次高强灌浆

1）灌浆工艺流程

二次灌浆工艺流程如图 3-2-9 所示。

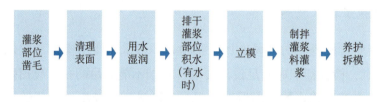

图 3-2-9　风力发电机基础二次灌浆工艺流程示意图

2）灌浆施工

基础混凝土浇筑完成后（3～7 天）对灌浆部位凿毛处理，凿毛部位、面积 100% 覆盖。对灌浆部位清理表面浮渣，必须全部清理干净。灌水湿润，在灌浆前 24h 内，将灌浆部位的积水（若有时）排出。

灌浆材料拌制按照灌浆材料厂家给出的配合比配置，并搅拌均匀，一般不小于 3min。

施灌：通过试压检查管路畅通情况；检查水灰比，并进行对比；灌浆孔满后，及时移位灌其他孔。灌浆过程中，在一个位置点进行闪单点灌浆，可采用引流棒将灌浆材料引致其他部位。灌浆后及时复查，对不饱满的孔再次进行补充灌浆。灌浆宜在 45min 内完成，最长不宜超过 1h。二次灌浆实施如图 3-2-10 所示。

图 3-2-10　风力发电机基础二次灌浆现场实施照片

灌浆完成 3～6h 内，开始按照养护方案进行养护。

■ 3.2.4　基础混凝土

3.2.4.1　混凝土浇筑方案

1）施工布置

（1）山区风电场施工供水：采取就近抽取沟水、河水的方式满足用水需要。地区偏远、离水源地较远时，采取水车运水供应。

（2）施工供电：场区施工用电以柴油机发电为主，有条件时，在附近乡村用电线路或10kV输变线路上接引用电。用电线路靠砌筑体侧墙走线或用电杆架设，严格按照施工用电规范做好绝缘措施。

（3）施工照明：混凝土施工一般安排在白天、无降雨影响时施工，连续浇筑作业夜间照明时，在合适位置架设可移动的投光灯，确保照明亮度。

（4）施工期排水：在保证环保水保要求的条件下，就近排水。

（5）施工供风：满足混凝土基础面清理或仓面、缺陷处理用的施工用风，与爆破造孔供风共用空压机。

（6）钢筋加工场地：随施工现场设置临时钢筋加工场地，加工钢筋吊运至工作面。

（7）混凝土供应：利用现场既有道路、施工便道或新修建道路，使用8m³（6m³）搅拌车运输自建拌和系统拌制混凝土拌和物、商品混凝土。

2）混凝土分块分仓

风电机组及箱式变压器基础仓混凝土浇筑施工不分仓，但分层；变电站场内地面、主体结构地面混凝土分区、分块、分仓；变电站场场内道路按照规范要求分段分仓浇筑；混凝土挡墙分段跳仓浇筑，高度较大时，分层分仓浇筑。

基础梁按照不分段分仓方式组织，需要分段浇筑时，分段分仓浇筑，期间纵向施工缝要求缝面凿毛、钢筋过缝。

3）模板及支撑体系

一般采用组合模板，局部根据需要定制钢模板完成重力基础的体型控制。

重力扩展基础或长压站主体结构底梁等分部分项结构混凝土浇筑仓位，采用钢模板＋木模板方案，利用底板锚筋焊接拉筋、钢管架进行固定，堵头模板使用木模板拼合整齐、加固到位，局部小的空隙用聚乙烯泡沫板进行封堵，以防止浇筑过程中漏浆，影响后续混凝土施工。底板结构钢筋穿过施工缝并预留接头错开搭接的空间。采用人工抹面浇筑。

垫层混凝土轮廓边模采用钢模板＋木模板＋钢筋条临时固定挡护。

4）混凝土入仓方案

山区风电场分部分项工程垫层混凝土、结构混凝土的浇筑一般安排单一仓次、顺序浇筑，确实需要多工作面平行浇筑时，应合理安排设备的现场布置。

一般采用泵送入仓的方式进行浇筑，局部用泵管接弯管＋溜槽或溜管回转空间。

基础混凝土使用插入式振捣器，场地平整、路面混凝土使用平板振捣器振捣。

3.2.4.2　主要施工方法

按照风电场各分部分项工程施工进度计划安排施工。混凝土施工基本程序为：施工准备→底板清理→垫层混凝土浇筑（底板）→基础面清理、凿毛→锚筋施工→测量放样→钢筋、预埋件、模板安装（基础梁施工时安装排架）→仓位验收→混凝土入仓浇筑、振捣、收面→缝面凿毛、冷却、养护。工艺流程如图3-2-11所示。

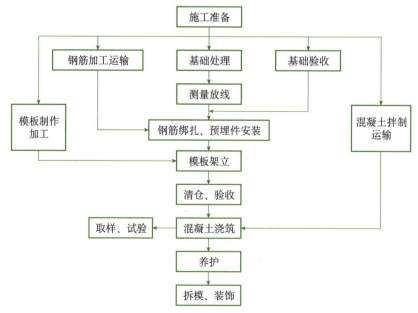

图3-2-11　混凝土工程施工工艺流程图

1）基础面清理

对于开挖形成的基础面，做好地质缺陷处理，清理虚渣；实施固结灌浆的基础面，应清理具有极强黏性的板结物；压实回填的基础应避免较大起伏、积水。松渣、泥浆等装袋，集中堆积，然后使用装载机配合出渣车运至指定位置规范堆放。

2）锚筋施工

根据设计蓝图设置安装锚筋，山区风电场重力基础部分设置直径为 22~28cm，长 3~4.5m 的锚杆，间排距 1.5~3.0m 不等，交错布置，外露长度、与基础钢筋连接方式等，按照设计要求执行。

基础面清理后，按照设计要求放出锚筋位置，使用红色油漆标识。在工作面合适位置设空压机进行供风，采用手风钻进行钻孔作业，锚筋安装采用"先注浆，后插杆"的方法进行。

3）钢筋制作安装

（1）钢筋加工和运输：在随施工现场设置临时钢筋加工场地，按照审核的钢筋下料单进行加工，并确保加工精度；加工好的钢筋根据其使用部位的不同，分别进行编号、分类，已加工好的钢筋采用汽车吊配合载重汽车运输至现场后，人工转运至仓面。在运输过程中采用钢支架加固，防止钢筋变形。

（2）钢筋安装顺序：测量放点→制作架立筋→钢筋绑扎焊接→依据图纸检查钢筋绑扎根数、间距、型号→验收。钢筋安装前，经测量放点制作架立筋以控制高程和安装位置，且根据间距在架立筋上划好线，将加工好的钢筋按所划线位进行人工绑扎。钢筋安装的位置、间距、保护层及各部分钢筋的大小尺寸，严格按施工详图和有关设计文件进行。在绑扎时严格按层次，由下往上分层安装，上下层钢筋对齐，钢筋层间净距符合设计要求。

（3）钢筋接头连接：现场钢筋的连接采用手工电弧焊焊接和机械连接，为提高工效，节约材料，对于能够采用机械连接的部位，优先考虑机械连接。其连接原则为：直径大于或等于 25mm 的钢筋采用直螺纹套筒机械连接，直径小于 25mm 的钢筋接头用搭接焊。钢筋接头分散布置，并符合设计及相关规范要求。若采用手工电弧焊焊接的钢筋，则焊接必须符合设计及相关规范要求，目前施工，基本无此加工钢筋类型。电焊工均需持有相应电焊合格证件。

4）埋件安装

基础型式包括基础环和预应力锚栓，在分部工程章节一并表述。

预埋电缆管，电缆管分为水平段和弯起段两部分，两段之间采用焊接的方式连接。水平段布设在已开挖完成的沟槽内，采用钢筋进行架立隔开（多层布置，单层布置的则不需要），以保证每层管道的布设高度。管道布设完成后，对两端的管口进行塞堵，防止混凝土或者其他杂物进入。按相关设计蓝图要求内容进行施工，保证预埋件安装精确度要求。图3-2-12所示为贵州YZ风电场风力发电机组基础电缆埋管施工示意图。

图3-2-12　贵州YZ风电场风电机组基础电缆埋管施工示意图

设计有温度观测要求的特殊部位，埋设时将温度计和插筋用绝缘胶布隔离，在仓位和两层钢筋中间应使用插筋固定，防止混凝土和钢筋材料性质不同造成温度计读数发生较大偏差。根据首次仓位混凝土的温升情况，参建各方讨论后由监理工程师现场明确后续仓位内是否继续埋设温度计。

设计有沉降变形观测要求的，各传感器的埋设位置应按施工蓝图准确布置。注意对各种埋件进行观察、保护：避开各类开孔和混凝土分缝；混凝土浇筑下料和振捣时，应避开仪器埋件部位，防止碰撞埋件产生变形。如有需要，经监理工程师同意后，可根据现场实际情况进行微调。

5）模板施工

采用钢模板＋木模板，在钢筋安装、埋件安装后设立，有定型模板的，应提前运输至现场。设置拉模筋的部位，确保支撑数量、强度及焊接可靠。

6）混凝土浇筑

由运输设备（罐车、平板车、输送泵）入仓。

平仓、振捣：大体积混凝土、板、梁混凝土采用 $\phi 50mm$、$\phi 70mm$ 软轴插入式振捣器振捣，混凝土平仓采用人工辅助摊铺，不以振代平。振捣器深入下层混凝土5cm振捣，并且不能直接碰撞模板、钢筋及预埋件，以防钢筋震动影响已成型混凝土或预埋件移位。对止水（浆）片及预埋观测仪器周围施工时，人工将大粒径骨料剔除，人工平整，振捣器振捣密实；模板、止水（浆）片周围要适当延长振捣时间，加强振捣。振捣时间以混凝土粗骨料不再显著下沉、不出现气泡、开始泛浆为准。振捣器移动的距离以不超过其有效的半径，并插入下层 5～10cm，振捣顺序依次进行，方向一致，振动棒快插慢拔，以保证混凝土上下层结合良好，避免漏振、欠振。浇筑时，确保混凝土入仓的连续性，不合格的混凝土杜绝入仓。

风电机组基础混凝土浇筑沿圆形基础分层浇筑，利用混凝土流动性，在每个浇筑层布置上、中、下部三个加强振捣部位：第一个部位布置在混凝土卸料点，用于上部捣实；第二个部位布置在斜坡的中部，用于中部混凝土的密实；第三个部位布置在坡角处，用于下部捣实混凝土，防止混凝土堆积。

基础梁浇筑应避免下料过多，人工捣实或 $\phi 50mm$ 软轴插入式振捣器振捣。

路面混凝土平板振捣器振捣，边角部位用人工局部捣实。

7）抹面

抹面前将多余的料刮除，留下的坑孔及时用混凝土填充。

人工抹面：抹面部位根据混凝土初凝时间，掌握最佳时间。浇筑过程中，作业班级专人负责抹面，技术员全程跟踪施工情况，掌握最佳抹面时机，抹面后必须采用保温被进行覆盖并应注意及时将拉筋割除，确保混凝土表面不出现露筋情况。

抹面完成后拆除抹面平台（木板、钢管、螺栓），螺栓留下的孔洞在后续混凝土缺陷处理期间进行处理。

8）混凝土养护

浇筑混凝土终凝后，每个仓位工作面先期浇筑设置先期洒水养护，利用重力扩大基础大体积混凝土结构自身特点，浇筑锥形面形成面流，必要时制作钻眼花管花洒养护。无论基础梁、重力扩大基础大体积混凝土，应均匀覆盖保温蜡、保温被，

进行保温保湿，养护时间不得少于规范规定天数。

3.2.4.3　专项施工技术措施

1）浇筑温度控制

混凝土中产生裂缝主要由温度和湿度的变化、混凝土的脆性和不均匀性、原材料不合格（如碱骨料反应）、模板变形、基础不均匀沉降等原因引起。必须采取措施，保证混凝土拌和物温度及浇筑时的温度，尽量避开高温时段浇筑；气温骤降时，以免混凝土表面发生急剧的温度梯度，对混凝土进行表面保护；根据生产性试验确定合理拆模时间并对棱角部位采取措施防磕碰。质量体系责任人应负责专人执行经审批的方案、专人养护的制度落实管理。

2）浇筑体型控制

严格控制立模精度。除立模时严格按照测量标记立模外，实行模板验收制度，开仓浇筑前必须会同质检人员、监理工程师对模板进行验收，验收不合格不得开仓浇筑。

3）混凝土平整度控制措施

混凝土下料后，依照边模放线刮平控制设计轮廓线及高程，并采用人工压光抹面，保证混凝土表面不平整度控制在允许范围内。

模板拼装确保牢固紧密，并在块间接缝、模板接缝及模板与已浇混凝土搭接处粘贴双面胶，保证不漏浆、接缝平顺，局部小错台磨平。

施工过程中，采用2m水平靠尺进行检查，控制抹面平整度。

4）风电机组基础防腐

当风电场地质情况对混凝土和钢筋有腐蚀性时，设计会根据腐蚀性强弱进行防腐设计。施工时严格按照防腐设计要求进行防腐施工。一般风电场防腐设计采用沥青防腐漆+玻璃丝布进行防腐。

首先，风电机组基础混凝土养护龄期到后，对表面进行检查验收，然后清除原先混凝土表面的水泥疙瘩及其他凸起物，保证混凝土基层密实平整，不得有明显的蜂窝和麻面。

防腐材料根据厂家的作业指导书要求进行拌制，拌制过程中要注意环境保护和人员的职业健康安全防护。拌制完成后进行涂刷，涂刷一般采用滚筒涂刷，分区分块进行，宜结合玻璃丝布宽度涂刷。涂刷均匀，涂刷完成后铺设玻璃丝布，粘贴无皱纹、无空鼓，布与布接边不少于 50mm，阴阳角处应增加 1～2 层布。单层玻璃丝布铺设完成后，在玻璃丝布上再刷一层防腐涂料。涂刷均匀，无流坠、漏刷，涂层厚度按设计要求涂刷。

晾晒 24h 后检查涂刷质量，如有毛刺、脱层和气泡等缺陷应进行修补。

在施工及养护期间要采取防水、防火等措施。成品未完全固化前，严禁穿带钉鞋进入，并防止渣土、垃圾进入粘在玻璃层表面上。防水施工完成后，不得再进行其他破坏防水层的作业。

5）实体质量检查

混凝土实体工程质量检查重要事项见表 3-2-1，包括基础清理、超欠挖处理；地下渗水处理；钢筋安装合规性；模板安装合规性；浇筑施工过程合规性、外观质量；缺陷处理质量等。

表 3-2-1　混凝土实体工程质量检查重要事项一览表

检查内容	重要事项
浇筑基面和层面处理	①浇筑基面或已浇面的缺陷检查和处理；②浇筑面清理与冲毛处理；③外部水流的截堵与引排
立模与预埋件安装	①模板及架立设计；②模板及支撑件质量检查；③模板安装的刚度、稳定性与安装精度检测；④预埋件规格、数量、埋设位置及埋设稳定性检查；⑤模板接合部位的缝隙检查和嵌补处理；⑥模板板面平整、整洁与脱模剂涂刷质量
钢筋布设	①钢筋品种、规格、数量与加工质量检查；②钢筋布设位置、连接质量与架立稳定性检查；③钢筋间距、保护层尺寸检查
混凝土浇筑	①浇筑程序、浇筑手段、浇筑工艺、浇筑劳动组合设计的审查与批准；②混凝土料输送入仓、平仓、振捣设备性能与配置数量检查；③浇筑过程中，特别是止水部位、外露面部位、结构复杂部位以及其他预埋件部位的下料、层厚、分区、平仓和振捣作业质量控制；④浇筑过程中埋件保护与泌水排除；⑤浇筑过程中模板变形和稳定性检查与处理；⑥收仓面的平整和质量检查
养护与外观检查	①养护与拆模方法、手段的审查和批准；②养护与拆模的质量检查；③已浇筑部位外露面的缺陷检查和处理

6）行为质量管理

验仓工序管理（重要建基面有四方签证）；浇筑过程记录；浇筑工序检验及单元工程质量评定；外观及内部质量缺陷检查；消缺措施报审及实施过程；消缺后检

查、验收记录；后续工程缺陷预防措施。

■ 3.2.5 砌护

山区风电场的路基、路堤、变电站填筑外墙等分部分项工程，依据地形、地质条件，设计有时会布置混凝土结构、砌体结构的重力式、衡重力式挡护结构。本节介绍砌体砌护工程施工。

3.2.5.1 路基防护工程

为保证线形美观、减少占地、保证路基的整体稳定性，填方路段一般设置路肩（护肩）墙，从而有效保护路基填方或填方边坡坡脚的稳定。路肩、护肩墙均设成肩外墙，挡土墙设置段落及选用尺寸详见挡土墙标准设计图。

1）挡墙结构

山区风电场内的挡土墙，设计一般分为三种结构：护面挡墙、重力式挡墙及衡重力式挡墙，当挖方地段的边坡开挖高度高于 5m 时，设置护面墙。填方地段路肩墙采用重力式，当挡墙高于 6m 时采用衡重力式挡墙，当挡墙高低于 6m 时采用重力式挡墙。填方地段路堤墙采用重力式挡墙。沉降伸缩缝间距一般为 10m，最大不宜超过 15m，采用沥青油毛毡填塞。

排水孔间距为 2~3m，上下错列设置，排水孔的尺寸可为孔径为 5~15cm 的圆孔，或 10cm×10cm 的方孔，横坡 3%。最低一层排水孔的出水口应高出自然地面线 30~50cm，其进水口的底部应铺设 30cm 厚的黏土层，并夯实，以防水渗入基础。排水孔的进水口部分应设置粗粒料反滤层，以防孔道淤塞。

路基挡墙材料采用抗压强度不小于 30 号块片石。墙面采用块石镶面 35cm，其余部分用片石砌筑。当墙高小于等于 7m 时，挡墙采用 M7.5 水泥砂浆砌筑，当墙高大于 7m 时，M10 水泥砂浆砌筑，勾缝采用 M10 砂浆，墙顶用 M10 水泥砂浆抹顶，厚 3cm。

2）挡墙施工

基坑开挖后，应进行基底夯实或剪平。如发现基岩有裂缝，应以水泥砂浆或小石子混凝土灌注饱满；如基底岩层有外露的软弱夹层，应在墙趾前对该层做封面防护，以防风化剥落后，基础折裂而致使墙身外倾；墙趾部分的基坑，在基础施工完成后应及时回填夯实，并做成 5% 的外倾斜坡，以免积水下渗，影响墙身的稳定。

挡土墙基础埋置深度：基础置于土质地基时，应保证开挖后的地基土质密实，稳定性和承载力均满足后，其埋置深度不小于 1m；受水流冲刷时，基础应埋置在冲刷线以下不小于 1m；挡土墙基础置于硬质岩石地基上时，应置于风化层以下。当风化层较厚，难以全部清除时，可根据地基的风化程度及其相应的承载力将基底埋置于风化层中。置于软质岩石地基上时，埋置深度不小于 0.8m。

挡墙砌筑镶面一丁一顺支砌，采用坐浆式砌筑，严禁灌浆砌筑。应错缝砌筑，填充必须紧密，灰浆填塞饱满。

墙后地面横坡陡于 1:5 时，应先处理填方基底（如铲除草皮、开挖台阶等）再填土，以免填方顺原地面滑动；墙体强度达到设计强度的 75% 以上后，方可回填墙后的填料；墙背填料：在距墙背、墙顶 50cm 范围内应采用透水性材料填筑；墙后回填必须均匀摊铺平整，墙背 1.0m 范围内，不得有大型机械行驶或作业，以防破坏墙体，并用小型机械压实，分层厚度不得超过 0.2m。

3.2.5.2　变电站挡墙护坡及填筑挡墙施工

变电站挡墙护坡及填筑挡墙均为永久结构，严格按照设计要求施工。

1）砌护材料

（1）石料。石料等级符合图纸规定或监理工程师要求，并在使用前按《公路工程岩石试验规程》（JTG E41—2005）进行试验，以确定石料各项物理力学指标。石料按相关规范选用强韧、密实、坚固与耐久，质地适当细致，色泽均匀，无风化剥落和裂纹及结构缺陷的成品石，石料不得含有妨碍砂浆的正常黏结或有损于外露面外观的污泥、油脂或其他有害物质。片石的厚度不小于 150mm，镶面石选择尺寸稍大并有较平整表面的石料，并加以修整；角隅处应使用大致方正的较大石料。块石大致方正，上下面大致平行；石料厚度为 200～300mm，石料宽度及长度分别为石料厚度的 1～1.5 倍和 1.5～3 倍；石料的尖锐边角凿除，所有垂直于外露面的镶面石的表面凹陷深度不大于 20mm，角隅石或墩尖端的镶面石修凿至所需形状。

（2）砂料。砂料含泥量小于或等于 3%（其中泥块含量小于或等于 2%），硫化物等折算为 SO_3 小于 0.5%，云母含量小于 2%，有机质含量采用比色法检测，颜色浅于标准色；所有砂料按《公路工程集料试验规程》（JTG E42—2005）进行检测试验。

（3）水和水泥。水采用本标段沿途的施工用水；水泥采用强度高、收缩性小、耐磨性强、抗冻性好的 P·O32.5 复合硅酸盐水泥。

（4）砂浆。砂浆所用水、水泥及砂应符合前述规定。砂选用中砂和粗砂，砂的最大粒径：用于砌筑片石时，不大于 5mm；用于砌筑块石、粗料石时，不大于 2.5mm；经监理工程师许可，特殊情况可使用粗集料最大尺寸不超过 20mm 的小石子混凝土用作片石和块石砌体的砂浆；砂浆采用砂浆搅拌机拌和。

2）浆砌石施工工艺

砌体工程土质和松软岩石基槽采用挖掘机开挖，岩石基槽采用手风钻造孔，浅孔松动爆破开挖，人工整修清理；石料拣选符合要求的开挖可用料，砂石料利用开挖料加工生产，机拌砂浆，人工砌筑。

3）浆砌石施工

砌筑前每一石块均用干净水洗净并使其彻底饱和，垫层保证干净且湿润；所有石块均于新拌砂浆之上，砂浆凝固前，所有缝满浆，石块固定就位。

所有石料均按层砌筑，先铺砌角隅石及镶面石，然后铺砌帮衬石，最后铺砌腹石，角隅石或镶面石与帮衬石相互锁合、贴靠；当砌体长度相对较长时，分段砌筑，砌筑时相邻段高差不大于 1.2m，分段与分段之间设伸缩缝或沉降缝，保证整体性，对各分段水平砌缝，基本保持一致高度。

在软弱地基上修筑的砌石工程，待软基处理达到图纸规定及监理工程师批准的沉降时长、沉降量要求值后，再进行砌石修筑。

片石分层砌筑，一般 2～3 层组成一个工作层，每一工作层大致找平；块石砌体应成行铺砌，并砌成大致水平层次，镶面石可以一丁一顺或一丁两顺砌筑。

3.2.5.3　砌护施工技术措施

1）依据

砌护（浆砌石）工程，对公路挡墙遵守《公路工程技术标准及条文说明》（JTG B01—2014）及《公路路基设计规范》（JTG D30—2015）的相关规定，对风电机组工程、建筑工程中的分部分项工程，执行电力行业标准，并行采用公路行业、建筑行业标准。

2）砌护挡土墙施工过程控制

挡墙基础直接置于天然地基上时，应经监理工程师检验合格后方可开始砌筑；挡墙基础为软弱土层，达不到设计图纸要求的承载力指标时，采用加宽基础或经监理工程师批准的补强处理措施；浸水或近河路基的挡土墙基础的设置深度符合图纸规定，且不小于冲刷线以下 0.5m；基槽有渗透水时要及时排除，以免基础在砂浆初凝前遭水侵害，当墙基础设置在岩石的横坡上时，清除表面风化层，并做成台阶形，台阶的高宽比不得大于 2∶1，台阶宽度不应小于 0.5m；沿墙长度方向地面有纵坡时，亦沿纵向按图纸要求做成台阶。

砌筑时必须两面立杆挂线或样板挂线，墙面线顺直整齐，逐层收坡，墙背线可大致，在砌筑过程中经常校正线杆，以保证砌体各部尺寸符合图纸要求；砌筑基础的第一层时，如基底为基岩或混凝土基础，先将其表面加以清洗、湿润，坐浆砌筑；砌筑工作中断后再进行砌筑时，将砌层表面加以清扫和湿润；砌体应分层坐浆砌筑，砌筑上层时避免振动下层；不得在已砌好的砌体上抛掷、滚动、翻转和敲击石块；砌体砌筑完成后，应进行勾缝；工作段的分段位置一般设置于伸缩缝和沉降缝之处，各段水平缝一致，分段砌筑时，相邻段的高差不超过 1.2m；墙体的沉降缝、伸缩缝、防水层、泄水孔符合图纸规定或按监理工程师的指示设置；砌体强度达到设计要求时，墙基槽和墙背按有关要求及时进行回填施工。

3）注意事项

施工前应认真熟悉和了解设计图表提供的技术要求。

基坑开挖后应避免长期暴露和积水浸泡，以防地基承载力降低；若其承载应力未达到设计承载压应力的应重新处理地基（如换填等处理方法），使承载压应力满足设计要求后方能下基，否则需调整挡墙体形。挡墙和涵洞、护脚等工程相衔接处应过渡。

挑起墙后背回填前，应确定填料的最佳含水量和最大干密度。根据碾压机具和填料性质，分层填筑压实，压实度应满足设计要求。

4）实体质量巡查砌护施工

重点内容包括砌护材料规格、尺寸与质量控制；混凝土料或砂浆配合比及生产料质量控制；砌护基面处理与修整；砌护程序与砌护工艺质量控制；砌护面的养护与保护。

5）行为质量管理监督

应重视检查方案审查程序的完善性；基础验收程序及记录是否齐全；检查砌体外观；核查砌筑过程问题处理情况。

3.3 关键土建项目施工

■ 3.3.1 场内道路路面与风电机组安装平台施工

3.3.1.1 道路类型选择

山区风电场场内道路设计标准主要参照四级公路实施，包括路基、路面、桥涵、隧道等工程实体。

1）应考虑的因素

山区风电场场内道路分两部分，一部分借用现有省道、县道、乡道等各种规格的道路，另一部分为新建道路。现有道路应对路面结构和破损状况进行调查，具体包括路基宽度、路面宽度、两侧路肩宽度、道路转弯半径、大件运输车辆的障碍因素和道路、桥涵承载能力等因素。

（1）选型依据。道路设计文件，风电场重大件运输关键参数，重大件运输车辆选型，现有场内外道路现状调查及改造方案，当地地质、气候及道路使用频率等要求。

（2）基本原则和标准。线形设计应根据其功能定位，正确运用技术指标保持线形连续、均衡，确保行驶安全、舒适。道路线形设计时，概括起来要遵循以下几条原则：

①视觉的连续性。应在视觉上能自然地引导驾驶员的视线，任何使驾驶员感到茫然、迷惑或判断失误的线形，必须尽力避免。在视觉上是否连续，能否自然地诱导视线，是衡量公路线形设计的最基本问题。行驶速度的连续性：由平面相邻线形要素、纵断面相邻线形要素以及平纵组合相邻线形要素构成的公路空间线形，必须使汽车行驶速度不产生突变和相差过大，应使行驶速度平缓、连续、均衡地变化，

保证汽车行驶的平顺性、连续性和安全性。加速度的连续性：由平、纵产生的加速度变化不能过大和过快，以免影响汽车行驶的安全性和舒适性。

②高、低指标的均衡性。高标准和低标准线形要素之间应有中等标准的过渡，以免产生突变和相差过大，影响行车的安全和舒适。平、纵线形指标的均衡性：平面和纵断面线形组合的技术指标大小应保持均衡，不产生一方大而平缓，而另一方小而多的组合线形，以保证线形的平顺和流畅。合成坡度组合的均衡性：由平曲线和纵坡组合的合成坡度应均衡适当，过大和过小都不利于行车安全。

③线形设计与地形、地物、环境、景观的协调性：这种协调可以提供良好的视觉效果，对行车安全有利。

线形设计与驾驶员视觉与心理反应的协调性：可减轻驾驶员的疲劳和紧张程度。

线形设计与运营经济的协调性：良好的线形设计可以降低燃油的消耗和运行的时间。

2）道路选型

由于山区地形地质和气候条件的变化，风电机组布置各异，道路选型应因地制宜。道路功能符合大件运输的总体要求，路线位置既要保护规划区用地，又要考虑与新建道路的连接，服务风电场重大件运输道路建设的需要。公路修建要满足"安全"的基本功能要求，还要从项目建设的经济性角度考虑公路建设资金的使用。

（1）平曲线半径。四级公路平曲线最小半径为30m，极限值为15m；山区风电场道路的平曲线最小半径一般采用35m，且道路转弯处8～25m范围内不得有不可移动的障碍物；道路圆曲线半径小于或等于250m时，应根据风电机组叶片长度及运输要求设置转弯段加宽，在土石方工程量大的区域，加宽值应尽量取小值。道路加宽时，只加宽行车道，路肩宽度保持不变。道路平曲线半径在条件允许时亦可适当放宽，运输更加安全。

（2）最大纵坡。四级公路最大纵坡采用9%，困难地段可增加1%；山区风电场场内道路最大纵坡采用12%，一般路段尽量控制在8%以内；便于运输车辆的正常通行，同时道路纵坡变更处，应设置竖曲线，竖曲线最小半径一般为300m，竖曲线设置还应满足叶片运输要求，以叶片不剐蹭地面和车底板不碰地面为基本原则。

（3）道路宽度。四级公路可采用双车道或单车道；山区风电场场内道路原则上采用双车道，路基宽度一般取6.0m；地势平缓路段亦可采用单车道加错车道的形式，路基宽度可取4.5m；路基两侧设置土路肩宽0.5m。

（4）路基路面。山区风电场场内道路路基路面应根据沿线地形、地质及路用材料等自然条件进行设计，保证其具有足够的强度、稳定性和耐久性。路基断面形式应与沿线自然环境相协调，避免深挖、高填对环境造成不良影响。一般情况下，土质路堑边坡，当其高度不大于 20m 时，坡率一般为 1∶0.75～1∶1.5；石质路堑边坡，当其高度不大于 30m，无外倾软弱结构面时，坡率一般为 1∶0.1～1∶1。地质条件较差的边坡应适当放缓或辅以工程措施进行治理，作为专项进行处理。填方路基均采用土石回填，填石路基边坡坡率一般采用 1∶1.3，填土路基边坡坡率一般采用 1∶1.5。对于陡峭或高填方路段可采用衡重式挡土墙或护脚墙。

3）路面结构

山区风电场场内道路路面原则上以泥结碎石路面为主，基层采用 15～30cm 厚填隙碎石，面层采用 12cm 厚泥结碎石面层。

特殊路段可采用加铺碎石或硬化路面的方法处理，防止车辆打滑，其他情况处理方式如下：

（1）道路最大纵坡坡度超过 12%，长度大于 50m 的路段，应对路面进行硬化，硬化标准可采用 C10 碾压素混凝土，碾压厚度 20cm，并道路中间应设置休息缓冲平台。

（2）道路最大纵坡坡度超过 15%，并伴随转弯的路段，应在转弯处进行硬化，硬化标准可采用 C20 常态混凝土，浇筑厚度 20cm，硬化路段应进行糙化处理。

4）路基排水

山区风电场场内道路路基排水应充分利用地形，根据线路走向、坡度等合理设置土质排水沟、截水沟和涵洞，迅速引排，防止水土流失堵塞沟涵和诱发路基病害。

5）沿线设施

视距不良、急弯、陡坡等路段应设置必要的标志，路侧有悬崖、深谷、深沟等路段应设置安全设施。

3.3.1.2 风电机组安装平台

风电机组吊装平台的修筑、平台整理结合道路修筑开挖成型，结合风电机组场地清理、局部开挖进行修理，同期修筑平台护脚、护坡，根据设计要求，结合气象条件，修建排水沟及配套导排通道等。

当吊装平台地基与填筑层为人工堆积杂填土、黏土层地基黏土，承载力小于150kPa的填筑层时，应考虑清除表土后进行地面硬化。加强风险分析，考虑局部土层不均匀、地面硬化混凝土压碎，应增加风荷载，再进行地基承载力的专项计算，从安全出发，应验算出现偏心荷载条件时，应满足的地基承载力储备，再进行地基与面层结构改造。

根据《建筑地基基础工程施工质量验收标准》（GB 50202—2018）及其他规程规范要求，吊装平台的总体起伏与坡度、填料的均匀性必须经过检验，试验吊装检验发现有不合格的部位，应及时处理并经重新验收合格。

■ 3.3.2　基础锚栓型连接结构安装施工

风电机组基础连接结构型式包括基础环和预应力锚栓，由于基础环自身结构缺点，目前已经逐渐由预应力锚栓型连接结构代替。以预应力锚栓型连接结构为代表，介绍安装施工基本程序、技术措施、质量检查与验收内容。

1）基础锚栓型连接结构安装程序

基础锚栓型连接结构安装程序如图 3-3-1 所示。

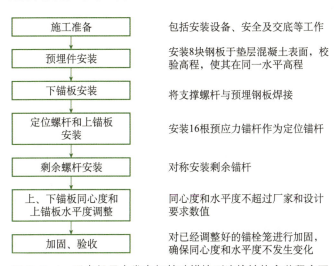

图 3-3-1　风电场风力发电机基础锚栓型连接结构安装程序图

2）安装技术要点

（1）锚栓组合件的清点。施工前，根据预应力锚栓基础图纸中锚栓组合件清单，清点各部件数量，对各部件进行外观检查。查看上、下锚板是否变形，锚栓螺纹是否损伤、锚栓是否弯曲，将不合格品剔除，严禁使用。

（2）将所需部件运至现场后放置在平整的地方，用软木支垫，以防上、下锚板变形和螺栓螺纹的损坏。

（3）预埋件留置：根据预应力锚栓基础图要求，核对安装下锚板的预埋件数量、尺寸和位置是否正确。

（4）下锚板的安装：使用 16t 汽车吊，将下锚板吊起后缓缓移动到预埋件上方 300mm 处停住，先将下锚板支撑螺栓对应穿入下锚板上的螺孔内，下锚板上下各放一个螺母，在下锚板下面的螺母上加一垫片。内外支撑螺栓对准预埋件后，起重机将下锚板放置在预埋件上。

过程注意事项：将下锚板的中心对应基础中心，将下锚板支撑螺栓与对应的预埋件焊接牢固，焊脚高度不小于 6mm。调整下锚板的平整度，调节支撑螺栓，使下锚板达到图纸设计标高，且下锚板的水平度不超过 3mm。

定位锚栓的安装：基础锚栓分为定位锚栓（套两段热缩管）和普通锚栓（套一段热缩管）。

用起重机将上锚板吊起到一定高度，然后在上锚板的内外螺栓孔上均布对称穿上定位锚栓，锚栓穿入上锚板后带上临时钢螺母。在锚栓的下端（平头端）拧上发黑的半螺母，然后将 PVC 套管（长度按图纸要求）套入锚栓，再把热缩管套在 PVC 套管上（定位锚栓套两段热缩管）。在定位锚栓的上端（锥头端）拧入尼龙调节螺母（不允许用钢螺母）。

定位锚栓穿好后，起重机慢慢吊起锚板和定位锚栓，移动至下锚板正上方，把定位锚栓穿入对应的下锚板螺栓孔内，在下锚板下方垫上垫片后拧紧紧固螺母（发黑螺母，不得错用白色达克罗螺母）。

（5）普通螺栓的安装：在定位锚栓安装完毕并找平、找正后，将普通锚栓按照对角顺序安装原则，锚栓上端（锥头端）先穿入上锚板，另一端（已安装半螺母）穿入下锚板，同样的方法将剩余锚栓逐步安装就位，并在锚栓的下端（平头端）拧上发黑的半螺母，锚栓的下端至半螺母的下平面距离 L2，然后将 PVC 套管套入锚栓，再把热缩管套在 PVC 套管上（普通锚栓套一段热缩管），普通锚栓上端（锥头端）螺纹长度为 120～130mm。加好垫片拧紧螺母（发黑螺母）。所有螺母需按照拧紧力矩要求进行紧固，不得遗漏。

（6）下锚板下方局部垫层浇筑前进行隐蔽工程验收，经监理验收签证、确认合格（无遗漏且拧紧）后，方可进行下一步的施工。

（7）锚栓组合件的调整。在风电机组基础外侧（自然地坪面）每90°位置定一桩，然后用装有花篮螺栓的拖拉绳将上锚板与桩连接，调节四个方向的花篮螺栓，使上、下锚板同心（以上、下锚板螺栓孔的中心线为基准，同心度允许偏差满足小于或等于3mm）。

上、下锚板同心后，调整上锚板的水平度。测量定位锚栓处上锚板平面筒节对接区域的水平度，调节尼龙螺母和临时钢螺母，使上锚板平面达到图纸设计标高，上锚板水平度满足小于或等于1.5mm左右（严禁将PVC套管穿出上锚板上平面）。锚栓上端（锥头端）露出上锚板长度满足$L=1mm±1.5$（以厂家要求为准）。

调整结束后，用4根钢筋（两个方向，每个方向为十字架）加强锚栓组合件。钢筋上端与上锚板焊钉焊接，下端与基础预埋件焊接，并在4根钢筋的交汇点焊接牢固，加强锚栓组合件的整体稳定性。风电机组基础锚栓型连接结构安装实体图如图3-3-2所示。

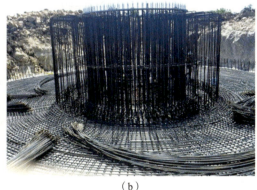

（a） （b）

图3-3-2 山区风电场风电机组基础锚栓型连接结构安装实体照片

3）锚栓型连接结构安装质量检查及验收

锚栓组合件安装质量评定检查项目与检验标准见表3-3-1，锚栓组合件安装质量主要验收项目见表3-3-2（最终以承接设备生产厂家提供的参数为基准）。

表3-3-1 锚栓组合件安装质量评定标准与检验标准

序 号	检验项目	检验标准	备 注
1	下锚板与基础中心同心度	≤5mm	相对偏差
2	上、下锚板同心度（螺孔同轴度）	≤3mm	相对偏差

续表

序　号	检验项目	检验标准	备　注
3	下锚板水平度	≤3mm	
4	锚栓上端露出锚板长度	L1mm±1.5mm	
5	上锚板水平度（浇筑前）	≤1.5mm	
6	上锚板水平度（浇筑后）	≤2mm	

表 3-3-2　锚栓组合件安装质量主要验收项目

项目名称	验收内容	机位编号	备　注
	部位	验收项目	验收记录
外观	上锚板	防腐、污染、破损、变形	
	下锚板	破损、变形	
	锚栓	防腐、污染、破损、变形	
主控项目	下锚板与基础中心同心度	≤5mm	
	上、下锚板同心度（螺孔同轴度）	≤3mm	
	下锚板水平度	≤3mm	
	锚栓上端露出锚板长度	L1mm±1.5mm	
	上锚板水平度（二次灌浆前）	≤1.5mm	
	上锚板水平度（二次灌浆浇筑后）	≤2mm	

■ 3.3.3　预应力混凝土塔筒施工

预应力混凝土塔筒多用于低风速开发区或大功率的风力发电机，通过提高塔架高度来实现经济效益。预应力混凝土塔筒包括模板工程、钢筋工程、预应力工程、混塔预制、混塔安装等工艺。

目前国内预应力混凝土塔筒大多为 50m 左右，单节塔筒高度为 2.5～4m，考虑塔筒的运输及预制，一般单节混凝土塔筒共分多片预制，大多数均按 2 片、4 片预制，每片达到龄期后进行拼装形成整环。预应力混凝土塔筒一般为工厂预制，属规模化生产。

3.3.3.1　塔筒的运输

混凝土塔节运输过程中要进行支撑稳定性及塔筒强度验算。环片与塔节运输时的混凝体强度不应低于混凝土设计强度等级的75%；半环预制的混凝土构件采用立式运输，不宜使用半环扣式运输，环片与塔节运输时，放置的重心位置要与板车中轴线重合。

环片与塔节运输时，要在运输板车上部满铺废弃轮胎或木方加以保护，环片与塔节要绑扎牢固，防止移动或倾倒；对构件边缘或与链索接触的混凝土要采用橡胶加以保护；混凝土塔节运输应有稳定的支撑及固定措施，应考虑道路、桥梁承载能力，并综合考虑道路净空和宽度。对混凝土塔节边角部或吊索接触处的混凝土，宜采用垫衬加以保护。

3.3.3.2　环片的拼装

目前环片之间的竖缝连接方式有螺栓连接和灌浆料连接。首先，现场要准备拼装作业平台，拼装台座平整度不应大于3mm。若临时平台承载力不满足拼装要求时，应采取相关措施进行处理。

在拼装平台上放样环段中心轴线，调整位置使环片与放样线保持一致，调整底部调平埋件的水平度满足设计要求。每片重复进行组拼，拼接时轻起缓放，做好对接部位的防护。拼接完成后对环段进行临时加固，螺栓连接的进行螺栓安装并紧固，灌浆的进行竖缝灌浆作业，浆体由底部注浆管注入，至缝最顶部冒浆且稳定出浆后方可停止。灌浆料强度达到设计要求后，即可对环段吊装移走，进行安装工作。

3.3.3.3　混凝土塔节安装

1）吊装准备

（1）塔筒安装前要编制专项施工方案，吊索、吊带要通过验算确定，预应力张拉及转接段施工应设置操作平台。

（2）整环吊装时，灌浆后竖缝强度不应低于35MPa。

（3）吊装作业前，应对起重作业人员进行技术和安全交底，起重作业人员应熟知施工方案、吊装程序。

（4）吊装作业前，应确认风速、气温等气象条件满足吊装要求。

（5）吊装作业前，预制混凝土塔筒抗压强度应达到设计要求，混塔整环吊装时，不应低于混凝土设计强度等级的 75%。

（6）吊装前应检查构件的吊点螺栓孔眼、预埋件的稳固程度是否满足设计要求。

（7）起重设备在吊装前应进行试吊，检查起重能力、升降、回转、行走、制动是否正常。

2）吊装要求

（1）每节混凝土塔节应进行垂直度测量，基础（基础盖板）或首节的中心应作为后期检验塔筒中心是否偏移的参考点，其误差应符合设计要求。

（2）首节混凝土塔节吊装完成后，与基础顶面宜留有不小于 10mm 的空隙，空隙应采用水泥灌浆料或座浆料进行填充。

（3）每吊装一节混凝土塔节应对其进行调平，误差应符合设计要求，且吊装结束后，过渡垫板上表面水平度不应超过 3mm。

（4）其余上、下节混凝土塔节水平缝黏结材料施工应与吊装同步进行，黏结材料施工开始至混凝土塔节就位的时间间隔应满足施工要求，且水平接缝的缝隙应满足设计要求。

（5）水平缝黏结材料应严格按照工艺要求进行配制，搅拌质量应由质检人员进行确认，合格后方可使用。

（6）若采取体内索时，吊装下一节预制混凝土塔节前，应对上一节预制混凝土塔节孔道的通畅性进行检查，合格后方可吊装。

3.3.4　集电线路基础施工

3.3.4.1　架空线路

架空线路塔架锚固一般有筏板基础，受地形、交通运输条件限制，山区风电场工程架空线路与其他偏远山区输变线架空线路一样，架空线路塔基施工一般采取人工用手持工具＋小型机具、小规模施工的方式形成桩基础。

1）架空线路塔基基础施工工艺

架空线路塔基基础施工工艺流程如图 3-3-3 所示。

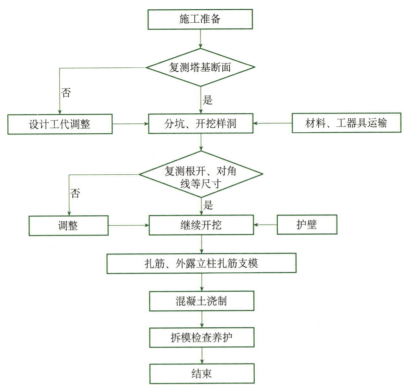

图 3-3-3 架空线路塔基基础施工工艺流程图

2）人工挖掘

组织爬梯、十字镐、圆铲、炮钎、大锤、锄头、坑底专用量具、钢卷尺等常用工具，基坑开挖施工的铲、挖锄等工具的把柄长度应限制，视孔口直径而定，以方便操作。桩孔内提土采用吊篮或吊桶。提运方法辘轳或三脚架，以人力操作将土提运至孔口上方，再倒至堆放安全的地方。

单一桩孔（单腿）作业三人一组，一人为孔口安全监护人，一人开挖，一人倒运，三人可轮换作业。在开挖前必须清除桩孔上方的松动石块和坑壁的浮土。开挖直径＝基础直径＋护壁厚度 ×2。

桩基础在开挖时必须采用护壁措施，护壁混凝土强度与基础强度一致，对于特殊地质情况下的掏挖基础，在护壁时配入一定的钢筋网。

护壁混凝土的厚度为 75mm，开挖深度每 500～1000mm 时应进行护壁，待护壁强度达到一定要求后，再进行下一段的基坑开挖，护壁搭接不小于 50mm，第一节护壁应高出坑口 20mm，宽度为 1000mm，并应设置锁口，以便挡水及保证孔口的稳定性。

山区风电场工程架空线路塔基并不是每桩孔都要护壁，应根据地质条件、施工过程情况综合判定。基坑护壁示意如图 3-3-4 所示。

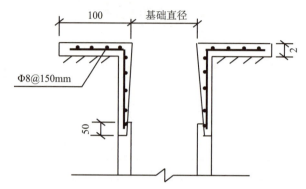

图 3-3-4　架空线路塔基基础坑孔开挖护壁示意图（单位：mm）

3）基岩开凿施工

山区风电场工程架空线路塔基基础桩孔部分成型在岩石地层中时，靠普通工具难以完成石方的开挖，需使用专用开凿机具——水磨钻和专业人员进行施工。原土方开挖人员完成土方开挖撤离后，石方凿取人员才能进入孔内施工，工种之间有一个搭接转换过程，须提前做好相应人员、机具的安排，避免因安排不当造成中间衔接不连续，延误工期。

（1）基岩不完整施工。以灰岩为代表的各类硬岩类接受风化剥蚀，在基岩岩面向下一定深度范围内，岩体风化裂隙包含厚薄不一的土层，由于水磨钻是淋水施工，对孔壁土层浸湿容易造成塌孔，影响安全，在每一钻深（约 600mm）完成后，取出岩石块，对土层部分布置钢筋、支模、浇筑混凝土护壁，等混凝土达到一定强度后，方可进行向下钻掘岩石孔。

为提高护壁混凝土早期强度，保证施工安全和施工进度，在拌制混凝土混合料中掺入混凝土早强剂，掺量按使用说明书规定或经过试验确定。

（2）完整基岩施工。当掘进至完整基岩面后，根据相邻桩底标高，保证刚性角所应达到的深度及扩大断面的施工，由计算复核确定。

4）技术措施

（1）及时量测。在塔基基础施工各桩孔前，应逐级复测塔基断面，以核实断面图、杆塔明细表中结构部分明确的基础高程设计值与塔位的地形条件是否相符。

设计桩孔深度约 300mm 时，孔口样洞直径宜比设计的基础尺寸小 30～50mm。

为防止超挖、偏心，直径每开挖0.5m，在坑孔中心吊一垂球检查，如图3-3-5所示。

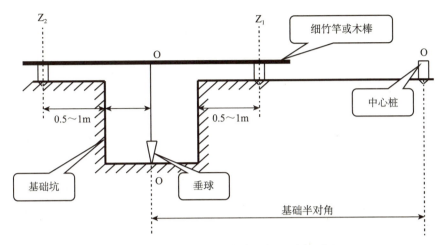

图3-3-5 架空线路塔基基础坑孔量测示意图

（2）基坑垂直度的控制。上述控制桩孔直径的过程，同时也控制了桩孔的垂直度。检查孔壁的垂直度，可以采用垂球法。一个基坑至少检查4点，对角线方向检查2点，与之垂直的方向再检查2点。

坑孔开挖深度距设计估算深度剩余100～200mm时，检查坑孔直径，用钢尺在主柱坑壁上量出基础底部挖扩位置线，由挖扩位置线下方20～40mm处开始挖掘扩大部分。

（3）开挖过程中，若发现地质情况与设计不符或桩壁有塌方先兆时应暂停挖掘，并及时报告技术负责人研究处理。桩孔开挖至距设计桩深剩余50mm时，在桩孔底部钉出中心位置，修理桩孔直径尺寸符合设计图纸要求，底部剩余50mm暂不挖掘，最终成孔修理时一并挖除。

（4）水磨钻施工是用机械与岩摩擦在岩石上开孔并用水冷却钻头，岩石被磨成粉末与水混合成浆体，根据孔内的水深随时抽出地面，很容易造成对施工环境的污染，需抽至专门的多级沉淀池中沉淀后，才可排入管网系统。

（5）接地施工。安装接地体方式施工顺序：开挖接地→敷设接地→接头连接→回填→测量接地电阻。接地装置的施工多采用现场焊接接头，即根据设计要求量出接地体长度，分基运往桩位。坑孔验收后，第一时间完成锚固的相关设施，同时实施接地装置，然后再完成混凝土浇筑。

5）安全措施

施工前，搭设好桩孔内石块提升架，用钢管、扣件搭设，应保证提升架有足够的稳定性，承重横梁有足够刚度和强度，避免在提升重物时造成架体倾倒和承重横梁弯曲或断裂。

提升卷扬机的安装使用。提升卷扬机一般固定安装在提升架上，应做安装牢固，卷扬机刹车制动系统要安全有效，吊装用的钢丝绳直径不小于 8mm，且无断裂。发现毛刺较多的钢丝绳必须及时更换。钢丝绳的绳卡和卷扬机卷筒与提升吊钩间应连接牢固，定期或不定期抽查提升设备的完好情况。

水磨钻带电、带水施工，其作业环境存在潮湿、光线差和深孔供氧不足等不利条件，应落实用电绝缘、防水，孔内照明电压低于 12V、孔深大于 10m 的通风设备向孔内增氧等措施。孔内操作人员应戴好安全帽，严禁穿拖鞋和赤足在孔内施工。用吊桶提升小石块时，装填高度不得高于桶边。用钢绳拴捆吊起时，孔内人员必须上到地面后才可起吊。

为防止地面处的基坑土壁被碰撞脱落，伤害到坑内作业人员的安全及浇制过程中影响混凝土质量，应采取衬垫塑料布的措施，其衬垫高度约 0.5m，待浇至主柱后拆除。

以基础"底板半径 +1.0m"为半径的范围内，严禁堆放弃土或其他重物。塔位对弃土有指定要求，必须按照要求进行，并结合现场实际情况采取相应的措施。

6）质量管理

随时跟踪检查桩孔的垂直度和孔的大小。以塔基中心桩为中心，中心桩至四周桩孔尺寸应相等。基坑清理完毕，应测量各项数据，符合规范偏差要求，并做好施工记录。基坑尺寸属隐蔽工程，应有监理在现场复查并签字认可。清理好的桩孔，如要等待较长时间浇筑，应采取防止雨水或泥水流入坑底的保护措施。

3.3.4.2　地埋电缆施工

在山区风电场项目建设中，其风电机组工程、建筑工程、升压站设备安装调试工程、集电线路工程等，都涉及地埋电缆施工工作内容。对于交通工程，当工程需要或设计总体考虑有电缆布置时，也涉及地埋电缆施工工作内容。

受地形、交通运输条件限制，山区风电场地埋电缆与电力行业其他规模建设输变线地埋电缆一样，地埋电缆施工一般采取人工用手持工具 + 小型机具或者专用技术设备成沟、成孔、成槽。现场实施大小、规模、施工形式均可，以实施条件方便为宜。

地埋施工工艺流程：路径测量放线→电缆沟土石方开挖→沟底清理→电缆、光缆敷设→电缆沟回填→终端制作，如图 3-3-6 所示。

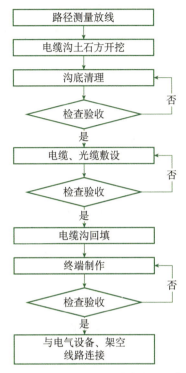

图 3-3-6　电缆、光缆施工总体施工工艺流程图

对于山区风电建设中遇到穿越山峰、水田等特殊地段的直埋电缆施工，有时可以采用定向钻非开挖等施工手段，这里对于定向钻工艺进行简要表述。

水平定向钻施工技术是指利用定向钻机，通过导向、定向钻进等方式在地表极小部分开挖的情况下（一般指入口和出口小面积开挖），敷设多种公共设施（管道、电缆、电信、天然气、煤气等）地下管线的施工技术。

采用水平定向钻施工时，只需在管道起点划定操作场地，安装定向钻机、配套设施，开挖起始工作坑（包括入钻工作坑、钻进液储存坑、钻进液废浆回收坑等），确保定向钻机顺利进行钻孔、扩孔与管道回拖等工序。在管道终点划定操作场地，在该场地上进行保温管焊接、管道与钻杆连接、管道入孔等工序，并开挖接收工作坑（包括顺管工作坑、钻进液废浆回收坑等）。在管道敷设位置进行预先钻孔与扩孔（扩孔可分为一级扩孔与多级扩孔），然后利用定向钻机将管道拖入扩好的孔道内，实现管道敷设。与传统开挖敷设施工技术相比，降低了管沟开挖、回填、开挖面恢复等工作量，且定向钻机钻孔、扩孔及回拖的速度较快，大幅缩短了施工期，具有工期短、精度高、成本低等优点。

1）定向钻机设计回拖力

回拖力的计算对于定向钻机正确选型至关重要，定向钻机的设计回拖力一般取计算回拖力的 1.5～3.0 倍。

2）钻进液作用

水平定向钻施工时，钻进液性能及钻进液用量是决定施工成功的重要因素之一。在钻孔、扩孔过程中，钻进液的主要作用为排砂、排泥，促进孔道形成与稳定，冷却钻头及钻杆。在回拖过程中，钻进液的主要作用为润滑、保护管道等。钻进液的配料通常包括水、膨润土、工业碱、钠羧甲基纤维素、聚丙烯酰胺、植物胶等，钻进液的配方应根据钻进时地层土质的变化进行调整，且 pH 值应控制在 8～10。

3）水平定向钻施工流程及注意事项

（1）水平定向钻施工流程为地质勘探、测量放线、操作场地布置及平整、定向钻机及配套设施就位、开挖起始工作坑与接收工作坑，钻孔、扩孔、洗孔，回拖管道就位。

（2）水平定向钻施工前应进行现场地质勘探，并出具地质勘探报告。根据地质勘探报告分析拟穿越区域的地质是否符合水平定向钻施工条件，确定穿越的深度及钻进液的配方等。

（3）根据设计图进行放线测量，勘察现场，调查管道穿越区域内所有地下管线和地上建构筑物，避免水平定向钻穿越时破坏地下管线及地上建构筑物基础。必要时召开协调会，商讨地下管线及地上建构筑物的保护方案，切忌未经详细调查直接进行水平定向钻穿越。

4）钻进液废浆的处理

若现场条件允许，可开挖钻进液废浆回收坑，并采用处理设备对其进行处理，部分废弃的钻进液废浆应运至环保部门指定地点进行处理。若现场无处理条件，应将钻进废浆及时清运，不得直接排入河流或市政雨污水管道内，清运车辆宜使用混凝土搅拌车。

5）施工阶段风险控制

（1）出入土点定位。出入点选择期间，根据管道穿越的长度、设计的入土角、出土角、模拟曲率半径以及管材的管径，选择合适的定位点，其间需要对照设计文件，在满足误差范围的情况下，由有经验的施工人员对钻机进行校准，然后实施。定向钻出土点位置需要形成出土角度坡向，采用编织袋装湿土，随地形变化而适当调整土坡，以增加土坡承载力和调整导向角的作用。

（2）机械设备风险控制。在机械设备入场前，关键设备需要做到一机一卡一备案，合格证明文件齐全，使用说明书、维护保养手册完整，维修记录、年检标识均在有效期内。

（3）避免成孔时出现 S 形缺陷。在作业过程中，要严格按照审批通过的施工方案进行，除了对施工钻杆控向角度进行严格控制，还要及时调整钻头规格，一旦施工过程偏离原设计曲线，就要及时报告，由技术人员按照应急预案进行调整。

（4）管线回拖。管线回拖过程中，要根据机械设备显示回拖力的大小控制好回拖的速度，根据批准的施工方案监控好泥浆配比。

（5）管理风险应对。

人员风险：施工前需要对施工人员进行健康体检，严禁健康隐患者上岗，建立员工健康档案。要组织员工学习有关法律、法规及工程总承包单位的相关规章制度，进行 HSE 教育培训，包括安全防护用具和劳动保护用品的使用。特种作业人员要通过培训持证上岗，技术和安全交底完成后方可作业。

环境风险：在定向钻作业过程中，夜间作业安全措施尤为重要。夜间作业时，操作范围外延 20m 以外要具有足够的照明度，进入现场的人员实行实名登记制度，根据岗位性质编排联络小组，分层次管理，专人负责，尤其在管道施压期间要设置警戒线，无关人员不得靠近。施工前不仅要充分考虑夏季泄洪、冬季凌汛对河床整体结构及定向穿越管线所造成的影响，还要确保施工作业面范围内地质资料齐全、地下设施资料齐全，为定向穿越施工扫清风险隐患。

6）各阶段主要问题及相应处理措施

（1）钻导向孔阶段。

主要问题。导向孔的顺利完成是整个施工的基础，通过导向孔取全取准各项资料，将指导扩眼过程中方案的制定，因此必须保证在导向孔的施工过程中井眼稳定，以利于形成规则稳定的井壁，同时要保证泥浆具有良好的井眼净化能力。

钻井液技术措施。粉质黏土：地层较稳定，成孔性较好，岩屑易造浆、分散，防泥包是关键问题，解决了防泥包问题，也就解决了流变性稳定问题。尽量采用低坂土含量泥浆，控制适当低的黏度、切力，提高泥浆中的 SDX 大分子聚合物浓度，以提高泥浆抑制性防泥包；加入 SDJ 防漏失；同时，SDX 和 SDJ 加入泥浆中后，还能降低摩阻以减少钻井扭矩及推进阻力，从而达到提高机械钻速目的。

施工时要求钻井液 G1≥2Pa，以利携砂，黏度在 40～50mPa·s 有利于提高泵排达到提高携砂效率的目的。

（2）预扩孔。

主要问题。扩孔过程中，井眼逐步扩大，地层坍塌应力逐步增强，防止井眼坍塌是提高机械钻速，降低作业成本的关键。

钻井液技术措施。粉质黏土：地层较稳定，成孔性较好，岩屑易造浆、分散，防泥包是关键问题，同时大量的黏土岩屑造浆，流变性稳定问题。尽量采用低黏土含量泥浆，控制适当低的黏度、切力，提高泥浆中的 SDX 大分子聚合物浓度，以提高泥浆抑制性防泥包；同时，SDX 随泥浆滤液进入地层后，在扩孔器的"挤压"作用下有自固井壁的作用。对泥浆性能的要求就是要有足够的悬浮力的悬浮岩屑和一定的大分子聚合物胶粘封堵井壁。

（3）洗孔和回拖。

主要问题。通过前面的预扩孔，基本形成了稳定的井壁，洗孔和回拖的主要工作就是保证井眼清洁和保持井壁稳定，以减少成品管的回拖阻力。

（4）井漏泥浆方案。在浅层土的施工作业过程中，可能会因为地层疏松而出现井漏现象。钻井中出现泥浆窜漏时，如不能有效控制，可能导致泥浆大量进入地层，并在地层中窜流出通道，带走大量地层充填物，使地层失去支撑而造成严重塌孔，必须予以及时封堵。施工中采用"两高一适当"（即高黏切、高土含、适当浓度的封堵材料）泥浆方案，有利于及时在井壁上形成致密的封堵层；同时，具有封堵能力的 SDJ 进入地层后，亦可有效地堵塞地层中的孔道，阻止泥浆进一步窜入地层，从而避免因泥浆窜流掏空地层而造成的坍塌情况。

在整个施工作业过程中，如遇井漏情况均按本方案进行处理。

7）管线防护层的保护措施

（1）在导向孔钻进及扩孔施工时，要密切注意钻机扭矩的变化情况，对每根钻杆的实际操作回拖、顶进力及扭矩做记录。

（2）使用优质膨润土，根据地层情况科学合理地添加化学添加剂。

（3）在管线回拖时为防止地面摩擦破坏保护层，在管道下每 6m 垫设一个土袋，保证管道受力合理、均匀，同时减小管线回拖时在地表的摩擦力。

（4）合理安排扩孔等工序，将管线回拖的时间安排在白天进行。与业主单位、

监理单位及开挖施工队伍密切配合，确保管线外层在回拖时不受破坏。

■ 3.3.5　变电站基础梁施工

山区风电场的风电机组工程、建筑工程、集电线路工程均涉及基础梁的施工内容，以最为常见的挖填复合地基及其主体工程基础为例，对基础梁施工进行论述，主要说明各施工工序和各工序质量控制。略去测量放样、平台及基坑开挖内容，也略去工程建筑上主体工程结构及水暖分部工程的施工内容。

1）基础面验收

挖填至设计高程后，做好主体结构轮廓放样，根据设计结构图对基础梁开槽成型，在完善资料后，组织业主单位项目人员、设计代表、设计地质工程师以及工程施工技术人员共同对基础面进行检查验收。

2）基础梁施工程序

施工程序：钢筋制安→模板施工→止水安装→预留孔洞施工→预埋件安装→仓面清理→混凝土浇筑。混凝土分仓根据设计要求拱梁混凝土为整体式结构，浇筑仓位分仓时每仓不设中间施工缝，以设计结构缝为仓位分缝线。

3）基础梁施工

钢筋制作安装：钢筋净保护层厚度为25mm。钢筋安装后，立即使用电焊与拱梁按设计要求焊接牢固，加强拱梁整体稳定性。

模板安装：以木模板为主，局部使用组合钢模，现场加工、安装，采用钢筋支撑加固，拱梁端头和结构缝处模板必须与拱梁侧面平齐。设计有止水要求时，两拱梁间结构缝使用一层油毛毡隔开。设计有预留孔洞时，孔洞采用木模板立模，钢筋加固。混凝土施工前，孔洞处肋板不得割除，混凝土浇筑7天龄期后割除。

预埋件安装：主要预埋件为暗敷接地扁钢、照明电缆埋管等，按照设计要求安装，并实施保护。安装后，组织仓面验收。用扫帚、铲子清扫仓位，保持仓内无灰尘、木屑、焊条头、焊渣等杂物。备仓结束后，由质检人员配合监理工程师进行仓位验收，仓面验收合格后方可浇筑混凝土。

混凝土浇筑：基础拱梁混凝土强度等级一般为C30，采用一级配混凝土，坍落度控制在120～180mm，由混凝土搅拌车运输至施工指定部位。混凝土入仓分两侧入仓，混凝土输送泵管入仓，在泵管出料口接一个 ϕ150mm 螺旋橡胶管，以便出料口转向出料，保证混凝土熟料入仓分布均匀，避免混凝土集中堆放。局部高低不平采用灰桶提运，人工攝锹整平。混凝土入仓后，采用 ϕ50mm 软管振捣器振捣，将送入仓内的混凝土及时平仓，不得堆积，并挂样架抹面。

混凝土浇筑完成后，进行拱梁混凝土表面抹面收仓，抹面收仓完成后立即申报监理到现场检查验收。

养护：混凝土浇筑完后过 12h 对混凝土表面铺设稻草袋进行洒水养护，保证混凝土表面连续湿润状态，养护时间不小于规范规定的天数。

4）基础梁施工的技术措施

混凝土配合比均由试验确定，混凝土及砂浆施工配合比均经监理审批同意。保证梁浇筑不饱满度可以采取适当试验加强振捣的方式消除。

■ 3.3.6　升压站建筑结构及给排水分部工程施工

升压站施工采取地形复测、场地平整及高程检查→分部位逐步进行主体结构及设备的基础施工、分区上升主体结构→砖砌体、门窗、给排水、装修施工的组织方式。

1）柱、梁、板的施工

柱、梁、板结构施工，架体成型采用经过安全验算的满堂脚手架支撑，模板用胶合板；结构配筋使用设计规格的钢筋，绑扎顺序为柱→梁→板；混凝土采用商品混凝土或自建系统生产供应混凝土拌和物，不同强度等级的混凝土分次浇筑，当梁、板、柱混凝土强度等级相同时，则一次性浇筑成型；现浇结构体的支撑拆除时，混凝土强度应符合设计要求，当该层上部无施工荷载时，该层混凝土强度遵守规范规定，当该层上部有附加施工荷载时，应待该层混凝土强度达到 100% 时方可拆除。

屋顶防水重视卷材铺设质量、细部处理，砂浆保护，施工完成检查水坡与涂刷防水涂层。

2）砌体、装饰等工程施工

砖砌体砌筑工序：墙体放线→制备砂浆→砌块排列→铺砂浆→砌块就位→校

正→竖缝灌砂浆→勒缝。砌筑就位先远后近，先下后上，先外后内；砌筑墙底部水泥灰砂砖至少180mm厚，加气混凝土块砌筑时，应向砌筑面适量浇水；砌筑砂浆品种由机械拌制；砌块排列上下皮应错缝搭砌；砌体灰缝宽窄按照水平8～12mm进行控制，大于30mm的垂直缝应用C20的细石混凝土灌实；当填充墙砌至梁板底部时，应留置一定空隙，待14天后再将砖斜砌挤紧。

门窗框安装采用净口后置法。取用防水砂浆对门窗框填充、刮糙，在外框固定、门窗框安装完毕后，施打聚氨酯发泡剂充满后再进行抹灰粉刷；安装非木门窗时，宜采用镀锌铁片连接固定，亦可在墙体内预置专用塑料胀塞、使用螺栓固定。钢门、塑钢门窗玻璃安装一律用橡胶密封条固定；所有门窗安装应牢固，正侧垂直、不串角。

升压站装饰装修工程规模一般较小，包括墙面、地面、顶棚或吊顶以及其他部位的装修，避免损伤建筑主体结构受力，避免空间造型影响；装修保证防潮、防腐、防水及防火措施配套。

3）给排水的施工

给水管安装工序：配合土建预埋预留→支架安装→干管安装→支管安装→管道试压、冲洗消毒→刷漆→交工验收。当管道穿越楼板时，要准确预埋、预留套管及预留洞的位置、数量与尺寸；先主管、后支管；对于地下部分穿越外墙的管道要防渗水，加设防水套管；地下管道埋设，记录业主与监理验收情况，验收通过立即回填；承压管道安装完毕，进行压力试验，并做好记录；给水管道试压完成后，通水冲洗，保证进水与管内水清洁度一致合格；管道冲洗后对支架刷漆。

排水管安装：根据施工图、实际情况测量尺寸、预留位置；绘制草图、准确断管尺寸；对干管粘连，安装托、吊架固定位置、坡向；立管顺直，支管卡架固定坡度，对于器具连接，预留管洞口粘牢后找正、找直，再封闭管口和堵洞，安装完成，按规范要求进行通水试验。

4）技术措施

升压站建筑结构工程及门窗、给排水、装饰装修工程，施工前应详细阅读各专业图纸，找出各专业及专业间的错、漏、碰，并协商设计工程师予以解决；严格施工工序质量管控，工序的质量管理责任落实到人，控制测量放样偏差，及时处理混凝土缺陷；把好原材料、半成品、成品材料的质量关口，使之满足设计及规范要求，并符合环保规定。

3.4 安全监测

1）安全监测项

监测项：风电机组监测系统、升压站监测系统、图像监控系统、火灾报警系统。

2）监测内容

通过数据采集与监控系统监视风电机组、输电线路、升压站设备的各项参数变化情况，并做好相关的运行记录。监控系统正常巡视检查的主要内容包括：装置自检信息正常；不间断电源（UPS）工作正常；装置上的各种信号指示灯正常；运行设备的环境温度、湿度符合设备要求；打印机、报警音响等辅助设备工作情况，必要时进行测试。

（1）运行人员应定期对风电场数据采集与监控系统数据备份进行检查，确保数据的准确、完整。

（2）安装在发电厂和变电站内的变压器，以及无人值班变电站内有远方监测装置的变压器，应经常监视仪表的指示，及时掌握变压器运行情况。变压器的日常巡视检查，应根据实际情况确定巡视周期，也可参照下列规定：发电厂和有人值班变电站内的变压器，一天一次，每周进行一次夜间巡视；无人值班变电站一般每10天一次。

（3）消防控制室应设有用于火灾报警的外线电话。

（4）火灾报警控制器和消防联动控制器，应设置在消防控制室内或有人值班的房间和场所。在设置消防控制室的场所，电气火灾监控器的报警信息和故障信息应在消防控制室图形显示装置或启动集中监控功能的火灾报警控制器上显示。火灾自动报警系统应设置交流电源和蓄电池备用电源。110kV及以上变电站应设置一套图像安全监视系统。

（5）沉降观测应从施工开始，运行期的观测期应为1～3年。以后当出现特殊情况（如台风、地震等）时，应进行观测。

（6）风电机组应实现就地设置控制、保护、测量设备，能通过通信接口或硬接线方式采集机组变电单元开关量及模拟信号。主控级监控系统应实现风力发电场控制中心对风电机组的遥控、遥测和遥信。

3.5　环境保护和水土保持

■ 3.5.1　环境保护措施落实管控

1）生态环境保护

山区风电场工程主要涉及陆生植物保护、陆生生物保护等陆生生态保护内容，陆生生态保护应以保护区域陆地生态系统结构和功能完整性、稳定性，以及生物多样性为目标，重点保护国家及地方珍稀保护物种及其栖息地、特殊生态保护区和重要生态保护区。

（1）陆生植物保护。保护工程建设用地范围的表层土壤和地表植被，提出表层土壤和地表植被的剥离、堆放、防护及利用要求，并按要求落实。

陆生植物就地保护。工程建设征地范围内涉及国家及地方重点保护的植物物种、古树名木时，工程不直接占用的，应优先采取就地保护。根据保护对象的生态学特征、数量、分布、生长情况等，确定有效的保护范围，可采取避让、围栏、挂牌、划定保护小区等措施，应确定措施位置、规模、型式、工程量等，必要时应确定抚育和管护方式。

陆生植物迁地保护。工程建设征地范围内涉及国家及地方重点保护的植物物种、古树名木时，工程需直接占用的，应选址进行迁地保护。迁地保护措施包括移栽、引种繁育、种质资源保存等。应确定迁地保护种类、数量（面积）、时间、位置、方式及技术要求等。

（2）陆生动物保护。陆生动物就地保护。根据保护对象的生物学特性、生态学特征，确定有效的保护范围，可采取避让野生动物栖息场所和活动通道、减免施工干扰、划定保护小区等措施。划定保护小区应明确位置、范围、面积等内容。

陆生动物迁地保护。根据保护对象特性、分布状况，以及影响数量和程度，可采取辅助迁移、构建类似生境等措施，应确定保护对象、措施布置位置、规模、工程量及管理措施等。

风电场区域涉及鸟类迁徙路线或对鸟类有较大影响时，可在风电机组上设置驱鸟装置、叶片标识警示颜色，并设置鸟类观测设施。

（3）其他陆生生态保护。工程施工期应加强工程周边区域陆生生态保护宣传与教育工作。宣传方式包括海报、宣传册等，宣传对象主要包括施工人员及工程周边的居民。加强施工活动的管理监控，设置警示栏等措施，严格限定施工活动范围。

根据区域植被特征、占地类型，结合水土保持措施对施工区域采取植被恢复等措施，恢复生态功能。

2）环境空气保护

环境空气保护以维护工程区域环境空气功能区划为出发点，控制污染物排放符合排放标准，防止工程施工对周围环境造成不利影响。保护对象以城（集）镇、集中居民点、学校、医院、自然保护区、风景名胜区等范围为重点。

施工扬尘主要包括施工开挖及爆破扬尘、车辆运输扬尘和拌和系统扬尘等方面，施工过程中应按照环评及批复文件，配套建设降尘、除尘设备设施，同时加强洒水降尘频次，确保工区扬尘可控、受控。

（1）施工开挖及爆破扬尘防控。在土石方开挖和扰动地表较集中的道路区、风电机组区及弃渣场区，非雨日采取洒水措施起到防止扬尘和加速尘土沉降作用，以缩小扬尘影响时长与范围。洒水次数及用水量根据天气情况和场地扬尘情况确定，非雨日至少每天对上述施工区域洒水 4 次，还应根据天气情况酌情增加洒水次数。

爆破钻孔设备要选用带除尘器的钻机，爆破时可考虑覆盖水袋湿法爆破，减少粉尘的排放量。

（2）车辆运输扬尘防控。车辆运输扬尘主要来自车辆碾压道路起尘和运输物料扬撒两方面。主要通过三类措施加以控制：一是道路具备硬化条件的，及时进行硬化处理；二是多尘物料运输时需密闭、加湿或苦盖等措施；三是根据天气情况，加强路面洒水抑尘工作。

装载多尘物料时，应对物料适当加湿或用篷布遮盖；运送水泥和粉煤灰等细颗粒材料的车辆应采用密封储罐车；装卸、堆放中应防止物料流散并经常清洗运输车辆。对施工道路进行定期养护，保持路面平整，特殊路段采取限速措施。

在施工道路区非雨日至少洒水 4 次，还应根据天气情况酌情增加洒水次数，具体为：在高温燥热时间，施工人群密度较大区域要求一日内路面洒水 4~6 次，其余路面 2~4 次；对穿过附近居民区的道路可适当增加洒水次数。

（3）拌和系统扬尘防控。为规范混凝土绿色生产及管理技术，满足节地、节能、节材、节水和环境保护要求，住房和城乡建设部于 2014 年发布了《预拌混凝土绿色生产及管理技术规程》（JGJ/T 328—2014），推荐对生产性粉尘防治采取下列防尘技术措施：

①对产生粉尘排放的设备设施或场所进行封闭处理或安装除尘装置。

②采用低粉尘排放量的生产、运输和检测设备。

③利用喷淋装置对砂石进行预湿处理。

④风电场工程混凝土拌和系统产生粉尘的主要部位是水泥粉煤灰罐、拌和楼的称量层及储灰罐。为使水泥装卸运输过程中保持良好的密封状态，水泥一般由密封系统从罐车卸载至储存罐，储存罐安装警报器，所有出口一般配置袋式除尘器。粉煤灰及水泥传送带安装防风板、转折点处和漏斗排放区进行密闭，粉煤灰罐专门安装收尘装备。混凝土拌和楼楼体进行全封闭，楼内搅拌设备、粉料、称量层安装降尘设施。

3）水环境保护

风电场工程施工期污废水主要包括生活污水、混凝土拌和废水等。

（1）生活污水处理。化粪池处理。山区风电场工程的施工期营地生活污水与城市生活污水相比，具有污水单位排放量小、污水水质浓度低、排放时间集中等特点，具体可采用化粪池处理或成套污水处理设备进行处置。对于施工人数少、污水量小于 $30m^3$/ 天的生活营地，同时具备泥水综合利用条件的，可采用化粪池进行处理。目前较为先进的化粪池工艺是三相分离化粪池，采用了三相分离技术的新型化粪池，相对于传统的"泥水混合"化粪池的原创性泥水处理设施，兼具污水处理与污泥处理的双重功能。

某风电场施工中的化粪池如图 3-5-1 所示。

图 3-5-1　某风电场施工中的化粪池

小型成套设备处理。对施工人数较少、污水量小于 500m³/天的生活营地，可考虑采用成套生活污水处理设备处理。随着人类环保意识的增强和排放标准的提升，适宜于规模较小的生活污水的成套设备在工程施工中也常应用。生活污水属于低浓度有机废水，可生化性好，且各种营养元素比较全，同时受重金属离子污染比较小。虽然成套设备比化粪池的投资高，但是其处理效率高，占地面积小，操作简单，更适合于施工区生活污水处理。一体化污水处理设备和处理工艺流程分别如图 3-5-2 和图 3-5-3 所示。

图 3-5-2　某风电场营地一体化污水处理设备

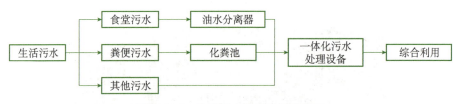

图 3-5-3　生活污水处理工艺流程图

（2）混凝土拌和废水处理。混凝土拌和废水量较小，但 pH 为 11 左右，悬浮物含量达 5000mg/L，其处理主要使 SS 及 pH 降至允许排放标准范围内。可以采用絮凝沉淀法将废水进行固液分离，污水中的悬浮物通过使用絮凝剂进行高速造粒，在沉淀池中利用自然沉淀进行沉淀分离。

针对混凝土拌和废水水量少、间断排放的特点，可采用三级沉淀的方式去除废水中的悬浮物，废水经处理后用于混凝土生产或周边场地洒水降尘，具体的处理工艺如图 3-5-4 所示。

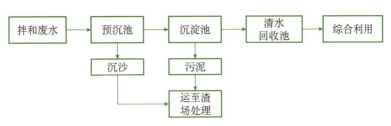

图 3-5-4 拌和废水处理工艺流程图

4）声环境保护

声环境保护应以维护工程影响区域声环境功能区划要求，控制噪声符合排放标准，防止工程施工对周围环境造成不利影响为目标。应重点保护城（集）镇、集中居民点、学校、医院、自然保护区、风景名胜区等声环境保护对象。

（1）施工工厂和施工机械噪声控制。施工工厂应合理布置，将强噪声源设置于远离噪声保护对象的位置。对于受施工总布置影响不能达到噪声控制标准的强噪声源，应采取封闭噪声源、阻隔噪声等措施，并合理安排作业时间。当工程措施不能满足要求时，可对保护对象采取搬迁或经济补偿措施。

施工机械应采用低噪声设备、工艺和材料。加强施工机械设备的维护和保养。在对噪声源或传播途径均难以采用有效噪声控制和消减措施的情况下，应对保护对象进行防护。对保护对象实施搬迁或经济补偿措施，应符合国家和地方有关规定的要求。

（2）施工交通噪声控制。施工交通噪声对保护对象有影响时，应优先采取调整施工道路线位，避让保护对象。当施工道路线位无法调整、保护对象无法避让时，应采取防噪、减噪等措施，主要包括建筑物设置隔声设施、设置声屏障、栽植绿化林带、拆迁建筑物等方式。

保护对象距强声源较近、用地受限且环境噪声超标 5dB（A）以上时，可采用设置声屏障，应根据噪声源位置、屏障与保护对象的位置以及屏障服务年限，确定声屏障的类型、长度、高度、材质、结构等。

施工永久道路两侧有较宽管理范围且位于城镇、风景区附近或有景观要求的路段时，宜种植绿化林带。绿化林带应结合自然环境、道路景观、水土保持规划等进行栽培；绿化林带长度不应小于环境保护点沿公路方向的长度，树种应根据当地自然条件选择。

运输车辆应及时进行维护与保养，道路应加强养护，特殊路段应采取控制车速、禁止夜间鸣笛等交通管制措施。

（3）爆破噪声控制。爆破作业时，应选择先进的爆破技术，减小爆破强噪声源。

应提出爆破区距离周围的学校、医院、居民点等保护对象安全防护距离要求，施工爆破时应实施定点、准时爆破，避免夜间爆破。

5）固体废物防治

风电场工程固体废弃物包括工程弃渣、建筑垃圾、生活垃圾、厨余垃圾、危险废物等，其处置应做到资源化、减量化与无害化。

（1）工程弃渣。风电场施工开挖过程中产生的弃渣应优先利用于场地回填或骨料生产，确不能利用的，应按要求运至工程规划确定的渣场进行规范堆存，并按照"先挡后弃"的原则落实好渣场拦挡防护措施，保障渣场周边排水系统畅通，确保渣场运行安全。废弃的混凝土拌和物和砂石骨料，以及沉淀池清理的淤积泥沙等应清运至弃渣场堆存，不得随意丢弃。

（2）建筑垃圾。尽可能从源头避免和减少建筑垃圾的产生，并结合工程建设实际编制建筑垃圾处理方案，按照分类处理、可再生资源回收利用的原则，对可回收利用的废钢板、废钢材、废钢管、废木材、废空材料桶、废塑料、废玻璃等进行分类回收利用。不可回收利用的弃渣土、废混凝土块、废砖块等可优先利用于场地、道路平整回填，过剩不能综合利用的，应运至指定渣场规范填埋堆放。

（3）生活垃圾。生活垃圾宜按照可回收和不可回收进行分类收集，统一处理。生活垃圾处理方法主要有卫生填埋、焚烧及堆肥三种。各自的适应范围及优缺点见表 3-5-1。

表 3-5-1　生活垃圾常用处理方法及优缺点

处理方法	性质	适应范围	优点	缺点
卫生填埋法	物理无害化	所有垃圾，但以无机垃圾最好	简单易行、费用低	处理占地面积大，垃圾资源未充分利用
焚烧法	化学无害化	可燃性垃圾，垃圾燃烧值不低于 3340J/kg	垃圾减容、减重效果好，产生的热能可利用	技术性强、投资大，垃圾发热量波动大，要防止垃圾焚烧带来的大气污染
堆肥法	生物、化学无害化	可堆腐烂的有机垃圾、粪便及下水污泥	处理量大，高温堆肥的无害化效果好，堆肥既可作为优质的有机肥料，还能改良土壤	技术性强、投资大，生产周期较长，成本高，堆肥销路不畅

（4）厨余垃圾。厨余垃圾应进行单独收集，并按照《中华人民共和国固体废物污染环境防治法》的相关要求，委托有资质的单位对厨余垃圾进行无害化、资源化处理，不能与生活垃圾或其他垃圾、废弃物等混合处置。

（5）危险废物。风电场工程建设危险废物主要包括机修废油、废弃变压油和蓄电池等。根据《中华人民共和国固体废物污染环境防治法》的相关要求，危险废弃物应当按照国家有关规定和环境保护标准要求贮存，并委托有相应危险废物处置资质的单位进行利用和处置，不得擅自倾倒、堆放。危废暂存间实景如图 3-5-5 所示。

图 3-5-5　危废暂存间收集点照片

■ 3.5.2　水土保持措施落实管控

1）风电机组区水土保持措施落实

（1）风电机组区水土流失影响因素分析。风电机组及吊装场地的施工将破坏原地表，降低林草覆盖率，并可能影响周边土地，破坏土壤结构，造成原地表防冲固土能力下降，同时，松散渣料又为水土流失提供了物质来源，若遇暴雨，极易产生水土流失。

（2）风电机组区水土保持措施。表土是指接近地面的土壤，具有植物根系密集、腐殖质含量高、生物活性强、肥力高等特点，它的形成时间长，形成过程复杂，是稀缺且具有重要生态价值的基础性资源。因此在吊装平台平整和风机基础开挖前，应对扰动区域表土进行剥离，剥离厚度一般为 30cm，剥离的表土应堆存至项目水土保持方案报告书指定的表土堆存场，利用密目网等材料对表土堆进行覆盖，同时将部分表土装袋放置于堆存场底部，用于底部拦挡，在堆存点周边设置临时排水设施，防止表土被冲刷，根据后期使用计划，若堆存超过 3 个月时，可在表土堆表面撒草，用以稳定坡面。

根据不同风机平台的实际地形条件，在施工场地施工前，应在周边开挖临时排水沟，后期根据永临结合的方式布设排水沟，末端布置沉沙池，排水沟布置可根据场地布置及周边排水条件确定。

一般而言，风机平台的上边坡高度较低，裸露面积较小，可采取栽植攀缘植物的措施进行生态治理，对于风机平台下边坡，根据不同条件可采取以下方式治理：

①针对长陡、挂渣面积较大的边坡，底部采取钢筋石笼、浆砌石挡墙等工程措施，在达到稳定边坡的基础上，对坡面采取分级整治、人工开阶或者喷播等措施开展治理。

②石块较多的部位，周边可栽植攀缘植物进行治理。

③缓坡可在底部修建拦挡措施的基础上，结合当地草种撒播。

2）道路区水土保持措施落实

（1）道路区水土流失影响因素分析。道路建设中路基的开挖与填筑破坏了原地形地貌、植被、地表物质，使其失去原有的防冲固土能力；局部路段开挖回填，坡度相比原地表坡度加大，坡面变得平滑，导致坡面径流速度增加，冲刷力增强，加剧了水土流失。道路建设影响区面积大，若不在施工中加强管理，随意弃渣将加大扰动面；同时，由于道路建设所处地形坡度较陡，渣料可能顺坡滑下，造成较严重的水土流失。道路建成后，局部挖方地段形成较高的边坡，容易产生冲刷、滑坡、崩塌等现象；填方路段因堆积物质相对较松散，可能发生局部沉陷或小规模滑坡，引起新的水土流失。同时，道路建设过程中改变了原地表水的流向及流态，产生新的冲刷，造成新的水土流失。

（2）道路区水土保持措施。道路区开挖施工应严格控制好施工范围，做好弃渣的综合利用及规范堆存，减少边坡挂渣扰动情况的产生。在路基开挖前应做好表土资源的剥离、保存及综合利用，具体可参照风电机组区的要求执行；道路修建中尽可能利用和改造原有道路排水系统，作为施工期临时排水沟排导路基汇水，并对部分路段土质排水沟进行开挖和内壁夯实，作为永久排水设施。同时，根据道路走向、地形坡度、汇水面积等影响因素布设沉砂池，在沉砂池上游铺设砖砌排水沟，以利于雨天径流泥沙的汇集及路面排水，并在雨季做好排水沟和沉砂池清淤工作。

路基边坡应按设计要求开挖，根据地形条件，上边坡采用栽植攀缘植物、干砌石挡墙、浆砌石挡墙等进行防护，道路下边坡应据实采取护坡、拦挡等措施防护，裸露坡面采取覆土后撒播草种绿化，或可根据需要据实栽植乔灌木、藤本植物等进行绿化，以提升景观效果，对于高陡长边坡应制定专项设计方案，结合现场实际进行专项治理。

3）弃土弃渣管理

（1）弃渣场的前期管理。在弃渣前，对弃渣场范围内的松散堆积物、树木、表层腐殖土等按设计要求进行清除，同时，弃渣场的管理单位应根据设计资料制定好详细的弃渣场使用规划，对土渣、强风化岩石、土夹石、石渣等堆弃位置进行合理分配，原则上将石方堆置在中下部，保证弃渣体稳定。在正式堆渣前，应按照"先挡后弃""先排后弃"的原则，落实渣场底部拦挡及上游截排水措施。

（2）弃土弃渣的规范管理。风电机组区、道路区等区域的所有开挖料需从开挖工作面装运至指定弃渣场，从渣场进口开始修建施工便道，弃渣道路应根据堆渣进度逐步推进，弃渣临时道路的布置及边坡需满足边坡稳定和施工需要，弃渣场内部按分层分块阶梯状推进堆弃，堆置过程中的每层堆渣体表面及时进行平整和碾压，并形成2%～3%的坡度，以便降水快速散排，同时应保持堆放期间的堆渣体临时边坡稳定，并做好其边坡防护和周边排水工作。

4）植被恢复与建设

在进行风电场植被恢复与建设工程总体布置时，应在不影响主体工程安全的前提下，尽可能增加林草覆盖的面积，有景观要求的应结合主体工程设计将生态学要求与景观要求结合起来，使主体工程建设达到既保持水土、改善生态环境，又美化环境、符合景观建设的要求。

对各类开挖破损面、堆弃面、占压破损面及各类边坡，在安全稳定的前提下（含采取一定的工程措施确保安全稳定），应尽可能采取植物防护措施，恢复自然景观。不同区域和不同建设项目类型，应分别确定植被建设目标。植物防护可采取种草、造林等措施，在地形较缓或稳定边坡的地方可采取封育管护措施恢复自然植被，同时尽量对渣面、工程不再使用的临时占地等进行植被建设；对含有害物质（指对植被生长有害）渣场或其他地面（如酸碱性土壤）等特殊场地实施植被建设工程，应对土壤进行改良后实施植被建设工程；对于高陡裸露岩石边坡可采用攀缘植物实施绿化，或可采取喷播绿化等措施进行。

植物措施一般包括种草护坡、造林护坡、草皮护坡、格状框条护坡、防护林、道路绿化等。

（1）不同分区植被恢复与建设要求。风电机组区、道路区植被恢复与建设工程应包括边坡绿化、乔灌木栽植和临时道路植被恢复。其中，风电机组区边坡绿化宜采用栽植藤本或植草覆盖措施；道路乔灌木宜结合地形布置，不得影响道路正常运行；临时道路在施工结束后，应先进行土地整治，再进行植被恢复，植被恢复宜采用乔、灌、草混交的方式进行配置。

永久施工营地植被恢复与建设工程以景观绿化为主，树种搭配应结合地势和造景要求，采用常绿树与落叶树、乔木和灌木、速生和慢生、不同树形和色彩的树种配置。

临时施工营地植被恢复与建设工程多采取"永临结合"的方式设计，施工期植被建设应考虑景观性，并与施工结束后植被恢复结合；施工结束后，在土地整治的基础上进行植被恢复，植被恢复采用乔、灌、草混交的方式进行配置。

料场区植被恢复与建设工程部位宜为开采平台和边坡，其中，平台应在土地整治的基础上进行植被恢复，边坡马道设置种植槽进行绿化，植被恢复宜采用乔、灌、草混交的方式进行配置。

弃渣场区植被恢复与建设工程应包括堆渣平台和堆渣边坡，在堆渣体整体稳定的前提下，应在土地整治的基础上进行植被恢复，堆渣平台宜采用乔、灌、草混交的方式进行配置；边坡宜采取灌、草混交的方式进行配置。

（2）树草种选择与配置。根据基本植被类型、立地类型的划分，以及基本防护功能与要求和适地适树（草）的原则，确定林草措施的基本类型。

根据林草措施的基本类型、土地利用方向，选择适宜的树种或草种。应采用乡土种类为主，辅以引进适宜本土的优良品种。

弃土（石、渣）场、土（块石、砂砾石）料场、采石场和裸露地等工程扰动土地，应根据其限制性立地因子，选择适宜的树（草）种。

山区风电场各立地类型所适宜的主要植被防护型式和工程类型，见表3-5-2。

表3-5-2　山区风电场各立地类型所适宜的主要植被防护型式和工程类型表

防护类型	适用范围			工程类型
	立地类型	坡比	坡高	
植树	未扰动或轻扰动平缓土地	<1∶1.0	—	绿化美化、植物防护
植树	未扰动或轻扰动土质边坡	<1∶1.25	—	绿化美化、植物防护、植被恢复
植草	未扰动或轻扰动土质边坡	<1∶1.5	—	绿化美化、植物防护、植被恢复（种草或喷播植草）
种植灌草	土质、软质岩和全风化硬质岩边坡	<1∶1.5	—	
植生带、植生毯	土质边坡、土石混合边坡等经处理	<1∶1.0	—	绿化美化、植被恢复

续表

防护类型	适用范围			工程类型
	立地类型	坡比	坡高	
铺草皮	边坡不高、坡度较缓的各种土质及严重风化岩层的稳定边坡	<1:1.0	—	绿化美化、植物防护、植被恢复（植草、灌）
喷混植生	土质和强风化、全风化岩石边坡	<1:1.0	—	
客土植生	漂石土、块石土、卵石土、碎石土、粗粒土和强风化的软质岩及强风化、全风化、土壤较少的硬质岩石边坡，或由弃土（石、渣）填筑的边坡	<1:1.0	不限	绿化美化、植被恢复（种植乔、灌、草）
生态植生袋	土质边坡和风化岩石、沙质边，特别适宜于不均匀沉降、冻融、膨胀土地区和刚性结构等难以开展植被恢复与建设工程的区域	<1:0.35	不限	绿化美化、植被恢复（种植乔、灌、草）
格状框条、正六角形框格	泥岩、灰岩、砂岩等岩质边坡，以及土质或沙土质边坡等稳定边坡	<1:1.0	<10m	绿化美化、植被恢复（框格内播种草灌、铺植草皮）
小平台或沟、穴修整种植	土质边坡、风化岩石或沙质边坡（具备人工开阶、客土栽植条件）	<1:0.5	8m开阶	绿化美化、植被恢复（种植乔、灌、攀缘植物、下垂灌木）
开凿植生槽	稳定的石壁	<1:0.35	10m开阶	绿化美化、植被恢复（客土栽植灌、攀缘植物、下垂灌木、小乔木）
混凝土延伸植生槽	稳定的石壁	<1:0.35	10m开阶	绿化美化、植被恢复（客土栽植灌、攀绿植物、下垂灌木）
钢筋混凝土框架	浅层稳定性差且难以绿化的高庭岩坡和贫瘠土坡	<1:0.5	不限	绿化美化、植被恢复（框架内客土植草）
水力喷播植草	一般土质边坡、处理后的土石混合边坡等稳定边坡	1:1.5	<10m	绿化美化、植被恢复（植草或草灌）
直接挂网＋水力喷播植草	石壁	<1:1.2	<10m	绿化美化、植被恢复（喷播植草或草灌）
挂高强度钢网＋水力喷播植草	石壁	1:1.2～1:0.35	<10m	绿化美化、植被恢复（喷播植草或草灌）

防护类型	适用范围			工程类型
	立地类型	坡比	坡高	
厚层基材喷射植被护坡	适用于无植物生长所需的土壤环境，无法供给植物生长所需水分和养分的坡面	1∶0.5	<10m	绿化美化、植被恢复（喷播植草或草灌）
钢筋混凝土框架＋厚层基材喷射植被护坡	浅层稳定性差且难以绿化的高陡岩坡和贫瘠土坡	1∶0.5	<10m	绿化美化、植被恢复（喷播植草或草灌）
预应力锚索框架地梁＋厚层基材喷射植被护坡	稳定性很差的高岩石边坡，且无法用锚杆将钢筋混凝土框架梁固定于坡面的情况	1∶0.5	不限	绿化美化、植被恢复（喷播植草）

第4章 ●●●

山区风电场工程设备的
安装与调试

4.1　山区风电场大件运输

大件运输中的大件是指超重、超限的大型物件，一般都是大型设备。运输设备本身的特殊性，导致大件运输向着超重、超长、超宽、超高的方向发展。区分大件本身的长度、宽度、高度、重量四个指标，可以给大件做出如表 4-1-1 的分类。

表 4-1-1　大件的分类

大件级别	长度（m）	宽度（m）	高度（m）	重量（t）
一级大件	14~20	3.5~4.5	3~3.8	20~100
二级大件	20~30	4.5~5.5	3.8~4.4	100~200
三级大件	30~40	5.5~6	4.4~5	200~300
四级大件	≥40	≥6	≥5	≥300

运输大件的车辆是特殊车辆，一般利用全挂式平板车、牵引车组合满足运输要求。大件运输对空间和技术的要求也很高。大件运输这些特殊性，也对大件运输时所通过的桥梁和道路提出了新的技术要求。

■ 4.1.1　大件运输的原则

1）运输线路优化原则

风电场大件设备运输需要通过公路联运、转场等运至风电机组机位、升压站等位置，最优的运输路线能够最大限度地降低运输成本，减少运输时间以及增加运输节点的可控性。这就要求大件运输承运单位除了对交通运输管理部门进行咨询外，还应进行详细的调查研究，同时参考同类工程运输经验，对运输方式、运输路线进行多种类、多线路、多方案的优化比较，从而保证大件设备运输的可行性。

2）安全可靠性原则

安全可靠是整个运输方案设计的首要原则，大件设备运输过程中若发生安全事故，不仅会延迟工期，还会给工程建设带来无法估量的经济损失。大件运输要求相关人员严格遵守纪律，运输车辆按指定路线、指定位置行驶；运用科学分析和理论相结合的方法进行配车装载、加固捆扎，保证操作过程万无一失。

3）经济适用性原则

维护各方的利益，尽量降低运输费用，是大件运输追求的目标。在运输路线优化的基础上，借鉴大件设备运输行业内先进的设备和技术，采用科学合理的运输方式，并进行详细的道路勘察，精心选择路线，避开大型桥梁、病害桥梁及承载潜力的桥梁，减少运输沿线上的道路改造和桥梁加固费用，最大限度地降低运输成本。

■ 4.1.2　大件运输车辆选择

风电机组设备主要包括风电机组叶片、机舱、轮毂及塔筒等，每一个部件都属于普通公路运输的超限物件，需要采用专业车辆进行运输。而对于叶片来说，其超长的长度，成为其区别于风电机组其他设备的主要特征，且叶片越长，运输越困难，运输成本也越高。随着向低风速、机组大容量发展，叶片运输成本相对叶片总成本比例逐渐提高，叶片越来越长，对运输道路的要求也越高。

风电机组叶片自身过大，大型风电机组风机叶片有超长、超重、柔性易损等特点，叶片长度通常超过了一般特种运输的限制范围，在实际运输过程中，有可能会出现某些内部原因和外部原因所引起的损伤。若是风机叶片在运输中出现损伤，那么叶片的表面就会留下较为明显的伤痕，这些伤痕若是得不到及时处理，将会直接影响风机叶片的正常使用寿命。由于风能资源丰富的地区都比较偏远，道路情况恶劣，叶片在运输过程中可能会由于路面的颠簸，出现不可逆的损伤，当路面激励的频率接近叶片本身的固有频率时，还可能会导致叶片共振。

叶片运输车的选择原则。叶片的运输约束条件很多，与叶片本身的长度、宽度、高度以及叶根节圆大小、支点位置、重量和重心位置等因素相关。比如高速公路运输高度限制小于5m，运输车辆前部叶根支架摆放货台面高度大于或等于0.9m，从而要求叶片安装前后运输支架姿态下从地面算起最大高度小于或等于4m，支点位置越长，叶片运输车辆抽拉长度越长，现场道路转弯半径越大。目前，叶片的运输一般通过平板半挂车结合牵引车或叶片举升—旋转—液压转向的特种叶片运输车来完成。平板半挂车结合牵引车适用于高速公路或道路平坦的风电场，运输道路条件必须好。

叶片举升—旋转—液压转向的特种叶片运输车（简称举升车）是针对风机叶片复杂道路运输专门设计的作业车，由于在行驶途中可以通过液压控制将叶片产生举升、自身360°旋转避让运输途中的各种制约障碍（山体边坡、树木、房屋、桥梁、隧道等），可减少叶片扫尾面积，大大降低道路改造工程量，缩短道路改造工期，在一定程度上满足转弯半径不足以及避让高山峭壁、建筑群、电线杆等障碍物及房屋拆迁，也可以大幅减少叶片运输车体总长，从而得到推广运用。尤其是在山区风电场，受制于道路转弯半径的限制，基本是目前唯一运输方式选择，很多风电场都是先通过平板半挂车在高速段把叶片从叶片厂运输到离风场一定的位置，再通过叶片举升转运车转运到机位。

叶片举升运输车的优缺点如下。

优点：叶片举升转动灵活，改造费用少。特种叶片举升运输方式叶片扫尾面积相比普通平板车平置运输方式大，弯道中涉及改造工程面积减少约10倍。通过叶片举升运输能有效地避开高山峭壁，房屋建筑群，减少道路改造、房屋拆迁费用，以及对植被的破坏，提高叶片运输效率。

缺点：由于高速公路及大部分等级公路的限制，风电机组设备在国家公共交通路网上只能采用普通平板车运输，因此，山区风电场采用特种车运输时需在靠近风电场场区附近选择一个合适的地点设置中途转运场。另外，采用特种举升车运输的运输费比普通平板车运输费用较高。

■ 4.1.3　大件运输线路选择

随着我国各地建设和运输业的不断发展，一些运输荷载远远超过现行规范规定的大型甚至特大型设备需要公路运输。同时，现有公路上的一些老旧桥梁由于设计标准较低、施工质量不高、桥面宽度窄、年代较久以及常年超负载营运等，出现主梁结构裂缝、钢筋锈蚀以及混凝土老化、开裂、受损破坏等问题，很大程度上影响了它们的承载能力。另外，公路上的弯道、路基承载力、道路路面情况以及路线行驶净空等都对大件运输有着不同程度的影响。因此，如何选择合理的运输路线，避开这些承载力不足的桥梁和大跨径桥梁，以及尽量减少路线上问题桥梁的数量，减少道路上其他不满足运输要求的方面，减少在改造路线上的时间和经济消耗就成为一个重要的问题。

4.1.3.1　基本原则

由于大件在重量及体积上具有特殊性，在普通公路上运输这些荷载，主要受到以下五个因素的制约：

（1）沿线桥梁等结构的承载能力。

（2）道路转弯半径要求。

（3）沿线路基的稳定性和路面状况。

（4）道路最大坡度和横坡要求。

（5）线路的通行净空要求。

此外，还应考虑时间和经济因素，确定的路线应该尽量使运输的路程较短，并且尽量减少为安全运输所消耗的加固改造费用。

综合考虑以上各种因素，以保证所选运输线路能够安全、迅速、经济地完成运输任务，是大件运输路线选择的基本原则。

4.1.3.2　路线选择步骤

运输路线的选择大致要经过以下几个步骤：

（1）分析和确定可行路线方案。

（2）现场踏勘并调整方案，以避开存在损坏较严重的桥梁、承载力不足且跨径较大的大桥或路基不稳等情况的危险路段。

（3）收集沿线桥梁资料，包括设计图纸、以前的检测和加固历史等资料。

（4）对沿线进行结构承载能力检算，并重新调整方案，对于已知的承载力不足的桥梁，如果加固费用较高且附近有其他可选择的道路，则绕过该桥；反之，则选择合适的加固方案对桥梁进行加固。

（5）对于承载力基本满足，但相对运输荷载安全储备不高的桥梁以及加固后的桥梁进行现场荷载试验，以确定其实际承载能力。

（6）确定运输路线。在大件运输路线的选择中，可行的运输路线可能不止一条，但是具体选择哪条路线，目前还没有一个统一的标准。主要是通过考察路线中的桥涵、弯道、路基路面、通道限高、道路纵横坡和影响运输路线中的其他因素等，从安全、经济、便捷等方面综合分析路线优劣。

■ 4.1.4 大件运输注意事项

4.1.4.1 运行安全控制

1）交通管制

设备在指定的路线行车，联系属地交通管理部门进行交通管制，分段封闭道路，全程进行监控。

2）运行时间

设备运输必须在白天进行，白天行车时，要悬挂标志旗。标志旗的规格、使用及管理如下：

（1）标志旗的规格：采用布料等腰三角形旗帜。三角形底长150mm，腰长300mm，旗帜中间印有"大件"字样。标志旗的底色和中间字体的颜色，应与运输大型物件自身颜色有明显区别。

（2）标志旗的使用：在运输过程中分别竖于牵引车辆前方两侧和挂车装载物件上的最宽处。如果挂车装载物件的长度超过挂车尾部，需在物件末端的最高点装设标志旗。

（3）标志旗的管理：由运输经营业户自行制作和安装。

3）运行速度

正常运行速度必须控制在5km/h；道路不平整的路段速度必须控制在2km/h以下；通过障碍的速度控制在3km/h以下。

4）车辆启动前的检查

车辆启动前，必须对平板车和加固情况做详细的检查，杜绝隐患，并做好记录。必须在启动前排除所有问题。

5）运行过程中的检查

（1）横坡检查：通过横坡大于3%的道路，必须进行平板车的横坡校正，以确保设备处于相对水平的状态。

（2）纵坡检查：通过较大的纵坡时，对平板车进行纵坡校正，以确保设备处于相对水平状态。

6）车辆停放

运输过程中，夜间停放或中途停车必须选择道路坚实平整、路面宽阔、视线良好的地段，设置警戒线、警示标志，设立标志灯，并派人守护；停放时间较长时，需要在平板车主梁下部支垫道木，降低平板车高度，主梁落在道木上，检查平板车压力表，将压力降低。将平板车停放妥当后，检查设备捆绑情况和车辆轮胎等，及时排除隐患；沿途路段实行封闭或半封闭通行；停车时，做好安全隔离措施，提醒其他车辆注意绕行。标志灯的规格、使用及管理如下：

（1）标志灯规格：采用运输车辆自身电源和与电源功率相匹配的红色灯泡连接而成。

（2）标志灯使用：在挂车装载物件的最宽处和超过挂车尾部的最长处装设。

（3）标志灯的管理：由运输经营业户自行制作和安装。

4.1.4.2 运行保障控制

（1）对准备运输的设备进行适当的保管和包装，以防损伤。

（2）运输前，必须检查大件设备装载与捆扎情况；做好超限运输标志；在运输途中，定时检查大件设备的绑扎加固情况是否完好。如有不安全的隐患要及时采取措施清除，以确保大件设备、运输工具的安全。

（3）运输前，必须对运输车辆的制动系统、润滑系统、刹车系统、轮胎等进行严格检查，以确保大件设备、运输工具的安全。

（4）在运输前再次对路线进行勘查，保证运输司机对道路的熟悉。

（5）运输期间，运输指挥人员需配置反光背心，最大限度地确保运输指挥人员以及设备的安全。

（6）在运输途中需使用牵引车辆时，必须在牵引车辆上配备专人指挥并配置对讲机，以便在牵引过程中保证运输司机及牵引车辆司机能够及时沟通，以免牵引车辆司机不知后面情况强制牵引造成安全事故。

（7）在运输过程中，需设置前、后引路车辆，并距运输车辆有50m以上的安全距离，前引路车辆疏通运输道路，确保运输车辆的安全行驶（在上坡及转弯段时必须提前对车辆拦截，保证对牵引车辆及司机、运输车辆及司机的安全，避免出现事故）；后引路车辆应指挥运输车辆后面出现的车辆距运输车辆至少50m的安全距离。

（8）在场内运输时，应尽量靠内侧（靠山一侧）行驶，随时注意前方道路情况，并控制车速。

（9）在到达场内路段时，运输司机需先实地查看场内道路，待其熟悉道路情况后继续运输。

（10）运输司机在出车前应保证充足的睡眠，严禁疲劳驾驶、无证驾驶、酒后驾驶。

4.1.4.3　应急预案

1）天气突变应急预案

在运输作业期间遇天气突变，如降雨、降雪等情况，应及时对货物进行遮盖并对车辆采取防滑措施，保证货物安全运抵指定地点或就近寻找坚实平整、路面宽阔、视线良好的地段停放车辆，设置警戒线、警示标志，设立标志灯，并派人守护。

2）车辆故障应急预案

在运输前，通知备用车辆及维修人员待命。如运输车辆在途中出现故障，应立即安排维修技术人员进行维修。如确定无法维修，需及时调用备用车辆，采取紧急运输措施，保证在最短时间内将货物运抵指定地点。

3）道路紧急施工应急预案

运输单位应对设备运输路线进行反复勘察，并在设备起运前一天再次确认道路状况，掌握运输路线的详细资料。尽管如此，仍难以完全避免因道路紧急开挖施工导致的通行受阻情况。遇到此类情况，现场负责人应及时采取补救措施，协调内外部资源，及时提出运输路线整改方案，在施工部门配合下在最短的时间内完成施工道路整改，确保设备运输顺利通行。

4）道路堵塞应急预案

在设备运输过程中遇到交通堵塞情况，应服从当地交通主管部门的协调指挥，加强交通管制。如遇集市或重大集会，建议改变运输计划，或者寻求新的通行路线，保证顺利通过。

5）交通事故应急预案

在运输车辆发生交通事故时，现场人员要及时保护事故现场，向交警部门报案

并上报总承包单位现场机构、业主单位及保险公司，积极协调交警主管部门处理，必要时，协调交警主管部门在做好记录的前提下"先放行，后处理"。

6）加固松动应急预案

运输过程中，在设备捆扎松动的情况下，现场负责人应立即对其进行检查，制定切实可行的加固方案，对大件设备进行重新加固，避免出现车货分离，保证设备和运输车辆及人员的安全。

7）不可抗力应急预案

当运输过程中有不可抗力的情况发生时，首先将运输设备置于相对安全的地带，妥善保管，利用一切可以利用的条件将事件及动态通知业主单位人员，并按照业主单位的授权开展工作。如果基本的通信条件不具备，则做好相关记录和设备的保管工作，直到与业主单位人员取得联系或者不可抗力事件解除。不可抗力事件的影响消除后，如果具备继续承运的条件，工程总承包单位现场机构人员监督承运单位在确保设备以及运输人员安全的前提下，继续实施运输计划。

■ 4.1.5 大件运输新技术应用

由于山区风电场自然环境恶劣，地形条件及道路交通情况复杂，相较于戈壁、平原和沿海地区项目来说，重大件运输成为山区风电场建设中影响安全、进度和费用的关键因素。而在项目实施中，受山区风电地形条件复杂、道路勘察设计深度不够等影响，经常遇到实施道路无法满足重大件运输要求，导致工程施工方的道路建设成本增加或临时扩宽、扩建，延误建设工期等问题。

适应复杂地形山区风电场的大件运输技术，已经成为从事山区风电场工程建设管理单位的创新驱动工作。

中国电建贵阳院研发的基于运输车辆行驶轨迹的山区风电场大件运输技术，通过采用通过快速判别技术及道路改造技术相结合方式，为山区风电机组大件运输道路改造设计提供了定量化的数据，实现道路改造科学，有利于道路改造工期控制、投资把控，解决了偏远山区风电场的超大尺寸运输问题。

基于运输车辆行驶轨迹的山区风电场大件运输，通过性判别及道路加宽改造技术方案包括以下方面：

（1）通过"大件运输的通过性判别系统"硬件系统，测量风电场道路作为工点地形图。硬件部分包括 GPS 与传感器对采集得到的道路 GPS 数据进行处理并进行拟合，以更加准确地反映道路的实际情况，通过软件将道路信息及障碍物信息以图形形式在电脑上呈现。

（2）通过"大件运输的通过性判别系统"软件系统，处理确定道路通过及制定道路改造方案。主要包括基于现有道路平面线形要素，以弯道转向圆心作为原点建立直角坐标系；根据风电机组大件尺寸确定运输车的参数、轴距；在道路图形中加入运输车辆模型，并根据进场路弯道平面图确定转向半径以及转向角参数；根据牵引车与运输车转向规律进行计算，计算运输车的轨迹；根据半挂车轨迹线与进场路的平面界限判断运输半挂车的通过性；对于车辆模拟运行无法通过该路段，则通过软件算法进行运算，将需要进行改造的路段区域及面积显示出来，并以软件图形的形式显示，准确制定道路改造方案。山区进场路弯道通过性判别原理示意图如图 4-1-1 所示。

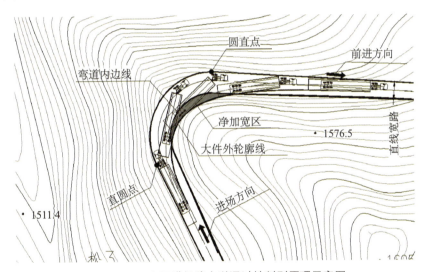

图 4-1-1　山区进场路弯道通过性判别原理示意图

山区进场路弯道通过性判别系统界面如图 4-1-2 所示。

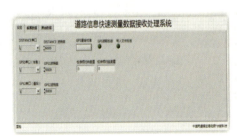

（a）人机主界面1：参数设定

（b）人机主界面2：轨迹显示

图 4-1-2　山区进场路弯道通过性判别系统界面

利用道路关键信息采集数据，结合道路通行能力理论计算分析，确定大件运输车辆道路两侧行驶轨迹及运输大件扫空范围，结合地形、障碍物改造便利性、改造方案可事实性及改造方案的经济性，通过数字模拟持续调试行车、扫空轨迹，选取最优改造方案，并及时复核改造方案的可行性，缩短了沟通时间、方案分析时间，人员、设备等交通往返时间，有效提升了改造方案的产出率。

山区风电场大件运输通过性判别及道路加宽改造技术，主要解决现有的风电场进场道路设计带有一定的主观经验性问题，避免出现局部弯道工点进行二次改造的情况。它的优势体现在适用山区大件运输道路改造工程，简化了大件运输道路勘察工作，为通过性不满足的弯道改造设计提供直观、准确的参考数据，使得道路改造方案更加科学化。提高了道路改造效率以及成果的准确性，同时也保障了风电机组大件的畅通运输，提高了运输效率，保证道路改造及大件运输环节的工期，减少了山区进场路改造的工程量，降低了工程造价，节省了工程投资，具有较高的经济效益和社会效益。

■ 4.1.6　山区大件运输案例

山区风电塔筒及叶片运输如图 4-1-3 所示。山区风电主机运输及中途停放如图 4-1-4 所示。山区风电叶片及塔筒上坡牵引如图 4-1-5 所示。大坡度道路运输如图 4-1-6 所示。运输条件受限路段模拟分析如图 4-1-7 所示。叶片举升运输如图 4-1-8 所示。

图 4-1-3　山区风电塔筒及叶片运输

图 4-1-4　山区风电主机运输及中途停放

图 4-1-5　山区风电叶片及塔筒上坡牵引

图 4-1-6　大坡度道路运输

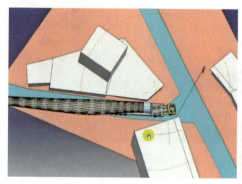

图 4-1-7　运输条件受限路段模拟分析　　　　图 4-1-8　叶片举升运输

4.2　风电机组安装

■ 4.2.1　一般安装流程

当前，中国风力发电工程蓬勃发展，山区风电建设主流风力发电机发电功率从 1.5MW 升级发展至 2.0～5.0MW，单机容量 6.7MW 的发电机组也已有多个建成投运案例。

1）主要施工工序

风电机组安装包括塔筒、机舱（发电机）、风轮轮毂、叶片、控制柜等，风电机组安装施工工艺流程如图 4-2-1 所示。

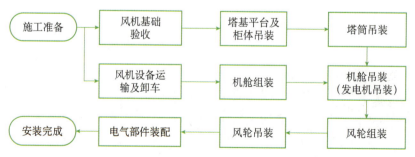

图 4-2-1　风电机组安装施工工艺流程图

2）施工准备

设备到货前，所有施工机械、材料及施工人员到场，吊装前5日完成对主起重机的组装和负载试验及风电机组基础的验收，同时完成下列内容：

（1）施工人员的安全学习及培训。

（2）学习相关的风电机组安装手册及工作计划，熟悉设备情况。

（3）完成技术交底。

（4）将工作计划上报至业主单位及监理。

（5）接收清点专用工具。

3）设备的卸车及运输

叶片、塔筒、机舱、轮毂应卸在风电机组附近，以避免或减少设备的二次搬运，控制柜及其他零部件应卸在库房内保存，随用随取。卸车时必须遵照以下要求：

（1）塔筒的卸车必须使用尼龙吊带，塔筒落地时必须有两个支点并垫软物。

（2）叶片卸车采用1对吊带。

（3）机舱吊装必须使用专用工具。

4）设备的接收及检验

设备的接收和检验应做好以下工作：

（1）外观检验。

（2）用数码相机拍照，填写设备验收清单。

（3）清单附照片上报业主单位及监理单位。

（4）填写《现场接收货物检验一览表》。

5）风电机组基础验收

风电机组基础验收前，应清除基础环内、基础环平面及螺栓上的灰浆、砂子和尘土。

基础环的平面度应符合要求，利用水准仪器进行测量，并做好每台的验收记录。

6）控制柜安装

塔筒下段T1吊装前，应将控制柜放在基础环的平台底部平台上，并做好临时固定。

7）塔筒吊装

塔筒分为钢塔筒、混凝土塔筒及钢＋混凝土组合塔筒。其中钢塔筒、混凝土塔筒属于体积较大、质量偏大的吊装对象。随着山区风电场建设技术进步，生产厂家对混凝土塔筒及钢＋混凝土组合塔筒进行技术革新。目前，组合塔筒、混凝土塔筒已经实现刚度大、运输无限制、材料成本低、耐久性好且后期少维护的建造态势。塔筒转场起吊、配电设施起吊分别如图4-2-2、图4-2-3所示。根据山区风电建设的实际情况，本节重点介绍钢塔筒吊装技术。

图4-2-2　塔筒转场起吊　　　　　　　　图4-2-3　配电设施起吊

（1）塔筒下段吊装。

①清洁塔架内外，对损坏的油漆面进行修补，并检查基础面的平面误差。

②检查塔架内部梯子、平台、支架及其他内部附件是否安全牢固可靠，并安装塔架内照明灯具，将与中塔架连接的螺栓和相应的电缆放在上平台内，固定牢靠。

③清洁基础环法兰和塔架下法兰端面，清除锈迹及毛刺，在基础环法兰面上涂上密封胶。

④将控制柜放在基础环内平台上，控制柜的门正对塔架门方向，在基础上打孔装入底角螺栓后，先安装控制柜撑架，再安装控制柜。

⑤安装好塔架专用吊具起吊塔架，由大小起重机配合吊装，650t履带起重机吊点位于下段塔架上法兰处，350t起重机吊点位于下段塔架下法兰处。将塔架吊起后，由水平位置吊为竖直位置时，350t起重机脱钩，拴上风绳，注意两台起重机动作协调，勿使塔架下端拖地。

对接塔架：当下段塔架在竖直状态吊高至其下法兰面高于基础环法兰面1cm时停止，用倒正棒调整相互位置，注意门的位置是否和基础环法兰相对应，确保塔架门的朝向正确。

在螺栓上涂二硫化钼润滑剂，在塔架位置调整就位后，在相隔90°左右方位的螺孔中装上几个螺栓，放下塔架，保持吊索处于受力状态（2t左右），装上所有螺栓并预紧。

拆除吊具，按规定顺序和力矩紧固所有螺栓，塔架吊装现场如图4-2-4所示。

图4-2-4　紧固力为2800N·m塔架吊装现场

（2）中下塔架吊装按照塔架T1的吊装方式起吊塔架T2，要求在下法兰处捆绑缆风绳以控制塔筒摆动，对应吊具：40t吊带（2根6m及1根7m），塔架T2上吊耳及下吊耳，塔架螺栓在涂抹润滑剂之后，使用包装盒装上并固定在上平台，随着塔架吊运上去。注意：螺栓务必在平台上固定，防止塔架翻边时散落。

按要求清理安装法兰面，涂抹密封胶。使塔架T1与塔架T2对接定位，两节塔筒安装时，务必保证爬梯对正，使用液压扳手紧固高强螺栓，紧固过程按紧固力矩要求分两遍进行，塔筒竖立起吊示意如图4-2-5所示。紧固完成后，拆除上吊耳。

图4-2-5　塔筒竖立起吊现场

（3）中上塔架、上塔架吊装。按照塔架T2的吊装方法将剩余的塔架T3与塔架T4吊装完成，塔架螺栓在涂抹润滑剂之后，使用包装盒装上并固定在上平台，随着塔架吊运上去。注意：螺栓务必在平台上绑牢，防止塔架翻边时散落。

对应吊具：75t 吊带（6m 及 7m），塔架 T3 与塔架 T4 上吊耳及下吊耳。

紧固过程分两遍，力矩分别是 1400N·m 和 2100N·m。

（4）机舱吊装。吊装前将机舱与发电机连接螺栓以及用到的工具预先放在机舱内。

在完成机舱盖、气象架、风速风向仪等组装工作后，为保证吊装质量，检验专用吊具是否合适，应在吊装前先试吊一下机舱。利用机舱专用吊具，按照安装手册捆绑机舱。650t 履带吊臂长 102m、幅度在 22m 内能够满足吊装要求。

当机舱千斤绳带劲后，卸掉底座螺栓，然后把机舱吊至距地面 1000mm，清理机舱底部法兰上的铁锈、碎屑，必要时螺栓孔用丝锥过丝。当上述工作完毕后，阵风小于 10m/s 时开始起吊，起吊前必须拴好溜绳（溜绳长度不得小于 150m）。

当机舱吊至塔筒上法兰以上约 10mm 处，调整机舱的相对位置（机舱纵轴线应处于偏离主风向 90° 的角度），同时指挥起重机缓慢落下机舱，拧上连接螺栓，按十字对角方式逐一紧固，主起重机松钩前，塔筒对塔筒、机舱对塔筒力矩必须完成。

（5）发电机的吊装。安装发电机专用吊具，起吊发电机到适当高度，利用小吨位起重机将发电机翻转 90°，利用 2 个 5t 吊葫芦调整发电机有 3° 的仰角。起吊发电机，地面拉好缆风绳，起吊到适当高度，高空指挥与机舱对接，穿好连接螺栓并预紧螺栓，紧固完力矩后拆吊具，注意法兰面绝对不允许涂抹 MoS_2。

（6）叶轮组装。叶轮装配在地面上进行。由起重机将轮毂吊放在指定组装位置上，调整好吊装口的位置，三个叶片应避开障碍物，在轮毂台架下垫 60cm 高的枕木，轮毂与主轴连接的法兰面朝下，清除轮毂与叶片连接法兰面上的毛刺和锈迹，并在叶片与轮毂的连接螺栓上涂抹二硫化钼。将叶片用起重机吊起（叶片上有重心标记点），拆去叶片支撑架，清除叶片连接法兰面毛刺和锈迹。在叶片上安装双头螺栓（螺栓上涂抹二硫化钼），按厂家要求拧紧螺栓，调整好螺栓的长度正偏差 1mm。起重机将叶片缓缓吊至与轮毂对接处，通过起重机变幅和旋转，手动变桨调整法兰，使螺栓穿过法兰，按规定力矩紧固。在叶片前部三分之一处用支架托住叶片，起重机摘钩。吊装叶片时要绑上导向绳，叶片吊点处必须放置叶片夹板。提前用手动葫芦将变桨轴承外圈变至 -90°，便于叶片的 0 刻度组对。用同样方法组吊装另外两个叶片。如果叶轮不能及时吊装，应对叶轮采取加固措施。叶片组合起吊示意图如图 4-2-6 所示，叶片组装起吊示意图如图 4-2-7 所示。

（7）叶轮吊装。上好叶轮专用吊带、专用吊具，用导向绳和叶尖护套将起吊后向上的两个叶片拴好。在起吊后向下的叶片支点处，安装辅助起重机的吊带、吊具。

将起重机挂好钩后，松开轮毂底座螺栓，两台起重机开始双机抬吊，叶轮离地后清除轮毂法兰面上的锈迹及毛刺，并用丝锥过轮毂安装螺孔。

起重机将叶轮由水平状态变为竖直状态。叶轮起吊至发电机中心高度后，机舱内的安装人员通过对讲机与起重机指挥人员保持联系，当轮毂法兰靠近齿轮箱法兰盘至10cm处停止，此过程中，指挥人员应时刻注意叶轮在空中的位置，指挥好起重机和导向绳的牵引方向，以免发生碰撞。

安装指挥人员指挥起重机缓慢变幅，同时利用导向绳将叶轮定位于主轴的正前方，用导向棒导向使轮毂进入止扣，指挥起重机负重30t，用电动枪紧固连接螺栓。此过程中应注意，螺栓固定时有些螺孔方向有障碍物无法全部安装螺栓，要尽可能将能安装的螺栓全部安装，按顺序和规定力矩紧固螺栓。

图4-2-6　叶片组合起吊示意图

拆除叶轮专用吊带及导向绳，由安装人员推动叶轮制动盘，将叶轮旋转180°后，将剩下的安装螺栓依次紧固，按顺序和规定力矩紧固螺栓。将螺栓力矩紧固完后松开抱闸和锁定销，使叶轮处于自由状态。

图4-2-7　叶片组装起吊示意图

（8）电气设备安装。根据设备供货单位的《安装手册》，提前进行各段塔筒内的电缆布线及固定、附件安装工作，并做好相应标示。配合塔筒基础检查、电缆预埋检查、塔内控制电器基础检查，控制电器的组装和塔筒的吊装工作，穿插进行塔内控制电器安装。

根据接线图纸逐一检查校核电缆连接线芯是否正确，制作电缆终端头和中间接头，照明安装符合设计要求。

检查塔筒接地连接应符合设计要求（包括工作接地和防雷接地），测量接地电阻值满足风电机安全运行的要求。

■ 4.2.2　风电机组吊装技术

4.2.2.1　山区风电机组吊装技术

1）风电吊装设备

（1）履带式起重机

履带式起重机是将起重机安装在专门设计的履带底盘上，依靠履带装置行走的动臂起重机。履带式起重机具有履带接地面积大、通过性好、适应性强、可带载行走、稳定性好、牵引系数高，并可在崎岖不平场地行走等特点。目前，我国常用的履带式起重机主要有桁架臂履带式起重机和箱型臂履带式起重机，其在风电机组安装中的应用范围比较广（见图4-2-8）。

图 4-2-8　履带式起重机

（2）全地面起重机。

全地面起重机也是风电机组的主起重机设备之一。全地面起重机与履带式起重机有着较大的不同，它是安装在专门特定的底盘上，而不是用履带当作底座。全地面起重机重量较轻，操作性良好，可实现全轮转向进行 360° 全方位工作。目前，我国常用的全地面起重机主要有桁架臂全路面起重机和箱型臂全地面起重机，其在风电机组安装中的应用范围比较广。

（a）QAY系列　　　　　　　（b）SAC系列

图 4-2-9　全地面起重机

（3）塔柱式伸缩臂起重机。该类起重机结合了塔式起重机和伸缩臂起重机的技术特点和性能优点，因此，也称为塔柱式伸缩臂起重机。现阶段我国起重机市场中，该类机械资源有限，在国内风电建设领域应用比例很低，但它具有操作成本低和空间要求极小等优点，在某些特定环境的风场，经济性优势明显。

Grove GTK1100 起重机是其代表产品，该起重机是马尼托瓦克起重集团德国格鲁夫起重机械制造厂在 2002 年推出的全新概念设计和制造的一种新型起重机，是性能卓越的轮胎式起重机之一；SSC 系列起重机是由三一重工设计制造的风电专用起重机，既具有汽车起重机的灵巧性，也兼有履带式起重机强大的带载能力，作业效率高，安装与运输成本低，特别适用于山区风电建设。

（4）全液压轮式起重机。QLY9096 全液压轮式起重机为郑州新大方公司设计制造的风力发电场吊装专用起重机，起重机行走底盘采用液压独立悬挂、独立转向系统，车轮行进可以自行调整，满足复杂路面通行要求。起重机采用塔身三级伸缩、塔臂三级折叠技术，可带臂行走。现阶段国内起重机施工中资源非常少，在国内风电建设领域使用比例非常低（见图 4-2-11）。

(a) GTK1100

(b) GTK1100起吊状态

(c) SSC系列

(d) SSC1200起吊状态

图 4-2-10　塔柱式伸缩臂起重机

（5）塔式起重机

塔式起重机具有施工中占地空间小、抗风能力强、安拆快捷、安全性能高等突出优点，这对于起升高度大、施工场地小、转场频繁的山区风电开发至关重要。相较采用履带式起重机或大吨位汽车起重机，设备的自组装过程需要在较开阔的场地内进行，山区风电受地形条件影响实现困难。另外，塔式起重机具有起吊高度高、起吊重量大等特点，为今后山区风电大型机组吊装提供了解决方案（见图 4-2-12）。中联重科 LW2340-180 型塔式起重机、华电机械院 FZQ1650 型塔式起重机等均是风电工程专用吊装设备。

图 4-2-11　全液压轮式起重机

山区风电场吊装设备选择。风电机组设备有尺寸大、重量大、起升高度高的特点，要求吊装机械必须具备大起重量、大起升高度。在山区建设风电，因受地形和场地等地理环境条件的影响和限制，要求吊装机械必须具备安装、拆卸简单，占用场地小、转场快捷等特点。

考虑到山区风电建设的特点，主起重机的选择除了需满足上述要求之外，还应考虑主起重机安装、拆卸的便捷性和对场地的要求，以及能快速转场的特点，应优先考虑全路面汽车起重机、全液压轮式起重机等。若风电场机位沿山脊修建，有道路可用于起重机组臂、拆臂，则可考虑选择履带式起重机。不同吊装机械及选型分析见表 4-2-1。

图 4-2-12　塔式起重机

表 4-2-1　不同吊装机械及选型分析表

起重机形式	设备特点及适用范围
履带式起重机	不仅起重能力强，能够有效适应各种复杂场地，保证施工效率，还可以带载行走，确保风电机组叶片和机舱对接安装要求得到满足。当场地与道路比较宽敞时，有利于履带式起重机作用得到充分发挥，若是道路比较狭窄、周围环境复杂，起重机拆卸与安装会增加工期，提高成本。此外，履带式起重机缺乏一定抗风的能力，尤其是侧向抗风能力非常薄弱，给安装进度与质量带来了不利影响
汽车式起重机	汽车起重机具备较强的起重能力，便于转移，机动性较好，当场地平整、环境较好时可以保证性能的有效发挥。风电机组起吊过程应该让支脚落地，不能出现负载形式的情况，让起重机面临着较大束缚，汽车起重机对风荷载抵抗能力差，这种方案被选用的概率往往不高
轮胎式起重机	轮胎式起重机车轮间距大，在稳定性与对路面适应性上有了很大提升，解决了汽车起重机的部分缺陷。轮胎式起重机转移速度很快，机动性较好，弥补了履带式起重机在这些方面的不足。不过轮胎式起重机的支脚需要落地方可负载，不能带载行驶，尤其是风电安装环境比较恶劣、安装高度不高、叶片安装方位比较特殊时，会出现较大的局限，类似的高大臂架在面对风荷载抵抗能力差，影响了轮胎式起重机在风电吊装中所发挥的作用
塔式起重机	采用这种起重机吊装的突出优点是占地面积小，这对于山区风电场建设至关重要。因为其他起重设备的自组装过程需要在较开阔的场地内进行，这在山区一般需要开挖较大的吊装平台。另外，这种起重机是安装在一个可重复使用的基础之上的，风电机组的后期保养和维修可以借助这个基础，采用较小的塔式起重机来完成吊装作业，节省维修成本

2）风电机组设备吊装对吊装机械的要求

风电机组的特点，要求吊装机械必须具备大起重量、大起升高度。在山区建设风电场，因地理环境条件限制，还要求吊装机械必须具备安拆简单、占用场地小、转场快捷等特点。

（1）吊装机械设备选择的基本原则。所选择的主起重机应从起重量、最大起升高度及安全距离三个方面同时满足设备吊装要求，相关参数要求参考《风力发电机组　吊装安全技术规程》（GB/T 37898—2019），并按照国家有关规定检验合格后方可使用。

（2）主起重机相关参数计算。起重量

$$kQ \geqslant G_1 + G_2 + G_3 + G_4 \qquad (4-2-1)$$

式中：Q 为主起重机对应工况额定起重量；k 为起重机械负载率，取 90%；G_1 为机舱起吊重量；G_2 为厂家提供专用吊具重量；G_3 为主起重机吊钩自重；G_4 为主起重机起升绳自重。

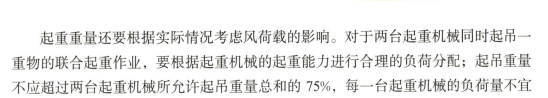

起重重量还要根据实际情况考虑风荷载的影响。对于两台起重机械同时起吊一重物的联合起重作业，要根据起重机械的起重能力进行合理的负荷分配；起吊重量不应超过两台起重机械所允许起吊重量总和的 75%，每一台起重机械的负荷量不宜超过其安全负荷量的 80%。

起升高度

$$H>h_1+h_2+h_3+h_4 \qquad (4-2-2)$$

式中：H 为主起重机对应工况最大起升高度，即主起重机吊钩起升到最大位置时，吊钩距离地面的距离，最大起升高度至少应有 $1\sim2m$ 余量；h_1 为基础环（或锚栓）上法兰面距离地面高度；h_2 为顶段塔筒上法兰面距离基础环上法兰面距离；h_3 为机舱吊点距离顶段塔筒上法兰面距离；h_4 为机舱专用吊具长度。

安全距离：指机舱安装就位时距离主起重机臂杆的最小距离。一般用软件绘图测量，要求安全距离应大于 500mm。

地耐力计算：

$$N>(G_1+G_2)/A \qquad (4-2-3)$$

式中：N 为地耐力；G_1 为主起重机自重；G_2 为机舱及吊具自重；A 为主起重机路基板总面积。

（3）辅起重机选择。风电场根据规模大小及工期要求，可考虑配置一台主起重机或多台主起重机同时施工。而以每一台主起重机为一个吊装单元应配备合适数量辅起重机，以实现风电机组设备的组合和安装。

但在山区风电建设施工中，这样的吊装平台几乎难以实现，只能根据自然地形条件因地制宜进行修建。原则上平台最小面积应满足主起重机组车、拆车，叶轮组合吊装（含辅起重机位置及设备运输车辆卸车位置，风电机组设备可考虑车板起吊）要求。原则上，每一个吊装单元应配备的辅起重机如下：

①一台大型辅起重机（具体型号根据风电机组设备重量、塔筒重量及就位高度确定），用于主机设备、塔筒卸车；塔筒第Ⅰ、Ⅱ段吊装就位。

②两台小型辅起重机（$70\sim110t$，具体以满足配合底段塔筒翻竖要求为准）用于配合塔筒翻竖、叶轮组合、附件（电柜、电缆、螺栓等）装卸、溜尾等。

③货车若干，用于主起重机附件转场（含配重、路基板等）运输、风电机组设备附件（电气柜、电缆、螺栓等）现场运输。

④装载机 $1\sim2$ 台，用于主起重机转场牵引、场地平整等。

⑤工程车辆适当，用于施工工器具、吊具的转运工作。

⑥根据施工人员数量确定客运车辆，用于接送施工人员上下班。

3）对吊装平台的基本要求和整体布置

（1）基本要求。首先，平台面积应满足主起重机和辅起重机现场组装、吊装对场地的要求；其次，还应满足风电机组设备零部件在平台上存放和组合的要求（根据风电机组不同，一般为 40m×40m 或 60m×40m 及以上）。

在山区风电场建设中，受地形地貌影响，风电机组一般位于独立山峰或山脊上，多数机位均不能满足上述要求。因此，对不能满足上述要求的机位，只能考虑用车板起吊的方式进行风电机组设备吊装，但平台最小面积必须满足首要条件的要求和叶轮组合对场地的要求。

平台需夯实碾压平整，地耐力及水平度满足所选择主起重机的工作要求。风电机组机位靠平台较长一侧端面布置，以利于平台利用最大化。平台及周边无影响起重机组合和设备组合吊装的障碍物。风电机组基础浇筑回填完成，达到强度要求，接地检测合格。基础环或锚栓上平面度经检测合格，否则应进行处理。

（2）山区风电场吊装平台优化。对山区风电场来说，主起重机选择一般是履带式起重机或汽车式起重机，受场内道路路况限制，一般选用履带式起重机较为常见；配置 3 台辅起重机辅助开展吊装，主要用于卸货及配合进行设备抬吊、溜尾等。因常规设计平台面积较大，主起重机一般沿平台中轴线左侧或右侧布置，辅起重机根据主起重机站位情况按组装时叶片扩展方向进行布置。吊装平台的优化技术措施如下：

①风电机组主起重机平台沿着纵轴吊装工作安排是最优的，主要的起重机吊臂仰角根据规范取值，根据设备尺寸通过三角函数计算得出吊装塔筒、机舱、发电机、叶轮时从基础中心到主吊尾部距离，考虑边坡临边的受力，临崖布机时保证基础边缘与相邻边之间的安全距离，保留抗滑移安全距离。

②装配叶轮时，轮毂位置可布置在平台垂直轴的左侧或右侧，但始终有沿水平轴向外延伸的叶片，此时应考虑叶片支架固定叶片的辅助提升点之间的距离。当叶片沿垂直平台纵轴向左扩张时，轮毂位置应布置在右侧，否则，左侧布局方案最优。这样的设备布置可以在已建工程的吊装作业中进行，符合吊装作业规程和规范的要求。

③吊装场地临时占用运输道路，既满足吊装时场地要求，又能在吊装完成后将道路上平台的垫层碎石转移到下一个吊装平台，动态解决起重场地与道路互补问题，形式互补，减少土石方量。

④设立风电机组组件中转场，缩小平台上的组件存放面积。风电机组组件及时

中转，减少组件在平台上置放导致场地压占问题，尤其是叶片。

⑤适当降低平台高度，增加吊装高度。降低填筑平台高度后，平台面积受四周边坡缩短影响，面积加大；降低平台高度和增加吊装高度之间要取得平衡，平衡点受控于主起重机最小回转半径内的吊高限制。

⑥采用地面预组装技术。对占地面积最大、吊装难度最高的轮毂和叶片组件联合体，采用地面预组装方式进行，预组装时投入三台起重机进行就位连接，空中安装就位时采用主起重机单台吊装。

4）山区风电吊装技术

（1）吊装方案选择。目前山区风电项目风电机组吊装多采用常规的"叶轮整体吊装型风电机组安装技术"，即主、辅起重机配合先安装塔架、机舱、发电机后，再地面组装叶轮，最终两台起重机抬吊竖立安装叶轮。此安装技术存在弊端为：需要较大场地区域和较多机械组装叶轮；叶轮整体重量大，需要超大吨位起重机完成叶轮吊装；叶轮整体迎风面积大，对现场风速要求严格，施工作业有效窗口期较短。因此，叶轮整体吊装型风电机组安装技术，对于山区风电复杂的施工环境其局限性明显。

随着风电机组制造技术进步，风电机组叶轮直径越来越大，安装高度越来越高。山区风电受场地面积、环境风速、设备重量、机械载荷性能等影响，采用单叶片吊装风电机组安装技术，相比传统叶轮整体吊装方案具有以下优点：

①采用单叶片吊装技术，可节省约40%的吊装平台面积，最大限度地减小施工场地，减少土石开挖量和树木砍伐等。

②单叶片与轮毂分别吊装，设备重量相对较轻，起重机一次站位即可完成机组吊装，提高了起重机地基承载力和施工作业的安全性。

③优化布置吊装机械位置，吊装部件由重到轻（先机舱再轮毂后叶片），作业半径由小变大，符合机械起重性能特性曲线，确保发挥机械最大效能，提高机械使用的安全性。

④单叶片吊装就位后，起重机可在高强螺栓力矩施工的同时安装其他叶片，相比较常规叶轮整体吊装工序简化，施工效率提升明显。

⑤使用单叶片吊装技术，现场仅需要一台主起重机即可以完成叶轮安装。较之常规的风电机组吊装技术，节省辅起重机，降低成本。

⑥汽车式起重机在相似工况下的承载能力低于履带式起重机，使得该类型起重机的使用存在一定的局限性。使用单叶片吊装技术，因设备分体吊装、重量减轻，

汽车式起重机一次站位就可完成所有设备部件吊装，发挥出汽车式起重机安拆转场速度优势，加快风电场建设速度。

⑦单叶片吊装型风电机组安装技术，因迎风面积小，可将最大允许风速限定由8m/s提升至12m/s，使施工窗口期增加，能广泛适用于山区风电场建设。

单叶片吊装方案也有多种形式。目前，我国成功实施的主要有水平式单叶片吊装和全旋转式单叶片吊装两种技术。水平式单叶片吊装受齿轮箱影响，故用在双馈或半直驱机组上综合效益更好。全旋转式单叶片吊装因吊具结构复杂、现场操作难度大、造价较高等影响，还暂未见在山区风电中应用的相关案例。

风电机组吊装现场如图4-2-13所示。

（a）叶轮整体吊装　　　　　　　　（b）单叶片吊装

图4-2-13　风电机组吊装现场

（2）吊装常见问题处理。

①起重机在起钩过程中突然无法起升。可能的原因是山区气候多雾潮湿，连接限位器传感器的线缆快速接头松动，至潮气进入快速接头引起。

处理措施：立即停止起升作业，将设备降至地面。拔出快速接头插针，用吹风机热风将快速接头插针、插孔吹干后重新连接即可。

②空中组臂技术。山区风电机组吊装平台与道路往往存在高差。进入吊装平台的道路依山势盘旋而上或成一定坡度，而起重机组臂时（主要指履带式起重机）要求臂架头部最低不能低于起重机基础平面，且对组装场地长度要求较长。在臂架伸出平台沿道路方向不长，且道路坡度不大的情况下，可采用空中组臂技术。

在平台部分的臂架可用平台上的起重机从臂架根部开始进行组合；伸出平台的臂架部分则用一台较大的汽车式起重机在道路上依次在空中进行组臂，直至组臂完成。拆除时按相反顺序进行即可。需注意的是：汽车式起重机在坡道上支腿时，必

须保证起重机回转平台处于水平状态，支腿支垫稳固可靠；施工人员必须做好高空作业安全保护措施。

4.2.2.2　吊装前的专项检查

1）专用工具的检查

（1）吊索、吊具必须是专业厂家按国家标准规定生产、检验，具有合格证和维护、保养说明书，报废标准应参考各吊索具相关报废标准。

（2）吊耳螺栓无弯曲，螺栓、螺母的螺纹无变形、损坏。

（3）吊具焊接件无裂纹、开裂现象，无弯曲、永久变形、损坏现象。

（4）吊带表面无磨损、边缘割断、裂纹及其他损坏；缝合处无变质；吊带无老化。

（5）钢丝绳应无损坏与变形的情况，特别注意检查钢丝绳在设备上的固定部位，发现有任何明显变化，应立即报告主管人员以便采取措施。

（6）液压扭矩扳手、液压拉伸器使用前应进行校验。

（7）各部件的吊装应使用专用工具，卸货过程中如使用其他通用吊具替代时，应核实吊具规格、荷载是否符合所吊部件重量要求。

2）起重机的检查

（1）起重机超高和力矩限制器、吊钩保险装置、滑轮、钢丝绳等部件无变形、损坏。

（2）起重机地面铺垫采取的措施应满足要求。

3）被吊物的检查

（1）被吊物应完好，无异常，无变形。

（2）被吊物饰件应完好，法兰螺栓孔应完好，无锈蚀，无杂物。

4.2.2.3　吊装安全防护技术

1）一般要求

（1）凡从事 2m 以上且无法采取可靠安全防护设施的高处作业人员，必须系好安全带，严禁高处作业临空投掷物料。

（2）高空作业人员必须戴好安全帽，系好安全带，穿好安全鞋。在塔筒内爬梯必须有保险绳，安全带吊钩必须有防脱钩装置，梯级上的任何油脂和残渣必须立即清除掉，以防止攀登人员滑倒坠落。

（3）只允许一人攀登梯子，在通过楼梯口后或爬上另一个平台后，必须关闭楼梯口处的盖板，防止物品从敞开的楼梯口落下，砸伤下面人员。

（4）噪声为90dB或超过90dB时，施工人员必须戴耳套。

（5）使用液压设备时，施工人员必须戴护目镜。

（6）设备部件在组装对接时，手脚千万不能放在对接面之间，防止被挤伤压伤。

（7）操作人员在离开机舱前，必须把安全带系在机舱外的弓形安全架上，只有当风速小于15m/s时，操作人员才能走出出入口。

（8）在使用喷灯工作时，塔下面的门一定要打开，使空气流通。

（9）在使用气体喷灯时，千万不要抽烟或在喷灯周围使用其他着火源或易燃物。

（10）手持电动工具的使用应符合有关国家标准的规定。工具的电源线、插头和插座应完好，电源线不得任意接长和调换，工具的外绝缘应完好无损，维修和保管应由专人负责。

（11）现场应配备足够的干粉灭火器材，消防器材应保证灵敏有效，干粉灭火器必须按规定时间更换干粉。

（12）加强雨季施工的防护措施，及时掌握气象资料，以便提前做好工作安排和采取预防措施，防止雨天对施工造成恶劣影响。

（13）大风、大雨、大雪及浓雾等恶劣天气，禁止从事露天高空作业。施工人员应采取防滑、防雨、防水及用电防护措施。

设备部件吊装风速限制要求见表4-2-2。

表4-2-2　山区风电场天气影响情况一览表

环境	注意事项	备注
风速大于8m/s或雷暴、雨雪天气	禁止叶片组装作业以及叶轮吊装作业；如已组装好叶轮，必须保持三个叶片均有可靠支撑	必须严格遵守吊装安全操作规程
风速大于10m/s或雷暴、雨雪天气	禁止机舱组装和第三节以上塔筒吊装作业；同时，禁止叶片处于工作位置，只有叶片顺桨位置才允许进入轮毂内作业	顺桨位置指叶片处于90°位置（叶片前缘朝外），工作位置指远离顺桨位置
风速大于12m/s或雷暴、雨雪天气	禁止吊装作业，同时禁止进入轮毂内作业	已开始作业的人员必须停止作业，迅速撤离
风速大于15m/s或雷暴、雨雪天气	禁止攀爬风电机组，同时禁止风电机组内任何作业	已开始作业的人员必须停止作业，迅速撤离

环境	注意事项	备注
风速大于 20m/s 或雷暴、雨雪天气	禁止进入吊装场地附近	
气温低于 -12℃	禁止动力电缆敷设	必要时应增加加热措施
气温低于 -15℃	现场应采取相应防冻措施，并限时在轮毂内作业（一般小于 2h）	必要时应增加保温措施
气温低于 -23℃	禁止吊装作业，同时禁止进入轮毂内作业	必要时应增加保温措施
气温低于 -26℃	除非紧急情况，禁止进入风电机组作业	必要时应增加保温措施
气温低于 -32℃	禁止一切作业	必要时应增加保温措施
夜间作业	照明不足，禁止作业	
雷暴、沙尘天气	禁止进入塔筒	保持与风电机组 200m 以上距离
雨水、冰雪天气	未经安全确认，不得接近风电机组	应保持安全距离

2）风电机组吊装安全技术

（1）防风安全技术。严格遵守风电机组设备厂家作业指导文件中对设备吊装施工时风速的有关规定；与风电场当地气象部门建立联系，了解当地气候条件（尤其是极端气候条件），获取建设期间气候预报信息支持。同时，项目前期土建施工期间，注意观察总结一天中各个时段不同天气情况下风速变化特点，摸清小范围内风速变化规律，为后续吊装工作安排提供参考；吊装过程中突遇大风或瞬间强风时，应立即将缆风绳与地面固定物固定牢靠，疏散施工区域方圆 200m 内的非吊装人员；等风速降低后，将设备平缓下落到地面，并支垫牢固；拆除吊具，将起重机械臂架系统转至顺风方向，起重臂增幅至 40°～60°，吊钩升到最高点，并锁好起重机械回转安全锁紧装置。

（2）起重机防倾覆安全技术。吊装平台承载力必须满足起重机对地面承载力的要求；起重机起升机构（卷扬机、钢丝绳、滑轮组、吊钩）经检查合格；当吊钩降至地面时，卷扬机上余留钢丝绳不得少于 3 圈；高度限位器及卷扬机 3 圈报警灵敏可靠；滑轮防跳绳装置及吊钩防脱绳装置完好；绳头固定安全可靠。严禁解除或旁路高度限位器进行吊装作业；起重机支腿连接销轴及开口销安装正确，支腿受力均匀，无"虚腿"情况；伸缩臂应防止吊臂侧方向受力；桁架臂架变幅系统（卷扬机、钢丝绳、滑轮组、吊钩）经检查合格，当臂架降至地面时，卷扬机上余留钢丝绳不得少于3圈；卷扬机3圈报警灵敏可靠，绳头固定安全可靠；起重机停放或行驶时，其车轮或履带外侧与沟、坑边缘的距离不得小于沟、坑深度的1.2倍，否则必须采取防倾、防塌措施；各种吊具必须经检查合格方能投入使用，严禁将电焊线与钢丝绳放置在一起，防止电焊线漏电损伤钢丝绳；冬季施工时应采取防止滑轮槽覆冰、钢丝绳冻结等措施。

3）施工机械安全技术

（1）起重指挥一律使用对讲机进行地面与高空的指挥。

（2）对起重机司机及起重人员要制定专门的管理措施，以确保大型机械的正常使用。

（3）大型机械（特种设备）司机实行书面交接班制度。

（4）电动工具作业完毕或暂停时，应切断电源。

4）吊装作业安全技术

（1）风电机组施工的吊装作业必须设置专职起重安全员，全面负责监督工程的安全工作，所有起重指挥和操作人员必须持证上岗，坚持"十不吊"原则。

（2）对吊装时所使用的索具卸夹等必须符合国家安全标准和规范。

（3）对施工现场使用的起重机应经常保养检查，确保性能完好。

（4）吊装时，在作业范围内应设置警戒线并放置明显的安全警示标志，严禁无关人员通行，施工人员不得在吊装构件下和受力索具周围停留。

（5）缆风绳必须安全可靠。

（6）高空作业人员应配带工具袋，工具应放入工具袋中，所有手动工具（如榔头、扳手、撬棍等）应穿上绳子套在安全带或手腕上，防止失落伤及他人。

（7）高空作业人员严禁带病作业，禁止酒后作业。

5）应急救援技术

（1）起重机基础下沉、倾斜。应立即停止作业，并将回转机构锁住，限制其转动。根据情况设置地锚，控制起重机的倾斜。按照抢险方案，用2～3台适量吨位起重机，一台锁起重臂，一台锁平衡臂，其中一台在拆臂时起平衡力矩作用，防止因力的突然变化而造成倾翻。

（2）起重机倾翻。在不破坏失稳受力情况下增加平衡力矩，控制险情发展。选用适量吨位起重机按照抢险方案将起重机拆除，变形部件用气焊割开或调整。叶片和轮毂在组装、叶轮吊装的过程中，因为叶轮受风面积大，突发大风和瞬间强风，可能造成叶轮失去控制而大幅摆动或转动，引发设备碰损和坠物伤人事故，针对以上情况制定以下预防措施：

①获取准确的气象信息，严格按照起重作业安全操作要求组织吊装施工作业。

②起吊过程中固定在叶片上的缆风绳与地面固定物连接，随着叶轮的下落、起升逐渐收紧或放松缆风绳，始终保持缆风绳处于受力状态，避免突发大风和瞬间强风造成叶轮失控。

③若突遇大风和瞬间强风，应立即将缆风绳与地面固定物锁紧，并疏散施工区域方圆200m内的非吊装人员，等风速降低后，将叶轮平缓下落到地面，并支垫牢固。起重机械转到顺风方向，起重臂角度为40°~60°，吊钩升到最高点，并锁好起重机械安全锁紧装置。

④突发大风和瞬间强风时，机舱上的安装人员应立即关好、锁紧机舱安装门控，并迅速离开机舱下到地面。

■ 4.2.3　吊装专项方案编制

按照《建设工程安全生产管理条例》（国务院令第393号）、《危险性较大的分部分项工程安全管理规定》（住建部令第37号）和《电力建设工程施工安全管理导则》（NB/T 10096—2018）等相关法规要求，风电机组吊装工程属于超过一定规模的危险性较大的分部分项工程，施工单位应当在施工前组织工程技术人员编制专项施工方案。实行施工总承包的，专项施工方案应当由施工总承包单位组织编制。危大工程实行分包的，专项施工方案可以由相关专业分包单位组织编制。

对专项施工方案进行论证。由施工总承包单位组织召开专家论证会。专家应当从属地政府住房城乡建设主管部门建立的专家库中选取，符合专业要求且人数不得少于5名。吊装专项施工方案专家论证流程图如图4-2-14所示。

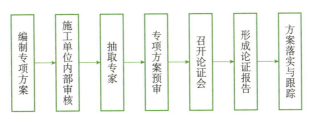

图4-2-14　吊装专项施工方案专家论证流程图

专项施工方案编制一般包含以下内容：

1）工程概况

（1）起重吊装及安装拆卸工程概况和特点：工程概况、起重吊装及安装拆卸工程概况；工程所在位置、场地及其周边环境［包括邻近建（构）筑物、道路及地下地上管线、高压线路、基坑的位置关系］、装配式建筑构件的运输及堆场情况等；邻近建（构）筑物、道路及地下管线的现况（包括基坑深度、层数、高度、结构形式等）；施工地的气候特征和季节性天气。

（2）施工总体平面布置：临时施工道路及材料堆场布置，施工、办公、生活区域布置，临时用电、用水、排水、消防布置，起重机械配置，起重机械安装拆卸场地等。

（3）地下管线（包括供水、排水、燃气、热力、供电、通信、消防等）的特征、埋置深度等。

（4）道路的交通负载。

（5）施工要求：明确质量安全目标要求，工期要求（本工程开工日期和计划竣工日期），起重吊装及安装拆卸工程计划开工日期、计划完工日期。

（6）风险辨识与分级：风险因素辨识及起重吊装、安装拆卸工程安全风险分级。

（7）参建各方责任主体单位。

2）编制依据

（1）法律依据：起重吊装及安装拆卸工程所依据的相关法律、法规、规范性文件、标准、规范等。

（2）项目文件：施工图设计文件，吊装设备、设施操作手册（使用说明书），安装设备设施的说明书，施工合同等。

（3）施工组织设计等。

3）施工计划

（1）施工进度计划：起重吊装及安装、加臂增高起升高度、拆卸工程施工进度安排，具体到各分项工程的进度安排。

（2）材料与设备计划：起重吊装及安装拆卸工程选用的材料、机械设备、劳动力等进出场明细表。

（3）劳动力计划。

4）施工工艺技术

（1）技术参数：工程所用的材料、规格、支撑形式等技术参数，起重吊装及安装、拆卸设备设施的名称、型号、出厂时间、性能、自重等，被吊物数量、起重量、起升高度、组件的吊点、体积、结构形式、重心、风载荷系数、尺寸、就位位置等性能参数。

（2）工艺流程：起重吊装及安装、拆卸工程施工工艺流程图，吊装或拆卸程序与步骤，二次运输路径图，批量设备运输顺序排布。

（3）施工方法：多机种联合起重作业的吊装及安装拆卸，机械设备、材料的使用，吊装过程中的操作方法，吊装作业后机械设备和材料拆除方法等。

（4）操作要求：吊装与拆卸过程中临时稳固、稳定措施，涉及临时支撑的，应有相应的施工工艺，吊装、拆卸的有关操作要求，运输、摆放、拼装、吊运、安装、拆卸的工艺要求。

（5）安全检查要求：吊装与拆卸过程主要材料、机械设备进场质量检查、抽检，试吊作业方案及试吊前对照专项施工方案有关工序、工艺、工法安全质量检查内容等。

5）施工保证措施

（1）组织保障措施：安全组织机构、安全保证体系及人员安全职责等。

（2）技术措施：安全保证措施、质量技术保证措施、文明施工保证措施、环境保护措施、季节性及防台风施工保证措施等。

（3）监测监控措施：监测点的设置，监测仪器、设备和人员的配备，监测方式、方法、频率、信息反馈等。

6）施工管理及作业人员配备和分工

（1）施工管理人员：管理人员名单及岗位职责（如项目负责人、项目技术负责人、施工员、质量员、各班组长等）。

（2）专职安全人员：专职安全生产管理人员名单及岗位职责。

（3）特种作业人员：机械设备操作人员持证人员名单及岗位职责。

（4）其他作业人员：其他人员名单及岗位职责。

7）验收要求

（1）验收标准：起重吊装及起重机械设备、设施安装，过程中各工序、节点的验收标准和验收条件。

（2）验收程序及人员：作业中起吊、运行、安装的设备与被吊物前期验收，过程监控（测）措施验收等流程（可用图、表表示）；确定验收人员组成（建设、设计、施工、监理、监测等单位相关负责人）。

（3）验收内容：进场材料、机械设备、设施验收标准及验收表，吊装与拆卸作业全过程安全技术控制的关键环节，基础承载力满足要求，起重性能符合，吊、索、卡、具完好，被吊物重心确认，焊缝强度满足设计要求，吊运轨迹正确，信号指挥方式确定。

8）应急处置措施

（1）应急处置领导小组组成与职责、应急救援小组组成与职责，包括抢险、安保、后勤、医救、善后、应急救援工作流程、联系方式等。

（2）应急事件（重大隐患和事故）及其应急措施。

（3）周边建（构）筑物、道路、地下管线等产权单位各方联系方式、救援医院信息（名称、电话、救援线路）。

（4）应急物资准备。

9）计算书及起重能力验算

（1）计算书。支撑面承载能力的验算：移动式起重机（包括汽车式起重机、折臂式起重机等未列入《特种设备目录清单》中的移动式起重设备和流动式起重机）要求进行地基承载力的验算；吊装高度较高且地基较软弱时，宜进行地基变形验算。设备位于边坡附近，应进行边坡稳定性验算。

（2）起重设备起重能力的验算。起重工程应根据起重设备站位图、吊装构件重量和几何尺寸，以及起吊幅度、就位幅度、起升高度、校核起升高度、起重能力、被吊物是否与起重臂自身干涉，测量起重全过程中与既有建（构）筑物的安全距离。

联合起重工程，应充分考虑起重不同步造成的影响，应适当在额定起重性能的基础上进行拆减。

由于风电机组安装起重作业的起升高度很高，且被吊物尺寸较大，应考虑风荷载的影响。

（3）吊索具的验算。根据吊索、吊具的种类和起重型式建立受力模型，对吊索、吊具进行验算，选择适合的吊索具。应注意被吊物翻身时，吊索具的受力会产生变化。

自制吊具，如平衡梁等应具有完整的计算书，根据需要校核其局部和整体的强度、刚度、稳定性。

（4）被吊物受力验算。兜、锁、吊、捆等不同系挂工艺，吊链、钢丝绳吊索、吊带等不同吊索种类，对被吊物受力产生不同的影响。应根据实际情况分析被吊物的受力状态，保证被吊物安全。

吊耳的验算。应根据吊耳的实际受力状态、具体尺寸和焊缝形式校核其各部位强度，尤其注意被吊物需要翻身的情况，应关注起重全过程中吊耳的受力状态会产生变化。

大型网架、大高宽比的 T 梁、大长细比的被吊物、薄壁构件等，没有设置专用吊耳的，起重过程的系挂方式与其就位后的工作状态有较大区别，应关注并校核起重各个状态下整体和局部的强度、刚度和稳定性。

（5）临时固定措施的验算。对尚未处于稳定状态的被安装设备或结构，其地锚、缆风绳、临时支撑措施等，应考虑正常状态下向危险方向倾斜不少于 5° 时的受力，在室外施工的，应叠加同方向的风荷载。

（6）其他验算。塔机附着，应对整个附着受力体系进行验算，包括附着点强度、附墙耳板各部位的强度、穿墙螺栓、附着杆强度和稳定性、销轴和调节螺栓等。

缆索式起重机、悬臂式起重机、桥式起重机、门式起重机、塔式起重机、施工升降机等起重机械安装工程，应附完整的基础设计。

10）相关施工图纸

施工总平面布置及说明，平面图、立面图应标注起重吊装及安装设备设施或被吊物与邻近建（构）筑物、道路及地下管线、基坑、高压线路之间的平、立面关系及相关形、位尺寸（条件复杂时，应附剖面图）。

4.3　电气设备安装

■ 4.3.1　一般安装流程

风电场工程电气设备安装一般包括场区箱式变压器，以及升压站主变压器、封闭式组合电器（GIS）、35kV 户内配电装置、无功补偿装置（SVG）、计算机监控及保护测控、通信等设备。部分设备采用预制舱式，设备在生产厂内已完成设备主体安装、接线和相关试验。升压站主要电气一次设备和二次设备的常规安装流程如

图 4-3-1 所示。

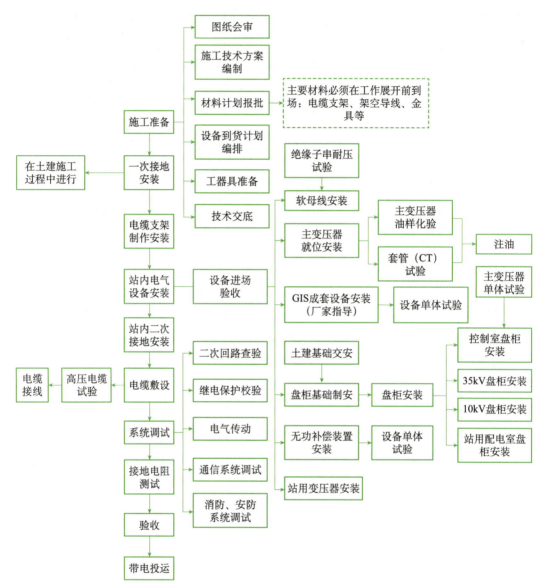

图 4-3-1 升压站主要电气一次设备和二次设备安装流程图

4.3.2 主要设备安装技术

1）主变压器安装

（1）主变压器安装流程图如图 4-3-2 所示。

图 4-3-2 主变压器安装流程图

（2）开箱检查。

①主变压器就位后，应及时进行开箱检查，核对附件及参数，要"三对"（对铭牌、对图纸、对技术协议）。

②进行外观检查，观察本体氮气压力值及充油附件密封情况。

③检查冲撞记录仪运行是否正常。

（3）安装准备。

①施工场地布置完毕，准备消防设施。

②准备合格的施工用机具。

③用合格的绝缘油清洗附件，并将清洗过的附件密封。

（4）绝缘油处理。

①到达现场的绝缘油应贮存在密封清洁的专用油罐内。

②每次到达现场的绝缘油均应有记录，并按照《电气装置安装工程 电气设备交接试验标准》（GB 50150—2016）规定试验合格方可使用，不同牌号的绝缘油或者同牌号的新油与运行过的油混合使用前，必须做混油试验。

③绝缘油采用真空滤油机进行过滤。

（5）排氮、芯部检查。

①芯部检查方式可选用吊罩检查或从入孔进入油箱的方式。

②排氮可根据现场条件及设备制造单位要求，采用注油排氮或抽真空排氮。

③芯部检查项目依据设备制造单位的技术文件和《电气装置安装工程 电力变压器、油浸电抗器、互感器施工及验收规范》（GB 50148—2010）进行，试验依据《电气装置安装工程 电气设备交接试验标准》（GB 50150—2016）进行。

④进行芯部检查人员应衣着清洁，随身不带与工作无关的物品及有可能掉落的物品（例如纽扣），所用工具应登记并系白布带。

⑤芯部检查工作结束后，应及时同业主单位、试运行实施单位、监理单位、设备制造单位或供货单位办理隐蔽工程验收手续。

（6）附件安装。

①所有附件吊装应使用专用吊点，套管起吊可用双钩法或一钩一手动葫芦法。

②所有法兰密封面或密封槽必须仔细检查，应清洁平整，并用布沾丙酮或无水乙醇擦洗，所使用密封垫（圈）应无扭曲、变形、裂纹和毛刺，并与法兰面的尺寸相配合。

③紧固法兰时应取对角线方向，交替逐步拧紧各个螺栓，最后统一紧一次，以保证紧固度。

（7）抽真空，真空注油，热油循环及补油静置。全部附件安装完毕后，打开各附件、组件通向本体的所有阀门，进行抽真空。抽真空前必须将不能承受真空的附件如储油柜、气体继电器等与油箱隔离，对允许抽同样真空度的附件应同时抽真空，当真空度达到说明书要求值后，继续保持真空不小于8h。

采用真空滤油机注油，油宜从油箱下部的注油阀注入，注油全过程应保持真空，油温应高于器身温度，注油速度不应大于100L/min，油面距油箱顶的空隙应达到200mm左右或按设备制造单位的规定。

总体安装完毕后，即可进行补充注油。油应从储油柜的专用注油口注入，先将储油柜注满，然后再向各部充油。

热油循环可在真空注油到储油柜的额定油位状态下进行，冷却器内的油应与油箱主体的油同时进行热油循环，热油循环时间不少于48h，经过热油循环的油应达到《电气装置安装工程 电气设备交接试验标准》（GB 50150—2016）的规定。

热油循环结束后，变压器即处于静放阶段，静置时间不得少于72h。

（8）密封试验。变压器全面注油结束后，从最高油位进行整体密封试验，可采用油柱或从胶囊中加氮气至0.03MPa，维持24h以上，应无渗漏。

2）GIS安装

（1）GIS安装流程图如图4-3-3所示。

（2）开箱检查。核对铭牌参数，检查设备外观，附件、备品备件、专用工具应齐全完好。SF_6气体应具有出厂试验报告及合格证件。

（3）本体安装。本体吊装作业应选择无风、无雨、无雾，相对湿度满足产品技术要求的条件下进行。所有与SF_6气体接触的零部件必须清洗干净，清洗时应使用专用清洗剂，密封脂的使用应符合设备制造单位的要求。装配过程要迅速、准确，所有安装螺栓的紧固力矩应符合产品的技术要求。根据设计图安装汇控柜及操动机构。

（4）抽真空，充SF_6气体及测量漏气量、含水量。

图 4-3-3　GIS 安装流程图

断路器组装完毕后即可采用真空泵抽真空，真空度应达到产品技术要求后方可充气。

根据设备制造单位的要求，连接充气管路，缓慢打开 SF_6 气瓶，使 SF_6 气体低速充入至额定压力。采用检漏仪、微水测量仪进行漏气量和含水量的检测。

（5）调整试验。检查电路、气路等各部均应正常。根据设备制造单位的技术文件要求，对断路器的系统特性进行检查、调整、试验。

3）隔离开关安装

（1）隔离开关安装流程图如图 4-3-4 所示。

（2）施工准备。开箱检查，核对附件，检查设备支架相关尺寸，应符合要求。

（3）主体安装。隔离开关主体安装一般采用倒装法，在地面将动、静触头、支柱绝缘子、底座、接地开关等组装好以后，再整体吊装就位。

图 4-3-4　隔离开关安装流程图

（4）附件安装。按设备制造单位的技术要求装配电动机构或手动机构，机构主轴与隔离开关主体传动轴应处于同一轴线上。按设备制造单位的技术要求安装垂直传动杆、水平传动杆及其相应的连接件。

（5）调整。按产品说明书中介绍的方法调整隔离开关的垂直度、分合闸位置、开距、同期（三相联动时）、备用行程及动、静触头的相对位置等项目，直到满足要求。

手动及电动操作隔离开关应动作正确，分合闸操作均到位。动、静触头接触良好，同期满足要求。

调整接地开关的开距，触头插入深度与主隔离开关间的机械闭锁应符合要求。

4）避雷器等设备安装

设备到达现场后，及时进行外观检查，核对到货设备的型号、规格与设计必须相符，安装开始前按规程进行试验。

安装时采用起重机进行就位，水平误差和垂直误差不得超过规程要求，对于同一种形式、同一种电压等级的互感器，在同一水平面上的极性方向应一致，做到整齐、美观。

5）预制舱安装方案

预制舱安装流程如图 4-3-5 所示。

（1）预制舱优势及特点。35kV 配电装置、无功补偿装置（SVG）、继电保护设备等电气设备根据工程实际需要，均可以采用预制舱形式安装。工厂预制式模块化变电站解决方案，以一、二次融合的智能设备为模块，通过工厂化生产预制、现场模块化装配建设变电站，可以减少现场的施工及调试的工作量，缩短建设周期；变电站调试简单、运行可靠，与周围环境协调，容易选择建设地点；节省了变电站的占地面积、建筑面积和投资规模，具有以下特点：

图 4-3-5 预制舱安装流程图

①紧凑模块化，变电站结构包括基础钢构和在基础钢构上布设的高压组合电器模块、中压组合电器模块、主变压器模块及智能舱式自动化控制室模块。

②设备集成化，具有组合灵活、便于运输、安装快捷、建设周期短等特点。工厂预制化，所有模块均可工厂生产；厂内完成变电站整体调试，用户在工厂完成变电站整体验收。

③安装简约化，用户在工厂完成验收后，现场仅为重复线缆连接工作，大大减少了现场安装工作量。

④投资节约化，其集成度高、建筑面积少、选址方便，运行方式灵活、施工便利，可以有效地缩短施工周期，节约人力物力，减小征地面积。

（2）施工前准备。

①施工前基础检查验收：基础表面清理；所有预埋件可调螺母距基础表面调整成统一高度；按照安装图纸测量预埋件间隔距离、对角距离；支腿安装就位使用水平尺进行测量，确保所有支腿水平度一致。

②施工要点：安装设备支腿前做好基础平面杂物清理工作，避免支腿就位后增加清理难度；预埋件距离测量并进行修正，确保设备支腿安装到位；现场核算平台固定板间中间距、孔距是否与支腿布置距离一致；核算设备吊装点，确保吊装工作的平稳、安全；设备安装期间注意土建部分的成品保护。

（3）舱体吊装方案。一般采用两台起重机对预制舱体吊装作业，起重机根据实际设备采购提供的重量进行选择。在吊装前，应编制吊装专项方案，方案评审签字后报监理审批，方可进行施工，现场设置一名专业人员统一调度指挥。

吊装作业前要做场地清理，保证吊装作业半径，运输车辆及起重机按图进入场地作业位置，起重设备进行吊前准备工作。待起重设备准备工作完成及货车停稳后，起重设备开始伸臂进行吊装作业，将集装箱轻轻吊离货车，检查提升装置的制动性能；吊起集装箱转动起重臂，尽可能避免空中旋转移动，将集装箱平稳移至指定地点上方，轻稳地将集装箱放在指定地点，预制舱吊装如图4-3-6和图4-3-7所示。

图4-3-6　预制舱吊装现场（一）　　图4-3-7　预制舱吊装现场（二）

在吊装上、下货车时，人员要选择合适的落脚点；两名施工人员从两侧辅助稳定集装箱并在集装箱放稳后解开卸扣；当高度不够时可采用梯子辅助，梯子需有人扶持；待集装箱降落至合适距离，施工工人上场对好支腿安装孔，加装螺栓，集装箱完全降落至支腿上，再固定集装箱。

集装箱卸完后，货车先退出，随后起重机回归原位，最后现场进行场地清理；起重机完成计划的每一次吊装任务，需要重复启动、吊装、回归原位等动作。

6）预制舱安装难点分析及对策

预制舱施工难点分析及对策见表4-3-1。

表4-3-1　预制舱施工难点分析及对策表

施工难点	原因	处理对策
基础轴线定位	基础因沉降、施工等原因产生偏移	吊装作业前对基础进行多次测量，保证定位正确
舱体质量	舱体在装卸、运输、堆放及安装过程可能产生变形，表面污染等问题	舱体在装卸运输中需包装完好，堆放时铺垫枕木避免构件变形、锈蚀。安装时根据构件受力采取相应的措施防止变形

续表

施工难点	原因	处理对策
舱体组装质量	组装舱体直线度不够，位置偏移等	组装作业前对构件进行清理，安装质量根据构件编号依次安装。连接螺栓是首先初拧，然后校正，保证舱体安装位置正确后再终拧。组装安装时对构件进行复测、检查，确保构件组装正确，尺寸与图纸相符，重点校验梁柱节点孔距。采用经纬仪等设备辅助作业
吊装质量	舱体生产误差、杯底标高误差，导致柱顶标高、柱垂直度偏差过大	组装舱体时复核舱体几何尺寸、支柱尺寸；同时根据复核数据计算出吊装完成后的柱顶标高是否满足要求，不满足时及时调整。舱体吊装入位后，两个方向控制舱体的垂直度
吊装场地	吊装场地为回填土	吊装场地为回填土，承载力不高，起重机撑腿时要对场地进行复核验证

7）盘柜设备安装

盘柜设备安装流程如图 4-3-8 所示。

图 4-3-8　盘柜设备安装流程图

（1）二次设备安装就位，采用起重机吊装与人工搬运相配合，安装前应核对基础位置、尺寸，配电屏、端子箱等要根据平面布置图要求进行安装，安装时要注意盘柜外观漆层完好；盘柜内电器元件完好，安装完毕后，垂直度、水平偏差、盘面偏差、盘间接缝偏差应符合规范要求。

（2）蓄电池安装前应进行外观检查，不得有裂纹损伤。极性应正确。蓄电池应安装平稳，同列电池应高低一致、排列整齐，蓄电池充放电应根据设备制造单位的技术文件要求进行。

（3）电缆敷设完毕后即可进行二次接线，接线要按照设计图纸进行，做到工艺整齐、美观一致。

8）光电缆敷设及二次接线

电缆、光缆敷设流程如图4-3-9所示。

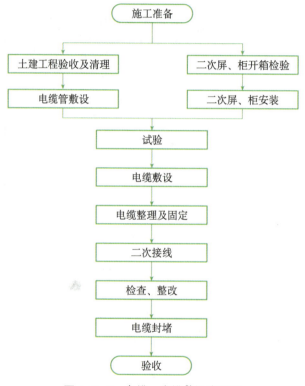

图4-3-9 电缆、光缆敷设流程图

（1）施工前准备。检查电缆的敷设路径，检查路径是否畅通，支架、桥架有无漏装或错装，埋管管口是否已经修整，明管和埋管是否畅通。核对电缆规范，检查核对电缆的型号、电压等级、规格、长度等是否符合设计要求，电缆的外观是否完好无损。应特别注意检查其端头是否完好，护套有无损伤现象。若有疑问应进行电气试验，合格后才能进行敷设。工器具的准备和布置，除常用工具外，还要准备各种电缆卡子和标志牌等器材。

（2）电缆到货后，应与业主单位、监理单位、供货单位共同进行验收到货情况，并做好签证记录。检查项目如下：

①产品规格与设计应相符。

②电缆封端应严密，外观检查有怀疑时，应进行受潮判断或试验。

③包装及密封良好；开箱检查型号、规格符合设计要求，设备无损伤，附件、备件与装箱清单相符，齐全。

④产品的技术文件齐全；外观检查合格。

（3）电缆到现场后，集中分类存放，并标明型号、电压、规格、长度，并应在盘下加垫，盘上加盖防水物，以防电缆受潮。电缆运输时，不应使电缆及电缆盘受到损伤，严禁将电缆盘直接由车上推下，缆盘在运输过程中以及到场后贮存，均不能水平放置。

（4）缆头制作。

①缆头制作要核查制作材料、热缩管件等有无异常变形和破裂现象。

②检查制作机具和专用工具是否具备制作条件。

③制作缆头时，空气相对湿度宜为 70% 以下。

④从剥切电缆开始应连续操作直至完成，缩短绝缘暴露时间，剥切电缆时不应损伤线芯，要保留绝缘层，附加绝缘的包线、装配、热缩等应清洁。

⑤在制作中，电缆接地应与外套接触良好、焊接牢固。

⑥在制作中，热缩管件应杜绝被破坏和烧灼破裂。

⑦电缆终端接头上应有明显的色相标记。

⑧高压电缆及缆头应由具有资质的单位对其做试验。

（5）电缆的防火封堵。

①电缆敷设完毕经检查无遗漏之后，应按照设计进行防火封堵。

②封堵材料及其配方必须经过技术或产品鉴定，并应有出厂试验报告和资质证书、合格证。在使用时，应按设计要求和材料使用工艺说明进行施工。

③下列部位应进行防火封堵：电缆管管口；电缆进入电气箱的孔洞处；电缆穿越竖井、墙壁、风电机组时。

（6）光缆敷设。

①施工前的光缆检查：先检查缆盘包装是否损坏，然后开盘检查光缆外皮有无损坏，光缆端头封装是否良好，并做好详细记录；检查出厂的质量合格证和测试记录，审查光纤的几何、光学特性和衰减，应符合设计要求；现场开盘检查应测试光纤衰减常数、光纤长度及后向散射曲线。

②光缆敷设要求：光缆敷设采用吹缆的方法，必须严密组织并有专人指挥。吹缆过程中应有良好的联络手段，禁止未经培训的人员上岗和在无联络工具的情况下作业；光缆敷设前要在电缆沟里同时敷设硅芯管，硅芯管的敷设要平直，以利于吹

缆；布放光缆时，光缆必须由缆盘上方放出并保持松弛弧形。光缆布放过程中应无扭转，严禁打小圈、浪涌等现象发生；光缆施工中的弯曲半径不应小于光缆外径的20倍，严禁有死弯直角等现象。

（7）二次接线。电缆敷设完毕后即可进行二次接线，接线按照设计图纸实施，做到工艺整齐、美观一致。

9）调试

全部调试工作分为高压试验、保护试验、远程通信及整体传动试验。根据技术规范、厂家资料、设计图纸等文件编写调试大纲。

（1）高压试验。所有高压电气设备的试验，按《电气装置安装工程　电气设备交接试验标准》（GB 50150—2016）要求进行，试验项目应齐全。对于耐压试验，应针对试验步骤合理安排工作内容。接线时做到认真、仔细，并由专人复检一次。升压时，要求缓慢升压，防止损坏设备。

（2）保护试验。

（3）调试前要编制调试大纲，对调试方案进行详细安排。

（4）仪器、仪表要经过定期检验。

（5）调试结果要符合国家规程要求及厂家提供技术说明书数据要求。

（6）对元件保护的调试按规程要求进行，系统调试方案按系统要求组织进行。

10）箱式变压器安装

（1）安装流程。

（2）箱式变压器安装前的检查。变压器型号规格与设计相符；变压器出厂资料齐全；箱体外观无锈蚀及机械损伤；检查内部连接应无松动，无损伤。

（3）箱式变压器就位。设备检查完毕无异常时，变压器方可整体吊装就位；变压器吊装必须用专用吊装架进行吊装，避免磕碰。变压器就位应符合下列要求：变压器基础的预埋件应水平，基础四周的埋件与箱式变压器应充分接触，便于焊接牢固。采用四角与预埋件焊接的方式固定。

（4）箱式变压器器身检查及安装。根据《电气装置安装工程　电力变压器、油浸式电抗器、互感器施工及验收规范》（GB 50148—2010）规定，变压器厂家要求运输过程中无异常情况可不进行器身检查，如在运输过程中出现异常情况，则根据规程及规范要求进行相关检查。

（5）箱式变压器电缆敷设及接线。电缆的运输及保管。电缆在运输装卸过程中，不得使电缆轴受到损伤，严禁将电缆轴直接由车上推下，电缆轴严禁平放运输、平放贮存。运输或滚动电缆轴前，必须保证电缆轴牢固、电缆绕紧，滚动时要顺着电缆轴上的箭头指示或电缆的绕紧方向。

电缆运到现场集中存放，电缆轴间要有通道，地基坚实，且易于排水。电缆及其附件安装前的保管期限不超过一年，超过该期限时要符合设备保管的专门规定。

电缆及其附件到现场后，按下列要求及时进行检查：产品技术文件齐全，电缆型号、规格、长度符合订货要求，附件齐全，电缆外观无损伤，电缆封端严密。

电缆敷设前的准备：检查电缆管畅通，无杂物，排水良好。检查运到现场的电缆的型号和规格符合设计，并对电缆的绝缘进行检查，绝缘合格，做好记录。检查完后，电缆头要良好密封。技术人员根据先长后短，最大限度减少电缆接头，做到尽量减少交叉原则。电缆敷设采用人工敷设。

电缆敷设要求：电缆敷设过程中，直埋电缆表面距地面的距离不小于0.7m，电缆与其他管道、道路、建筑物等之间平行和交叉时的最大净距满足规范要求。电缆轴要放置稳妥，钢轴的强度和长度要与电缆盘的重量和宽度相配合，对较重的电缆轴考虑加刹车装置；电缆头要从电缆轴上端引出，不能使电缆在支架及地面上摩擦拖拉。电缆敷设过程中，必须有专人负责，并且有明确的联系信号。电缆敷设时，为了区分电缆，在每根电缆的首末两端贴上白胶布，用记号笔注明电缆的编号、型号、规格，然后，用透明胶带封好，以防进水使字迹模糊。直埋电缆要成波浪式敷设，电缆敷设完毕后，上下部分铺以不小于100mm厚的软土或沙层，软土和沙层无石块或其他硬质杂物，然后加盖砖块，覆盖宽度超过电缆两侧各50mm。做电缆回填土前，经隐蔽工程验收，合格后回填，回填土要分层夯实。直埋电缆在直线段每隔50m处、电缆接头处、转弯处、进入建筑物等处，设置明显的方位标志或标桩。

电力电缆终端制作与接线：接线时，先量好线芯长度，按接线铜端子孔深加10mm的长度，剥除线芯端部绝缘，套上接线鼻子进行压接，用锉刀修整压接部位，清洁导线及鼻子表面。用密封胶带或自粘带将鼻子与线芯绝缘端部之间填平，压接凹处一并填平。自粘带与接线鼻子搭接30mm，套上保护管加热塑好，再塑上相色标志。电缆接线完后，同一盘柜中的电缆头位置保持一致，线芯横平竖直，多根并联的电缆接线方式一致。

4.4 线路工程施工

山区风电场线路按敷设类型分为架空型和电缆直埋型。架空线路是一种应用成熟广泛的输电方式，可靠性高、安全性良好、工程投资相对经济。架空线路由于导体裸露在空气中，受环境影响大，特别是山区风电场项目建设，受低温、大风、覆冰、雷击等条件影响，同时受地形影响。电缆线路埋设在地下，受周围环境影响较小，施工安装相对简单，是山区风电集电线路主要采用的型式，但也存在受地形条件限制、工程投资相对较高、发生事故后处理困难等问题。

■ 4.4.1 直埋电缆

1）施工工艺

直埋电缆安装工艺流程详见图 4-4-1。

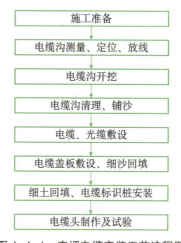

图 4-4-1 直埋电缆安装工艺流程图

2）电缆敷设

电缆直埋敷设施工除应符合一般规定外，还应注意以下几点：

（1）电缆外皮至地坪深度不得小于 700mm，当穿越耕地、农田和道路时，埋设深度不得小于 1000mm。当穿越道路及从箱式变压器引出穿越风电机组施工场地时，还需穿镀锌钢管。直埋电缆的壕沟应距建筑物基础水平距离 600mm 以上；电缆外皮至地下构筑物基础水平不得小于 300mm。

（2）电缆应敷设在壕沟里，沿电缆全长的上、下紧邻侧辅以厚度不少于 100mm 的软土或砂层；沿电缆全长应覆盖宽度不小于电缆两侧各 50mm 的保护板。保护板宜用混凝土制作，板厚 50mm，宽度按照电缆敷设断面图要求制作，长度由施工单位现场确定。混凝土板采用 C15，双向配置 $\phi 6@150$ 钢筋，钢筋位于板中间。

（3）电缆弯曲半径不应小于 15D（D 为电缆外径），沿电缆路径的直线间隔约 50～100m，转弯处或接头部位应竖立明显的方位标志或标桩。

（4）直埋敷设的电缆，严禁位于地下管道的正上方或正下方。

（5）直埋敷设的电缆与公路或街道交叉时，应穿保护管，且保护范围超出路基、街道路面两边以及排水沟边 500mm 以上，保护管的内径不应小于电缆外径的 1.5 倍。

（6）直埋敷设的电缆引入构筑物，在贯穿墙孔处应设置保护管，且对管口实施阻水堵塞；直埋敷设的电缆在采取特殊换土回填时，回填土的土质应对电缆外护套无腐蚀性，回填土应注意去掉杂物，并且每填 200～300mm 夯实一次，最后在地面上堆 100～200mm 的高土层，以备松土沉落。

（7）直埋敷设电缆的接头配置，应符合以下规定：接头与邻近电缆净距不得小于 0.25m；并列电缆的接头位置宜相互错开，且不小于 0.5m 的净距；斜坡地形处的接头安置应呈水平状；对重要回路的电缆接头，宜在其两侧约 1m 开始的局部段，按留有备用量方式敷设电缆。

（8）直埋电缆引入箱式变压器、分接箱前，考虑到以后更换电缆终端，预留 2m 作为备用。电缆之间、电缆与其他管道或建筑物之间的最小净距应符合《电气装置安装工程 电缆线路施工及验收标准》（GB 50168—2018）规范要求，严禁电缆平行敷设于管道上、下面，尺寸应满足表 4-4-1 要求。

表 4-4-1 直埋电缆与各设施间的净距表

电缆直埋敷设时的配置情况		平行（m）	交叉（m）
控制电缆之间		—	0.5［见注（1）］
电力电缆之间或与控制电缆之间	10kV 及以下电力电缆	0.1	0.5［见注（1）］
	10kV 以上电力电缆	0.25［见注（2）］	0.5［见注（1）］
不同部门使用的电缆		0.5［见注（2）］	0.5［见注（1）］
电缆与地下管沟	热力管沟	2［见注（3）］	0.5［见注（1）］
	油管或易燃气管道	1	0.5［见注（1）］
	其他管道	0.5	0.5［见注（1）］

续表

电缆直埋敷设时的配置情况	平行（m）	交叉（m）
电缆与建筑物基础	0.6［见注（3）］	—
电缆与公路边	1.0［见注（3）］	0.5
电缆与排水沟	1.0［见注（3）］	0.5
电缆与树木的主干	0.7	—
电缆与1kV以下架空线电杆	1.0［见注（3）］	—
电缆与1kV以上架空线电杆	4.0［见注（3）］	—

注：（1）用隔板分隔或电缆穿管时可为0.25m；
　　（2）用隔板分隔或电缆穿管时可为0.1m；
　　（3）特殊情况可酌减，减少值不得大于50%；
　　（4）当电缆穿管或者其他管道有保温层等防护措施时，表中净距应从管壁或防护措施的外壁算起。

3）电缆中间接头制作

（1）安装作业条件。室外作业应避免在雨天、雾天、大风天气及湿度在70%以上的环境下进行。遇紧急故障处理，应做好防护措施并经上级主管领导批准。在尘土较多及重灰污染区，应搭临时帐篷。冬季施工气温低于0℃时，电缆应预先加热。

（2）35kV热缩式电力电缆中间接头安装步骤及要求。

①定接头中心：在接头坑内将电缆调直，在适当位置定接头中心，用PVC胶带做好标记，电缆直线部分不小于2.5m，应考虑接头两端套入各类管材长度，将超出接头中心200mm以外的电缆锯掉。

②套入内外护套：将电线两端外护套擦净（长度约2.5m），在两端电缆上依次套入外护套、内护套，将护套管两端包严，防止进入尘土影响密封。

③剥除内外护套和铠装：剥除外护套，锯除铠装，剥除内护套及填料。

④摆正电缆线芯及锯除多余线芯：按系统相色要求将三芯分开成等边三角形，使各相间有足够的空间，将各对应相线芯绑在一起，按规范或设计要求核对接头长度，在接头中心处将多余线芯锯掉。

⑤剥除金属屏蔽层、外半导电层、绝缘层：依次剥除金属屏蔽带、外半导电层及绝缘层，在绝缘端部倒角5×450mm，用细砂纸将绝缘表面吸附的半导电粉尘打磨干净，并使绝缘层表面平整光洁，用浸有清洁剂的纸将绝缘层表面擦干净。

⑥套入应力控制管、绝缘管和屏蔽管：擦净金属屏蔽层表面，在电缆三相线芯

长端各套入一根黑色应力控制管、一根红色绝缘管和一根红黑色绝缘屏蔽管，在短端分别套入另一根红色绝缘管，将其推至三芯根部，临时固定。

⑦压接线芯：再次核对相色，将对应线芯套入压接管，调整线芯呈正三角形，三相长度应相同进行压接，压接后将接管表面尖刺及棱角锉平，用砂纸打磨光滑，并用清洁剂擦净。连接管处应力处理方法如下：

方法一：包绕应力控制胶。从任意一相开始，取一长片应力控制胶，取下一面防粘纸，将胶带卷成小卷，再拉长至原宽度的一半。先将导电线芯部分填平，然后用半重叠法将应力控制胶缠在线芯端部和压接管上，两端各压绝缘 10～15mm，包缠直径略大于绝缘外径，表面应平整。

方法二：绕包半导电带和绝缘带。在连接管上，半搭盖绕包两层半导电带并与两端内半导电层搭接。在半导电带外，半搭盖绕包 J-30 绝缘自黏带，最后再半搭盖绕包两层聚四氟带。

⑧绝缘屏蔽端部应力处理。取一短片应力控制胶，将其尖角尽量拉长、拉细，胶的斜面朝向半导电层，缠在外半导电层切断处，填补该处的空隙，各压绝缘、外半导电层 10mm。应力控制胶的包缠应平滑，两端应薄而整齐，用同样的方法完成另一端。

热缩应力控制管：将三相线芯绝缘上涂一薄层硅脂，将应力控制管移至接头中心，分别从中间往两端热缩应力控制管。

热缩绝缘管：先将内层绝缘管移至应力控制管上，中心点对齐，三相同时从中间往两端热缩。再将外层绝缘管移至内绝缘管上，中心点对齐，三相同时从中间往两端热缩。用红色防水胶带在每相绝缘管两端各缠两圈，其边缘与绝缘管端口对齐。

热缩绝缘屏蔽管：将三相绝缘屏蔽管移至绝缘管上，中心点对齐，三相同时从中间开始向两侧分两次互相交换收缩，然后继续在绝缘屏蔽管全长加热 45s，直至黑红管完全收缩。

焊接铜编织带和铜网带：在三相电缆线芯上，分别用 25mm^2 铜编织带连接两端金属屏蔽带，其两端在距绝缘屏蔽管端口 30mm 处用 ϕ1.0mm 镀锡铜线绑两匝在铜屏蔽带上，用焊锡焊牢。

热缩内护套：擦净接头两端电缆的内护套，并将表面用砂纸磨粗。将一端的内护套热缩管移至接头上，取下隔离纸，管的一端与电缆内护套搭接，其端口与铠装锯断处衔接，从此端开始往接头中间热缩。用同样方法完成另一端内护套管的热缩，两内护套管重叠搭接部分不小于 100mm。

连接两端铠装：用 25mm^2 铜编织带连接两端铠装，铜编织带应平整地敷在内护

套上，两端用 ϕ 2.0mm 镀锡铜线与铠装绑两匝，用焊锡焊牢。

热缩外护套：擦净接头两端电缆的外护套，并将表面用砂纸磨粗，要求外护套热缩管与电缆外护套搭接长度及两外护套热缩管搭接长度，均不小于150mm。如热缩管内无密封涂料，应在每一搭接处加缠不小于100mm长的密封材料。

接头外用水泥盒加以保护，热缩部件末冷却前，不得移动电缆，以防止破坏搭接处的密封。

（3）35kV冷缩式电力电缆中间接头安装步骤及要求。

电缆准备：将准备连接的两段电缆末端支高，摆平对直，并重叠200mm，将电缆表面清洁干净；剥外护套、铠装、内护套：锯除多余电缆线芯，剥铜屏蔽和半导电层；包绕半导电带，套中间接头管：用砂纸将绝缘层表面吸附的半导电粉尘砂除干净，并打磨光洁，使绝缘层与半导电层相接处圆滑过渡；将两端电缆绝缘层、半导电层用清洁纸清洗干净；半重叠绕包半导电带，从铜屏蔽带上40mm开始，包至10mm的外半导电层上，将电缆铜屏蔽带端口包覆住并加以固定，绕包应十分平整；套入中间接头，塑料衬管条伸出的一端先套入电缆；用塑料布将中间接头和电缆绝缘临时保护好；压接连接管，确定中心：用电缆清洁纸将连接管内外表面及线芯导体清洗干净，待清洁剂挥发后将连接管分别套入各相线芯导体；装上接管，同时把铜罩上面的裸铜线放入接管里面，然后对称压接，并且锉平打光，清洁干净；确定接头中心，拆去中间接头体和电缆绝缘上的临时保护；固定中间接头体：由中心位置向电缆一端三相分别量取285mm，用PVC带作一明显的标识，此处为冷缩中间接头收缩的基准点；校验绝缘尾端之间的尺寸，调整主绝缘，使得尺寸和铜罩的长度相适合，然后把两个半铜罩扣在绝缘尾端之间，外面和主绝缘平齐；用清洁纸将绝缘层表面及铜罩表面再认真清洁一次，待清洁剂挥发后，将红色的绝缘混合剂涂抹在外半导电层与主绝缘交界处，把其余的均匀涂抹在主绝缘表面；安装冷缩中间接头：将中间接头移至中心部位，使一端与记号齐平，沿逆时针方向均匀缓慢抽出塑料衬管条使中间接头收缩；收缩后，检查中间头两端是否与半导电层都搭接上，搭接长度不小于13mm；从距离冷缩中间接头口60mm处开始到接头的半导电层上60mm处，半重叠绕包防水胶带两周。

连接铜屏蔽层：在收缩好的接头主体外部套上铜编织网套，从中间向两边对称展开，用PVC带把铜网套绑扎在接头主体上；用两只恒力弹簧将铜网套固定在电缆铜屏蔽带上，以保证铜网套与之良好接触，将铜网套的两端弄整齐，在恒力弹簧外保留10mm，用胶带将恒力弹簧和铜网套边缘半重叠包住。

恢复电缆内护套：将两端电缆50mm的内护套用砂纸打磨粗糙并清洁干净，先

从一端内护套上开始，在整个接头上绕包防水带至另一端内护套上一个来回。

连接两端铠装：用锉刀或砂纸将接头两端铠装锉光打毛，将铜编织带两端扎紧在电缆铠装上，用恒力弹簧将铜编织带端头卡紧在铠装上，并用PVC胶带缠绕固定；半重叠绕包两层胶带将弹簧及铠装一起包覆住，不要包在防水带上。

恢复电缆外护套：用防水胶带作接头防潮密封，将两侧电缆外护套端部60mm的范围内用砂纸打磨粗糙，并清洁干净，然后从一端护套上60mm处开始半重叠绕包防水胶带至另一端护套上60mm处一个来回；绕包时，将胶带拉伸至原来宽度的3/4，绕包后，双手用力挤压所包胶带，使其紧密贴附；半重叠绕包装甲带作为机械保护；为使外观整齐，可先用防水带填平两边的凹陷处；绕包结束后30min内不能移动电缆。

4）冷缩电缆终端接头制作

（1）作业前工作。现场施工负责人向进入本施工范围的所有工作人员明确交代本次施工设备状态、作业内容、作业范围、进度要求、特殊项目施工要求、作业标准、安全注意事项、危险点及控制措施、危害环境的相应预防控制措施、人员分工，并签署（班组级）安全技术交底表；工作负责人负责办理相关的工作许可手续，开工前做好现场施工防护围蔽警示措施；现场施工负责人检查确认进入本施工范围的所有工作人员正确使用劳保用品和着装，并带领施工作业人员进入作业现场；将电缆封口打开，用2500～5000V绝缘电阻表测试绝缘合格方可进入下一道工序（使用绝缘电阻表测试绝缘应按电缆试验要求执行）；在带电运行区域内或邻近带电区域内安装电缆头，应有可靠的安全措施；安装户内电缆头前，在对应的柜盘或母排下按设计要求安装电缆支持角铁并接地（如柜盘有固定点且固定点与柜的连接点距离足够安装电缆头时，可以不用重复安装电缆支持角铁）；安装户外电缆头前，按设计要求在安装电缆头的电杆（塔）上安装电缆抱箍或金具，电缆抱箍或金具应具有足够的机械强度，满足终端和临时荷重的承载要求；抱箍或金具及保护管应坚固耐用，并应镀锌；矫直并清洁端部一段电缆；做好防雨、防尘措施。

（2）剥切电缆。在确定基本点后，按规定的尺寸进行剥切外护层和铠装层；剥切内衬层和填料，将内衬层剥到距铠装层切断处5～10mm。

（3）安装接地线。将编织接地铜线分别绕包在三相屏蔽层上并绑扎牢固，锡焊在各相铜带屏蔽上；对于铠装电缆需用镀锡铜线将接地线绑在钢铠上并用焊锡焊牢再行引下；对于无铠装电缆可直接将接地线引下；接地线截面面积不应小于表4-4-2规定。

表 4-4-2　接地线截面面积规定表

电缆截面积（mm²）	接地线截面积（mm²）
16 及以下	接地线截面可与芯线截面相同
16～120	16
150 及以上	25

（4）包绕填充胶。在三相三个接地点上分别绕包 PVC 带；在铠装绑扎地线点上绕包几层 PVC 带，包至衬垫层并将衬垫层全部覆盖住，在第一层防水胶带的外部再绕包第二层防水胶带，把接地线夹在中间，以防止水或潮气沿接地线空隙渗入；外形整齐呈苹果形状。

（5）安装三叉手套。将使用的三芯分支套外清洁后，放到三相电缆分叉处，先抽出下端内部塑料螺旋条（逆时针抽掉），然后再抽出三个指管内部的塑料螺旋条，在三相电缆分叉处收缩压紧；将电缆固定于支架上，核对相序，然后分别量出三相到设备接线孔的大约位置，在距接线孔长一点的位置约 50mm 处，切除多余的线芯。

（6）安装绝缘套管。将三根冷收缩绝缘套管分别套在三相电缆芯上，下部覆盖分支套指管 15mm，抽出绝缘套管内塑料螺旋条（逆时针抽掉），使绝缘套管收缩压紧在三相电缆芯上；如果需要接长绝缘套管，可以用同样方法收缩第二根冷收缩绝缘套管，第二根套管的下端与第一根套管搭接 15mm，绝缘套管顶端到线芯末端的长度应等于安装说明书规定的尺寸。

（7）剥切金属屏蔽层、半导电、绝缘层。按安装说明书规定的尺寸剥除铜屏蔽，剥除时不得伤及半导电层、绝缘层；按安装说明书规定的尺寸剥除半导电层，剥除时不得伤及绝缘层；残留在主绝缘外表的半导电层，必须用细砂布打磨干净，并从高压部位往接地方向单向擦抹，不得往复进行，避免把导电粉末带向高电位；用半导电带填充半导电层与主绝缘的间隙，必须平滑过渡；从半导电层中间开始向上以半叠绕方式绕包自黏带 1～2 层，绕包半导电带和自黏带时，都要先将其拉伸至其原来宽度的 1/2，再进行绕包；将电缆固定在支持角铁或柜盘固定点上；确定线芯与设备接点长度，使用专用切削刀具按端子孔深加 5mm 将末端绝缘剥除，在剥切时不能划伤导体，端部削成铅笔头（倒角）状。

（8）压接线端子。核对端子尺寸与电缆导体尺寸，选用适配截面的接线端子，除去线芯和端子内壁油污及氧化层；接线端子与接点的搭接面应平整且没有额外的应力才进行压接；接线端子压接顺序应从上至下逐步压接，每道压痕间距及与端部的距离应符合相关规定；在压接部位，围压形成的边应在一个平面上，点压的压坑中心线应成一条直线；导体压接面的总宽度应当是压接管壁厚的 2.75～5.5

倍；当压模合拢到位后，应停留 10～15s 后才能松模，以使压接部位金属塑性变形达到基本稳定，接线端子压接完成后必须有足够的机械强度；压接后，用锉刀和砂布去除接线端子表面的棱角和毛刺，点压的压坑深度应与阳模的压入部分高度一致，坑底应平坦无裂纹，点压后，应将压坑填实；用（清洁布）溶剂清洁接线端子表面。

（9）安装冷收缩绝缘件。清洁线芯绝缘，在包绕的半导电带及附近绝缘表面涂硅脂，涂硅脂时要带专用手套，并从高压部位往接地方向单向涂抹，不得往复进行，避免把半导电带导电粉末带向高电位；套入冷收缩绝缘件到所规定的位置（安装说明书进行操作）。

（10）绕包绝缘带。用绝缘橡胶带包绕接线端子与线芯绝缘之间的间隙，外面再绕包耐高温、抗电弧的绝缘胶带；在三相电缆芯分支套指管外包绕相色标志带；对电缆进行耐压试验，合格后复核相位正确，将电缆头与设备按相序连接，接地线可靠接地；电缆终端与电气装置的连接，应符合现行《电气装置安装工程　电缆线路施工及验收标准》（GB 50168—2018）规定执行。

5）电力电缆试验

（1）检查电缆两端的相位：电缆两端的对应相相位应一致。

（2）电缆的绝缘电阻：应各相间、相对地及金属屏蔽层间测量；耐压前后均应测量电缆的绝缘电阻，前后的绝缘电阻应无明显变化。

（3）直流耐压试验和泄漏电流测试。分别在每一相上进行，对一相试验时，其他两相、屏蔽层、铠装层一起接地；试验电压可分 4 段均匀升压，每段停留 1min，并读取泄漏电流，升至试验电压值后维持 15min，读取 1min 和 15min 时的泄漏电流；测试绝缘电阻、直流耐压试验进行的过程中，严禁人员进入试验范围及触碰正在试验的电缆；设专人监护，直流耐压试验高压引出线应支持牢固，并有足够的安全绝缘距离；加压前，必须认真检查试验接线、调压器零位及仪表的开始状态，均正确无误，通知有关人员离开被试电缆，包括电缆两侧，被试电缆的另一侧也应有人看护，采取呼唱应答的方式进行操作；升压过程应观察仪表的指示，监视电缆的状况，根据现象来判断，每次加压试验完或变更相接线先将电压降至零位，断开试验电源，对被试电缆相及试验变压器高压部分放电、接地；升压过程中如出现电压表指针摆动幅度大，电流表指示急剧增加，有闪烁、击穿、绝缘体发热冒烟等现象，应立即降压，断开试验电源，对被试电缆相及试验变压器高压部分放电、接地，视现象情况检查分析，判断再次试验或者停止试验。

6）回填

就取用对电缆外层无腐蚀性的土料进行回填，回填时分层整平，夯实。

7）标示桩

沿电缆路径，每间隔100m及电缆转弯处、电缆接头处设置标示桩。

■ 4.4.2　架空线路

架空线路流程如下：

（1）线路复测。根据工程总承包单位收集的测量资料、地面原始基准点，进行线路中心线、挡距、塔位标高、局部地段断面、塔位十字断面、重要交叉跨越等设计数据的校核，同时对遗失的塔位中心桩进行正确的补设。

①施工测量要求。由技术负责人组织各工程分包施工单位技术人员，实施班组分段测量和项目部全线复测相结合的手法。施工测量人员必须由参加过测量培训并取得合格证的专业技工担任，测工在施工测量中仔细认真，对关键资料复测核算无误后，方可进行下道工序。所有测量仪器及工具检验合格，满足测量精度要求方可使用。

②线路复测方法及要求。用正倒镜分中法检查中心桩，其横线路方向的偏移值不大于50mm。用完全方向法复测线路转角，其角度与设计值误差不大于1′30″。用视距法复核挡距，其误差不大于设计挡距的1%。

对线路地形变化较大和塔间有跨越物时，复测杆塔中心桩与地形突起点或跨越物的标高，其值与设计值的误差不超过0.5m。

（2）地脚螺栓安装。施工前，应按照施工设计图纸检查基坑深度、宽度及根开、对角线、各部尺寸，清除坑内杂物。

钢筋在绑扎前，应对照图纸检查其规格、型号、数量是否与设计相符，钢筋表面应洁净，无损伤、油污、油渍等，变形的钢筋应整形好再用，特别是上拔腿和受压腿的螺栓配置，符合设计要求方可安装；地脚螺在"井字架"上固定后，其螺纹露出"井字架"的高度应操平模板后符合设计规定；丝扣部分应涂以黄油并用牛皮纸包裹。

钢筋的交叉点，主筋与辅筋，每一接点都应绑扎牢固，为确保盘内主筋保护层厚度，在每一立柱筋下部采用60mm厚的混凝土垫块。清点钢筋和地脚螺栓的规格数量、绑扎位置和图纸相符合。钢筋和地脚螺栓的表面必须清洁，应清除带有颗粒

状或片状老锈，经除锈后仍有麻点的严禁使用。

地脚螺栓施工前准备根开为 160mm、200mm、240mm 三种型号的"井字架"，每种型号一个施工队一副，每副 4 个。3m 长的杉木最少 32 根，短的 50 根。

在灌桩基础四周用 8 根木桩埋入地下，根据基础顶面高程与地面的距离，将 8 根 3m 长的杉木与埋入地下的木桩牢固连接，再用短杉木将 3m 长的杉木相互连接。所有木桩连接处必须牢固连接，以避免在基础施工过程中变形。地脚螺栓用箍筋绑扎组装在"井字架"上后，水平放在杉木上。

根据基础对角线根开算出 OE、OG 的距离，将仪器架在 O 点前视 D 点左转 450°，用三角函数算出现场的 OE、OG 是否与基础对角线根开算出的 OE、OG 相同（O 点为塔基中心桩，E、F、G、H 四个点为四个地脚螺栓的中心）。如果相同，那么地脚螺栓安装正确，如果不相同，就根据现场数据调整地脚螺栓安装位置，使数据相同。地脚螺栓安装完毕后，要检查地脚螺栓正侧面根开和各对角线根开是否与图纸上一致。其他 3 个基础地脚螺栓也按此方法安装。

（3）铁塔施工。35kV 架空集电线路铁塔组立一般采用内拉线悬浮抱杆分段分片吊装的方法组塔，铁塔组立流程如图 4-4-2 所示。

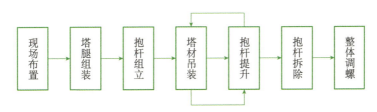

图 4-4-2　铁塔组立流程图

①独立抱杆选择。分解组塔使用 19m 长、断面为 500mm×500mm 的铝合独立金抱杆。承托系统的作用是支持抱杆，由下拉线、调节器和平衡滑车组成。

②抱杆起立方法及塔上布置。使用人字抱杆立起塔腿主材，然后组装三面辅材（另一面待抱杆立起后再组装）；将抱杆连接好后，上下腰环套在抱杆上，安装朝天滑车、朝地滑车、平衡滑车及承托系统；把上拉线与抱杆连接；安装起吊滑车，并将牵引绳穿过朝天滑车之后与抱杆连接；在大绳控制下起立抱杆，在抱杆起立到位后连接拉线系统，调直抱杆，封另一面辅材。

③腰滑车的布置。腰滑车应布置在起吊构件对侧的某主材上；为增加起吊绳与抱杆的夹角，固定腰滑车的钢绳尽量短。

④地滑车的布置。固定的地滑车不应伸出四个塔腿范围以外；固定地滑车的钢绳套或地滑车本身，在起吊构件时，不得和已组塔身磨碰；固定地滑车的钢绳套，

一般应使用两根，所形成的夹角应小于90°；当抱杆坐地时，应改变两根钢绳套的长度，使地滑车偏离塔位中心，不至于磨碰抱杆。

⑤腰环布置。内拉线抱杆提升期间，建议安设不少于两道腰环以稳定抱杆，上腰环布置在已组塔身最上端，下腰环布置在相应抱杆根部最终提升位置，当采用单腰环时抱杆顶部应设临时拉线控制。固定腰环一般用棕绳或细钢丝绳固定在主材上，两道腰环之间将距离控制在3m以上，抱杆越长腰环间距离也应增大。腰环与抱杆接触处应设置滚轮，使抱杆升降时由滑动摩擦变为滚动摩擦。

⑥调整大绳的布置。吊装地线支架、导线边相挂架等构件时，可在构架头部用一根大绳控制调整；吊装塔身部件、横担等长构件时，在每吊构件的上下或左右两侧各绑一根大绳来调整；由于某些特殊原因使调整大绳对地夹角超过45°时，可用四根大绳绑扎构件，上端两根，下端两根，以减小大绳受力。

⑦起吊钢绳套的布置。将起吊钢绳套通过纤维吊装带与构件连接，防止起吊钢绳磨伤塔材，损坏构件镀锌层；同时，要求绑点要牢固。

⑧塔材的地面组装。塔材在地面组装时，地面应平整，不平整时，垫以垫墩；凡是在地面上能紧固的螺栓要在地面紧好，减少高空作业量，防止起吊时塔材变形；带铁螺栓应平帽且绑好。

⑨抱杆的塔上提升。绑好上下腰环，使抱杆在铁塔结构中心直立；松去拉线系统，如果是内拉线则移至新的绑点绑好，并按要求固定（四根拉线新的固定位置要对称，固定方式要相同）。如果是外拉线组塔，则在提升抱杆时，边升抱杆边松上拉线保持抱杆正直；布置提升抱杆用牵引绳从塔上连接点开始，依次通过朝地滑车、反向腰滑车、地滑车引向牵引设备；做好起吊构件准备。

⑩吊装、塔身组立。采用分段、分片吊装，横担吊装采用分片吊装。对吨位较大的塔腿及塔身段采用单腿吊装或单根主材吊装的方式。

⑪抱杆拆除。将反向滑车挂在塔顶部适当位置，将牵引绳在塔顶部滑车下端抱杆适当位置绑牢；用U形环将连好抱杆及通过滑车的牵引绳扣住，提升抱杆，拆除拉线，在抱杆尾部绑上控制大绳，以保证抱杆不磨碰铁塔；松牵引绳，将抱杆从塔中间缓速平稳落到地面，分段拆除。

⑫铁塔内外偏控制。在组立铁塔底段时，使用钢尺测量，保证铁塔底部成矩形。在组立塔身段时使用经纬仪，随时监控铁塔的正侧面坡度，保证组立完毕后的铁塔的正侧面倾斜满足规范要求。

（4）导地线展放方法。导地线放线流程如图4-4-3所示。

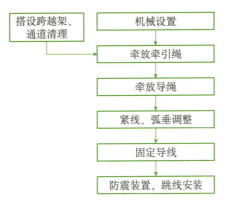

图 4-4-3　导地线放线流程图

①导地线敷设。导地线架设前先进行液压接头拉力试验，试验合格后，方可进行架线施工。导线在架设前，查看整盘线的外表是否有损伤、断股情况。

在需跨越障碍施工前，根据现场情况制定施工方案和安全技术措施报属地供电局审批，并征得属地供电局的同意，办理停电（或送电）工作票，施工时请供电所派人现场监督。牵放导线时，跨越架处必须派人监护，防止意外。

②放线区段的划分。放线区段的划分，要根据地形、道路交通条件、施工组织、进度与施工安全、质量等因素综合考虑。

③牵引场、放线场的选择。牵引场、放线场选择应满足相关设备运输要求，地势相对平坦，满足牵张设备布置、导线布置和施工操作要求。一般情况下，张力场不做转向布置，受地形限制时，牵引场可通过转向滑轮进行转向布置。

全线牵、放线场的布置。全线路（或本单位施工段）放线的牵引场、放线场转移用"翻跟头"的方法。放线段划分后，牵引场、放线场按要求进行布置。场地面积要求：牵引场不小于 35m×25m，放线场不小于 60m×25m。

放线校验模板的制作。为校验各挡距内与被跨越物之间的距离，可以使用校验模板。这里用的校验模板与设计定位模板相同。

控制挡的选择。在张力架线段内选出档距大的或有跨越架的档距，用校验模板在该挡距内确定出对被跨越物或对地面满足要求距离的最小水平张力。

控制挡最小水平张力的计算。事先准备好按要求纵横比例刻制的模板和塔位断面图。

④设备布置与通信联络要求。按照有关要求做好各种准备工作（如搭设跨越架、通道清理、展放避雷线、挂好导线悬垂绝缘子串及放线滑车、展放好导引钢丝绳、整理好场地及道路等）之后，即可开始张力放线工作。

⑤放导引绳和牵引绳。牵放顺序为边相、中相、边相。为提高工效，放线段内

牵引绳和导线可同时牵放，但第一次牵放的牵引绳为边相。

绳和牵引绳进入方向。导引绳进入小牵引机导轮和牵引绳进入小张力机张力轮的方向均为由内向外，上进下出，缠满轮槽，防止钢丝绳滑动。导引绳之间用一般连接器相连，并使用若干个旋转连接器，以便于将残余扭绞力释放；导引绳与牵引绳之间通过旋转连接器、过渡钢丝绳、旋转连接器相连；牵引绳之间使用旋转连接器连接。

导引绳上扬。在容易出现上扬的杆塔上事先装上压线滑车，并设专人看守。

⑥放导线。展放导线之前，对机械设备、跨越架、道路、放线滑车、锚固、接地、通信设备等再做一次全面检查，若发现问题及时处理。所有线盘支架在放线前检查是否转动灵活，并涂以润滑油。

⑦紧线。紧线前的准备工作。接续管位置是否会出现在禁止有接续管的档内，如有这种情况要进行处理。若发现导线有磨损，按要求处理好，补修管压好，预绞式补修条可在安装间隔棒时进行安装。对弧垂观测档用红外线经纬仪测出档距及导线悬点高差，并设置观测标记；如用经纬仪观测弧垂测出有关参数。

紧线段远方杆塔。紧线前先做好相邻档距导线松锚升空工作，如为耐张杆塔，还在顺牵引方向的反侧打上临时拉线（拉线对地夹角不大于45°），导线通过耐张杆塔滑车用人力展放，再用绞磨通过滑车组、卡线器，将导线收紧后在锚线处将导线升空。

紧线段近方杆塔。紧线前布置好紧线牵引装置，所有工器具经计算确定，如为耐张杆塔，顺牵引方向在杆塔上打上临时拉线（拉线对地夹角不大于45°）。

紧线顺序为先中相，后边相；紧线长度与放线长度相配合，全线紧线方向一致。

⑧安全注意事项。跨越架与被跨越物体必须有足够的安全距离。放线、紧线时，保障通信联络的畅通，张力控制档应设通信联络人员监视。连接管、修补管过滑轮时的情况应特别注意；需停电的设施在搭接好接地线后，方能施工；紧线拉线时，不能过分地牵引架空线；放线、紧线时，有被挂住绷紧的地方，要用木棒挑开，人员站在线的外侧；当导地线固定好后，校核弧垂最低点的对地距离或对被跨越物距离满足规定；在耐张塔两侧架空线均架设好后，才能撤除临时拉线。

（5）紧线施工与附件安装。紧线施工用的地锚坑的位置及深度，必须由施工技术人员根据现场情况计算确定，现场施工人员必须严格按此施工，不得任意更改。

根据已编制好的导地线弧垂表查出相应温度下的弧垂值，现场进一步校核后，按校核值进行弧垂观测工作。

导线与耐张线夹连接时，缠绕铝包带严格按照规范执行。地线连接时要注意用

镀锌铁丝绑扎，防止在安装附件时地线滑落形成安全隐患。

金具组装时要注意螺丝穿向与开口销钉的齐全。

跳线制作时，按设计给定的电气间隙值现场比量，必须使连接处位于跳线中间。

（6）附件安装安全注意事项。跨越架与被跨越物间必须有足够的安全距离。跨越架要牢靠。放线、紧线时，保障通信联络的畅通。转角塔处及跨越处要设专人监护。连接管、修补管过滑轮时需减速，并注意观察有无异常。跨越电力线路及弱电线路前，必须做好"停电、验电、接地"后方能施工。紧线拉线时，尽量避免造成过牵引，同时设专人监护临时接线的情况。当架空线固定好后，校核弧垂最低点对地距离或对被跨越物的距离。在耐张塔两侧架空线均架设好后，才能撤除临时拉线。

（7）OPGW光缆施工。根据OPGW光缆的外径范围，按照国内标准要求，选择合适的敷设机械并辅以人工方式进行光缆敷设。

①准备工作。缆线的制造长度是根据设计规定采用对号定长度的。每一条光缆的首端至末端就是一个耐张段，个别情况下也允许光缆中间设置不断开的耐张点。因此，敷设场只能在地线耐张塔相邻档选择。

由于每根光缆的制造长度比实际的耐张段长度多出200m左右，必须避免光缆牵引到位时进入牵引机的卷扬轮，牵引机安装位置与相邻塔的距离不应小于1.5倍塔高，且不小于130m。

放线初始阶段应慢速牵引，观察牵引绳及光缆的行进状况，此时速度约为5m/min，正常运行后可逐步提速达30~50m/min，最大速度不宜超60m/min。放线过程中，每基塔应有人监视，当旋转连接器通过滑车时应适当减速。

光缆两端的控制：在光缆的首端，供货厂家已固定一个铝合金压接式线夹，牵引钢绳与线夹之间串联一个旋转连接器（30kN级）即可。光缆的尾端在线轴底层，当光缆展放完毕，应在光缆线尾端安装单头网套式连接器（俗称蛇皮套），与钢丝绳相连接。

光缆在耐张塔位应预留的长度通常是塔高加10m，以保证耐张塔处光缆在地面的熔接。同时注意同一耐张段的两耐张塔光缆余线长度大体相同。

放线滑轮的选择：展放OPGW光缆时，应在各耐张塔及直线塔上悬挂放线滑车，其滑轮直径 D 应满足：$D>T/3$（式中 D 为光缆放线滑轮最小直径，mm；T 为最大牵引张力，kN）。考虑到放线滑车不仅用于放线，而且还用于紧线，当紧线张力为12.75kN时，放线滑轮的最小直径为425mm。

转角塔实际转角系数或直线塔悬垂角大于 30° 时，必须改用挂设三轮复滑车。在牵引绳与内角全力线的作用下，滑车向内角倾斜，由于滑车自重影响，致使牵引绳或光缆处于滑车槽的上侧，对旋转器和防险器的顺利通过造成困难，并使光缆有磨损的危险，为此必须采取预偏措施。可在铁塔地线支架上安装角钢挂架，通过系于滑车上的调整绳控制滑车预偏度，使牵引绳或光缆保持在滑轮槽底位置。

② OPGW 型光缆敷设方法。敷设 OPGW 最常用的方法是使用牵引绳索引光缆，通过悬挂在杆塔上的放线滑轮或牵引轮来展线。

最大放线张力不应大于 OPGW 光缆破断力的 20%，展放光缆的最大牵引速度不超过 40m/min。当光缆牵引至装有光缆接续盒的塔位，且预留作接续的接头光缆长度超过该塔位 10m 且满足做引下线时，牵引机械停机。同时，展放场侧用专用紧线器将光缆临锚架上，然后在塔两端将 OPGW 光缆用紧线器固定住。

拆除牵引场的临锚绳使牵引绳回松后，光缆应落在地面的防尘布上。把接头部位的旋转器、金属网套（蛇皮套）、防扭装置等拆除，将光缆顺塔腿主材引下，并用引下线卡固定。将余下的光缆盘圈，吊在距地面约 10m 处。OPGW 光缆的盘绕直径不小于 1.1m。等待另一侧光缆安装完毕并沿杆塔引下后，装上接续盒，由专业光缆接续人员负责光纤的熔接工序。

OPGW 光缆在展放过程中，规定每百米不允许超过 5 次扭转。如旋转次数过多，就有可能损坏光纤。为此，展放过程中必须采取防扭措施。由于目前国内尚未有厂家生产此种防扭设备，光缆生产单位或供货单位也无配套设备，只有靠自行加工解决，它由钢丝绳、旋转连接器、防扭平衡锤和网套等组成，其强度达到 5t 以上。

架线施工时必须使用 OPGW 专用工具或等效自备工具。OPGW 未安装防振装置前，不具备防振能力。在风力作用下发生振动，内部铝套管容易断裂，外部铝包钢表面铝层很薄，也易磨损，要求放线 72h 内应紧线安装完毕。

4.5 防雷与接地技术

风电机组工作于自然环境下，特别是山区风电项目地势高，周围空旷，极易成为雷电的攻击目标。事实上雷击是自然界中对风电机组安全运行危害最大的一种灾害，所以对于风电场如何做好防雷和接地至关重要，也是工程施工的一项重要内容。工程的接地网施工包括升压站接地网施工和各风电机组接地网施工。

■ 4.5.1　风电机组的防雷与接地

1）防雷保护

防雷保护按《交流电气装置的过电压保护和绝缘配合设计规范》（GB/T 50064—2014）的规定，应满足风电机组制造单位的要求。

风电场直击雷保护通过风电机组上的避雷针保护来实现，保护范围应符合现行过电压保护规程的规定。

侵入雷的保护：为防止雷电波侵入对设备造成不利，在箱式变压器35kV出口处加装避雷器，在风电机组出口控制柜和箱式变压器低压侧设置浪涌保护器。当升压变高压侧至终端杆（塔）35kV电缆长度超过50m时，应在杆（塔）上的电缆头附近加装1组避雷器。

2）风电机组接地网

风电机组的保护接地、工作接地、过电压接地使用一个总的接地装置。其接地体首先利用风电机组基础作为自然界接地体，再敷设人工接地网，以满足接地电阻的要求。

主接地网采用以水平接地网为主、垂直接地网为辅的复合接地网。风电场水平接地网和设备接地引下线均采用 —30×4 的紫铜带，ϕ50mm 铜包钢棒作为垂直接地体。要求每台风电机组接地电阻不大于4Ω。

3）风电机组升压变接地保护

接地装置应符合《交流电气装置的接地设计规范》（GB/T 50065—2011）的要求，所有电气设备外壳及架构、设备支架、基础的金属部件都应与地网可靠连接。

风电机组升压变压器接地：风电机组升压变压器接地网采用以水平接地网为主，垂直接地网为辅的复合接地网，水平接地网和设备接地引下线均采用 —30×4 的紫铜带。风电机组接地网和风电机组升压变压器接地网为一体式设计，很多山区风电场土壤电阻率一般较高，自然接地体无法满足风电机组要求，故需对风电机组接地网做其他处理。

4）接地装置施工

（1）接地装置的施工包括垂直接地体施工、水平接地体施工。接地极用无齿锯切割后，顶部气割成尖状，将接地卡子焊接于接地极顶部下方 100mm 处，焊接牢固，焊口进行除锈、防腐处理。接地工程施工为隐蔽工程，质检部门验收合格后方可回填。回填土为纯土，不得夹有石块和建筑垃圾等，外取的土壤不得有较强的腐蚀性，回填时应分层夯实。

（2）全场所有电气设备，如塔筒、发电机、变压器、电动机、断路器、隔离开关、控制柜台、保护屏、动力箱、照明箱、高低压动力电缆、电缆桥架支架、设备支柱等，都必须与主接地网相连接，接地点必须明显，标示清晰，测量接地网的接地电阻应符合规程要求。

（3）隐蔽工程施工记录及附加图纸应正确、完整。

4.5.2 升压站接地网

风电场升压变电站是风电场的枢纽，担负着向外输送电能的重任，一旦遭受雷击，将造成巨大的损失，防雷与接地保护必须十分可靠，应做到万无一失。

升压站的防雷，不论是主变压器还是高压配电装置，直击雷和雷电侵入波均采用避雷针和避雷器进行保护。

1）室外接地母线安装

室外接地体敷设一般配合土建工程施工，土建回填至标高 −1200mm 时，回填低电阻率土壤，然后敷设 −60×6 热镀锌接地扁钢。扁钢与扁钢搭接处应焊缝饱满，无加渣虚焊与漏焊，焊接界面足够，搭接面不得小于 2 倍扁钢宽度，按图纸要求留出引上线并与各柱子上预留引接点可靠连接。各焊口去除药皮焊渣后涂刷防锈漆待验。

（1）验收见证。施工完成后的接地装置经一级自检合格后，由相关班组负责人填写隐蔽工程验收报告并签字后交由工程处二级验收，若合格无异议，则签字后交由工地质检员进行三级验收签证。当三级验收合格后，签字交工程监理进行四级验收见证，合格后予以签证。

（2）防腐与回填土。验收签证后将焊口涂刷两遍防锈面漆，待干透后方可进行隐蔽回填，一般先回填 400mm 厚的低电阻率土壤，回填应夯实，再回填 400mm 厚碎石。

（3）各局部接地装置施工完成，整个接地网形成完整网络时，审验各隐蔽工程记录签证无误后，测量全网接地电阻，接地电阻应符合设计要求且不大于 0.5Ω。合格无误后填写接地装置施工验收评定表交各级验收签证。

2）室内接地装置施工

生产综合楼及相关各层间，应在建筑施工至粗地面完成而细地面未施工之前，将各层间接地均压母线带施工焊接完毕，具体搭接技术要求与焊接规定同于室外接地母线施工要求。

层间均压接地母线与各柱子预留上引点应可靠连接无遗漏。各电气设备安装位置均应预留由引自均压母线的接地引点，不得遗漏。盘柜基础等重要设备应留出两个引点，以保证可靠接地要求。

每一层的均压母线及各上引点及预留施工完毕，由一级验收合格并签证后提交二级验收签证。

3）设备接地

各电气设备安装就位后均应按规范要求进行可靠接地，从各预留点至相应设备的接地线应横平竖直、工艺美观、连接可靠、固定牢固，各露出地面的接地体引出部分均应按要求涂刷正确、醒目的接地标志符号。

■ 4.5.3　防雷与接地施工工序

1）定位放线

用石灰粉放出外接地轮廓线。升压站地势比较平整，放线较容易，但风电机组基坑附近地形起伏较大，部分风电机组外接地开挖轮廓线位于检修路面之上，对施工产生较大影响，若遇此类情况，现场施工负责人员需及时与业主单位、监理单位人员取得联系，共同查看现场情况，确定相应处理措施后，方可施工。

2）接地沟开挖

开挖采用小型挖掘机配液压锤，按照放出的外接地轮廓线进行开挖作业。为满足接地包安装需要和降低接地电阻，开挖坑槽断面形式为梯形，由于地形起伏较大，具体接地沟长度以现场实际开挖长度计算。开挖出的弃方用自卸车运至弃土场，开挖后的坑槽底面应平整，并清除沟中一切影响接地体与土壤接触的杂物，如遇大石头等障碍物，可绕道避开。

3）垂直接地极钻孔安装

开挖完成后进行垂直接地极钻孔，垂直接地极形式为∟50×50×5热镀锌角钢，钻孔采用空压机配履带自行式地质钻机进行。钻孔前需按照图纸确定钻孔位置和钻孔深度。钻孔完成后，现场技术人员检验钻孔深度及钻孔角度，在检验无误后安装镀锌钢管。

4）镀锌扁钢埋设

镀锌扁钢采用—60×6热镀锌扁钢现场焊接，焊接方式为三面满焊，搭接长度不小于2倍的扁钢宽度。镀锌扁钢与钢管、扁钢与角钢焊接时，为了连接可靠，除在接触部位两侧进行焊接外，以钢带弯成的弧形（或直角形）卡子与钢管（或角钢）补强焊接；焊接完成后在焊口部位进行防腐处理。

5）回填

水平接地体和垂直接地极以及接地包安装完成后，即可以进行回填处理。回填方式为开挖坑槽全断面外购土回填，回填时不得将石块杂草埋入。回填分层进行，每层30cm，采用蛙式打夯机夯实。回填土应高出地面200mm作为防沉层。

6）接地电阻测量

断开和主接地网的连接点，测量各段的接地电阻，符合规程规范及设计要求。测量接地电阻采用大电流测试方法，以减少测量误差。

4.6 风电场设备调试

4.6.1 风电场设备调试概述

风电机组调试的任务是将机组的各系统有机地结合在一起，协调一致，保证机组安全、长期、稳定、高效率地运行，风电场调试分为离网调试、并网调试和中央监控系统调试。离网调试是指在发电设备的输电线路和电网断开的状态下，利用临时电源或备用电源，按设计和设备技术文件规定对设备进行调整、整定和一系列试

验工作的过程；并网调试是指在发电设备的输电线路和电网连接的状态下，按设计和设备技术文件规定对设备进行调整、整定和一系列试验工作的过程。风电机组调试应遵循以下原则：

1）一般规定

（1）风电场调试应坚持"安全第一、预防为主"方针。

（2）调试与试运行前，应成立调试与试运行委员会，一般由业主单位、总承包项目部、质监、监理、调试、当地电网调度、风电场运维等有关单位组成，组成人员名单由业主单位与相关单位协商确定，调试与试运行人员应经过专业技术培训。

（3）风电场业主单位应对调试单位的调试方案、安全措施、组织措施等进行严格审查，并指定调试安全负责人负责调试工作的协调、管理与监督。

（4）调试前，风电机组安装工程、升压站设备安装工程、场内电力与通信线路敷设工程等主体工程应已完工，并通过单位工程验收。调试前，调试单位应向风电场业主单位提出申请。

（5）风电场调试应按照先离网调试，后并网调试的顺序进行，其中风电场电气设备离网调试与风电机组离网调试可并行进行。

2）环境条件

（1）气候条件。环境温度宜在 −25℃～35℃之间，相对湿度不大于95%；无大雨、大雪、大雾、雷电、冰雹等恶劣气象条件；风速应符合安全条件，超过10m/s不得在机舱外或轮毂作业，超过18m/s不得进入机组。

（2）机组调试作业中若遇天气突变，如雷电、大风等，应中断调试，及时撤离。

3）电网条件

（1）电网应满足以下条件：公共连接点的谐波电压和总谐波电流分量应符合《电能质量 公用电网谐波》（GB/T 14549—1993）中的相关规定；接入点的电压偏差应符合《电能质量 供电电压偏差》（GB/T 12325—2008）中的相关规定；接入点的电压波动应符合《电能质量 电压波动和闪变》（GB/T 12326—2008）中的相关规定；接入点的电压不平衡度应符合《电能质量　三相电压不平衡》（GB/T 15543—2008）中的相关规定；接入点的频率偏差应符合《电能质量　电力系统频率偏差》（GB/T 15945—2008）中的相关规定。

（2）若要在电网条件达不到规定要求的情况下开展调试工作，机组厂家应进行充分论证。

4）安全要求

（1）基本要求。现场调试人员应严格遵守风电场的各项安全规章制度，有权拒绝违章指挥和强令冒险作业。在开展调试工作之前，调试单位应告知风电场业主单位相关工作内容，接受风电场调试安全负责人的管理与监督。现场调试应由专业人员进行调度指挥，其他调试人员服从指挥，调试过程应严格按照经审查通过的调试规程进行。调试现场应设置警示性标牌、围栏等安全设施，应对作业危险源进行监护。

（2）操作安全。调试人员应遵守电气安全、事故预防、火灾和环境等规程，操作过程中和危险区域应保持符合规范的安全距离，临近的带电部件应有防护措施，封闭危险区域。电气操作员必须具有资质，严禁无资质人员操作。电气操作员应严格遵守国家、行业相关电气操作的安全规范及规定。应对电源进行安全监控，特别要避免由于无意送电或者未授权人员送电所造成的严重安全事故。

（3）紧急情况处理。调试人员应熟悉当地的紧急事件处理程序。发生直接危及人身、电网和设备安全的紧急情况时，有权停止作业并在采取可能的紧急措施后撤离作业场所，并立即报告。发生事故时，在保证自身安全的情况下，应采取防护措施并组织救护，防止事故扩大。发生各类事故都要保护好现场，待事故调查分析与处理。

5）技术文件要求

调试前应具备以下技术文件：设备供货单位提供的技术规范和运行操作说明书、出厂试验记录以及有关图纸和系统图；设备订货合同及技术条件、设备安装记录、监理报告以及其他图纸和资料；经审查通过的现场调试方案、安全措施及风电场业主单位制定的各项规章制度；在风电场电气设备离网调试、机组离网调试、机组并网调试、风电场电气设备并网调试及中央监控系统调试前，调试单位应向风电场业主单位提交相应阶段的调试申请表；调试项目完成后，应提交现场调试报告。

6）调试人员要求

（1）应身体健康，符合调试工作需要。

（2）应熟悉设备的工作原理及基本结构，掌握必要的机械、电气、安全防护等知识和方法，能够正确使用调试工具和安全防护设备，能够判断常见故障的原因并掌握相应处理方法，具备发现危险和察觉潜伏危险并排除危险的能力。

（3）应定期参加专业技术培训和安全培训，经考核合格后方可上岗。

7）仪器设备要求

（1）仪器仪表应定期检查，并在计量部门检定的有效期内使用，允许有一个二次校验源（设备制造单位或标准计量单位）进行校验。

（2）应实测调试临时供电设备的输出电压和频率，确认满足调试要求。

■ 4.6.2　离网调试

1）一般规定

（1）应确认被调试机组安装已完毕，经检验符合有关标准或规定的要求。对作业环境进行全面检查，确认设备齐全无缺失、安全设施齐备，所有断路器及开关应处于分断位置，所有电气设备应处于关闭状态。

（2）被调试机组附带中的技术文件应符合《失速型风力发电机组　控制系统技术条件》（GB/T 19069—2017）中规定，并对厂内调试报告进行检查。确认控制器出厂前已调试完毕，各项参数符合相关机组控制与监测要求；各类测量终端调整完毕，整定值应符合相关机组检测与保护要求。

（3）进行绝缘水平检查及接地检查时，试验应满足《三相异步电动机试验方法》（GB/T 1032—2012），《半导体变流器　通用要求和电网换相变流器　第1-1部分：基本要求规范》（GB/T 3859.1—2013），《低压系统内设备的绝缘配合　第1部分：原理、要求和试验》（GB/T 6935.1—2008），《接地电阻测量导则》（GB/T 17949.1—2000），《低压电气设备的高电压试验技术　定义、试验和程序要求、试验设备》（GB/T 17627—2019）中规定的要求。

2）机组电气检查

（1）对机组防雷系统的连接情况进行检查，检查主控系统、变桨系统、变流系统、发电机系统等的接线是否正确，确认电缆色标与相序规定是否一致。

（2）检查各控制柜之间动力和信号线缆的连接紧固程度是否满足要求。

（3）确认各金属构架、电气装置、通信装置和外来的导体等电位连接与接地。

（4）检查母排等裸露金属导体之间是否干净、清洁，动力电缆外观应完好无破损。应对电气工艺进行检查确认。

（5）对现场连接及安装的动力回路进行绝缘检查。

3）机组上电检查

（1）确定主控系统、变流系统、变桨系统等系统中的各电气元件已整定完毕。

（2）按照现场调试方案和电气原理图，依次合上各电压等级回路空开，测量各电压等级回路电压是否满足要求。

（3）应对备用电源进行检查，测查充电回路是否工作正常；待充电完成后，检查备用电源电压检测回路是否正常。

4）机组就地通讯系统

（1）主控制器启动。

（2）对主控制系统的绝缘水平和接地连接情况进行检查。

（3）机组通电，启动人机界面，检查各用户界面是否可正常调用。

（4）建立人机界面与主控制器之间的通信，进行主控制器参数设定，保证每台机组的地址或网络标识不相互冲突。

（5）将控制回路不间断电源置于掉电保持状态，手动切断供电电源，不间断电源应可靠投入运行。

5）子系统和测量终端

（1）检查主控制器和各个子系统通信是否正常，包括主控制器与功能模块之间的通信、主控制器与功率变流器之间的通信、主控制器与变桨变流器之间的通信、主控制器与偏航功率变流器之间的通信等。确认各个子系统通信中断后，主控制器能发出有效的保护指令。

（2）检查各测量终端、风向标、位置传感器及接触器等是否处于正常工作状态。

6）安全链

（1）急停按钮触发。按下紧急停机按钮，检查安全链是否断开以及机组的故障报警状态。

（2）机舱过振动。触发过振动传感器，检查安全链是否断开以及机组的故障报警状态。

（3）扭缆保护。触发扭缆保护传感器，检查安全链是否断开以及机组的故障报警状态。

（4）过转速。触发过转速保护开关，检查安全链是否断开以及机组的故障报警状态。

（5）变桨保护。触发变桨保护开关，检查桨叶是否顺桨、安全链是否断开以及机组的故障报警状态。

7）发电机系统

（1）对发电机的绝缘水平和接地连接情况进行检查。

（2）检查发电机集电环与电刷安装是否牢固可靠，滑道是否光滑，电刷与滑道接触是否紧密。触发磨损信号，观察机组故障报警状态。

（3）应对发电机防雷系统进行检查，触发电机避雷器，观察机组故障报警状态是否正确。

（4）测量发电机加热器阻值是否在规定范围内，启动加热器，测量加热器电流是否在规定范围内，确保发电机加热器正常工作。

（5）在有条件的情况下，应对发电机过热进行检查。模拟发电机过热故障，观察机组动作及自复位情况。

（6）检查发电机冷却、加脂等系统的工作是否处于正常状态。

8）主齿轮箱

（1）检查齿轮箱油位是否正常，调节齿轮箱油位传感器，观察齿轮箱油位传感器触发时的机组故障报警状态。

（2）检查齿轮箱防堵塞情况，调节压差传感器，观察压差信号触发时的机组故障报警状态。

（3）检查齿轮箱润滑系统各阀门是否在正常工作位置；启动齿轮箱润滑油泵，观察齿轮箱润滑系统压力、噪声及漏油情况。

（4）手动启动齿轮箱冷却风扇，观察其是否正常启动，转向是否正常。

（5）测量齿轮箱加热器阻值是否在正常范围内，确认加热器正常运行。

9）传动润滑系统

（1）传动润滑系统包括变桨润滑、发电机润滑、主轴集中润滑及偏航润滑等。

（2）检查传动润滑系统油位是否正常，启动传动润滑系统，观察润滑泵运行、噪声、漏油情况；调节传动润滑系统，观察润滑故障信号触发时，机组故障报警状态。

10）液压系统

（1）检查液压管路元件连接情况有无异常，调节各阀门至工作预定位置。

（2）检查液压油位是否正常，确认液压油清洁度满足工作要求。模拟触发液压油位传感器，观察机组停机过程和故障报警状态。

（3）启动液压泵，观察液压泵旋转方向是否正确，检查系统压力、保压效果、噪声、渗油等情况。检查液压站和管路衔接处，确保建压后回路无渗漏。

（4）触发液压压力传感器信号，检查机组停机过程和故障报警状态。

（5）检查制动块与制动盘之间的间隙是否满足要求。进行机械刹车测试，观察机组停机过程和故障报警状态。

（6）手动操作叶轮刹车，叶轮电磁阀应迅速动作，对刹车回路建压，松闸后回路立即泄压。

11）偏航系统

（1）检查偏航系统各部件安装是否正常，机舱内作业人员应注意安全，偏航时严禁靠近偏航齿轮等转动部分。

（2）应确定机舱偏航的初始零位置，调节机舱位置传感器与之对应；调节机舱位置传感器，使其在要求的偏航位置能够有触发信号。

（3）顺时针、逆时针操作偏航，观察偏航速度、角度及方向、电机转向是否与程序设定一致，偏航过程应平稳、无异响。

（4）测试机组自动对风功能。手动将风电机组偏离风向一定角度，进入自动偏航状态，观察风电机组是否能够自动对风。

12）变桨系统

（1）一般规定。

①变桨系统调试时，机组应切入到相应的调试模式。调试人员必须操作锁定装置将叶轮锁定后，方可进入轮毂进行调试。

②变桨系统调试必须由两名及以上调试人员配合完成，禁止单人进行操作。调试过程中各作业人员必须始终处于安全位置。轮毂外人员每次进入轮毂，必须经轮毂内变桨调试人员许可。

③完成变桨调试后应将轮毂内清理干净，不得遗留任何杂物和工具，待所有人员离开轮毂后方可解除叶轮锁定。

④对变桨系统、变流系统的绝缘水平和接地连接情况进行检查。

（2）手动变桨。

①在手动模式下，按照现场调试方案和电气原理图，依次合上变桨系统各电压等级回路空开，测量各电压等级回路电压是否正常。

②进行桨叶零位校准，使桨叶零刻度与轮毂零刻度线对齐，将编码器清零确定零位置。

③进行桨叶限位开关调整，调整接近开关、限位开关等传感器位置，保证反馈信号可靠。

④点动叶片变桨，应操作桨叶沿顺时针和逆时针方向各转一圈（操作桨叶沿0°～90°之间运行），观察桨叶的运行、噪声情况，运行过程应流畅、无异常触碰，并确认变桨电机转向、速率、桨叶位置与操作命令是否保持一致。

⑤断开主控制柜电源，检测备用电源能否使叶片顺桨。

⑥应按照上述步骤对每片桨叶分别进行测试。

（3）冷却与加热。

①操作风扇启动，确认风扇动作可靠，旋向正确，无振动、异响。

②操作加热器启动，检查能否正常工作。

（4）变桨保护。

①手动变桨至一定角度，触发叶片极限位置保护开关，检查叶片是否顺桨。

②任一变桨柜断电，检查其他两个叶片是否顺桨。

③断开任一变桨变流器通信线，检查所有叶片是否顺桨。

④断开主控制器与变桨通信，检查所有叶片是否顺桨。

⑤触发任一变桨限位开关，检查所有叶片是否顺桨。

⑥断开机舱控制柜电源，检查所有叶片是否顺桨。

（5）自动变桨。

①手动变桨，观察风电机组是否能维持在额定转速，降低风电机组最高转速限值，观察风电机组是否能够自动收桨，降低转速。

②恢复自动变桨模式，监测叶片变桨速度、方向、同步等情况，如发现动作异常，应立即停止变桨动作。

13）温度控制系统调试

（1）设置所有温度开关、湿度开关定值，包括机舱开关柜、机舱控制柜、变流柜、塔基控制柜、变桨控制柜等。

（2）检查机组所有温度反馈是否正常，包括各控制柜内温度、发电机绕组及轴承温度、齿轮箱油温及轴温、水冷系统温度、环境温度、机舱温度等。

（3）调整温度限值，观察加热、冷却系统是否正常启停。

（4）若机组具有机舱加热系统，应调整温度限值，观察加热系统是否正常启停。

14）离网调试结束

（1）进入主控系统故障报警菜单，就地复位后，机组故障应已全部排除，结合调试方案核对调试项目清单，检查是否有遗漏的调试项目。

（2）与通电相反的顺序断电，清理作业现场，整理调试记录。

■ 4.6.3 并网调试

1）并网流程

山区风电场电网并网流程如图 4-6-1 所示。

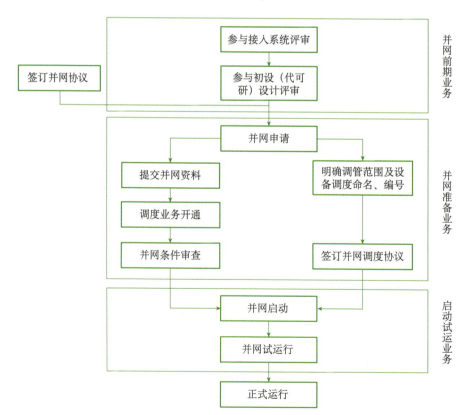

图 4-6-1 山区风电场电网并网流程

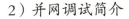

2）并网调试简介

（1）并网调试准备。

①检查现场机组离网调试记录，核实调试结果是否达到并网调试的要求。

②确认变桨、变流、冷却等系统的运行方式，各系统参数是否按机组并网调试要求设定，叶轮锁定装置是否处于解除状态。

③气象条件应满足并网调试要求。

④应对风电机组箱式变压器至机组的动力回路进行绝缘水平检查。

⑤向风电场提交并网调试申请，同意后方可开展机组并网调试。

（2）变流系统。

①确认网侧断路器处于分断位置且锁定可靠。按照现场调试方案和电气主接线图，依次合上变流器各电压等级回路空开，测量各电压等级回路电压是否正常。

②将预设参数文件下载到变流器。

③将变流系统切入到调试模式，通过变流器控制面板的参数设置功能手动强制变流器预充电，母线电压应上升至规定值后解除预充电，母线电压应经放电电阻降至零。

④预充电测试成功后，解除网侧断路器锁定，通过变流器控制面板的参数设置功能强制操作网侧断路器吸合与分断，断路器应动作可靠，控制器应收到断路器的吸合与分断的反馈信号。

⑤操作柜内散热风扇运行，确认风扇旋转方向正确。检查冷却系统工作是否正常。

⑥检查发电机转速、转向能否被变流系统正确读取。

（3）空转调试。

①设置软、硬件并网限制，使机组处于待机状态。观察主控制器初始化过程，是否有故障报警。如机组报故障未能进入待机状态，应立即对故障进行排查。

②启动机组空转，调节桨距角进行恒转速控制，转速从低至高，稳定在额定转速下。

③观察机组的运行情况，包括转速跟踪、三叶片之间的桨距角之差是否在合理的范围之内，偏航自动对风、噪声、电网电压、电流及变桨系统中各变量是否正常。

④空转调试应至少持续 10min，确定机组无异常后，手动使机组停机，观察传动系统运行后的情况。

⑤在空转模式额定转速下运行，按下急停按钮来停止风电机组。观察风电机组

能否快速顺桨，制动器是否能够正常制动。

⑥在空转模式额定转速下运行，降低超速保护限值（低于额定转速），风电机组应报超速故障并快速停机。

⑦测试完成后恢复保护限值。

（4）并网调试。

①手动并网。

a）设置软、硬件并网限制，在机组空转状态下，启动网侧变流器和发电机侧变流器，使变流器空载运行，观察变流器各项监测指标是否在正常范围内。检查变流器撬棍电路，启动预充电功能，检测直流母线电压是否正常。

b）取消软、硬件并网限制，启动机组空转，当发电机转速度保持在同步速附近时，手动启动变流器测试发电机同步、并网，持续一段时间，观察机组运行状态是否工作正常。

c）逐步关闭变流器，使叶片顺桨停机。

②自动并网。

a）启动机组，当发电机转速达到并网转速时，观察主控制器是否向变流器发出并网信号，变流器在收到并网信号后是否闭合并网开关，并网后变流器是否向主控制器反馈并网成功信号。

b）观察水冷系统，确认主循环泵运转、水压及流量均达到规定要求。

c）观察变桨系统，确认叶片的运行状态正常。

d）并网过程应过渡平稳，发电机及叶轮运转平稳，冲击小，无异常振动；如并网过程中系统出现异常噪声、异味、漏水等问题，应立即停机进行排查。

e）启动风电机组，观察一段时间内的风电机组运行数据及状态是否正常。

f）模拟电网断电故障，测试风电机组能否安全停机。停机过程机组运行平稳，无异常声响和强烈振动。

（5）限功率调试。风电机组在额定功率下运行，通过就地控制面板，将功率分别限定为额定功率的一定比例，观察风电机组功率是否下降并稳定在对应的限定值。

限功率试运行时间规定为72h，试运行结束后检查发电机滑环表面氧化膜形成情况，确保碳刷磨损状况良好及变桨系统齿面润滑情况正常。

（6）并网调试结束。机组在待机、启动、并网、对风、偏航、停机等状态或过程中无故障发生，并通过预验收性能考核。整理调试记录，填写机组现场调试报告。

4.6.4　中央监控系统调试

1）一般规定

（1）与风电机组就地控制系统的联合调试。应对中央监控系统进行正确安装，并设置相应的权限。检查主控制器与中央监控系统的通信状态是否正常。观察主控制器与中央监控系统通信中断后的保护指令和故障报警状态。在风电机组就地控制系统进行手动控制及自动控制，包括启动、关机、偏航等，观察中央监控系统监测的风电机组运行状态是否与实际相符。将机组切入到调试模式，观察中央监控系统远程操作功能是否被屏蔽。将机组切入到自动运行状态，通过中央监控系统远程操作机组，在机组就地控制系统观察机组对中央监控系统发出的控制指令响应的情况。使机组正常运转，通过中央监控系统查看机组的监控信息，包括基本数据显示、实时数据显示等。

（2）能量控制系统。对机组进行有功功率调节测试、无功功率调节测试及功率因数调节范围测试。

（3）统计及报表系统。观察中央监控系统获取累计值报表情况，查看报表内容是否满足要求。观察中央监控系统获取日报表情况，查看统计数据是否满足要求。应模拟机组故障情况，查看中央监控系统故障统计情况及报警状态。

（4）调试结束。整理调试记录，编制综合自动化系统现场调试报告及风电机组中央监控系统现场调试报告。

2）调试结果应达到的要求

（1）应检查风力发电工程通信网络，且应符合设计图纸。

（2）中央监控系统与每台风电机组应通信正常。

（3）中央监控系统应正确展示机组的实时数据、历史数据和统计数据。

（4）报表功能、图表功能应满足设计要求。

（5）单机和风力发电工程启动、复位、停止控制功能应正常。

（6）单机和风力发电工程有功功率、无功功率控制功能应满足设计要求。

（7）中央监控系统与风力发电工程综合自动化系统通信功能应正常。

第 5 章

山区风电场工程的试运行与验收

5.1 试运行与验收组织

　　风力发电建设工程应通过各单位工程完工、工程启动试运（单台机组启动调试试运、工程整套启动试运）、工程移交生产、工程竣工四个阶段的全面检查验收。

　　建设单位（业主单位、项目法人单位）负责组建单位工程完工验收领导小组，单位工程完工后，工程总承包单位提出申请，领导小组及时组织验收，工程合格签发《单位工程完工验收鉴定书》。

　　建设单位负责组建工程整套启动试运验收委员会（以下简称启委会），启委会一般下设整套试运组、专业检查组、综合组和生产准备组。启委会采取听取汇报和现场检查相结合的方式，对工程做出总体评价，签发《工程整套启动试运验收鉴定书》。

　　建设单位负责筹建工程移交生产验收领导小组，验收工作由主要投资方主持。移交生产前准备工作完成后，建设单位向各股东提出验收申请，经审批同意后，建设单位及时筹办移交生产验收工作，验收完毕签发《工程移交生产验收交接书》。

　　建设单位筹建工程竣工验收委员会，主持单位可以是项目属地省级发展改革委，也可以是股东。建设单位完成竣工决算报告后，向验收主持单位提出验收申请报告，批复后，建设单位筹建竣工验收委员会。该阶段的验收程序类似工程整套启动试运验收。委员会对项目做出综合评价后，签发《工程竣工验收证书》，并自签字之日起28天内，由主持单位行文发送有关单位。

　　建设单位须在风电场的主体工程建设内容已完成，并组织完成工程用地、环保、消防、安全、并网、节能、档案及其他规定的各项专项验收和工程竣工报告后，方可开展工程竣工验收。

　　风力发电建设工程通过工程整套启动试运验收后，一般在六个月内完成工程决算审核。

　　工程验收涉及与质监部门、电网调度部门的协调工作，统一由建设单位负责。

风力发电场项目建设工程的四个阶段验收，必须以批准文件、设计图纸、设备合同及国家颁发的有关电力建设的现行标准和法规等为依据。

5.2 风电场试运行

1）一般规定

风电机组在并网调试后应及时进行试运行测试工作，并应做好试运行测试记录。当风力发电工程的风电机组数量较多时，可分批次进行试运行，试运行的每台机组应连续无故障运行不少于240h。

（1）进行试运行前应具备的条件。机组已处于运行模式，所有测量、控制、保护、自动、信号等全部投入，不得屏蔽任何保护及信号；无影响设备正常运行的缺陷和隐患，塔架、机舱、轮毂内卫生清洁，风电机组各部无明显的渗漏油现象；各风电机组必须经过满负荷运行一段时间，并且有记录，在满负荷运行的情况下，抽检下段电缆的部分电气接头的温度正常，风电机组各部件参数正常，无超温、超限的各类异常报警，方可进入240h试运行；升压站、电网、集电线路、控制系统及附属设施设备满足验收要求；风电机组监控系统已正常投入运行，后台监视系统的所有资料齐全、完备、数据准确可靠；光缆标识完善，风电机组的后台监视系统运行正常，各远传参数已核对准确、无误；风电机组远方启停试验、限制负荷试验、远方调整、监视所有记录正常，风电机组在后台监视的所有功能正常；风电机组报警编码对照表正确完整；风电机组生产厂家值班人员和风电场运行人员已全部到位且准备完毕，记录、台账完整清晰；240h试运前，必须满足零缺陷，完好率和利用率达到100%；各相关施工单位负责人员到场，协调缺陷处理；根据风场所处的地理位置、风能质量，提供本风场风电机组的准确风功率曲线；根据风电机组240h试运的性能测试，提供相应的报表格式和资料；运行考验技术资料及相应文件准备完毕；提前申请调度，完善能量管理平台的远调试验，具备AGC/AVC远调功能；待所有风电机组具备240h试运条件时，申请调度放开负荷，机组在额定负荷下长时间运行，试验风电机组各项性能指标。

根据风功率预测，具体安排风电机组240h试运行计划或计时工作，严格按照风电机组试运行达标条件进行考评。

（2）试运行期间应根据风电机组发电机组厂家规定对机组进行必要的调整，并

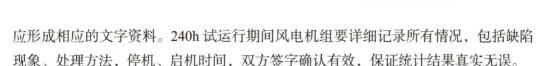

应形成相应的文字资料。240h 试运行期间风电机组要详细记录所有情况，包括缺陷现象、处理方法，停机、启机时间，双方签字确认有效，保证统计结果真实无误。

2）试运行环境

风电机组在 240h 试运行计时期间，风速需在 9m/s 以上且接近于额定风速时，风电机组应满出力运行。全场风电机组满足相应的安全措施，满足 240h 试运行的必备条件和评价条件。

向中调申请批准与风速相对应的负荷，使被测试的风电机组尽可能地在额定出力情况下运行。

由于不可抗力因素导致的设备停机，如电网故障、地震等超过了技术规格书中所规定的环境指标等情况，均不应视为风电机组自身故障，由此产生的故障时间不计入 240h 试运行，应视为正常运行，试运行应继续进行。

如遇恶劣天气如极端温度、狂风、暴雨、雷暴等且风电机组未遭受极端恶劣天气损坏，试运行应继续进行。

3）试运行方式

（1）在风速满足且中调负荷满足的情况下，原则上应按照全部风电机组整体在满负荷或高负荷下进行 240h 试运行。

（2）在负荷空间小、中调限负荷不严重且风速满足的情况下，以每条集电线路上所带风电机组为试运行单位，进行 240h 试运行检验。

（3）若调度限负荷严重且达到最低限时，一般按照分组形式分别进行 240h 试运行。

可根据实际风速及限负荷程度，适当采用以上 3 种方法进行试运行，分批进行每台检验的 240h 试运行。

4）试运行流程

召开风电场 240h 试运行专题会议，下发试运行方案，进行人员安排和资料准备工作→按照试运行方案由试运行实施单位出具风电机组试运行期间的工作安排，移交试运行资料→由工程承包单位向建设单位提出申请 240h 试运行开始→建设单位向当地电网公司调度申请 240h 试运行并得到调度批准→针对本场风速和负荷情况，批准 240h 试运行开始→风电机组 240h 试运行工作必须严格按照试运行验收标准执行→风电机组 240h 试运行结束，整理相关资料进行验收→按照验收标准做好 240h 的收尾维护工作，进行终审工作。

5）风电机组通过240h试运行要求

（1）风电机组 240h 试运行期间，不得出现风电机组主要部件（如叶片、轮毂、发电机等）的损坏。

（2）风电机组单台可自复位的同一故障次数不超过 2 次。

（3）风电机组单台不可自复位的同一故障次数不超过 1 次。

（4）风电机组 240h 试运行期间，单机总故障次数不得超过 4 次。

（5）风电机组单次故障时间不得超过 2h，累计故障时间不得超过 7h。

（6）不得出现因设备供货单位现场人员更改风电机组参数等造成数据丢失或者发电量归零。

（7）中央监控系统包含在风电机组 240h 试运行设备范围内。

（8）在风电机组 240h 试运行期间没有达到满功率的，应补做满功率试验。一般在此期间出现满功率并持续运行 12h 或累计运行 24h 即视为出现满功率，特殊情况下确未达到额定出力的顺延 240h 后通过。

6）试运行注意事项

在试运行期间，运行人员要积极与电网调度联系争取电量，争取试运行机组在线台数；运行人员在试运行期间要积极巡检，保证风电机组 240h 试运行工作顺利进行；试运行期间必须满足风电机组满出力或接近于满出力运行；试运行期间厂家必须 24h 派人值班，车辆人员严阵以待；试运行期间的各种记录要工整、详细，严禁事后凭记忆补记。

5.3　风电场工程验收

■ 5.3.1　分部工程验收

分部工程的验收在其所含各分项工程验收的基础上进行，以保证单位工程质量。分部工程施工完成后，工程总承包单位、工程分包施工单位应组织相关人员检查，在自检评定合格的基础上向监理单位提出分部工程验收通知单，并提供自行验评记录和施工质量记录。分部工程由总监理工程师组织工程总承包单位、工程分包施工

单位项目负责人和项目技术负责人等进行验收。

1）分部工程验收程序

分部工程质量验收，应在各分项工程验评合格后进行。

分部工程质量验收，以文件记录验收为主，现场调查为辅。

分部工程质量验收及验评等级规定，按验评标准进行。

某些分项工程范围较大，分几次施工时，要求每施工一次验收一次，及时做好记录，最后一次验收时评定质量等级。

分项工程中包含的隐蔽项目、设计变更等项目，应作为分项工程内容进行验收。

2）分部工程验收内容

（1）分部工程划分。风电工程一般分风电机组工程、建筑工程、升压站设备安装调试工程、集电线路工程、交通工程五个单位工程，分部工程项目划分方式可参考表 2-7-1～表 2-7-5。

（2）风电机组工程验收。每台风电机组由风电机组基础、风电机组安装、风力发电机监控系统、塔架、电缆、箱式变电站、防雷接地网七个分部工程组成，各分部工程完工后必须及时组织有监理参加的自检验收。

验收应检查项目：

①风电机组基础尺寸、钢筋规格和型号、钢筋网构造及绑扎、混凝土试块试验报告及浇筑工艺等应符合设计要求。

基础浇筑后，应养护 28 天后方可进行塔架安装，塔架安装时混凝土基础的强度不该低于设计强度的 75%；基础埋设件应与设计符合。

②风电机组安装。风轮、传动机构、增速机构、发电机、偏航机构、气动刹车机构、机械刹车机构、冷却系统、液压系统、电气控制系统等零件，系统应符合合同中的技术要求。

液压系统、冷却系统、润滑系统、齿轮箱等无漏、渗油现象，且油品符合要求，油位应正常。

机舱、塔内控制柜、电缆等电气连接应安全可靠，相序正确。接地应牢固可靠，应有防振、防潮、防磨损等安全措施。

③风力发电机监控系统。各种控制信号传感器等零件应齐备完好，连接正确，无损害，其技术参数、规格型号应符合合同中的技术要求；机组与中央监控、远程监控设备安装连接应符合设计要求。

④塔架。表面防腐涂层应完满，无锈色、损害；出厂检验报告应符合设计要求；塔架所有对接面的紧固螺栓强度应符合设计要求，应利用特装置工具拧紧到厂家规定的力矩。检查各段塔架法兰结合面，应接触良好，符合设计要求。

⑤电缆。在查收时，应按《电气装置安装工程　电缆线路施工及验收规范》（GB 50168—2018）的要求进行检查；电缆外露部分应有安全防范措施。

⑥箱式变电站。箱式变电站的电压等级、铭牌力、回路电阻、油温应符合设计要求；绕组、套管和绝缘油等试验均应依照《电气装置安装工程　电气设备交接试验标准》（GB 50150—2016）的规定进行；零件应完整齐全，压力开释阀、负荷开关、接地开关、低压配电装置、避雷装置等电气和机械性能良好，无接触不良和卡涩现象；冷却装置运转正常，散热器及风扇齐备；主要表、显示零件完满正确，熔丝保护、防爆装置和信号装置等零件应完满、动作靠谱；一次回路设备绝缘及运转状况良好；变压器及四周环境整齐、无渗油，照明良好，标记齐备。

防雷接地。防雷接地网的埋设、资料应符合设计要求；连接处焊接牢靠，接地网引出处应切合要求，且标记明显；接地网接地电阻应符合风电机组设计要求。

（3）建筑工程。建筑工程一般由基础工程、钢筋工程、模板工程、混凝土工程、砌体工程、门窗工程、楼地面工程、装饰工程、屋面工程、给排水工程、吊顶和顶棚工程、通风空调安装、照明动力工程、防雷接地工程、火灾探测报警工程等分部工程构成，各分部工程完工后，一定实时组织有监理参加的检查验收。分部工程检查验收项目主要包括以下内容：

①建筑整体布局应合理、整齐雅观。

②房子基础、主变压器基础的混凝土及钢筋试验强度应符合设计要求。

③屋面隔热、防水层符合要求，屋顶无渗漏现象。

④墙面砌体无脱落、雨水渗漏现象。

⑤开关柜室防火门符合安全要求。

⑥照明用具、门窗安装质量符合设计要求。

⑦电缆沟、楼地面与场所无积水现象。

⑧室内外给排水系统良好。

⑨接地网外露连接体及预埋件符合设计要求。

（4）升压站设备安装调试工程。升压站设备安装和调试单位工程包含主变压器、高压电器、低压电器、母线装置、盘柜及二次回路接线、低压配电设备等的安装调试及电缆铺设、防雷接地装置等分部工程。各分部工程完工后，一定实时组织有监理参加的检查验收。各分部工程检查验收项目如下：

①主变压器。本体、冷却装置及所有附件应无缺点，且不渗油；油漆应完好，相色标记正确；变压器顶盖上应无遗留杂物，环境洁净无杂物；事故排油设备应完整，消防设备安全可靠；储油柜、冷却装置、净油器等油系统上的油门均应翻开，且指示正确；接地引下线及其与主接地网的连接应满足设计要求，接地应靠谱；分接头的地点应符合运转要求，有载调压切换装置远方操作应动作可靠，指示地点正确；变压器的相位及绕组的接线组别应符合运转要求；测温装置指示正确，整定值符合要求；所有电气试验应合格，保护装置整定值符合规定，操作及联动试验正确；冷却装置运转正常，散热装置齐备。

②高压电器、低压电器。电器型号、规格应符合设计要求；电器外观完整，绝缘器件无裂纹，绝缘电阻值符合要求，绝缘良好；相色正确，电器接零、接地可靠；电器排列齐整，连接可靠，接触良好，表面洁净完好；高压电器的瓷件质量应符合现行国家标准和有关瓷产品技术条件的规定；断路器无渗油，油位正常，操动机构的联动正常，无卡涩现象；组合电器及其传动机构的联动应正常，无卡涩；开关操动机构、传动装置、协助开关及闭锁装置应安装牢靠，动作灵巧可靠，地点指示正确，无渗漏；电抗器支柱完好，无裂纹，支柱绝缘子的接地应良好；避雷器应完好无损，封口处密封良好；低压电器活动零件动作灵巧可靠，连锁传动装置动作正确，标记清楚。通电后操作灵巧可靠，电磁器件无异样响声，触头压力、接触电阻符合规定；电容器部署接线正确，端子连接可靠，保护回路完好，外壳完满无渗油现象，支架外壳接地靠谱，室内通风良好；互感器外观应完好无缺损，油浸式互感器应无渗油，油位指示正常，保护空隙的距离应符合规定，相色应正确，接地良好。

③母线装置。金属加工、配制，螺栓连接、焊接等应符合国家现行标准的有关规定；所有螺栓、垫圈、闭嘴销、锁紧销、弹簧垫圈、锁紧螺母齐备、可靠；母线配制及安装架设应符合设计规定，且连接正确，接触可靠；瓷件完好、洁净，软件和瓷件胶合完好无损，充油套管无渗油，油位正确；油漆应完满，相色正确，接地良好。

④盘柜及二次回路接线。金属加工、配制，螺栓连接、焊接等应符合国家现行标准的有关规定；所有螺栓、垫圈、闭嘴销、锁紧销、弹簧垫圈、锁紧螺母齐备、可靠；母线配制及安装架设应符合设计规定，且连接正确，接触可靠；瓷件完好、洁净，软件和瓷件胶合完好无损，充油套管无渗油，油位正确；油漆应完满，相色正确，接地良好。

⑤低压配电设备。金属加工、配制，螺栓连接、焊接等应符合国家现行标准的有关规定；所有螺栓、垫圈、闭嘴销、锁紧销、弹簧垫圈、锁紧螺母齐备、可靠；母线配制及安装架设应符合设计规定，且连接正确，接触可靠；瓷件完好、洁净，

软件和瓷件胶合完好无损，充油套管无渗油，油位正确；油漆应完满，相色正确，接地良好。

⑥电缆铺设。规格符合规定，排列齐整，无损害，相色、路径标记齐备、正确、清楚；电缆终端、接头安装坚固，曲折半径、有关距离、接线相序和排列合乎要求，接地良好；电缆沟无杂物，盖板齐备，通风、排水、防火措施符合设计要求；电缆支架等金属零件防腐层应完整。

⑦防雷接地装置。整个接地网外露部分的连接应可靠，接地线规格正确，防腐层应完满，标记齐备、明显；避雷针（罩）的安装地点及高度应符合设计要求；工频接地电阻值及设计要求的其余测试参数应符合设计规定。

（5）电力线路。每条架空电力线路工程是由杆塔基坑及基础埋设、杆塔组立与绝缘子安装、拉线安装、导线架设四个分部工程构成。每条电力电缆工程是由电缆沟制作、电缆保护管的加工与敷设、电缆支架的配制与安装、电缆的敷设、电缆终端和接头的制作五个分部工程构成。各分部工程完工后，应及时组织有监理参加的检查验收。各分部工程检查验收项目如下：

①电力线的规格型号应符合设计要求，外面无破坏。

②电力线应排列整齐，标记应齐备、正确、清楚。

③电力线终端接头安装应坚固，相色应正确。

④采纳的设备、器械及资料应符合国家现行技术标准的规定，并应有合格证件，设备应有铭牌。

⑤杆塔组立、拉线制作与安装、导线弧垂、相间距离、对地距离、对建筑物靠近距离及交错超越距离等均应符合设计要求。

⑥架空线沿线阻碍应已消除。

⑦电缆沟应无杂物，盖板齐备，照明、通风、排水系统、防火举措应符合设计要求。

⑧接地良好，接地线规格正确，连接可靠，防腐层完整，标记齐全明显。

（6）交通工程。道路工程一般由路基、路面、排水渠、涵洞、桥梁等分部工程构成。各分部工程完工后，及时组织有监理参加的检查验收。各分部工程检查验收项目如下：检查工程质量是否符合设计要求，可采用模拟试通车来检查涵洞、桥梁、路基、路面、转弯半径是否符合风力发电设备运输要求。

5.3.2 单位工程完工验收

单位工程完工后，工程总承包单位组织工程分包施工单位先自行组织有关人员

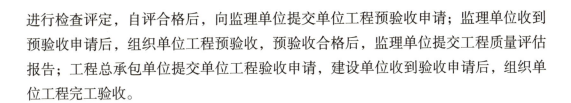

进行检查评定，自评合格后，向监理单位提交单位工程预验收申请；监理单位收到预验收申请后，组织单位工程预验收，预验收合格后，监理单位提交工程质量评估报告；工程总承包单位提交单位工程验收申请，建设单位收到验收申请后，组织单位工程完工验收。

1）一般规定

风力发电工程单位工程验收可按照风电机组工程、建筑工程、升压站设备安装调试工程、集电线路工程、交通工程五大类进行划分，每个单位工程由若干个分部工程组成，它具有独立、完整的功能。

单位工程完工后，工程总承包单位现场机构提出验收申请，单位工程验收领导小组应及时组织验收；同类单位工程完工验收可按完工日期先后分别进行，也可按部分或全部同类单位工程一道组织验收；对于不同类单位工程，如完工日期相近，为减少组织验收次数，单位工程验收领导小组也可按部分或全部各类单位工程一道组织验收。

单位工程完工验收必须按照设计文件及有关标准进行，验收重点是检查工程内在质量，质监部门应有签证意见。

单位工程完工验收结束后，工程总承包单位现场机构应向建设单位报告验收结果，工程合格，应签发单位工程完工验收鉴定。单位工程完工验收流程如图5-3-1所示。

2）风电机组安装工程验收

一般每台风电机组的安装工程为一个单位工程。

（1）验收应具备的条件。各分部工程自检验收必须全部合格，施工、主要工序和隐蔽工程检查签证记录、分部工程完工验收记录、缺陷整改情况报告及有关设备、材料、试件的试验报告等资料应齐全完整，并已分类整理完毕。

（2）主要验收工作。检查风电机组、箱式变电站的规格型号、技术性能指标及技术说明书、试验记录、合格证件、安装图纸、备品配件和专用工器具及其清单等；检查各分部工程验收记录、报告及有关施工中的关键工序和隐蔽工程检查、签证记录等资料；按规范要求检查分部工程施工质量；对缺陷提出处理意见；对工程做出评价；做好验收签证工作。

3）建筑工程验收

建筑工程应包括升压站电气设备基础、中控楼和生活设施等工程。

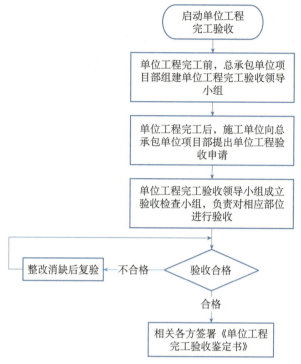

图 5-3-1　单位工程完工验收流程图

（1）验收应具备的条件。所有分部工程已经验收合格，且有监理签证；施工记录、主要工序及隐蔽工程检查签证记录，钢筋和混凝土试块试验报告、缺陷整改报告等资料齐全完整。

（2）验收主要工作。检查建筑工程是否符合施工设计图纸、设计更改联系单及施工技术要求；检查各分部工程施工记录及有关材料合格证、试验报告等；检查各主要工艺、隐蔽工程监理检查记录与报告，检查施工缺陷处理情况；按规范相关要求检查建筑工程形象面貌和整体质量；对检查中发现的遗留问题提出处理意见；对工程进行质量评价；做好验收签证工作。

4）升压站设备安装调试工程验收

（1）验收应具备的条件。各分部工程自查验收必须全部合格；倒送电冲击试验正常，且有监理签证；设备说明书、合格证、试验报告、安装记录、调度记录等资料齐全完整。

（2）主要验收工作。检查电气安装调试是否符合设计要求；检查设备制造单位提供的产品说明书、试验记录、合格证件、安装图纸、备品备件和专用工具及其清单；检查安装调试记录和报告、各分部工程验收记录和报告，及施工中的关键工序

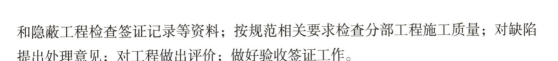

和隐蔽工程检查签证记录等资料；按规范相关要求检查分部工程施工质量；对缺陷提出处理意见；对工程做出评价；做好验收签证工作。

5）集电线路工程验收

风电场集成线路包括架空线路和直埋电缆线路两种建设方式，一般以一条独立的线路回路为一个单位工程。

（1）验收应具备的条件。各分部工程自检验收必须全部合格；有详细施工记录、隐蔽工程验收检查记录、中间验收检查记录及监理验收检查签证；器材型号规格及有关试验报告、施工记录等资料应齐全完整。

（2）验收主要工作。检查电力线路工程是否符合设计要求；检查施工记录、中间验收记录、隐蔽工程验收记录、各分部工程自检验收记录及工程缺陷整改情况报告等资料；按规范相关要求检查分部工程施工质量；在冰冻、雷电严重的地区，应重点检查防冰冻、防雷击的安全保护设施；对缺陷提出处理意见；对工程做出评价；做好验收签证工作。

6）交通工程验收

交通工程中每条独立的新建（或扩建）公路为一个单位工程。

（1）验收应具备的条件。各分部工程已经自查验收合格，且有监理部门签证；施工记录、设计更改、缺陷整改等有关资料齐全完好。

（2）验收主要工作。检查工程质量是否符合设计要求；检查施工记录、分部工程自检验收记录等有关资料；对工程缺陷提出处理要求；对工程做出评价；做好验收签证工作。

■ 5.3.3 启动试运验收

1）一般规定

工程启动试运各阶段验收条件成熟后，工程总承包单位现场机构及时向建设单位提出工程整套启动试运验收申请。

单台风电机组安装工程及其配套工程完工验收合格后，应及时进行单台机组启动调试试运及验收工作。

合同工程最后一台风电机组调试试运验收结束后，必须及时组织工程整套启动试运验收。

2）单台机组启动调试试运验收

（1）验收应具备的条件。包括：风电机组安装工程及其配套工程均应通过单位工程完工验收；升压站和场内电力线路已与电网接通，通过冲击试验；风电机组必须已通过紧急停机试验、振动停机试验、超速保护试验；风电机组经调试后，安全无故障连续并网运行不得少于240h（或按合同条款）等。

（2）验收检查项目。包括：风电机组的调试记录、安全保护试验记录、240h连续并网运行记录；按照合同及技术说明书的要求，核查风电机组各项性能技术指标；风电机组自动、手动启停操作控制是否正常；风电机组各部件温度有无超过产品技术条件的规定；风电机组的滑环及电刷工作情况是否正常；齿轮箱、发电机、油泵电动机、偏航电动机、风扇电机转向应正确、无异声；控制系统中软件版本和控制功能、各种参数设置应符合运行设计要求等。

各种信息参数显示应正常。

（3）验收主要工作。验收专家组对风电机组进行检查，对验收检查中的缺陷提出处理意见；与风电机组供货单位签署调试、试运验收意见。单台机组启动调试试运行验收流程如图5-3-2所示。

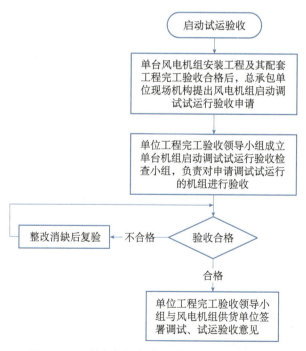

图5-3-2 单台机组启动调试试运行验收流程图

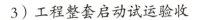

3）工程整套启动试运验收

（1）验收应具备的条件。包括：各单位工程完工验收和各台风电机组启动调试试运验收均应合格，能正常运行；当地电网电压稳定，电压波动幅度不应大于风电机组规定值；历次验收发现的问题已基本整改完毕；在工程整套启动试运前，质监部门已对本期工程进行全面的质量检查；生产准备工作已基本完成；验收资料已按电力行业工程建设档案管理规定整理、归档完毕。

（2）验收时应提供的资料。

①工程总结报告：建设总结报告、设计总结报告、施工总结报告、设备调试报告、生产准备报告、监理报告、质量监督报告。

②备查文件、资料：施工设计图纸、文件（包括设计更改联系单等）及有关资料；施工记录及有关试验检测报告；监理、质监检查记录和签证文件。

③各单位工程完工与单机启动调试试运验收记录、签证文件。

④历次验收所发现的问题整改消缺记录与报告。

⑤工程项目各阶段的设计与审批文件。

⑥风电机组、变电站等设备产品技术说明书、使用手册、合格证件等。

⑦施工合同、设备订货合同中有关技术要求文件。

⑧生产准备中的有关运行规程、制度及人员编制、人员培训情况等资料；有关传真、工程设计与施工协调会议纪要等资料。

⑨土地征用、环境保护等方面的有关文件资料。

⑩工程建设大事记。

（3）验收检查项目。包括：检查所提供的资料是否齐全完整，是否按电力行业档案管理规定归档；检查、审议历次验收记录与报告，抽查施工、安装调试等记录，必要时进行现场复核；检查工程投运的安全保护设施与措施；各台风电机组遥控功能测试应正常；检查中央监控与远程监控工作情况；检查设备质量及每台风电机组240h试运结果；检查历次验收所提出的问题处理情况；检查水土保持方案落实情况；检查工程投运的生产准备情况；检查工程整套启动试运情况等。

（4）验收工作程序。首先，召开预备会：审议工程整套启动试运验收会议准备情况；确定验收委员会成员名单及分组名单；审议会议日程安排及有关安全注意事项；协调工程整套启动的外部联系。其次，召开第一次大会：宣布验收会议程；宣布验收委员会委员名单及分组名单；听取工程建设总结报告；听取工程监理报告；听取工程质量监督报告。再次，听取设备调试报告。汇报完成后分组检查，各检查组分别听取相关单位施工汇报；检查有关文件、资料；现场核查。

工程整套启动试运：工程整套启动开始，所有机组及其配套设备投入运行；检查机组及其配套设施试运行情况。

召开第二次大会：听取各检查组汇报；宣读"工程整套启动试运验收鉴定书"；工程整套启动验收委员会成员在鉴定书上签字；被验收单位代表在鉴定书上签字。

（5）验收主要工作。审定工程整套启动方案，主持工程整套启动试运；审议工程建设总结报告、质量监督报告和监理报告、设计总结报告、施工总结报告等；按本办法的相关要求分组进行检查；协调处理启动试运中有关问题，对重大缺陷与问题提出处理意见；确定工程移交生产期限，并提出移交生产前应完成的准备工作；对工程作出总体评价；签发"工程整套启动试运验收鉴定书"。工程整套启动试运验收流程如图 5-3-3 所示。

图 5-3-3　工程整套启动试运验收流程图

■ 5.3.4 工程移交生产验收

1）验收准备及验收程序

工程移交生产前的准备工作完成后，工程总承包单位现场机构应及时向建设单位提出工程移交生产验收申请，建设单位应转报投资运营部审批，经投资运营部同意后，建设单位应及时筹办工程移交生产验收。

根据工程实际情况，工程移交生产验收可以在工程竣工验收前进行。

验收应具备的条件：设备状态良好，安全运行无重大考核事故；对工程整套启动试运验收中所发现的设备缺陷已全部消缺；运行维护人员已通过业务技能考试和安规考试，能胜任上岗；各种运行维护管理记录簿齐全；风力发电场和变电运行规程、设备使用手册和技术说明书及有关规章制度等齐全；安全、消防设施齐全良好，且措施落实到位；备品配件及专用工器具齐全完好。

验收应提供的资料：提供全套按本办法相关要求所列的资料；设备、备品配件及专用工器具清单；风电机组实际输出功率曲线及其他性能指标参数。

验收检查项目：清查设备、备品配件、工器具及图纸、资料、文件；检查设备质量情况和设备消缺情况及遗留的问题；检查风电机组实际功率特性和其他性能指标；检查生产准备情况。

2）验收主要工作

应按照规程规范的要求进行认真检查；对遗留的问题提出处理意见；对风电场提出运行管理要求与建议；在"工程移交生产验收交接书"上履行签字手续，并交至运营管理单位备案。工程移交生产验收流程如图5-3-4所示。

工程完成施工安装和调试，达到工程设计指标，建设单位向生产单位转移设备管理权的工程验收。

工程移交验收由工程项目建设单位（项目法人）主持，项目建设单位（项目法人）应在移交生产验收时组建工程移交生产验收组，其成员由项目建设单位、生产单位、监理单位和投资方有关人员组成，设计单位、施工单位、安装调试单位和设备制造单位列席工程移交生产验收，验收完成后签订移交证书。其工作程序及要求如下：

（1）工程移交生产前的准备工作完成后，工程总承包单位及时向建设单位提出工程移交生产验收申请，经同意后，建设单位应及时筹办工程移交生产验收。

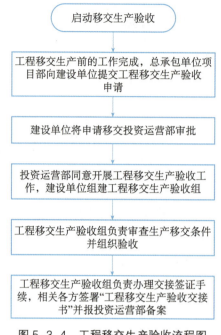

图 5-3-4　工程移交生产验收流程图

根据工程实际情况，工程移交生产验收可以在工程竣工验收前进行；验收应具备的条件：设备状态良好，安全运行无重大考核事故；对工程整套启动试运验收中所发现的设备缺陷已全部消除；运行维护人员已通过业务技能考试和安全规程考试，能胜任上岗；各种运行维护管理记录簿齐全；风电场和变电运行规程、设备使用手册和技术说明书及相关规章制度等齐全；安全、消防设施齐全良好，且措施落实到位；备品配件及专用工器具齐全完好。

（2）验收应提供的资料：提供全套的检查所需资料；设备、备品配件及专用工器具清单；风电机组实际输出功率曲线及其他性能指标。

（3）验收检查项目：清查设备、备品配件、工器具及图纸、资料、文件；检查设备质量情况和设备消缺情况及遗留问题；检查风电机组实际功率特性和其他性能指标；检查生产准备情况。

■ 5.3.5　专项验收

5.3.5.1　消防专项验收

根据《中华人民共和国建筑法》《中华人民共和国消防法》《建设工程质量管理条例》《建设工程消防设计审查验收管理暂行规定》等法律、行政法规及规定，风电

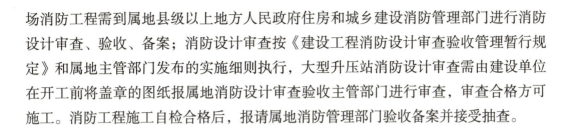

场消防工程需到属地县级以上地方人民政府住房和城乡建设消防管理部门进行消防设计审查、验收、备案；消防设计审查按《建设工程消防设计审查验收管理暂行规定》和属地主管部门发布的实施细则执行，大型升压站消防设计审查需由建设单位在开工前将盖章的图纸报属地消防设计审查验收主管部门进行审查，审查合格方可施工。消防工程施工自检合格后，报请属地消防管理部门验收备案并接受抽查。

5.3.5.2　水保专项验收

1）验收条件

根据水利部文件《水利部办公厅关于印发生产建设项目水土保持设施自主验收规程（试行）的通知》（办水保〔2018〕133号），风电场工程应具备下列条件才能通过水土保持专项验收：水土保持方案（含变更）编报、初步设计和施工图设计等手续完备；水土保持监测资料齐全，成果可靠；水土保持监理资料齐全，成果可靠；水土保持设施按经批准的水土保持方案（含变更）、初步设计和施工图设计建成，符合国家、地方、行业标准、规范、规程的规定；水土流失防治指标达到了水土保持方案批复的要求；重要防护对象不存在严重水土流失危害隐患；水土保持设施具备正常运行条件，满足交付使用要求，且运行、管理及维护责任得到落实。

2）验收资料

风电场工程水土保持专项验收过程中，需准备项目立项（审批、核准、备案）文件；主体工程设计相关资料；水土保持分部工程、单位工程验收资料；水土保持方案（含变更）及其批复文件；水土保持初步设计和施工图设计及其审批（审查、审定）意见；各级水行政主管部门监督检查及落实情况；水土保持监理总结报告及原始资料；水土保持监测总结报告及原始资料（具有资质单位的施工期水土保持监测）；水土保持设施验收报告等资料备查。

3）验收流程

风电场工程水土保持专项验收由建设单位组织召开验收会议，形成水土保持设施验收鉴定书，明确水土保持设施验收合格的结论。验收结束后，通过官方网站或者其他便于公众知悉的方式向社会公开水土保持设施验收鉴定书、水土保持设施验收报告和水土保持监测总结报告。公示结束后，向水土保持方案审批机关报备水土保持设施验收材料。具体流程如图 5-3-5 所示。

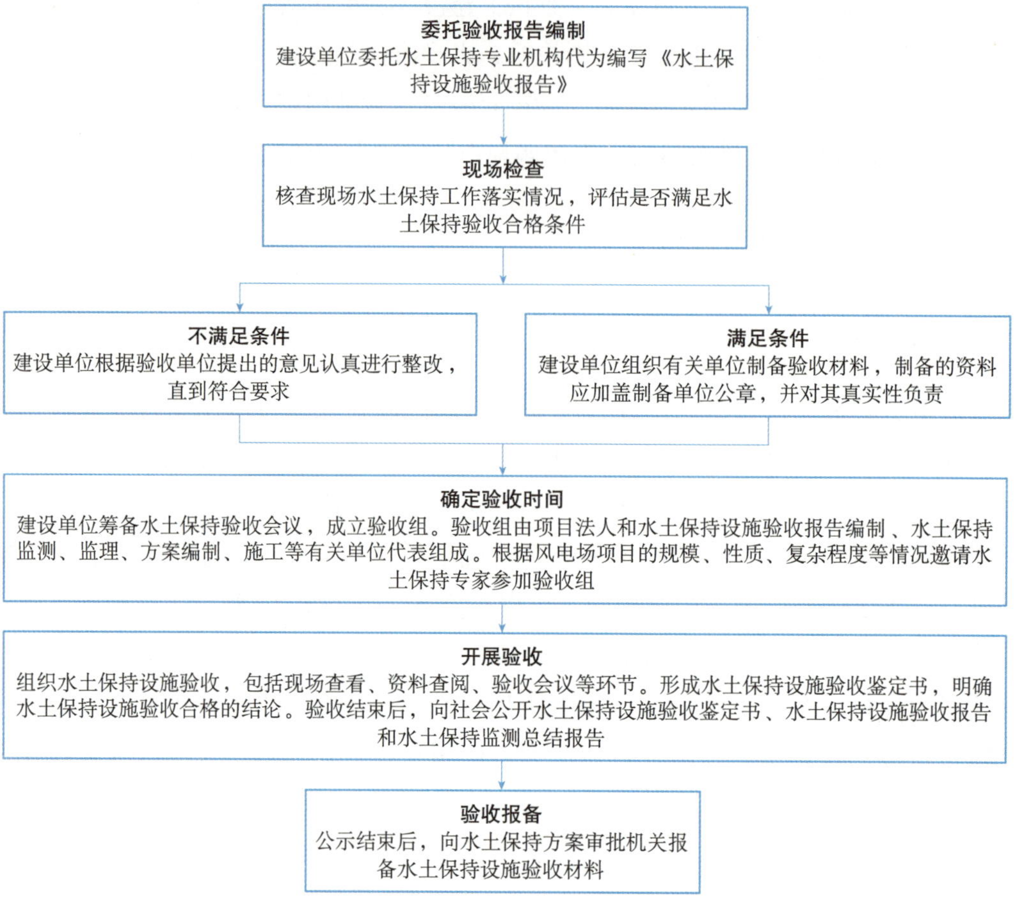

委托验收报告编制
建设单位委托水土保持专业机构代为编写《水土保持设施验收报告》

现场检查
核查现场水土保持工作落实情况，评估是否满足水土保持验收合格条件

不满足条件
建设单位根据验收单位提出的意见认真进行整改，直到符合要求

满足条件
建设单位组织有关单位制备验收材料，制备的资料应加盖制备单位公章，并对其真实性负责

确定验收时间
建设单位筹备水土保持验收会议，成立验收组。验收组由项目法人和水土保持设施验收报告编制、水土保持监测、监理、方案编制、施工等有关单位代表组成。根据风电场项目的规模、性质、复杂程度等情况邀请水土保持专家参加验收组

开展验收
组织水土保持设施验收，包括现场查看、资料查阅、验收会议等环节。形成水土保持设施验收鉴定书，明确水土保持设施验收合格的结论。验收结束后，向社会公开水土保持设施验收鉴定书、水土保持设施验收报告和水土保持监测总结报告

验收报备
公示结束后，向水土保持方案审批机关报备水土保持设施验收材料

图 5-3-5　水土保持验收工作流程图

5.3.5.3　环保专项验收

1）验收应具备的标准条件

山区风电场工程环保验收在水保验收后进行，须同时满足如下要求：环评要求的污染防治及环保专项措施实施均满足环保"三同时"制度要求；不涉及环保重大变更或涉及环保重大变更但履行了相应的环保手续；突发环境事件应急预案通过了专家评审并至行政主管部门完成备案；按照环评及其批复文件要求，落实了有资质单位的施工期、调试运行期环境监测、生态调查、辐射监测及鸟类观测（若有）等；闭合施工期、调试运行期各级行政主管部门检查要求；建立了环保组织机构、环保管理制度，并切实履行了管理职责。

2）验收组织

验收调查工作由建设单位组织，主要分为验收调查报告编制、验收调查报告评审、验收调查报告公示、验收调查报告备案4个方面工作。

（1）验收调查报告编制。建设单位可自行或委托第三方进行验收调查报告的编制，验收调查报告编制主要分为准备阶段、初步调查阶段、编制实施方案阶段、详细调查阶段、编制调查报告阶段等5个阶段。

（2）验收调查报告评审。由建设单位成立验收工作组，采取现场检查、资料查阅、召开验收会议等方式组织验收调查工作，并由建设单位或第三方组织召开验收调查报告评审会，形成验收调查报告评审意见。

（3）验收调查报告公示。验收报告编制完成后5个工作日内，由建设单位或委托第三方验收调查单位进行验收调查报告的公示工作，公开验收报告，公示的期限不得少于20个工作日。

建设单位公开上述信息的同时，应当向项目属地县级以上环境保护主管部门报送相关信息，并接受监督检查。

（4）验收调查报告备案。验收报告公示期满后5个工作日内，建设单位应当登录全国建设项目竣工环境保护验收信息平台，填报建设项目基本情况、环境保护设施验收情况等相关信息，环境保护主管部门对上述信息予以公开。

3）验收流程

根据《建设项目竣工环境保护验收暂行办法》及《建设项目竣工环境保护验收技术规范—生态影响类》文件要求，结合山区风电场工程实际，验收工作流程分为准备阶段、初步调查阶段、编制实施方案阶段、详细调查阶段、编制调查报告阶段、验收报告评审阶段、验收公示阶段、验收备案阶段等8个阶段。

（1）准备阶段。验收准备阶段主要为明确委托或自行编制竣工阶段环境保护验收调查报告，并进行资料研读，了解工程概况和区域生态特点，明确有关环保要求，制定初步调查工作方案。

（2）初步调查阶段。分别通过环境概况调查、生态影响调查、污染源和环境保护目标调查、环保措施和设施（含"以新带老"）落实情况调查4个方面进行初步调查，并根据环评及批复文件要求进行查漏纠偏，确保满足竣工环境保护验收要求。

（3）编制实施方案阶段。确定验收调查范围、重点、执行标准及采用的技术方法，并明确验收调查内容，编写竣工环境保护验收调查实施方案，以指导详细调查阶段各项工作的开展。

（4）详细调查阶段。主要通过生态保护措施及效果检查、环境保护措施（含"以新带老"）和设施运行及效果检查、环境质量和污染源监测、公众意见调查4个方面对山区风电场工程进行全面的调查。

（5）编制调查报告阶段。基于以上工作开展的基础上，对生态影响调查与分析、污染影响调查与分析、公众意见分析、补救措施与建议等4个方面进行梳理总结，并编制竣工环境保护验收调查报告。

（6）验收报告评审阶段。建设单位可以组织成立验收工作组，采取现场检查、资料查阅、召开验收会议等方式，协助开展验收工作。验收工作组可以由设计单位、施工单位、环境影响报告书（表）编制机构、验收调查报告编制机构等单位代表以及专业技术专家等组成，代表范围和人数自定。同时，验收单位组织召开竣工验收调查报告评审会，由验收工作组成员及专家组成员对验收报告进行评审，并形成验收意见。

（7）验收公示阶段。验收报告编制完成后5个工作日内，公开验收报告，公示的期限不得少于20个工作日。

建设单位公开上述信息的同时，应当向项目属地县级以上环境保护主管部门报送相关信息，并接受监督检查。

（8）验收备案阶段。验收报告公示期满后5个工作日内，建设单位应当登录全国建设项目竣工环境保护验收信息平台，填报建设项目基本情况、环境保护设施验收情况等相关信息，环境保护主管部门对上述信息予以公开。

建设单位应当将验收报告以及其他档案资料存档备查。

环境保护验收流程如图5-3-6所示。

4）验收内容及要点

竣工阶段环境保护验收内容及要点详见表5-3-1。

5）验收评审

根据《建设项目竣工环境保护验收暂行办法》，若建设项目环境保护设施存在下列情形之一的，建设单位不得提出验收合格的意见。

（1）未按环境影响报告书（表）及其审批部门审批决定要求建成环境保护设施，或者环境保护设施不能与主体工程同时投产或者使用的。

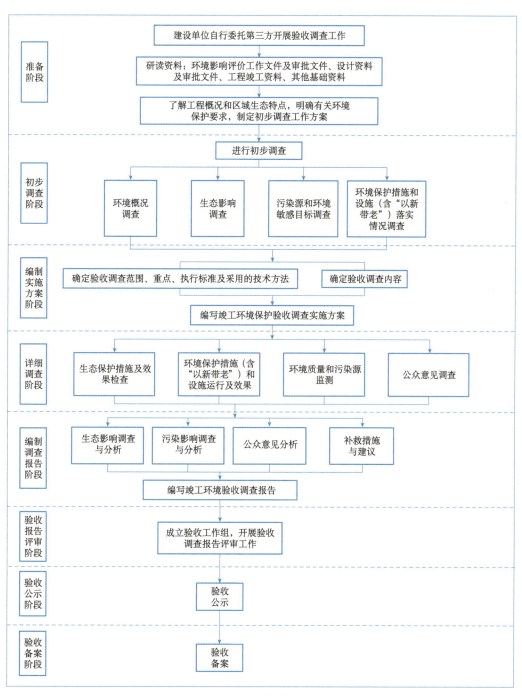

图 5-3-6　环境保护验收流程图

表 5-3-1　竣工阶段环境保护验收内容及要点一览表

验收内容		要点
工程	是否发生工程重大变更	是否履行变更环评报批手续
	是否发生工程变更但不是重大变更	是否履行环保相关手续，例如行政备案
行政检查	行政检查闭合情况	调查各级生态环境行政主管部门检查意见及整改闭合情况
保护点		调查保护点增减情况及保护点保护措施落实情况，并分析工程建设、运行是否对保护点造成不利影响
生态红线		调查工程是否涉及生态红线范围
环保措施	污染防治措施	污染防治措施是否满足环保"三同时"制度要求，并论证污染防治措施运行效果是否满足环评及其批复文件要求
	环保专项措施	环保专项措施是否满足环保"三同时"制度要求，运行效果是否满足环评及其批复文件要求
环境监测	环境监测工作开展情况	环境监测开展是否满足环评监测计划要求，并对监测数据达标情况进行分析
	生态调查	生态调查工作开展是否满足环评监测计划要求，并对工程建设、运行对生态环境造成的影响进行定性分析
	辐射监测	辐射监测工作开展是否满足环评监测计划要求，并对辐射监测数据达标情况进行分析
	鸟类观测	鸟类观测工作开展情况是否满足环评监测计划要求，并对工程运行阶段对迁徙鸟类的影响进行定性分析
生态环境影响调查	陆生生态	调查陆生生态保护措施落实情况及效果，重点为环评提出的鸟类保护措施落实情况，并依托施工期、运行期陆生生态调查报告、鸟类观测报告等对陆生生态造成的不利影响进行定性分析
	水生生态	调查水生生态保护措施落实情况及效果，并依托施工期、运行期水生生态调查报告等对水生生态造成的不利影响进行定性分析
水环境影响调查	地表水	调查施工期及运行期水环境污染防治措施的落实情况及台账管理情况，并依托施工期环境监测、验收阶段环境监测对地表水造成的影响进行定性分析
	地下水	调查施工期及运行期水环境污染防治措施的落实情况及台账管理情况，并依托施工期环境监测、验收阶段环境监测对地下水造成的影响进行定性分析
声环境		调查施工期及运行期噪声污染防治措施的落实情况，并依托施工期、运行期声环境监测报告对工程建设、运行对声环境造成的不利影响进行定性分析

续表

验收内容		要点
环境空气		调查施工期及运行期环境空气污染防治措施的落实情况，并依托施工期、运行期环境空气环境监测报告对工程建设、运行对环境空气造成的不利影响进行定性分析
固体废物影响调查	生活垃圾	调查施工期、运行期生活垃圾清运、处置情况，台账管理情况及相关影像资料，若依托当地环卫部门进行处置，须提供委托协议
	危险废物	调查施工期、运行期危险废物暂存间落实情况、危险废物委托处置情况、台账管理情况、危险废物转移五联单执行情况，须提供委托危险废物处置单位的资质、危险废物转移五联单、台账等相关材料佐证
	建筑垃圾	调查建筑垃圾处置情况
	工程弃渣	调查渣场的增减情况、位置是否发生变化、弃渣量是否发生变化
环境风险管理		调查环境风险管理组织机构成立情况、突发环境事件应急预案评审及备案情况、应急物资储备情况等，需提供环境风险管理组织机构成立文件、突发环境事件应急预案评审意见、突发环境事件应急预案备案表等
环保投资		环保投资与环评的环保投资增减情况对比及分析
补偿措施与建议		基于现场环境保护工作开展情况，提出后续需优化的补偿措施与相关建议，以指导后续环境保护工作的开展

（2）污染物排放不符合国家和地方相关标准，环境影响报告书（表）及其审批部门审批决定或者重点污染物排放总量控制指标要求的。

（3）环境影响报告书（表）经批准后，该建设项目的性质、规模、地点、采用的生产工艺或者防治污染、防止生态破坏的措施发生重大变动，建设单位未重新报批环境影响报告书（表）或者环境影响报告书（表）未经批准的。

（4）建设过程中造成重大环境污染未治理完成，或者造成重大生态破坏未恢复的。

（5）纳入排污许可管理的建设项目，无证排污或者不按证排污的。

（6）分期建设、分期投入生产或者使用依法应当分期验收的建设项目，其分期建设、分期投入生产或者使用的环境保护设施防治环境污染和生态破坏的能力不能满足其相应主体工程需要的。

（7）建设单位因该建设项目违反国家和地方环境保护法律法规受到处罚，被责令改正，尚未改正完成的。

（8）验收报告的基础资料数据明显不实，内容存在重大缺项、遗漏，或者验收结论不明确、不合理的。

（9）其他环境保护法律法规规章等规定未通过环境保护验收的。

若不存在以上情况，由验收工作组出具验收调查报告评审意见，并形成是否通过竣工环境保护验收的结论。

6）公示报备

验收报告编制完成后 5 个工作日内，公开验收报告，公示的期限不得少于 20 个工作日。建设单位公开上述信息的同时，应当向项目属地县级以上环境保护主管部门报送相关信息，并接受监督检查。

验收报告公示期满后 5 个工作日内，建设单位应当登录全国建设项目竣工环境保护验收信息平台，填报建设项目基本信息、环境保护设施验收情况等相关信息，环境保护主管部门对上述信息予以公开。

7）防雷验收

防雷接地工程在设计和规范施工结束，施工单位检测试验合格后，需找具有资质的第三方检测机构再次检测合格后方可投入使用，不需报地方政府部门备案。

■ 5.3.6 竣工验收

1）一般规定

（1）工程竣工验收应在工程整套启动试运验收后 6 个月内进行；当完成工程竣工决算审查后，工程总承包单位现场机构应及时向建设单位申请工程竣工验收。

（2）工程竣工验收申请报告批复后，建设单位应按本办法相关规定筹建工程竣工验收委员会。

（3）验收应具备的条件：工程已按批准的设计内容全部建成；由于特殊原因致使少量尾工不能完成的除外，但不得影响工程正常安全运行；设备状态良好，各单位工程能正常运行；历次验收所发现的问题已基本处理完毕；归档资料符合电力行业工程档案资料管理的有关规定；工程建设征地补偿和征地手续等已基本处理完毕；工程投资人全部到位；竣工决算已经完成并通过竣工审计。

（4）工程竣工验收应提供的资料：按要求提供验收所需资料；工程竣工决算报告及其审计报告；工程概预算执行情况报告；水土保持、环境保护方案执行报告；工程竣工报告。

（5）验收检查项目：按本办法相关要求检查竣工资料是否齐全完整，是否按电力行业档案规定整理归档；审查"工程竣工报告"，检查工程建设情况及设备试运行情况；检查历次验收结果，必要时进行现场复核；检查工程缺陷整改情况，必要时进行现场核对；检查水土保持和环境保护方案执行情况；审查工程概预算执行情况；审查竣工决算报告及其审计报告。

（6）验收工作程序，工程竣工验收流程如图5-3-7所示。

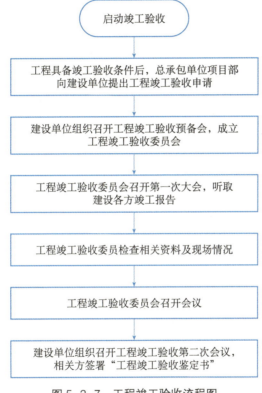

图5-3-7　工程竣工验收流程图

①召开预备会议，听取建设单位汇报竣工验收会议准备情况，确定工程竣工验收委员会成员名单。

②召开第一次大会，宣布验收会议议程，宣布工程竣工验收委员会委员名单及各专业检查组名单，听取建设单位工程竣工报告，看工程声像资料、文字资料。

③分组检查，各检查组分别听取相关单位的工程竣工汇报，检查有关文件、资料，现场检查。

④召开工程竣工验收委员会会议，检查组汇报检查结果，讨论并通过"工程竣工验收鉴定书"，协调处理有关问题。

⑤召开第二次大会，宣读"工程竣工验收鉴定书"，工程竣工验收委员会成员和

参建单位代表在"工程竣工验收鉴定书"上签字。

2）验收的主要工作

（1）按照规程规范的要求全面检查工程建设质量及工程投资执行情况。

（2）如果在验收过程中发现重大问题，验收委员会可采取停止验收或部分验收等措施，对工程竣工验收遗留问题提出处理意见，并责成总承包项目管理部组织相关单位限期处理遗留问题和重大问题，处理结果及时报告建设单位。

（3）对工程作出总体评价。

（4）签发"工程竣工验收鉴定书"，并自鉴定书签字之日起 28 天内，由验收主持单位行文发送有关单位。

5.4　档案移交

根据《风电场工程档案验收规程》（NB/T 31118—2017），建设项目的设计、施工、监理等单位在项目完成时向建设单位移交经整理的全部相关文件，建设单位各部门将项目各阶段形成并经过整理的文件移交档案主管部门。

1）验收条件

包括风电机组工程、升压站设备安装调试工程、场内集电线路工程、中控楼和升压站建筑工程、交通工程等应按照设计完成并全部投入生产和使用。有少量尾工未完成的，不应影响工程安全正常运行；风电场工程应通过 240h 试运行考核，并完成了工程移交生产验收；竣工图文件应编制完成，并经监理单位审核通过；工程项目文件的收集、整理、归档和移交等工作已完成，基本完成了档案的分类、组卷、编目等整理工作，并应符合国家现行标准《科学技术档案案卷构成的一般要求》（GB/T 11822—2008）、《建设项目档案管理规范》（DA/T 28—2018）、《风力电企业科技文件归档与整理规范》（NB/T 31021—2012）等的规定；建设、监理、施工等单位应完成工程档案自检工作，编制自检报告。建设单位应完成档案验收自评工作，且自评合格等条件。

2）验收程序

（1）自检。建设单位应组织监理、施工等单位开展风电场工程档案自检工作并编制自检报告。实行工程总承包的档案自检报告应由工程总承包单位编制，各单位应对其所提供的自检报告的准确性负责。

（2）验收申请。建设单位在确认工程已具备档案验收条件时，应向验收组织单位提交风电场工程档案验收申请，并附风电场工程档案验收申请表和建设单位自检报告。

（3）验收准备。验收组织单位在接收到档案验收申请后，应组织开展预审工作。通过预审后，验收组织单位应按规定组成验收组；验收组织单位应与建设单位协商确定现场验收时间，并印发开展风电场工程档案验收工作的通知。未通过预审的，验收组织单位应提出整改意见，并通知建设单位进行整改，建设单位应组织监理、施工等单位做好档案验收准备工作。

（4）现场验收。风电场工程档案现场验收工作应包括验收组预备会议、首次会议、现场察看、档案检查、验收组内部会议、末次会议等工作流程。

在首次会议前，应召开验收组预备会议，由验收组组长主持，验收组全体成员参加。验收组预备会议主要包括验收工作要求、安排、分工等内容。

首次会议应由验收组组长主持，验收组全体成员，建设、监理和施工等单位参加会议，会议宜包括以下内容：公布验收组组成人员名单；说明验收主要依据、主要程序及安排；听取建设、监理和施工等单位工程档案管理及自检情况的汇报；对各单位汇报的有关情况、自检报告中的有关问题进行沟通和质询。

首次会议后，验收组应察看工程现场，了解工程建设和运行情况等，再次确认是否具备验收条件。对不具备验收条件的，应通知建设单位，待满足验收条件后重新组织验收。

档案检查应包括下列内容：档案工作保障体系及其实施情况；工程档案的完整性、准确性和系统性，工程档案的移交与归档手续；工程档案安全、利用和信息化。

验收组宜采用质询、现场查验、抽查案卷的方式检查工程档案，抽查重点为工程各项文件、设计文件、招投标文件、合同和协议、隐蔽工程文件、质检文件、缺陷处理文件、监理文件、竣工图文件、设备文件等，抽查案卷的数量应不少于100卷。

现场检查工作结束后，应由验收组组长主持召开验收组内部会议，汇总检查情况，按照本规程附录的规定进行评定，主控项目全部合格且总项合格率达到80%及以上，验收评定为合格。

验收组根据验收情况编写档案验收意见，验收组成员应按照要求填写工程档案验收专家意见表。

末次会议应由验收组组长主持，验收组全体成员、建设、监理和施工等单位参加会议，会议宜按下列步骤进行：介绍验收工作实施情况；宣读档案验收意见；点评存在问题；征求参建单位意见，形成最终的验收意见；验收组成员在档案验收组成员签字表上签字。建设单位针对存在问题提出整改计划。

第6章 •••

山区风电场工程建设管理案例

6.1　山区风电场项目建设开工手续办理

■ 6.1.1　项目建设开工程序及压力

1）合同责任与外围手续

山区风电场拟建项目从规划布局、资源利用、征地移民、生态环境、工程技术、经济和社会效益等方面论证符合并经核准后，业主单位组织工程总承包招标程序，同期办理开工所需要的手续：①接入系统批复函：电力主管部门最终批复意见。②压覆矿藏批复函：项目属地国土资源局批复。③地质灾害评估批复函：有相关专家批复意见。④银行贷款承诺函：相关银行出具的证明。⑤林业系统批复：属地林业局出具的批复函件。⑥无军事设施证明批复：中国人民解放军相关部门的批文。⑦无文物批复函：项目属地文物保护局的批复函。⑧水土保持方案批复函：100MW以上项目省水利厅办理（含100MW）。⑨其他：根据属地各省级政府要求。

建设各方协调推进已经核准的风电场工程开工，上述9项开工必备手续中的部分手续，有时通过合同约定由工程总承包单位办理。

2）项目建设开工准备

（1）建设管理程序。工程总承包单位在落实合同约定的外围条件协调、手续办理的工作同时，应组织施工计划：开工、供货节点、第一台风电机组投用时间、并网接入时间、合同工程完工时间安排，并通过招标程序完成专业施工招标、设备供货招标，促成工程陆续开工。

工程总承包单位在项目开办初期即落实项目策划书，分析项目特点、明确工作重点、分析风险、应对措施，并应组织评审，避免忙乱。

（2）开工准备。工程总承包单位、工程分包施工单位参加业主单位、监理单位组织进行的测量控制桩及其资料的移交。在施工资源陆续进场，施工生产、生活场地、施工图纸及相关资料已经由业主单位向工程总承包单位、工程分包施工单位提供后，及时组织进行开工前施工项目的设计交底工作。现场机构按照合同要求以及现场施工条件，及时编制整个工程的施工组织设计或单项工程的施工组织设计并上报监理单位审批。及时组织进行原始地形断面测量，并报送原始断面测量成果。及时向监理单位递交开工申请报告。

条件具备后，及时提出开工申请。监理单位审查各项准备工作符合条件后，并征得业主单位同意，及时向工程总承包单位、工程分包施工单位下达开工令。

（3）压力。工程总承包单位组建项目部时间短，大部人员前期介入深度不足、工作专班人员初始到位掌握信息不全面，加上职责分工人员未必全部熟悉流程、掌握属地政府部门工作方式，有时出现推进项目开工的准备工作、协调工作难度空前状况。

不同风电场工程特点不同、地域特点不同、属地管理习惯多有不同，即使一直从事风电场工程开工手续办理的专班工作人员，解决这些难题也需要绞尽脑汁应对。

场内开工准备不充分、手续不齐全，将影响工程的后续工作，特别是政府职能归口管理部门开展安全检查、质量监督时，对于发现的手续不齐、资料缺失等问题有被通报、罚款风险，甚至被要求停工整改。另外，开工准备不充分，风险估计不足，过程出现的进度、质量、安全及成本费用不可控制，也会影响现场作业人员信心，甚至影响单位的效益。

6.1.2　协调措施

1）协调优势

对于多年从事风电场工程建设的企业，特别是推进风电场工程勘测设计、总承包建设管理的资深企业，培养了一大批熟悉政策、精通业务发展的技术骨干、业务能手，部分人员横向交流，辐射各行业，能够在一定时间内熟悉工作流程，掌握山区风电场的建设环境。

承揽山区风电场工程建设的工程总承包单位，设计过程已经积累了业务畅通的基础条件，建立起了良好的协作关系，能够通过多方面、多层次与属地归口业务部门的沟通、配合，以企业对地方的风力发电能源发展这根纽带为基础，快速清楚路

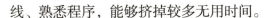

线、熟悉程序，能够挤掉较多无用时间。

EPC 总承包设计一般兼具从事建设征地移民安置工作经验方面的优势，对现场情况具备较好的认知。企业通过多年从事风电场工程建设征地移民安置规划设计工作，培养了一大批熟悉相关政策，了解地方移民工作的特殊性，能够与地方百姓、属地管理归口部门协调沟通，并打通外围协作空间的专业人员。

2）对项目风险预测与防范

企业有多年的类似工程设计、总承包施工经验，能够对可能发生的风险进行及时有效的处理。

针对项目施工手续办理带来的时间延误，进行项目风险预测，提前做出应急反应安排，明确应急程序和职责，指导应急计划有序进行，尽量为工程施工工期、安全和质量提供基础性条件，确保工程能够顺利进行。

■ 6.1.3 手续完善方法

6.1.3.1 手续办理方法简介

对于山区风电场工程建设手续办理，当中包括很多细致的审批意见、手续，因属地政府机构分工、程序有所不同，承揽山区风电场工程建设的工程总承包单位项目专班人员，应按照第 1 章 1.2.2.3 "项目前期手续办理" 的程序，到属地行政主管部门要取报件清单，按照属地规定的流程方式、规章制度及时申请，主动跟踪办理。

对于项目核准、项目准备工作可能存在交叉，过程中应重点关注并跟进属地政府部门协调会（由属地政府组织县发改委、自然资源局、林业和草原局、电力公司、环保局、住建局、经信局、规划局、银行等参会，广泛告知项目开办、协调工作、归口责任义务等）的召开，在协调会中应明确相关工程建设推动工作的归口责任单位，跟随加强与各级政府部门的协作步调力度，使工程建设的推进工作得到落实。

6.1.3.2 开工外部条件跟踪

依据合同协助业主单位办理用地、林地占用手续，重点跟踪征地、用地手续的办理进度，避免出现因无法征地造成工程无法正常施工的现象。

针对部分补偿标准达不到村民要求，影响道路用地、风电机组工作面的情况，报请业主单位，属地县、镇（乡）、村行政负责人协调，专班工作人员耐心、细致掌握情况、解说政策，再以分片分区的分散处理方式，赢得村民谅解、赢得时间。

针对部分道路、风电机组场址可能的施工阶段超用地一时难以解决的问题，除按照正常用地手续办理的方法外，合理利用合同约定发电并网的先后顺序，把握关键线路，张弛有度，分区突破方式推进分部分项工程进展。

针对施工阶段抽排水、临时取土用料可能产生林地、环保方面的问题，除按照正常用地手续办理的方法外，合理利用工程物资供应措施、物料供应方式、物料平衡措施，以及对方案进行技术经济比较等方式进行妥善解决。

针对施工效率提升方面，可以采取在归口管理单位办理接引用电手续，做好用电接口管理，最好能够接引地方电源；同时采用永久用电与临时用电相结合等以共享资源的方式提高生产效率，消化手续办理占用时间的部分影响。

6.1.3.3　场内开工手续完善

1）单项工程开工

开挖工程开工前 14 天，施工专项方案应报送监理单位批准。

实施锚喷支护作业前 14 天，工程总承包单位、工程分包施工单位应根据设计要求，结合岩体特征和施工方法，编制施工措施报送监理单位批准，施工措施内容包括：锚杆材料、参数及布置；锚杆注浆材料、性能和配合比；锚杆施工作业要求；喷射混凝土材料、性能和配合比；喷射混凝土施工工艺；钢筋网的布设和要求；锚、喷施工设备及性能；锚杆施工质量控制方法和措施（包括检测方法和设备）；喷射混凝土质量控制方法和措施（包括检测方法和设备）。

设备的采购、订货计划应充分考虑制造期限，在合同正式签订后就应进行。根据总进度计划的要求，项目机构应在合同签订后 20 天内按本合同技术条款及施工图纸的要求，将各采购、订货计划上报监理单位审核。实施机电设备安装作业前 56 天，项目机构应根据设计图纸和监理工程师的要求，结合工程特征和施工方法，编制措施计划报送监理单位批准。措施计划内容应包括：安装场地的布置和说明；设备的运输和吊装方案；设备的安装方法和质量控制措施；焊接工艺及焊接变形的控制方法和矫正措施（包括检测方法和设备）；设备的调试、试运转和试验工作计划；安装工程进度计划；质量保证和安全措施。

2）单项工程开工审批程序

上述报送文件连同审签意见单均一式四份，经项目经理（或其授权代表）签署并加盖公章后报送。若在限期内未收到监理单位应退回的审签意见单或批复文件，可视为已报经审核无异议。

除非已另行报经监理工程师许可，否则应在开挖后经质量检测合格并完成必须的地质编录后（设计、监理、施工等单位均可独立进行地质编录），方可进行相应部位锚喷支护及混凝土衬砌作业。

6.1.4　经验与教训

山区风电场一般都在相对偏远的地带，民宅基地、日常种植用地相对较少，但相关用地的调查必须细心。涉及林地、地方旅游景点、矿区等，存在协调时间长、有时赔偿费用高，应结合规划尽量避免占用。

施工许可、消防、军事设施等手续办理线条清晰，相关手续办理不会对工程开工产生影响。入网手续办理应提前组织相关试验工作，也涉及工程完工验收工作。

工程建设开工手续完善应包含在项目策划书相应章节，其工作重点、风险分析、应对措施等应组织评审，最大限度减少过程中的应急事件或不可控制局面。

6.2 湖南 TYS 风电场工程超长风电机组叶片运输综合措施

6.2.1　项目简介与风电机组组件参数

TYS 风电场安装 20 台单机容量为 2.5MW 的风电机组，装机容量为 50MW。本工程新建一座 110kV 升压站，安装 1 台容量为 50MVA 的主变压器，预留 1 台主变压器安装位置。风电场采用 1 回 110kV 线路送出。

本工程主机设备采用 WT2500D146 机组，叶轮直径为 146m，单机容量为 2500kW，轮毂中心高度为 90m。为常温型、上风向、水平轴、电动变桨、变速恒频、主动对风、传动链采用两点支撑原理的双馈式风电机组，适用于 50 年一遇 3s 极端最大风速小于或等于 52.5m/s，50 年一遇 10min 平均最大风速小于或等于 37.5m/s，年平均风速≤6.5m/s 的风电场。根据《风力发电机组安全要求》（GB/T 18451.1—2022/IEC 61400-1:2005）和轮毂安装高度 15m/s 风速时的湍流强度选用安全等级为 IEC S

级的风电机组。

工程主要设备特性见表 6-2-1，主要设备重量及几何尺寸见表 6-2-2。

表 6-2-1　湖南 TYS 风电场工程主要设备特性一览表

名　称			单位（或型号）	数量	备注
主要设备	风电机组	台数	WT2500D146H90	20	≤2500m
		额定功率 / 台	kW	2500	FYKK16
		叶片数 / 台	片	3	TMT-71.5D
		风轮直径	m	146	
		切入风速	m/s	3.0	
		额定风速	m/s	8.5	
		切出风速	m/s	20	
		轮毂高度	m	90	
		风轮转速	rpm	8.6～19.2	
		额定视在功率	kW	2631	
		额定电压	V	690	
		额定电流	A	2201	
	箱式变电站	台数	台	20	
		型号	ZGS11-Z.F-2750/37		
		容量	kVA	2750	
		额定电压	kV	35	

表 6-2-2　湖南 TYS 风电场工程主要设备重量及几何尺寸一览表

序号	分项工程	工程项目名称	每台重量（t）	几何尺寸（mm）	备注
1	塔筒	塔筒安装	202.92	四段 22630 × 4400 × 3260	每台 4 段，高度 90m
				三段 22990 × 4400 × 4400	
				二段 22350 × 4400 × 4400	
				一（底）段 19240 × 4400 × 4730	
2	风电机组	机舱安装	87.94	11350 × 4200 × 3800	
		叶轮	33.52	4650 × 4650 × 4010	
		叶片	15.972	71500 × 4660 × 3850	

6.2.2　叶片运输技术与组织措施

1）运输方案策划与技术审查

（1）运输路线及工程总承包单位管控运输范围重点。机舱、变桨、发电机及叶片的运输路线，由总装厂出发，选择高速公路、省道，再经过勘察可通行县道抵达山区风电场扩建、改建或新修建道路，确保行驶速度正常，无特殊情况影响，在计划时间安全到达。

以上设备生产、供应由专门的承揽合同、委托合同明确，由责任方根据合同要求，遵守制造质量、运输供应的相关约定。

根据多个工程管理的经验，涉及设备运输管理与外围协调，一般由工程总承包单位负责设备大件运输、吊装协调、设备交货验收牵头管理，工程总承包单位应在山区风电场进场道路分界点附近即可介入设备运输、转存、吊装等程序协调指挥工作。

（2）技术方案审查。组织有关技术人员按照业主单位对大型设备运输要求编制具体的技术指导方案，并对方案进行论证，确保方案的可行性、科学性和可操作性。运输设备配置依据机电设备类型选择。

2）单套运输车辆配备及要求

根据道路勘测结果及设备规格，选择最适合的运输设备，以确保达成最安全、优化及整体经济的运输方案。所选车型需包括动力车头及载运车板，运输设备依据机电设备类型选择，见表6-2-3。

表6-2-3　依据机电设备类型选择配置运输设备一览表

设备名称	设备运输方式	配备数量	车辆型号	备注
2.5MW 机舱车	整体运输直达机位	1 台/套	六轴线短轴距凹板车	
2.5MW 轮毂车	整体运输直达机位	1 台/套	三轴线短轴距凹板车	
配件车	整车运输直达机位	1 台/5 套	17.5m 平板运输车	
叶片普运车	普通运输至堆场	3 台/套	抽拉式挂车	
叶片特种转运	举升运输至机位	3 台/套	三或四轴线举升工装转运车	
塔筒普运车	普通运输至堆场	4 台/套	抽拉低平板	
塔筒特种转运	后轮转向车到机位	4 台/套	四轴后轮转向车	

（1）机舱：整体运输，配备1台六轴线短轴距凹板车，动力车头功率370kW，6×4驱动，车板工作平台宽3m、长8.5m、高0.8m。由于机舱结构特殊，与车板的接触面相对较小，因此，车架承载强度应较高，满足承载120t的要求。此运输设备配套及运输方式能够保证从生产车间到机位交付的全过程运输。机舱运输如图6-2-1所示。

图6-2-1　机舱运输

（2）轮毂：整体运输，配备1台三轴线短轴距凹板车，1车限载1台，动力车头功率342kW，车板工作平台宽3m、长6m、高0.8m。适用于从生产车间到机位交付的全过程运输。轮毂运输如图6-2-2所示。

图6-2-2　轮毂运输

（3）146型叶片（普通运输）：配备3台抽拉式挂车，动力车头功率342kW，车板为叶片运输专用车，可抽拉，适用于将叶片从厂房至目的地堆场的运输。叶片运输车如图6-2-3所示。

（4）146型叶片（举升运输）：配备足够数量的四轴线转运工装车，动力车头功率370kW，6×4驱动，车板装载转运平台，能实现叶片45°举升，360°旋转普通转运运输，适用于叶片从堆场至机位的运输。叶片运输车（四轴线转运工装车）如图

6-2-4 所示。

图 6-2-3　叶片运输车（普通车辆）

图 6-2-4　叶片运输车（四轴线转运工装车）

（5）塔筒（普通运输）：配备足够数量的抽拉式挂车，动力车头功率 342kW，车板为塔筒运输专用车，可抽拉，适用于塔筒从厂房至目的地堆场的运输。塔筒运输车如图 6-2-5 所示。

图 6-2-5　塔筒运输车

（6）塔筒（转运）：配备足够数量的抽拉式后轮转向挂车，动力车头功率 342kW，车板后轮转向，适用于塔筒从堆场至机位的运输。

（7）配件车：根据现场吊装需求，一般配备 1 台 17.5m 平板运输车辆运输二次组装物料，要求动力车头功率大于或等于 312kW。

3）捆绑加固

为了固定货物，一般采用阻挡、捆绑、锁紧固定方式或者将这些方法结合起来使用。

（1）机舱、轮毂加固。主机装车后，栓固绳呈"八字形"布置，在车辆两侧选择对称位置进行栓固。

捆绑货物按重量分为五级，捆绑数量要求见表 6-2-4。栓固设备在栓固点处不能重叠咬合，与栓固点接触处用防磨损保护垫进行保护。

表 6-2-4　货物捆绑重量与捆绑数量对应表

捆绑级别	货物重量（t）	捆绑数量（道）
一级	20～30	2～3
二级	30～60	2～3
三级	60～100	4～6
四级	100～300	6～8
五级	300	8 以上

捆绑后必须在运输工装底座的前后左右车厢板骨架处均匀焊接止动块防滑动。

（2）叶片普通运输加固。叶片运输前后支撑工装分别支撑在叶根螺栓位置和运输支点位置。装车后，后工装平台与前工装平台相对高度在 -100～300mm 之间，后工装宽度不能超出车板，且工装平台牢固平稳。

运输过程中，用专用索具、拉紧器将前后支撑工装捆绑在运输车辆上，保证工装在车辆行驶过程中不会发生位移。在选择设备捆绑位置时，采取八字封刹及围捆封刹方式（如图 6-2-6 所示），同时在运输过程中注意检查钢丝绳的松紧度。

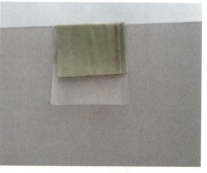

图 6-2-6　风电机组叶片捆绑加固及叶尖保护胶粘贴照片

叶片后支撑位置由绑带交叉绑定在后运输支撑工装上，该处的后缘采用玻璃钢护套保护，护套下方垫 3mm 厚的透明胶皮，透明胶皮须宽于玻璃钢护套（如图 6-2-7 所示），需用绑带将玻璃钢护套固定在叶尖部的工装上，再用绑带将玻璃钢保护套绑扎牢固。

图 6-2-7 风电机组叶片警示灯及叶尖保护套设置照片

叶片前、后支撑工装车板的外侧各安装一个警示灯，保证灯光明亮醒目。先用塑料薄膜从叶尖位置往叶根方向旋转包 2 层，包装的长度在 1.5～2m，再用棉被包一层，包装的长度在 1.5～2m，然后外面用带反光效果的叶尖套套护在叶尖上，并用绳子和塑料胶带捆扎和缠牢（如图 6-2-7 所示）。

4）叶片举升运输加固

装车前检查举升车辆状况及配重是否良好并确认符合要求，检查需使用的螺母、套管、工具、吊具等是否齐全。

叶根螺栓装入举升车辆法兰盘对应孔位且叶根端面（或叶根法兰盘端面）与车辆法兰盘端面契合后，依次安装与叶片螺栓匹配的套筒、垫片和螺母，紧固时需遵循对角每两根螺栓依次紧固的方式，安装时需特别注意叶片根端面与举升车法兰端面不能有间隙（如图 6-2-8 所示）。

图 6-2-8 风电机组运输专用车辆叶片举升加固照片

5）塔筒运输加固

使用指定的捆扎绳索对设备进行捆扎加固。横向两侧各用 4 根 ϕ26-6×37 钢丝绳捆扎。每个捆扎点的钢丝绳两头分别与捆扎点和平板车组的捆扎耳环呈八字形对称。

用钢丝绳、绑扎链条对设备本体与平板车组进行捆扎加固时，工索具与设备本体接触处需用薄橡皮垫进行衬垫。

塔体用钢丝绳将塔体捆绑在车厢上，封车点紧靠在鞍座附近，利用绑扎链条和 ϕ20mm 的钢丝绳系挂在车盘的挂钩上，钢丝绳上要求套上塑料管，以保护钢丝绳不破坏筒体表面油漆，每个封车点均要拉紧封死。

封车索具与产品接触部位要先垫厚毛毡，再垫厚 5mm 以上、宽 100mm 以上的厚胶皮，以免损伤油漆。

封车索具采用正压正拉，避免斜拉斜压。

对上段塔架封车索具尽量均分，采用 2～3 道绑扎筒体，第一道索具距筒体上法兰 2000mm 处。选用合适车辆运输，筒体探出车尾不超过筒体长度 1/3 为宜。

6）道路通行技术条件

（1）路面承载力：所有道路满足每节 15t 卡车通过，最大承载率为 95%。道路应能通到各个机位。道路的最小直线宽度直道：所有进场道路至少 5m 宽。为满足承载起重机的通行，风场内公路的路宽一般为 5m 加一个压实肩，便于起重机的通行。弯道应根据转弯半径适当加宽路面。

（2）最大坡度：风场内进场道路的最大道路坡度一般要求不超过 8º，当路面足够坚硬和压实，并且路面材料足以避免卡车轮子打滑时，路面坡度可放宽到 14%。如果路面坡度超过这一值，道路路面最好是混凝土或沥青。场内道路的坡度应满足主起重机的通行，对于弧度超过 45º 的道路，最大坡度不能超过 5%。

（3）转弯半径：路面应考虑材料自身的特点和功能，弯道和坡道的半径必须结合起来考虑。

（4）叶片转弯对道路的要求：本项目的叶片型号为 115 叶片，长度为 71.5m，叶片运输车辆总长约 50m，对转弯半径要求很高，从叶片转运堆场至场内道路改造标准见表 6-2-5。

表 6-2-5 从叶片转运堆场至场内道路改造标准一览表

序号	项目	单位	数值	备注
1	轮胎最大负荷	t/胎	5	
2	道路路面最小直线宽度	m	4.5	路面两侧 1m 内不可有不能移动的障碍
3	最大横向坡比	%	2	
4	最大纵向坡比	%	14	坡比超 14% 需由业主单位提供牵引支持
5	最小转弯半径与路面宽度对应关系			25m<转弯半径≤30m 时，路面≥9m； 30m<转弯半径≤39m 时，路面≥8m； 58m<转弯半径，路面≥6m； 注：考虑塔筒单段长度，在以上道路上行驶，塔筒车需预留最长扫空距离为 7m
6	净空高度	m	5.5	不能同时有扫尾和空中障碍
7	桥梁承载力	t/轴	20	

注：以上所要求的路面宽度必须为可行车的有效路面（不含路基），压实系数应大于95%。转弯半径为非上坡转弯所需参数，对于上坡转弯，坡度在2%～5%内转弯半径增加10%，坡度大于等于5%～8%转弯半径增加20%。弧度超过45°的道路，最大坡度不能超过5%。

吊装作业场地应平整，最大高低差值小于 15cm，压实系数大于 0.93。吊装作业场地至少为 30m×50m 或 40m×40m，且作业场地四周无障碍物。

7）组织管理

（1）组织领导。由工程总承包单位牵头，监理单位、设备单位、运输单位、吊装单位、道路改造单位参与，成立大件设备运输协调领导小组。负责大件设备运输的组织、协调、领导工作，职责如下：根据运输需要，负责协调地方各级政府及职能部门的关系，保障运输道路安全、畅通；根据现场施工进度情况，编制并及时调整设备供货运输计划，满足现场吊装需求；负责与设备生产单位协调沟通，保证及时供货。落实设备生产情况、发货情况、运输情况等。

提前申请、办理公路超限运输手续；在风电机组第一批发货前 1 个月，就大件的运输和装卸召开车前协调会，讨论装卸和公路运输过程中的重要问题，并确定合理的运输时间。对施工人员进行技术和安全培训。

（2）起运前准备工作。按照路勘报告和踏勘情况要求，及时对道路、弯道、机位及架空线的整改工作；对已整改的工作进行全面检查（重点是狭窄路段、塌方路段、弯道、坡道），确保道路承载力、宽度、弯度满足大件运输的要求。

准备牵引车辆（建议选择三台 ZL50 以上装载机，机况要好，性能优良），配备对应牵引工具（钢丝绳、卸扣等应完好无损）。

运输车辆到位，检查维护完毕，确保设备完好，无故障或隐患（牵引拖钩及销轴强度应满足牵引要求）。

设备装车完成，加固完成，检查确认无误。

运输、牵引车辆驾驶员对道路情况进行检查、熟悉、确认。根据设备大体起运时间，组织人员对道路进行二次勘察，保证设备顺利实施公路运输。

掌握运输时间，提前做好叶片设备运输的前期准备，公路运输的车辆、机具及人员需提前 1 天到位。

试验车试运行。正式运输前，先用设备生产厂提供的试验车模拟运行一次，检查道路通过情况。组织试验车、装载机到场，检查维护完毕，确保设备完好，无故障或隐患，牵引拖钩及销轴强度应满足牵引要求。

■ 6.2.3　特殊障碍处理

1）天气突变应急

如在运输作业期间遇大风、雷雨等突变天气，严禁举升叶片和起重机操作，在弯道内车辆尽快退出弯道，驶离弯道，在条件允许时方可继续作业。

2）车辆故障应急

在运输前，通知备用车辆及维修人员待命。如在运输途中车辆出现故障，应立即安排维修技术人员进行维修。如确定无法维修，及时调用备用车辆采取紧急措施，保证在最短时间内将设备运抵指定地点。

3）交通事故应急

在运输车辆发生交通事故时，现场人员要及时保护事故现场并报警，同时通报保险公司和托运方说明情况，积极协调交警主管部门处理；必要时，协调交警主管部门在做好记录的前提下，"先放行，后处理"，以保证项目供货。

（1）爬坡坡度过陡。上坡时，根据运输车辆爬坡能力确定是否需要牵引。需要坡道牵引，应提前在坡底停车，将装载机与运输车辆用钢丝绳和卸扣、插销可靠连接，然后装载机缓慢起步，待钢丝绳受力后，运输车辆再起步行驶。牵引路段应做好记录，便于正式运输时方便布置装载机。

上坡时，当前面两台装载机牵引力不够时，运输车后面的装载机应将铲斗放低，抵在运输车车板后方承力处往前推。承力处应采取防护措施，防止损伤设备。

（2）转变道路的修整。一般根据现场实际情况结合图6-2-9所示进行场地修整，就可以满足车辆的运输条件，也可参照一些经验进行场地转弯处的修整，一般情况下，转弯半径取车辆总长的0.8～1倍。

71.5m长叶片通过45°、90°两种转弯半径的示意如图6-2-9所示，其中，45°弯道路宽8m，转弯半径40m，红色区域宽25m，长40m；90°弯道路宽8m，转弯半径45m，红色区域宽20m，长55m。

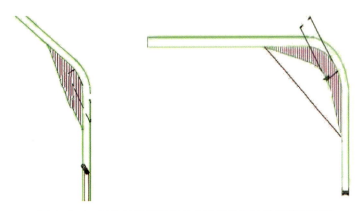

图6-2-9　叶片转运堆场至场内道路转弯处的修整示意图

■ 6.2.4　经验与教训

严格按照托运方的装车要求进行装车，主机车辆保证固定牢固，在叶尖加装防护罩，提高可见性，避免追尾事故。

每次执行运输任务都安排专职的安全押运员，安全押运员的主要职责包括：

（1）配合、督促驾驶员做好行车安全工作，对道路的安全性进行勘察；在车辆通过有安全隐患路段时，对车辆进行指引；在停车时对车辆进行安全防护、疏导；对违章超车、停车进行制止；如实报告行车位置及状况。

（2）对作业中的每一个过程都进行认真细致的检查、计划、安排，并做好记录。

（3）车辆配备GPS、对讲机等设备，对车辆进行实时监控，确保行车安全。

（4）执行其他由托运方或者业主单位提出的安全要求。

6.3 风电机组基础连接结构倾斜故障技术分析与纠偏处理

■ 6.3.1　风电机组基础连接结构技术特征

1）基础环

基础环实质是一个厚壁钢筒，可以视作一个刚体。基础环的基础形式结构主要于混凝土基础中埋置钢筒，钢筒上部安装上法兰，通过高强度螺栓与塔筒进行连接，下部安装下法兰。钢筒作用于基础混凝土的压力主要靠下法兰传递；上拔力则通过下法兰传递给上方的混凝土并传递给周边的钢筋。基础环工作的可靠性取决于钢筒埋深、混凝土强度、钢筒周边配筋形式及长度等因素，有时则受钢筋混凝土的密实程度影响。

2）预应力锚栓

预应力锚栓基础形式由上锚板、下锚板、锚栓、PVC 护管等组成，在上锚板和下锚板之间用 PVC 护管将锚栓与混凝土隔离，并密封。当锚栓受到拉力时，锚栓的下锚板以上部分会均匀受力，整个锚栓是一个弹性体，没有弹性部分和刚性部分的界面，从而避免了应力集中。由于对锚栓施加预应力，混凝土基础始终处于受压状态，因此采用预应力锚栓的风电机组基础就不会像基础环两侧混凝土一样出现应力集中而产生破坏的情况。锚栓周缘混凝土浇筑过程，施工用水、混凝土泌水不得进入 PVC 护管内，避免腐蚀锚栓。

3）技术要求

（1）基础环施工。基础环直径较大，应加强运输过程管理，运输到场后应检测到场基础环的平整度。严格按照设计要求进行吊装固定，并按照设计要求进行调试，调试结束，锁定调整螺帽。混凝土浇筑时跟踪观测，使上法兰平整度达到 2mm 精度。安装施工完成，检测塔筒的铅直度，发现偏差，联合生产厂家及相关各方研究处理。

（2）预应力锚栓施工。选用锚栓组件应严格依据《紧固件机械性能　螺栓、螺钉和螺柱》（GB/T 3098.1—2010）、生产厂家企业标准、国家电投企业标准等相关文件执行，出厂检验根据情况采用抽检和逐根检测，且应具备单根可追溯性。

施工过程中，现场安装、张拉，严格保证锚杆垂直度、锚板水平度和同心度、张拉应力和张拉过程等。定检张拉力，定检外露防腐，采用专用监测设备检测锚栓运行状态。用直接张拉法避免锚栓在拉、扭复合应力状态下的脆性折断，提高锚栓的强度。

安装施工完成，检测塔筒的垂直度，发现偏差，联合生产厂家及相关各方研究处理。

■ 6.3.2　基础环倾斜原因分析与常规处理措施

1）基础环倾斜原因分析

基础环倾斜原因较多、较复杂，常常分为外部原因与内部原因，或者内外因素综合作用导致。

外部原因可能有瞬时风过大或受到外力冲击，导致塔筒倾斜从而影响基础环水平度。

内部原因可能因为地基的变形、混凝土本身的强度不匹配、混凝土填充饱满度或二次灌浆不密实等问题，螺栓安装的可靠性也会导致偏斜的情况发生。

常常是综合因素引起风电机组运行荷载磨损基础环基础混凝土，导致塔筒内混凝土被破坏；基础环水平度不满足要求，从而导致运行过程塔筒倾斜度较大。

2）处理措施

（1）设计处理方案。对基础环外包混凝土打孔至下法兰间进行灌浆，进一步检测相应部位混凝土完整性及其他异常情况。

对基础环外包混凝土处理，增加基础支撑力传递结构。对塔筒内破损混凝土进行清理，增加一定厚度的高一级强度等级钢筋混凝土；根据结构需要，有时可对塔筒外增加一定高度的高一级强度等级钢筋混凝土进行保护。

实施处理时，应考虑替换及增加防水材料。清理替换基础环外包混凝土表面已经破损的防水材料，新浇筑混凝土与基础环及塔筒外缘使用设计标识的防水材料。

（2）组织管理。施工前，摸清风电机组基础地下管线分布，做好保护；对施工人员安全教育及现场技术交底。按照危大工程管理开展平整度纠偏工作；做好森林防火、环水保措施落实。

制定处理方案并组织评审，明确计划，整体安排。

施工处理应先通过钻孔辅助物探检测方式检查外包混凝土表面至下法兰间的性状，根据检查情况确定灌浆方式、灌浆参数，进而确定塔筒纠偏的方案。充分利用原基础环设置排水、排气孔保证灌浆效果。

进一步观测风电机组基础混凝土深部情况，适当结合物探检测对照分析。

加固处理过程及时反馈相关单位，联系风电机组供货单位人员到场检查分析，保证工作可靠。

■ 6.3.3 预应力锚栓倾斜原因分析与常规处理措施

1）预应力锚栓倾斜原因分析

基础锚栓松动原因可由多种因素引起，主要分为外部原因与内部原因，或者内外因素综合作用导致。

外部原因可能有极端风速、瞬时风力过大等，导致倾斜。

内部原因可能由于上锚板下部混凝土未振捣密实或紧固锚栓时超拉损坏、锚栓螺杆应力蠕变、周期荷载长期运行造成螺帽松动、结构磨损等原因引起。

常常是综合原因则包含内外部的因素，共同作用导致倾斜。

2）处理措施

（1）设计方案。由风电机组安装单位负责、土建单位配合更换螺母，并重新加力矩至设计值。由风电机组安装单位对塔筒基础内外部渗水处理干净，并将空隙水汽挤除，然后再用高强度环氧树脂对裂缝部位进行填充封闭。

在处理完成螺栓的相关工作后，开展锚栓阀板的处理：钻孔检查混凝土情况，结合物探测试，确定处理方案，开展锚栓阀板高程调整、检测平整度，满足设计标准要求。

（2）处理措施。制定处理方案并组织评审，明确计划整体安排。

检测与观察分析：由风电机组安装单位对风电机组基础外圈发现变形较大部位的对应锚杆安装千分表，每天记录气温、风速、风电机组运行数据；观测点锚固板径向、垂直向位移等，其记录包含录制不少于20min左右的视频；由运行管理单位组织有资质的单位对上锚板底部高强砂浆密实度进行无损（或微损）检测。根据检测结果进一步分析锚栓松动原因，根据分析意见决定需要采取综合措施。

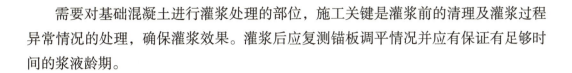

需要对基础混凝土进行灌浆处理的部位，施工关键是灌浆前的清理及灌浆过程异常情况的处理，确保灌浆效果。灌浆后应复测锚板调平情况并应有保证有足够时间的浆液龄期。

6.3.4 经验及教训

1）基础环安装构件

选用基础环作为风电机组基础安装构件，风电机组运行动荷载导致基础环与基础混凝土长期磨损，引起基础环水平度、塔筒倾斜度等偏差逐步加大，目前出现问题的概率相对较大，产生的原因主要是极端风速、混凝土密实度不够等引起，还有可能是组件疲劳等因素。

基础环水平度不满足要求、塔筒倾斜度较大，可以采取对基础环外包混凝土进行灌浆加固；增加基础支撑力上传递结构等处理措施。过程应考虑改善防水材料的连续性及可靠性。

2）锚栓安装构件

选用锚栓作为风电机组基础安装构件，由于上锚板下部混凝土未振捣密实或紧固锚栓时超拉损坏、锚栓螺杆应力蠕变、周期荷载长期运行，造成螺帽松动、结构磨损等，容易引起塔筒垂直度发生变化。应加强混凝土施工、灌浆施工的过程管理。

锚栓组合件的上部连接法兰与下部承力结构为一个整体，所以基础环的水平度调节只能在基础二次灌浆前进行，一般进行4~5次检测，检测8个点，即锚栓组合件安装验收、钢筋绑扎前、浇筑混凝土前、二次灌浆前后，并在混凝土浇筑过程中随时检测水平度的变化，特别是锚栓组合件调整螺栓隐蔽前，发现问题需及时调平。

6.4 贵州 SJT 风电场工程采空区处理

6.4.1 项目简介

贵州省 SJT 风电场位于晴隆县，项目总装机容量 42.0MW，110kV 电压等级送出，安装单机容量为 2.0MW 风电机组 21 台，总投资 5 亿元。风电场于 2016 年开工，2017 年完工。

晴隆县是煤矿富矿区，几乎每一个乡镇都有不同规模、不同程度、不同时期的开采坑道。SJT 风电场项目的设计过程利用初步掌握的信息，基本避开了可能的采空区，但风电机组 10 号机位、11 号机位位于采空区上。

■ 6.4.2　山区风电场遇采空区风险分析及处理技术方案

以煤矿为代表的地方矿产是地方经济的支柱，国家政策对矿权及开采有明确的规定，对于小煤窑等已经限制开采或关停。对于已经开采的矿区特别是煤矿，地方政府归口管理单位已经建立档案，风电场建设收集信息时，可以到相关单位收取资料。但山区偏远，局部开采、洞式开采的分布情况，仍然存在资料不全面的现状。在采空区建设风电场，在现场调查及必要的勘探基础上，完成工程设计布置后，（升压站）场一般能够避开采空区布置，但风电机组、输变线塔基有时难以移位布置。这就可能产生在采空区注浆施工、回填施工、基坑开挖、灌注桩或挖孔桩施工、钢筋混凝土或预应力混凝土施工、砌护工程施工作业等活动。

1）避让与处理比较

采取避让重新选址，对原址进行经济比较、工期比较。确定挪位有时也涉及用地协调，需要谨慎决策；补充勘探时间、增加处理措施的费用比较，有时也会成为总承包单位、业主单位的艰难决定。

2）工程处理技术方案

（1）机械成桩、人工挖孔桩。从桩长、地形条件、采空区稳定性、采空区埋深、覆盖硬岩梁板承载可靠性、采空区现状、地下水、有毒有害气体、地下构筑物和采空区施工方案等，分析人工挖孔桩坍塌、遇瓦斯危害的可能性，从而最终确认是否采取人工成桩方式处理，否则机械成桩加固。

（2）采空区回填与注浆。应从地形条件、采空区稳定性、采空区埋深、覆盖硬岩晏硬程度、采空区现状、地下水、有毒有害气体、地下构筑物进行估算，分析回填与注浆过程可能出现坍塌、遇瓦斯危害的可能性。根据需要采取回填混凝土、灌注砂浆处理的措施。

（3）采空区基坑开挖。应从基坑深度、岩土体条件、地下水、基坑支护、作业季节和开挖方式等进行分析，判定基坑施工作业出现坍塌事故的可能性，再确定开挖施工顺序、加强支护措施等。

（4）混凝土施工与砌护工程。应从排架、模板支撑及所增加的荷载核算，结合地质与基础岩土条件、气候环境条件、交通状况等进行分析，判定基础坍陷、支撑垮塌的可能性，根据需要增加混凝土结构与砌护工程措施。

6.4.3 SJT风电场采空区处理

1）补充勘测设计工作

结合局部开挖及地质钻机钻孔部分勘探工作，初步判定为地方小规模洞式开采范围。经补充勘察，在风电机组基础下部持力层中部分地段有高度 2m 左右的采空区存在（顶板埋深 28.3～40.0m），从钻孔揭露情况来看，岩芯多为碎块桩、短柱状，岩体裂隙发育。判断风电机组基础持力层属采空区中的裂隙带，裂隙多张开无充填，不适宜作为风电机组基础持力层。SJT 风电场 10 号机位初补充勘探钻孔取芯如图 6-4-1 所示，11 号机位初补充勘探钻孔取芯如图 6-4-2 所示。

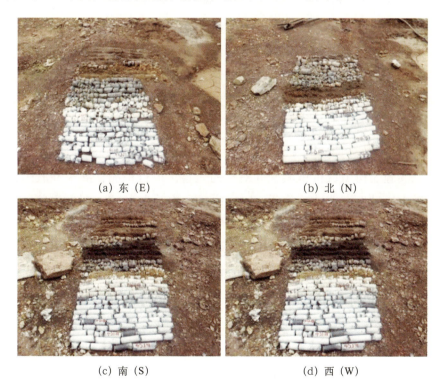

(a) 东（E）   (b) 北（N）

(c) 南（S）   (d) 西（W）

图 6-4-1 SJT 风电场 10 号机位初补充勘探钻孔取芯照片

(a) 东 (E)　　　　　　　　　　(b) 北 (N)

(c) 南 (S)　　　　　　　　　　(d) 西 (W)

图 6-4-2　SJT 风电场 11 号机位初补充勘探钻孔取芯照片

现场机构及单位本部相关人员组成专家团队，进一步收集资料、补充钻孔勘探，确认持力层的可靠性，通过钻孔排导气体取样判定易燃易爆气体浓度及发生危险的可能性，专门观测地下水，并对水质进行检测分析。确认无水害及爆燃危害后，由设计发出通知明确采取桩＋灌浆处理地基，同时调整基础结构，增加整体强度。

2）生产试验

桩施工实施了机械成桩试验，并对桩的完整性进行检测；灌浆开展了先导孔试验，灌浆压力通过生产性试验验证，以岩体最大抬动为 0.2mm 时的灌浆压力作为最大灌浆压力；对于灌浆孔实际灌浆过程中单位注入量小于 50kg/m 时，通过试验论证并经设计同意后采用"纯压式全孔段一次灌浆工艺"，并对进入采空区后的回填材料进行了试验，取得了相关参数、材料性能，对比了效果。

3）规模处理

基础加固处理可靠数据有：10 号风电机组距中心点 8.0m 半径，按照按间距角 36° 等分均匀布置 10 根直径 1000mm 钻孔灌注桩，平均桩长 35m，桩身嵌入完整基岩大于或等于 0.5m，灌注桩混凝土强度等级 C30；钢筋：A- Ⅰ级钢筋（HPB300），

A-Ⅲ级钢筋（HRB400）；混凝土保护层厚度为50mm。

11号风电机组利用了10号风电机组灌注桩成孔数据，灌注桩优化为8根，距中心点8.0m半径，按照按间距角45°等分均匀布置，其余参数不变进行处理。11号风电机组基础桩基优化后，对地基做固结灌浆处理，以提高采空区裂隙带的承载能力。对于先期施工的5个孔洞，采用C15混凝土（三级配）进行回填密实。回填前应预埋好灌浆管，管径150mm；对于尚未施工的3个孔洞点，按照原设计蓝图进行准确定位、成孔，孔径150mm。灌浆水泥采用P·O42.5普通硅酸盐水泥，水泥细度要求通过80μm方孔筛的筛余量不大于5%。浆液水灰比（重量比）分为1∶1、0.8∶1、0.5∶1三个比级。灌浆孔分两序进行灌浆，先灌Ⅰ序孔，后灌Ⅱ序孔，采用分序加密的原则。固结灌浆在有混凝土盖重情况下进行，待相应部位混凝土达到70%设计强度后，开始固结灌浆。

固结灌浆孔深平均长度为37m，灌浆部位采用自下而上分段灌浆法，其最大灌浆压力为1.2～1.5MPa。灌浆压力通过生产性试验验证，以岩体最大抬动为0.2mm时的灌浆压力作为最大灌浆压力；对于灌浆孔实际灌浆过程中单位注入量小于50kg/m时，通过试验论证并经设计同意后采用"纯压式全孔段一次灌浆工艺"。

为避免施工过程中设备对地基造成扰动，要求在10号风电机组、11号风电机组基础建基面设置厚度为30cm的C15素混凝土垫层，且垫层浇筑需在钻孔施工前完成。浇筑垫层时，可根据需要预留出钻孔位置。

■ 6.4.4 经验总结

自2016年8月全容量投产以来至今，SJT风电场至今运行较为稳定，风电机组基础变形监测数据也在正常允许范围内，说明采用桩基＋固结灌浆的方式处理采空区的地基是成功的。

桩基加固需要通过成桩过程进一步查明基础地质条件，需要发挥总承包单位总部专家团队的作用，开展专项研究、跟踪，最后确认桩底界持力层、桩长度。灌浆范围也是通过专业工程师对采空区的地下分布开展进一步核查、勘探，结合收集的资料，通过地表、地下勘察的资料，最后确定灌浆范围、灌浆参数、灌浆材料类型等，保证灌浆效果。

填方大于3m以上的部位，采用32t的振动碾压实8遍，能够保证压实度、固结指标。根据试验检测规范，通过静载试验、小应变测桩，保证了桩承载力要求。

6.5 贵州 TCB 风电场工程岩溶地基与基础处理

■ 6.5.1 项目简介

TCB 风电场位于贵州省毕节市某县境内。风电场安装单机容量为 2500kW 的风电机组 19 台,装机容量为 47.5MW,风电机组轮毂中心高度 90m。

工程区位于贵州省中西部,向东北面倾斜,海拔高程为 1000~2000m,河流、溪沟较发育,相对高差小于 1000m。工程区主要岩性为滨海至浅海相碳酸岩类岩石及陆相碎屑岩,岩溶发育较强烈,岩溶形态主要为落水洞、溶洞、岩溶洼地、溶沟、溶槽等。岩溶洼地、落水洞规模一般不大。

TCB 风电场建设过程中,对 18 号、20 号风电机组岩溶地基进行了研究处理。

■ 6.5.2 岩溶地基处理一般技术方案

1)工艺流程

施工平台开挖→溶洞回填、灌浆或井桩梁施工→混凝土垫层→结构混凝土钢筋安装→混凝土浇筑。

2)溶洞回填与灌浆

对查清范围较大、需要进行溶洞填充的部位,采取回填低标号混凝土及灌浆水泥砂浆的方法进行回填。回填后宜布置钻孔检查回填效果及可靠性。

3)基础钢筋配置与混凝土强度调整

考虑运行期岩溶扩展对基础的不均匀性影响,大型溶洞可以树立井桩梁增加基础的整体性。对基础钢筋配筋增加钢筋直径,并布置防水层避免钢筋锈蚀。考虑永久运行要求,对基础垫层混凝土按照结构混凝土强度等级设计施工。

■ 6.5.3　TCB风电场岩溶地基与基础处理情况

6.5.3.1　岩溶地基特点

TCB 风电场 18 号风电机组机位开挖过程中发现，机位南侧有一条规模较大的溶槽发育，宽 2～5m 不等，形状不规则，另有一东北向宽 0.5～1.0m 溶沟从中部穿过，溶沟、溶槽充填物质为黏土夹角砾（角砾含量 20%～30%），黏土为可塑状。溶沟、溶槽两侧基岩呈中风化状态，相对完整，承载力及抗变形能力可满足设计要求。但存在承载力不均匀、整体性差，并存在运行期岩溶进一步扩大的可能性。TCB 风电场 18 号机位地基揭露溶沟、溶槽情况及发育情况分别如图 6-5-1、图 6-5-2 所示。

| (a) | (b) |

图 6-5-1　TCB 风电场 18 号机位地基揭露溶沟、溶槽情况

图 6-5-2　TCB 风电场 18 号机位地基溶沟、溶槽发育情况

20 号风电机组机位西南侧基岩埋深较大，面积占基坑 1/3 左右，地基为黏土，可塑～硬塑状态，承载力及抗变形能力不满足设计要求。其余段基岩基本裸露，仅局部发育溶沟，如图 6-5-3 所示。

图 6-5-3　TCB 风电场 20 号原机位地基岩溶发育、处理情况照片

该机位位于东北走向的狭窄条状山脊西侧，基坑外围西南侧山体地形坡度较陡，基坑开口线紧邻自然斜坡。根据地形地质条件判断，该处基岩埋深大，处理难度大、费用高。参建四方人员共同研究挪动机位，顺山脊走向略向东侧平移，避开该段深覆盖层段。

风电机组机位移位后开挖揭露地质条件较好，基岩基本裸露，仅局部发育小的溶沟，经人工清理后可直接作为基础持力层，移位后开挖情况如图 6-5-4 所示。

图 6-5-4　TCB 风电场变更移位 20 号机位地基揭露岩深发育变弱情况照片

6.5.3.2　岩溶地基与基础处理效果

考虑到风电机组基础环向重复、大偏心受力状态，为防止基础不均匀沉降，采取了对地基溶沟、溶槽的深挖清理，处理深度按 2 倍宽度考虑。实际清挖深度未达到 2 倍宽度即已揭露较完整中风化基岩。对于清挖后的溶沟、溶槽，因地制宜采用

当地丰富的灰岩材料，浇筑 C15 毛石混凝土予以回填，回填层上部浇筑混凝土垫层，如图 6-5-5 所示。

图 6-5-5　TCB 风电场 18 号机位溶沟、溶槽毛石混凝土回填处理照片

TCB 风电场 18 号、20 号发电机组分别于 2021 年 3 月 22 日和 2020 年 9 月 20 日成功并网发电，且稳定运行，后期观测沉降数据均在正常允许范围内。

■ 6.5.4　经验总结

岩溶地区风电机组机位地基处理一般从三个方面考虑：

（1）对于大型的溶洞及溶蚀破碎带，地基处理的代价过大，不符合经济性的原则，建议移动风电机组位置，避开为宜。

（2）对于规模较小的溶沟、溶槽，建议按溶沟、溶槽 2～3 倍的宽度将溶沟、溶槽内的充填物清除，用毛石混凝土回填，振捣密实，保证风电机组基础地基的完整性和稳定性。

（3）对于跨度不大、洞壁坚固完整、强度较高的裂隙状深溶洞、溶缝，可在顶部做钢筋混凝土拱梁、板跨越。

6.6　山区风电场叶片安装缺陷类型及处理

叶片是风力发电机构的动力组件，叶片的本质质量及运行状态影响机组性能和发电效率。

■ 6.6.1 叶片缺陷及产生的原因以及安装过程的故障

1）缺陷类型

叶片缺陷，按照结构与形状分为夹杂缺陷、气孔缺陷、裂纹缺陷、分层缺陷；按照修复程度分为叶片局部损伤、叶片局部裂缝、叶片断裂等类型。

2）缺陷产生的原因

叶片出厂有严格的检验程序，除制造缺陷或不能检测出来的隐患外，叶片出现缺陷一般由运输、存放、吊装、试运行自然气候条件损害及运行管理方式等引起。

（1）制造。因设计安全冗余系数选择、叶片材料质量不符合设计或品质要求、生产工艺不够成熟等会产生本质缺陷，一般生产厂家会加强过程管理、工艺试验等提供合格产品。但叶片制造过程中涉及上百种主辅材料、工具、模具、工序检测等，这些是通过人、智能控制来实现的，在生产工艺控制过程中，人的懈怠心理、履职不力等会产生不合格品或隐患。本质缺陷将表现在叶片开裂、断裂、局部磨蚀方面，可能与聚胺酯注射、模塑、热压过程有关，也可能与胶衣连续性、纤维布不均匀、叶片呼吸孔堵塞有关。

（2）运输及吊装。壳体损伤环节：在生产车间的转移堆放过程，在运输过程中的吊装、捆或碰擦，到场后的卸车过程，在吊装过程中绳索、夹具安装、着力配合等。有时吊装运输不规范作业，可能造成叶片损伤、损坏甚至无法修复导致叶片报废。运输、吊装附加应力产生缺陷，既与叶片本身质量有关，也与施工技术、施工过程管理密切相关。

（3）极端气候条件故障导致。叶片结构一般考虑了风速、雷击及冰凝附着的损坏，但极端气候会产生不可预见的故障与缺陷。

①雷击。雷击是自然界中对风电机组安全危害最大的一种灾害，闪电释放的巨大能量会造成叶片烧伤、爆炸。据统计，遭受雷击的风电机组中叶片损坏的占21%，特别是在山区风电场该问题更为突出。

风电机组防雷击常采用接闪器防雷的基本措施，山区风场所处地段往往雷击频繁，风险查勘时应重视叶片避雷、接地效能的试验。在普通防雷设备失效的情况下，风险等级陡升，考虑风险因素，对于经常性发生雷击的机位可考虑增补二次避雷防护措施，如在叶片表面无防雷涂层或牺牲式防雷保护膜的特殊情况下可以在叶尖处

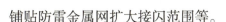

铺贴防雷金属网扩大接闪范围等。

②极端风况。山区存在阵风或剪切风，有时风速大于 15m/s，风力强度等级高。风电机组叶片结构考虑了设计要求的应力及找度，在正常条件下具有足够的强度及韧性，一般风电机组均在设计规定的环境条件下运行，但如果出现异常情况，将存在损伤叶片的风险，个别还会出现叶片折断甚至倒塔事故。

应对措施：关注天气，对地区气象条件全天候跟踪，避免极端天气运行。

③冰雪灾害。山区风电场冬季容易结冰或下雪，叶片冰凝增加荷载。叶片覆冰后，会产生较大的冰荷载，叶片载荷增大后会影响其寿命，而且加载在每个叶片上的冰荷载不尽相同，这样一来机组的不平衡性增大。如果继续运行，会对机组产生很大的危害，如叶片折断、机组倒塌等。如果停机，则长期处于低温地区的机组利用率将大大降低。风电机组叶片覆冰后，由于叶片上每个载面的覆冰厚度不一致，使得叶片原有的翼型改变，大大影响风电机组的载荷和出力，使得风电机组的发电效率大打折扣。叶片表面覆冰后，如果气温升高，冰块就开始与基材脱离，然后掉落，会对机组设备和现场人员造成很大的安全隐患。

通常有溶液防冰、机械除冰、热能除冰等，减少叶片故障与缺陷的产生。

（4）运行管理。风电机组叶片安装完成后，由叶片空气动力刹车系统控制。系统收桨根据指令及出现异常时自动识别制动。当叶片空气动力刹车系统出现故障时，叶片失去控制持续转动"飞车"。此过程会导致叶片超载或强度疲劳而发生断裂，直至造成机组破坏。多年来，相关科研机构、生产厂家对叶片空气动力刹车系统实施改造，能够有效控制风电机组叶片运行。

检查维护：叶片安装后，因为高度高、维护人员行走风险大，安装后至试运行期间，叶片维护工作基本不会实施，除非发电机构配置的监控系统提示预警，否则日常维护不会重视。

■ 6.6.2　叶片缺陷处理工艺

从维修部位去除损坏的或不完整的材料，对维修范围进行彻底的清洁和打磨。在临近损坏区采用玻璃纤维布进行层接，每次层接，分别试验 2 层、3 层检验效果。纤维的顺序和方向必须根据原来的层压材料，涂抹浸渍加强材料连续，避免空气进入。操作过程防止叶片振动。表面防护采用精细树脂材料层，以保证层压材料的固化，树脂材料充分固化打磨后，叶片才能安装或投入运转。

修补材料：使用双轴向布（E-DB800，±45°）、手糊树脂及手糊树脂固化剂、保护漆主剂及保护漆固化剂等材料进行修补。

修补工具：包括角磨机、电子秤、电吹风等工具，检测强度全盘巴氏硬度计（HBa-1）。

修补人员配置手套、眼镜、口罩等保护用品。

（1）叶片前缘修复工艺：用角磨机将合模缝损伤分层玻璃钢打磨去除，清理分层玻璃钢数量，当分层数量为6层时，分两次处理→展布方向100mm/层、弦向50mm/层将损伤区域打磨3个错层尺寸，前缘角布层展向打磨100mm斜坡进行过渡，打磨成规则方形，周缘200mm范围用油漆腻子打磨去除→打磨完成后，使用干净的棉布对维修区域进行探试，保证维修区干燥、无尘→按照错层由小到大依次手糊2层800g/m²双轴向布，恢复原角布层结构→按照错层由小到大依次手糊4层800g/m²双轴向布，其中第一层展向超过缺陷区域100mm，弦向超出缺陷区域50mm。此过程中，局部有裂缝的，应涂刮结构胶，涂刮平整均匀；设置增加层，设置额外增强1层800g/m²双轴向布，保证处理效果→手糊完成后覆盖1层脱模布并贴紧可靠，加热至60℃固化6h→固化完成后撕除脱模布，将型面打磨平整随叶片外形。

（2）叶片后缘修复工艺：用角磨机将SS面后缘合模缝损伤分层玻璃钢打磨去除，清理分层玻璃钢数量，当分层数量为4层时，一次处理→按照展布方向100mm/层、弦向50mm/层将损伤区域打磨3个错层尺寸，前缘角布层展向打磨100mm斜坡进行过渡，打磨成规则方形，周缘200mm范围用油漆腻子打磨去除→打磨完成后，使用干净的棉布对维修区域进行探试，保证维修区干燥、无尘→按照错层由小到大依次手糊2层800g/m²双轴向布，恢复原角布层结构→按照错层由小到大依次手糊2层800g/m²双轴向布，其中第一层展向超过缺陷区域100mm，弦向超出缺陷区域50mm。此过程中，局部有裂缝的，应涂刮结构胶，涂刮平整均匀；设置增加层，设置额外增强1层800g/m²双轴向布，保证处理效果→手糊完成后覆盖1层脱模布并贴紧可靠，加热至60℃固化6h→固化完成后撕除脱模布，将型面打磨平整随叶片SS外形。

修补完成，随机选择三个点检测巴氏硬度，巴氏硬度测试结果应不低于60HBa。硬度检测合格后，对叶片涂层损伤进行修复。

■ 6.6.3　湖南DGS风电场叶片缺陷处理实例

DGS风电场工程场址位于湖南怀化地区低中山地貌区，场址范围面积为

28.5km²。省道、县道可至风电场附近，交通较为便利。风电场区山体呈近南北向走向，海拔高程一般为1100～1700m。区内整体地势相对较平缓，山体坡度一般为30°～40°，区内主要植被为杂树和灌木，局部地段植被茂密。

风电场安装20台单机容量为2500kW的风电机组，总装机容量为50MW。建设1座110kV升压站，安装1台容量为50MVA的主变压器，预留1台主变压器安装位置，采用1回110kV线路送出。

施工过程，18号风电机组出现了吊装过程损伤，12号机组1支叶片根部裂缝，采取措施进行了修补及拆换处理。

1）吊装损伤处理

缺陷情况：SSTE最大弦长处漆面损伤，内部对应位置外补强损伤。

产生的原因：吊装指挥信号错误，抬吊辅助起重机与主起重机不同步，造成叶片旋转超位，叶片与吊带之间发生后边缘挤压、变形。

措施：打磨→裁剪玻璃纤维布、配比树脂→手糊外补强→加热固化→涂装。

（1）打磨。打磨损伤区域，将损伤区域外补强弦向全部打磨，轴向按照1:50比例打磨错层，清理干净表面粉尘。

（2）裁剪玻纤布，配比树脂。根据实际损伤层数裁剪玻纤布，汉森手糊树脂LR135:LH135＝100:35±2，均匀混合至颜色均一。

（3）手糊外补强。浸润玻纤布，按照尺寸由小到大手糊玻纤布，以合模缝为中心对称铺放，注意布层贴实压平，最后贴上一层脱模布。

（4）加热固化。使用热风枪或加热毯对维修区域加热固化，60℃保温3h，固化后撕除脱模布，使用硬度计随机选取5个点测试，硬度大于70HD为合格。

（5）涂装。

①腻子修型。将和好的专用腻子A组分、B组分混合均匀，且催化剂Jotablade Filler CompC≤2%。要求催化剂添加搅拌后颜色均一，无丝状或块状颜色不均情况。用小刮板顺补强方向快速刮涂在修复区域，双手握住刮板，四指岔开，均匀用力，使刮板随型贴在叶片表面，沿轴向方向刮涂，刮涂后整个前后缘型面圆滑过渡，无凸起或凹陷（腻子修复后，高度需低于原漆面高度）。

腻子层固化完全后，使用砂纸机打磨平整，如打磨后出现凹坑，需重新填补腻子，固化后进行打磨，直至打磨后型面平顺过渡，无漏打，无亮点、亮线。手触摸无棱边和凹凸感，无漏打糙面并使用洁净棉布清理腻子层表面粉尘。

②辊涂面漆。使用面漆A组分、B组分按比例混合，添加稀释剂，均匀辊涂于

维修部位 3 遍，待表面干爽后辊涂第二遍，涂漆厚度均匀一致，修复区域漆面与原漆面光滑过渡，无流挂、气泡、砂眼或厚度不均等缺陷，自然固化。

2）拆换处理

12 号风电机组叶片在安装完成试运行半年后，根部出现裂缝，经叶片厂家鉴定：叶片损伤情况严重，无法修复，报废处理，需重新更换叶片。叶片更换采用主起重机与辅助起重机拆卸，并配合将待更换的叶片从轮毂抽出，平稳吊下，放置地面；再组织主起重机与辅起重机配合将叶片从举升车吊起，平稳吊上，对接轮毂。（双机抬吊）拆换开裂叶片分区切割，转运返厂震碎销毁，满足工完场清合同要求、环保措施落实要求。

6.6.4　经验总结

吊装时，主起重机挂好轮毂专用吊带并和轮毂吊耳连接起来，辅起重机吊住轮毂吊耳正对的一个叶片的 2/3 的明确标识处，在其上加上叶片保护装置。两台起重机配合将轮毂、叶片吊至垂直状态过程，统一指挥，缓慢提升，切忌辅起重机司机自行判断决策。

局部修补是风力发电场的经常性事务，既是规定的检修工作，也是防止运行产生故障，及时发现缺陷及时处理的一种工作方法。

叶片断裂缺陷不可修复，必须进行更换。叶片断裂发生在安装过程时，仅增加叶片更换费用；若发生在试运行或正式运行阶段，更换叶片同时将会增加电量损失。叶片局部裂缝经检查不能修补或修补不能保证使用期限时，仍需采取更换方式处理。叶片更换涉及合同责任问题，应重视事件原因分析、认定。必要时，请行业专家咨询事件原因，明确责任，方便事件的处理。

6.7　山区风电场工程电缆安装故障处理

山区风电场试运行及正式投用前，需要加强电缆安装、电缆投用前的检查，更应编制电力生产可能会出现事故大小、影响程度不同的电缆故障，有的是材质品质原因，有的是维护责任原因，还有其他意外事故引发。山区风电场的电缆安装、试

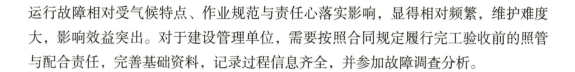

运行故障相对受气候特点、作业规范与责任心落实影响，显得相对频繁，维护难度大，影响效益突出。对于建设管理单位，需要按照合同规定履行完工验收前的照管与配合责任，完善基础资料，记录过程信息齐全，并参加故障调查分析。

■ 6.7.1　电缆安装工艺

1）35kV输电电缆的安装工艺

（1）电缆敷设前的准备。检查电缆管畅通，无杂物，排水良好；检查运到现场的电缆型号和规格符合设计，并对电缆的绝缘进行检查，绝缘合格，做好记录。检查完后，电缆头要良好密封；技术人员根据先长后短、最大限度减少电缆接头和尽量减少交叉原则；电缆敷设采用人工敷设。

（2）电缆敷设技术要求：电缆敷设过程中，直埋电缆表面距地面的距离不小于0.7m，电缆与其他管道、道路、建筑物等之间平行和交叉时的最大净距满足规范要求；电缆轴要放置稳妥，钢轴的强度和长度要与电缆盘的重量和宽度相配合，对较重的电缆轴要考虑加刹车装置；电缆头要从电缆轴上端引出，不能使电缆在支架及地面上摩擦拖拉；电缆敷设过程中，必须有专人负责，并且有明确的联系信号；电缆敷设时，为了区分电缆，在每根电缆的首末两端贴上白胶布，用记号笔注明电缆的编号、型号、规格，然后，用透明胶带封好，以防进水使字迹模糊；直埋电缆要成波浪式敷设，电缆敷设完毕后，上下部铺以不小于100mm厚的软土或沙层，软土和沙层无石块或其他硬质杂物，然后加盖砖块，覆盖宽度超过电缆两侧各50mm；电缆回填土前，经隐蔽工程验收，合格后回填，回填土要分层夯实；直埋电缆在直线段每隔50m处、电缆接头处、转弯处、进入建筑物等处，设置明显的方位标志或标桩。

（3）电力电缆终端制作与接线：接线时，应按第4章"直埋电缆"电力电缆终端制作与接线工艺要求进行施工。电缆线芯连接时，应除去线芯和连接管内壁油污及氧化层，压接模具与金具应配合恰当。压缩比应符合要求。压接后应将端子或连接管上的凸痕修理光滑，不得残留毛刺。采用锡焊连接铜芯，应使用中性焊锡膏，不得烧伤绝缘；三芯电力电缆接头两侧电缆的金属屏蔽层（或金属套）、铠装层应分别连接良好，不得中断。直埋电缆接头的金属外壳及电缆的金属护层应做防腐处理；三芯电力电缆终端处的金属护层必须接地良好。电缆通过零序电流互感器时，电缆金属护层和接地线应对地绝缘，电缆接地点在互感器以下时接地线应直接接地；接地点在互感器以上时接地线应穿过互感器接地。单芯电力电缆金属护层接地应符合设计要求；单芯电力电缆的交叉互联箱、接地箱、护层保护器等电缆附件的安装应符合设计要求；电缆终端上应有明显的相色标志，且应与系统的相位一致。

（4）电缆在塔架的敷设安装。分第一节塔架、第二节塔架、第三节塔架、第四节塔架，安装并紧固电缆夹板支架环节。第一节塔架电缆敷设：将安装第一节塔架时提前放置在塔架上平台和机舱内的电缆，在机舱内固定好后，通过马鞍形电缆架依次释放到塔架底平台，将已释放的电缆由安装人员整理排列整齐后，按从上到下的顺序固定于电缆夹板内，没有电缆支架的地方每隔3～4m用绑扎带将电缆扎紧；按同样的方法敷设第二节塔架、第三节塔架和第四节塔架的电缆。释放电缆时应留取适当的长度压制线鼻子和做接头，电缆两端标明相序，便于接线。释放电缆时，应将电缆头固定牢固才可释放。电缆释放前应放劲，马鞍形支架上的电缆长度应按要求留够。

2）电缆交接试验及验收

35kV电缆敷设和电缆终端头制作完成后，应进行绝缘性能检查测试，防止因电缆在制造过程中质量不良和在制作终端电缆头缺陷，导致运行中发生内部绝缘击穿故障，从而有效防止电缆在制作的过程中严重缺陷的发生。

试验依据《电气装置安装工程电气设备交接试验标准》（GB 50150—2016）、电网公司或地方行业主管单位的规章规定进行。试验项目包括电缆线路的相位检查、绝缘电阻测量、交流耐压试验、直流电阻测量。

试验条件：①配置试验人员2～4人，试验负责人应持有高级特种试验证，并且是高级试验电工职称，其余试验人员可以是中级试验电工职称，持有高级特种试验证；②对于35kV电缆户外终端头和户外电气设备的试验，应避开在雨天或空气湿度大于80%的情况下进行电气试验。

试验步骤：①检查电缆线路的相位。电缆线路两端的相位应与箱变、35kV架空线路的相位一致。②绝缘电阻测量。用5000V绝缘摇表对电缆绝缘进行测试，测试方法是测量其中一相导线，其余两相导线短路接地进行测量，测试结果满足要求才能进行交流耐压。③交流耐压。第一方面，试验前确保相位的正确性，拉好警戒线，做好安全措施，电缆另一头拉好警戒线，派专人进行监护，严禁其他人员进入，并通知无关人员撤离现场；第二方面，使用2500V绝缘电阻测试仪检查准备耐压的相位导线，记录测量数据；接好试验设备的连接导线，并且确保接地线连接的正确性。对单相导线进行耐压时，其他两相和外护套、内衬层进行接地，耐压电压根据规程

做 $2U_0$ 倍交流耐压，时间是 60min，耐压过程中不应发生闪络和放电现象。耐压结束后，切断试验电源，使用放电接地棒进行放电，对耐压的导线进行绝缘电阻测试，测量结果应无明显下降。

■ 6.7.2　电缆故障排除方法

1）电缆故障类型

一般类型有相间短路、对地短路、开路故障、断线故障，划分为高阻故障和低阻故障两大类。

按照综合因素影响，产生的电缆故障可分为设计、施工存在缺陷或维护不到位的跳闸故障、接地短路故障、电缆发热或断线抽芯故障等。

2）风电场电缆故障的排除方法

直观法：对风电场的线路进行直接的检修，通过各种感官直接判断设备的运行状况，当发现设备存在异常时，及时对可能出现故障的地方进行检查，逐步缩小检查范围，查明具体的原因，判断故障位置，现场的检修人员必须有扎实的理论知识基础以及丰富的工作经验，能够熟练地进行故障位置的判断及检修。

状态检查法：出现故障时，根据风电场电气设备所处的状态，分为几个电路段或电路块，并逐一进行分析，此法在风电场电气、电路、继电器及接触器控制电路中，排除故障方便有效。主要是通过分析和检查设备的各个零件，从而能够确定出风电场电气故障的原因和方法。这种方法主要是通过经验的积累，然后分段进行。风电场电气设备的工作都是在相应的状态下进行的，电动机的工作一般情况下会分成多个工作状态，风电场电气故障都会发生在某一个状态之中。如果将风电场电气划分得非常细致，其对于风电场电气故障的检修有一定的好处，但也不是越细越好，不是划分得较粗就不能确定故障，要综合考虑控制电路的构成、控制功能、个人的经验等来划分。

单元分割法：单元分割法的工作是对不同的状态进行全面的检查，检查完成后再依据功能进行细致的划分。一个相对复杂的风电场电气设备包括多个具有独立功能的单元，在检查线路故障的时候，可以应用单元分割法，根据故障位置的不同进行详细的位置划分。单元划分是具有一定依据的，并不是随意进行的，需要考虑到电路的功能和结构特点，电路从功能方面可以划分为电源系统、控制系统、执行系

统及保护系统等，如果电路的结构更加复杂，则可以进行更加细致的划分。

■ 6.7.3　贵州CLPZ风电场电缆故障管理

1）项目概况

CLPZ 风电场位于贵州水城地区，场址区呈北西—南东向展布，面积约 18.31km²；场址区大部分地区高程在 2100～2500m 之间。在风电场周边有国道、县道及各乡村道路经过，对外交通较为便利。

CLPZ 风电场设计布置 24 台单机容量为 2000kW 的风电机组，轮毂高度为 85m，总装机容量为 48MW。新建 1 座 110kV 升压变电站，升压站规模按主变压器容量 1×50MVA 设计。风电场工程等别为Ⅲ等，工程规模为中型。

风电机组塔架基础基底铺 150mm 厚 C15 素混凝土垫层，垫层铺满基坑底部，垫层上浇筑主体基础钢筋混凝土，强度等级为 C40。

2）试运行故障情况

2016 年 10 月 16 日 14 时 20 分，CLPZ 风电场 10 号风电机组在运行 60 天后突然出现断路器跳闸，发生风电机组停止运行事故。

3）故障原因

本次短路故障是机仓电路中主要的配套元件电阻损坏造成的，机仓高低不等的电位导电体之间，因导电体被短接、薄弱绝缘层被击穿，引起保护装置断路器动作，短路处出现烧灼痕迹。初步分析，应为未按照规范要求清理电缆接头绝缘表面附着污秽物，使绝缘部分绝缘强度下降，在空气潮湿时发生爬电现象，导致绝缘击穿，造成设备故障。

4）原因查找

本次故障重点排查电缆接头施工，通过分段解开部分箱式变压器高压侧电缆头进行同步检查。针对设备的实际故障情况，分析产生的原因，与图纸上的结构位置相比照，准确确定故障的具体位置。

首先，仔细查看出现问题设备的电气工作原理图、元件的位置图、接线图，全面掌握仪表和设备的结构状况；其次，详细检查出现问题的机电设备，通过风

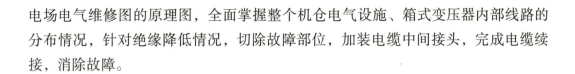

电场电气维修图的原理图，全面掌握整个机仓电气设施、箱式变压器内部线路的分布情况，针对绝缘降低情况，切除故障部位，加装电缆中间接头，完成电缆续接，消除故障。

■ 6.7.4　经验及教训

（1）施工期规范操作安装、使用合格的电工产品等很重要。

（2）山区风电场地埋电缆总体不长，但电缆一端连接箱式变压器和机组，另一端相连开关柜，而箱式变压器高压侧电缆一进一出。当集体线路出现故障时，主控到监控人员直观发现为一台或多台机组、箱式变压器通信同时中断或停电线路开关跳闸；对于巡视人员来说，可能听见电缆头放电声音、闻到电缆烧焦气味等，信息反馈不一，应通过综合信息分析分头查找，快速处理。

（3）应重视山区风电场雨季潮湿特点，必要时排查电缆受潮情况，根据需要采取措施。

（4）在实际工作中，可能由于电器元器件本身或线路故障导致事故，所以在处理故障时应根据故障的具体情况灵活运用各种方法，迅速准确排除故障。另外，扎实的基本功和实践经验很关键，如果只会看电路图，从理论上分析控制过程，往往一到故障现场就手足无措。

6.8　山区风电场工程环境保护和水土保持典型案例

■ 6.8.1　环境保护实施典型案例

山区风电场在建设的过程中具有扰动地表面积大、地表扰动强度差异显著、项目建设周期短、侵蚀类型复杂及多样等特点，建设过程中不可避免地会对环境及生态造成一定程度的破坏。以下以具体的风电场项目为例，针对山区风电场建设项目环境保护及水土保持工作进行介绍，以期可以进一步提升山区风电场建设项目的水平和质量。

6.8.1.1　生态环境保护实施案例

YD 风电场一期工程位于贵州省贵阳市花溪区高坡乡境内，主要任务是发电，属Ⅲ等中型工程，共布置了33台单机容量1500kW的风电机组，总装机容量为49.5MW。根据本工程环评文件，本工程建设位于高坡云顶景区内，在施工期间项目建设的运输线路要与景区主要游线公路共用，可能会对游览线路、游览安全、景观等造成一定的影响；要求加强施工期的施工行为管控，严格控制好施工范围，做好当地生态及景观环境保护，以及后续的恢复治理工作，确保工程建设与周边景观环境相协调。

在本工程建设过程中，业主单位高度重视各项生态环境保护要求的落实，在实际施工过程中31号、32号、33号共3台风电机组，3.6km施工道路，2.4km架空集电线路位于高坡云顶景区内，工程涉及摆弓岩瀑布群1个景点。2012年12月，业主单位委托贵州省城乡规划设计研究院编制完成的《贵州花溪YD风电场（一期、二期）工程对花溪省级风景名胜区的影响专题研究报告》，就本工程对高坡云顶景区的影响进行了详细的分析，并制定了相应的减轻或预防措施。为减小项目建设对高坡云顶景区游赏影响，除全面做好施工期各项生态保护措施外，业主单位将32号风机平台打造为景观平台，并修筑了沥青道路通往该景观平台，为游客提供了有利的观景位置，一览云顶景区美景，实现了山区风电建设与当地景观的友好协调。其平台观景实景如图6-8-1所示。

图 6-8-1　花溪 YD 风电场 32 号平台观景实景图

6.8.1.2　水环境保护实施案例

对于山区风电场工程而言，工程建设期主要涉及生活污水及拌和系统生产废水的处理，根据以往山区风电场工程建设经验，生活污水一般采用一体化生活污水处理设备对产生的生活污水进行处理后，回用于周边场地绿化浇灌；拌和系统生产废水一般采用沉淀池进行沉淀后用于场地洒水降尘。部分山区风电场工程污废水处理情况如图6-8-2所示。

(a) 贵州花溪YD风电场一期工程
一体化生活污水处理设备

(b) 贵州从江LJP风电场工程
一体化生活污水处理设备及回用情况

图6-8-2 部分山区风电场工程污废水处理设施图

6.8.1.3 环境空气保护实施案例

山区风电场多建设在山区，环境空气保护目标一般较少，实践过程中一般针对重点路段和部位采取洒水车洒水降尘、设置限速标志等方式控制道路扬尘产生。而针对混凝土拌和系统一般采取配套除尘设施、施工人员佩戴劳保防护用品等方式控制拌和系统粉尘对周边环境及人员的影响。部分山区风电场工程环境空气保护情况如图6-8-3所示。

(a) 贵州从江LJP风电场工程
对施工道路采取洒水车洒水降尘

(b) 贵州晴隆SJT风电场工程
现场配备的洒水车洒水降尘

(c) 贵州PTB风电场工程
混凝土拌和系统

(d) 贵州晴隆SJT风电场工程
混凝土拌和系统

图6-8-3 部分山区风电场工程环境空气保护实施情况

6.8.1.4　固体废弃物处置实施案例

山区风电场建设过程中，产生的固体废弃物主要是生活垃圾、废矿物油等危险废物，其中，生活垃圾一般采取现场设置垃圾池和垃圾桶的方式，对生活垃圾进行收集后，与当地环卫部门签订定期清运处置协议，由环卫部门定期收运处置。废矿物油等危险废物一般采取现场设置危险废物临时贮存设施，并做好台账记录，同有相应危废处置资质的单位签订危险废物处置协议，由专业的处置单位定期进行清运处置，并落实危险废物五联单要求。部分山区风电场工程固体废弃物处置情况如图 6-8-4 所示。

(a) 贵州PTB风电场工程施工现场设置的垃圾收集池　　(b) 贵州桐梓BMS风电场工程现场配备垃圾收集桶

(c) 贵州PTB风电场工程现场设置的危险废物临时储存间　　(d) 贵州从江LJP风电场工程现场设置的危险废物临时储存间

图 6-8-4　部分山区风电场工程固体废弃物处置实施情况

6.8.1.5　环境风险应急管理实施案例

山区风电场环境风险应急管理方案，一般是按照相关要求委托专业单位编制《突发环境事件应急预案》，并向地方生态环境主管部门履行备案程序，具体实施过程依据应急预案，组织开展相应的应急演练工作。例如通过在升压站变压器附近设置事故油池，以应对变压器油泄漏的情况。部分山区风电场工程环境风险应急管理实施情况如图 6-8-5 所示。

(a) 贵州花溪YD风电场一期工程　　　　　(b) 贵州盘县LHS风电场工程
升压站现场设置的事故油池　　　　　　　升压站现场设置的事故油池

图 6-8-5　部分山区风电场工程环境风险应急管理实施情况

6.8.2　水土保持实施典型案例

6.8.2.1　风电机组区水土保持实施案例

风电机组区水土保持实施一般包括吊装平台的覆土和边坡的覆土、撒播草种治理，吊装平台的上、下边坡通过设置干砌石或浆砌石进行挡护，其中，上边坡通过设置种植槽，栽植攀援植物和撒播草种进行恢复，下边坡一般采取覆土恢复植被，对坡面较长、较陡的，通过设置框格梁后覆土恢复植被，或采取人工水平开阶、喷播复绿等措施进行。在截排水方面，一般在风电机组平台的上游汇水面设置截排水沟引排天然汇水，一些风电场风电机组平台面积较大的，为减少平台积水对植物生长的不利影响，通过在覆土过程中采取井字形整地，形成临时排水沟对平台的积水进行引排。部分山区风电场工程风电机组区水土保持治理情况如图 6-8-6 所示。

6.8.2.2　道路区水土保持实施案例

在道路区路基成型后，其治理一般分上、下边坡进行，其中，上边坡经削坡保持坡面稳定后，沿道路走向布置浆砌石挡墙、截排水沟等措施，并在挡墙顶部或排水沟内侧设置种植槽，栽植藤本植物或当地适生灌木等进行绿化，排水沟出口区域通过设置沉砂池，以减少水流集中冲刷。对下边坡而言，一般采取底部设置浆砌石或干砌石拦挡、坡面覆土后撒播草种的形式进行治理，边坡较长、较陡的，一般结合现场实际采取框格梁护坡、分级整治、人工水平开阶植草、穴植乔灌木或藤本植物，甚至有条件的则通过采取喷播植草等形式进行恢复治理。部分山区风电场工程道路区水土保持治理情况如图 6-8-7 所示。

（a）贵州晴隆SJT风电场工程风机平台采取分级整治及覆土恢复治理前后对比

（b）贵州晴隆SJT风电场工程　　　　　　　（c）贵州晴隆SJT风电场工程
　　风机平台设置的临时排水沟　　　　　　　　　风机平台设置的临时排水沟

（d）贵州桐梓BMS风电场工程　　　　　　　（e）贵州赫章JCP风电场工程
　风机平台下边坡采取覆土后条播植草效果　　　　风机平台上边坡采取拦挡、
　　　　　　　　　　　　　　　　　　　　　　　　排水及种植槽等措施

图 6-8-6　部分山区风电场工程风电机组区水土保持治理情况

(a) 贵州PTB风电场工程道路下边坡采取分级整治、覆土条播植草恢复的前后对比

(b) 贵州PTB风电场工程
道路下边坡条播治理

(c) 贵州晴隆SJT风电场工程
道路上边坡治理

(d) 贵州晴隆SJT风电场工程
道路上边坡挡墙、排水沟及种植槽治理

(e) 贵州晴隆SJT风电场工程
道路沿线排水沟出口处设置的沉砂池

(f) 贵州赫章JCP风电场工程
道路边坡框格梁防护

(g) 贵州盘县LHS风电场工程
道路排水沟沿线种植槽内栽植竹子

图6-8-7 部分山区风电场工程道路区水土保持治理情况

6.8.2.3 升压站区水土保持实施案例

升压站作为风电场工程运行期的管理营地，其治理恢复一般以景观绿化为主，在做好水土流失防治工作的基础上，主要体现的是景观功能。部分山区风电场工程升压站区水土保持治理情况如图 6-8-8 所示。

（a）贵州PTB风电场工程升压站景观绿化情况

（b）贵州花溪YD风电场一期工程　　　　　　（c）贵州赫章STZ风电场工程
　　升压站景观绿化情况　　　　　　　　　　　　升压站景观绿化情况

图 6-8-8　部分山区风电场工程升压区水土保持治理情况

6.8.2.4 弃渣场区水土保持实施案例

对于弃渣场的治理，重点是按照"先挡后弃"和"先排后弃"的原则，在正式弃渣前，按设计要求落实渣场底部拦挡措施，以及渣场顶部、周边的截排水设施，在堆渣过程中，按照设计要求采取分级堆置、分级碾压的形式进行，保障渣体边坡的坡度符合设计要求，确保渣场的整体稳定。堆渣坡面主要采取覆土植草或栽植乔灌木进行恢复治理，或根据设计要求采取框格梁防护后进行覆土植草恢复。部分山区风电场工程弃渣场区水土保持治理情况如图 6-8-9 所示。

（a）贵州晴隆SJT风电场工程弃渣场采取分级整治、覆土恢复植被的前后对比

（b）贵州晴隆SJT风电场工程
　弃渣场顶部设置的截水沟

（c）贵州花溪PTB风电场工程
　弃渣场覆土后撒播草种恢复

图6-8-9　部分山区风电场工程渣场水土保持治理情况

参考文献

[1] 全球风能理事会《2022 年全球风电行业报告》.

[2] 国际可再生能源机构《Future of wind 2019》.

[3] 国务院《关于完整准确全面贯彻新发展理念做好碳达峰碳中和工作的意见》.

[4] 贵州省能源局《贵州省分散式风电开发建设"十四五"规划》.

[5] 国家能源局《关于加快推进分散式接入风电项目建设有关要求的通知》.

[6] 国家能源局《分散式风电项目开发建设暂行管理办法》.

[7] 李银 . 风力发电场工程施工总承包模式及风险分析 [D]. 浙江大学，2013.

[8] 韩瑞，赵红阳，白雪源，等 . 陆上风电场工程施工与管理 [M]. 北京：中国水利水电出版社，2020.

[9] （德）阿克曼，谢桦，王健强，姜久春，译 . 风力发电系统 [M]. 北京：中国水利水电出版社，2010.

[10] 中国大唐集团公司赤峰风电培训基地 . 风电场建设与运维 [M]. 北京：中国电力出版社，2020.

[11] 王玉国，等 . 风电场建设与管理 [M]. 北京：中国水利水电出版社，2017.

[12] 欧阳红祥，简迎辉，叶长杰，等 . 风电场建设项目计划与控制 [M]. 北京：中国水利水电出版社，2021.

[13] 龙源电力集团股份有限公司 . 风电工程建设标准工艺手册 [M]. 北京：中国电力出版社，2017.

[14] 杨高升，王铭，姜斌，等 . 风电场项目建设标准化管理 [M]. 北京：中国水利水电出版社，2020.

[15] 丁继勇，翟莎，杨高升，俞晶晶，等 . 风电场项目采购与合同管理 [M]. 北京：中国水利水电出版社，2020.

[16] 唐永福 . 基于 BIM 技术的山区风电建造技术及安全评定研究 [R]. 暨南大学，2020.

[17] 中华人民共和国国家标准 . 建设项目工程总承包管理规范（GB/T 50358-2017）[S]. 北京，中国建筑工业出版社，2017.

[18] 张帅领，张磊，程艳红，等 . 河南省平原风电与山地风电差异性研究 [J]. 电力勘测设计，

2019(S1): 249-252.

[19] 周迅. 响水风电场土建及风机安装施工技术应用 [J]. 节能，2011，30(4): 60-63, 68.

[20] 景海洲，张天彤. 3 种型式起重机在风电场设备安装中性能的比较 [J]. 工程机械与维修，2013(5):156-158.

[21] 张清远. 浅谈风力发电机基础地基处理方法的选择 [J]. 太阳能，2006(5): 31-33.

[22]《地基处理手册》编委. 地基处理手册 [M]. 3 版. 北京：中国建筑工业出版社，2008.

[23] 李珊珊，邢国起. 山区风电锥体基础的倾覆稳定性分析 [J/OL]. 工业建筑，2022，52(2): 1-9.

[24] 范俊秋，范涛，赵文瑜. 山区风电场大件运输道路通过能力快速判别系统的设计 [J]. 电子制作，2017(17): 92-93.

[25] 张守锐，李林. 各类风力发电机组主吊机械选型研究 [J]. 住宅与房地产，2018(34): 228.